欧亚温带草原东缘
生态样带研究

侯向阳　主编

科学出版社

北　京

内 容 简 介

本书是在国家国际科技合作计划项目"欧亚温带草原东缘生态样带（EEST）建立及合作研究"团队 4 年攻关研究的基础上总结成果编写而成的。全书共分 8 章：第一章为导论，重点介绍全球气候变化背景下国内外生态样带的研究方法及进展；第二章介绍欧亚温带草原东缘生态样带的生物多样性研究进展；第三章介绍样带土壤养分、化学计量学碳氮矿化研究进展；第四章介绍欧亚温带草原东缘生态系统分布格局及变动规律；第五章介绍管理措施对欧亚温带草原东缘生态系统影响研究进展；第六章介绍样带优势植物——羊草生理生态特性研究进展；第七章介绍沿样带雪灾事件及应对研究进展；第八章介绍草原适应性生态管理研究进展。

本书内容基于作者提出的欧亚温带草原东缘生态样带的概念及其系统研究成果编写而成，研究领域宽，内容之间联系紧密，数据翔实，信息量大，对丰富和发展我国草原恢复生态学理论、草业科学研究及区域可持续发展实践具有重要指导意义。本书可供高等院校农业、草业、畜牧业、土壤、植物、气候和环境等专业的广大师生和相关领域的科研、生产人员参考。

图书在版编目 (CIP) 数据

欧亚温带草原东缘生态样带研究/侯向阳主编. —北京：科学出版社，2023.11
ISBN 978-7-03-076541-3

Ⅰ. ①欧⋯ Ⅱ. ①侯⋯ Ⅲ. ①温带–草原生态系统–研究–欧洲 ②温带–草原生态系统–研究–亚洲 Ⅳ. S812.29

中国国家版本馆 CIP 数据核字（2023）第 189507 号

责任编辑：罗 静 岳漫宇 薛 丽 / 责任校对：郑金红
责任印制：肖 兴 / 封面设计：图阅盛世

科学出版社 出版
北京东黄城根北街 16 号
邮政编码：100717
http://www.sciencep.com
北京建宏印刷有限公司 印刷
科学出版社发行 各地新华书店经销

*

2023 年 11 月第 一 版 开本：720×1000 1/16
2023 年 11 月第一次印刷 印张：23
字数：461 000
定价：258.00 元
（如有印装质量问题，我社负责调换）

序

近日，中国农业科学院草原研究所侯向阳研究员打电话告诉我，他的新作《欧亚温带草原东缘生态样带研究》即将收笔，同时希望我能够为该书作序。在认真读了该书的完整目录和 5 章代表性章节后，我感觉这个样带研究工作是一项很有意义的工作，书稿也很有水准，所以欣然作序，以飨读者。

我与向阳相识有 30 多年了。当时因为研究生数量很少，在他跟随李博院士、阳含熙院士攻读硕士和博士期间我们就有接触。特别是在马世骏院士组织的一个博士研究生研讨班，向阳总是从北京北郊赶到中关村前来参加研讨班定期举办的座谈会。虽然我们研究的科学问题不同，但由于都从事草原生态学研究，彼此之间还是非常关注各自研究工作的进展。向阳是个典型的山西人，个性偏于内向，言讷而实干，一直在草原生态和管理研究方面默默地踏踏实实地耕耘，并取得了一系列扎实的进展和成绩。

建立生态样带是进行大规模生态学研究的重要方法，其主要目的是用空间梯度变化来反映或重演时间变化过程，这与实验室研究是非常不同的。陆地样带研究是当前国际上越来越受重视的研究和解决区域大尺度问题的先进方法。陆地样带研究重点针对陆地生态系统对全球变化的适应性，地球系统相互作用的生物-物理-化学-社会过程与管理，土地利用变化的动力学过程与机制，灾害性天气气候的生态效应及其调控机制和全球变化模拟预警系统开展研究，对于推动地区、国家乃至国际等不同尺度的社会经济可持续发展具有重要的支撑作用。2012 年，侯向阳研究员创新性地提出了欧亚温带草原东缘生态样带（EEST）的概念，目的是建立一条以温度和管理方式为梯度因子的、从中国长城到俄罗斯贝加尔湖的跨国草原生态样带，这是在前人沿水分梯度建立和开展草原生态样带研究基础上的一个创新。建立新样带的意义在于，搭建有利于国际、国内交流与合作的草原研究平台，共同开展欧亚草原深入系统的研究，揭示制约欧亚草原区资源环境与经济可持续发展的机制，从而探索促进中国北方草原和欧亚草原区可持续发展的模式、途径和策略。在国家国际科技合作"中-R 专项"项目的支持下，该团队完成了沿样带的调研、分析和总结工作，践行了其订立的立足内蒙古、面向全国、走向世界的研究路线图。我个人认为，这是一项有规模、有特点、有创新，从基础到管理的系统性研究工作。

2013 年该团队获得了国家重点基础研究发展计划（973 计划）"天然草原生产

力的调控机制与途径"的立项资助,重点开展长期过度放牧利用下草原退化的机制和恢复技术的研究。据了解,这是内蒙古自治区唯一的一个 973 计划项目,该项目大幅度提升了内蒙古自治区基础研究的能力和影响。该项研究揭示了过度放牧导致植物矮小化的表型响应、生理响应、分子调控与表观遗传基础,阐明了放牧对草原土壤-微生物系统关键要素的影响,放牧优化对草原生产力提高的作用机理与调控方式,以及如何通过人工调控措施提高退化草原生产力。向阳和他的团队能在如此多个方面取得重要进展实属不易。

众所周知,蒙古高原草原是欧亚温带草原的东缘部分,这是一片面积广阔、地势平坦、分布连续、地带性规律明显、保存完整的草原,是多学科研究草原的一块宝地、一个天然实验室。蒙古高原草原蕴藏的巨大的科学宝藏亟待挖掘,如气候变化对生态系统及动植物适应性和表型可塑性的影响;气候变化与人为因素交互作用对生态系统动植物适应性和表型可塑性的影响;多尺度景观生态和可持续管理科学研究;草原灾害和风险预警与防控研究;草原重要和脆弱生态系统治理与保护研究;蒙古高原历史地理文化及生态研究;等等。一批批的学术前辈和青年科学家将蒙古草原作为主体的研究对象,致力于与草原相关的研究。我本人也是以蒙古草原为平台,并在研究蝗虫与植物的关系方面取得了一些研究成果,这充分体现了蒙古高原的科学内涵和科学魅力。向阳及其团队瞄准蒙古高原草原,并将其作为研究的主线,努力触摸这座宝藏的矿脉,值得坚持,不断探索,深度攫取。

向阳及其团队在提出欧亚温带草原东缘生态样带概念的基础上,沿样带开展了包括植被生态、土壤、昆虫、微生物的生物多样性、化学计量学、生态系统分布格局及动态、重大灾害事件的影响和适应、草原管理策略等比较系统的研究,并汇编成册,集中展示给读者。当然,样带研究的各部分内容仍有继续深入、不断提升的空间,这为向阳及其团队提出了新的科学问题和努力的方向。希望蒙古高原这个科学的宝藏不断得以挖掘,希望蒙古草原之花更加靓丽地绽放。

康 乐

中国科学院院士

中国科学院动物研究所研究员

2020 年 7 月 6 日

前　言

　　蒙古高原是欧亚大陆干旱区的一个组成部分，其自然历史极为复杂，植物区系和植被很有特色。从 17 世纪开始，由于西欧资本主义的兴起，西方传教士、商人、使节等就对蒙古高原产生了极大兴趣。17 世纪 80 年代和 90 年代，法国传教士张诚（J. F. Gerbillon）多次穿越蒙古戈壁，最早报道了内蒙古植被。1724 年德国学者 D. G. Messerchmidt 考察了达乌里地区、外贝加尔地区以及中国内蒙古的达赖湖地区植被，沿途采集了大量植物标本。1862 年法国学者 P. A. David 在内蒙古呼和浩特、包头、乌拉山等地考察并采集了大量植物标本。同期，俄国旅行家和植物学家沿着恰克图-库伦-张家口一线的茶马商道穿越蒙古高原并采集了大量植物标本，之后其对面积广袤的亚洲中部地区的兴趣日渐增大，从 1870 年起组织了一次又一次的亚洲中部考察，发现了数百种植物新种，以及多个植物新属，这些考察对了解和认识蒙古高原的自然生态地理发挥了重要作用。

　　蒙古高原幅员辽阔，面积达 260 万平方公里，东西跨经度 34°36′，南北跨纬度 15°22′（刘钟龄，1993），是迄今保存最好、面积最大、集中连片、利用历史悠久的天然草原区域，其体现了独特的自然生态系统的一体性、连续性和大尺度梯度变化性的特点。基于此，我们有充分的理由相信，蒙古高原是进行大尺度气候变化研究的一个天然实验室，是环境和生物进化研究的天然实验室，是优质抗逆生物基因资源挖掘、创新、利用的天然实验室，同时，由于其兼具自然生态条件连续性和管理利用方式差异性，也是不同草原管理制度和模式比较研究的天然实验室。因此，科学合理地挖掘和利用这个天然实验室，开展以退化草原生态系统恢复重建、生物多样性保护、重要草原生物资源挖掘利用、现代草原畜牧业优化模式研究等为主要内容的蒙古高原草原研究，将对蒙古高原现代科学技术和经济的发展起到重要的促进作用。

　　样带方法是当前针对大尺度区域问题开展研究的重要生态学方法。该方法最早在国际地圈-生物圈计划（International Geosphere – Biosphere Programme，IGBP）的核心项目"全球变化与陆地生态系统"（Global Change and Terrestrial Ecosystem，GCTE）中提出，业已成为揭示陆地生态系统变化规律的一种重要和有效的研究手段。国际上已经实施了 15 条跨国生态样带研究。国内张新时院士等先后提出和实施了中国东北森林草原样带（Northeast China Transect，NECT）和中国东部南北样带（North-South Transect of Eastern China，NSTEC），产生了很大的影响力。

东北森林草原样带以蒙古高原为主要研究区域，重点关注从东到西水分梯度对草原植被土壤生态系统的影响规律，取得了许多国际上有显示度又服务于我国社会经济可持续发展的研究成果。考虑到幅员辽阔的蒙古高原不仅有大尺度的水分梯度样带，而且从南到北的温度梯度以及跨越中国-蒙古国-俄罗斯的草原管理制度差异及其对草原的影响也是备受关注的，但在这方面的研究却一直比较薄弱。针对这一问题，我和团队于 2012 年提出了一条南北向的典型草原生态样带，定名为欧亚温带草原东缘生态样带（eastern eurasian steppe transect，EEST）。借此样带，我们将建起一个跨越中-蒙-俄三国开展温带草原大尺度生态研究的科技合作平台和窗口，系统揭示温度梯度以及草原管理制度差异对草原的影响规律，厘清水分梯度样带没有或不能回答的问题，同时采用生态和社会结合的方法以及过去、现在和未来结合的方法，为温带草原的科学管理提供依据和支撑。

样带研究是我们开展的蒙古高原研究的一个重要组成部分，同时我们还开展了一系列相关研究工作。包括：在 2012 年建立了蒙古国温都尔汗跨国联合野外观测站，与在中国境内的多个长期定位站联合，共同开展蒙古高原及农牧交错带生态环境经济等长期定位监测和评价工作；2014 年开展了蒙古高原草原优势植物——羊草种质资源的收集和评价研究，搜集重要羊草种质资源 535 份，建立了羊草同质园资源圃，建立了羊草核心种质资源库；中蒙两国科学家联合编撰《蒙古高原草原科学》，对中、蒙、俄等国家科学工作者过去 60 年来在蒙古高原草原开展的科学研究成就进行了系统、全面的梳理和总结，并获得国家科学技术学术著作出版基金资助；启动出版"蒙古高原草学译丛"，现已翻译出版《蒙古国植物区系之豆科植物分类组成》和《蒙古国饲草料》两部专著，取得了重要的学术和社会影响；组织了多次关于蒙古高原草原生态研究的学术研讨会。

本研究团队通过几年的攻关研究，取得了一系列研究成果。本书系统地对过去几年来团队开展的样带研究工作进行了梳理和总结，全书共 8 章：第一章重点介绍国际国内样带研究方法、进展和趋势，欧亚温带草原东缘生态样带的提出、意义及研究内容和方法；第二章系统分析样带系统生物多样性的变化；第三章重点介绍样带系统生态化学计量学及土壤碳氮矿化的研究进展；第四章介绍用遥感方法研究样带生态系统分布格局及变化规律的进展；第五章介绍放牧和施肥等措施对样带生态系统影响的进展；第六章介绍样带地区重要优势植物——羊草资源抗逆和生长特性研究进展；第七章介绍 2012～2013 年冬春季样带地区重大雪灾事件及沿样带牧民应对雪灾的比较研究进展；第八章介绍样带及其代表地区的草原适应性生态管理相关宏观政策制定的研究进展。

总之，蒙古高原草原蕴含着丰富的草原科学宝藏，仅仅依靠一个项目是远远不够的，需要开展长期连续的科学研究。因此，在本项目样带研究的基础上，我们提出一系列后续研究计划。包括：①蒙古高原草原天然实验室的利用和开发计划。充分挖掘和利用中蒙草原幅员辽阔、起伏连绵、梯度变化明显的宝贵天然实验室的优势，开展草原资源、生态、灾害防控、畜牧业发展等研究，启动蒙古高原草原生物资源搜集、保护、利用行动计划，建立"两横一纵"的蒙古高原草原生态样带研究体系，建立草原灾害监测防控体系，建立草原保护恢复技术研究和应用体系，建立草原畜牧业模式转型和草原管理制度比较研究体系。②加强民间合作与面向牧区的实用技术推广。蒙古国是以传统畜牧业为主的自然型经济，分布在156.65万平方公里草原上的百余万牧民的生产和生活问题，是中蒙草原科技合作的重要切入点。迫切需要面向牧区、牧户生产和生活实际问题，大力推进民间交流与合作，广泛应用现代科学技术成果，推动畜牧业生产方式转变，使畜牧业走向现代化。从目前民间牧区的合作实际需求考虑，主要着力于实用技术推广，包括远离城市地区的风光互补发电技术、无水草场简易打井和取水技术、退化草地恢复技术、人工饲草地种植技术、冬季草料收获储存技术、地方良种保护和家畜良种繁育及扩繁技术、绿色畜产品加工增值技术等。立足牧区生态-生产-生活共赢，面向牧户，发展以民间互利合作为主的合作模式是十分有效的模式。③实施草原绿色文明之路科技计划。为传承草原丝绸之路的文化和科技遗产，建议提出草原绿色文明之路科技计划，该计划将赋予古老的草原丝绸之路以崭新的生态内涵。草原绿色文明之路科技计划将沿着草原丝绸之路，开展跨中、蒙、俄三国草原具有民族特色的生态学、环境保护学、发展经济学、区域社会学等研究，为草原丝绸之路建设和发展提供理论和技术支撑，建设融合传统和现代之精华的绿色生态屏障。研究包括草原丝绸之路的生物地球化学过程、能量交换、植被结构动态、气候-植被、放牧-草地-牧草驯化、土地利用格局与管理、环境历史演变规律、牧民行为及感知、游牧经济及其演变、牧区发展驱动机制等。同时，建立草原绿色文明交流中心，架构中-蒙-俄以及其他国家联合研究和治理草原的平台、团队和机制，为草原科学管理和利用提供有力的科学依据和技术模式支撑，同时也将是我国草原科技对外宣传与交流的窗口和平台。

在本书成稿付梓时，首先特别感谢康乐院士亲自为拙著作序，院士的肯定和支持使我和团队更加坚定了信心，立志为蒙古高原草原科学事业做出更大的贡献。我诚挚地感谢样带研究中的所有团队成员，无论在国内的调研，还是在蒙古国和俄罗斯的考察调研，都是充满新奇、欢乐和收获的，是令人难忘的。诚挚地感谢在书稿编写和校审阶段各位专家、老师和同学们的辛勤努力和一丝不苟，正是由于大家的无私奉献，才使得书稿顺利完成，呈现在大家面前。

主编：侯向阳

样带项目研究负责人

2023 年 5 月

目　　录

第一章 导 论*

本章导语：基于对国际国内全球气候变化及生态样带研究的总结，本章内容详细概述了欧亚温带草原东缘生态样带的提出和简况、平台建设、研究方法、研究进展及研究意义，并介绍了本书主要内容框架。

第一节 全球气候变化背景下的生态样带研究

一、全球气候变化及其影响

（一）全球气候变化及其成因

气候变化是人类当今面临的最严峻的挑战之一（丁一汇等，2006），引起全球气候变化的原因有多种，概括起来可分成自然因素与人类活动的影响两大类（安芷生和符淙斌，2001）。前者包括太阳辐射的变化、火山爆发等；后者包括人类燃烧化石燃料以及毁林引起的大气中温室气体浓度的增加、硫化物气溶胶浓度的变化、陆地覆盖率和土地利用率的变化等。

1. 自然因素引起的全球气候变化

气候系统所有的能量基本上都来自太阳。所以太阳能量输出的变化被认为是导致气候变化的原因之一，也可以说太阳辐射的变化是引起气候系统变化的外因（林春路，2012）。引起气候变化的另一原因是地球轨道的变化。地球绕太阳运行的轨道有三种规律性的变化：一是椭圆形地球轨道的偏心率（长轴与短轴之比）以10万年的周期变化；二是地球自转轴相对于地球轨道的倾角在21.6°～24.5°变化，其周期为41 000年；三是地球最接近太阳的近日点时间的年变化，即近日点时间在一年的不同月份转变，其周期约为23 000年。另一个影响气候变化的自然因素是火山爆发。火山爆发之后，向高空喷放出大量硫化物气溶胶和尘埃，可以到达平流层高度（庚莉萍，2008）。它们可以显著反射太阳辐射，从而使其下层的大气冷却。

*本章作者：侯向阳、李新乐、韩文军、高丽

2. 人类活动引起的全球气候变化

人类活动加剧了气候系统变化的进程。人类活动引起的全球气候变化，主要包括人类燃烧化石燃料，硫化物气溶胶浓度的变化，陆地覆盖率和土地利用率的变化，如毁林引起的大气中温室气体浓度的增加等（符淙斌，2000）。人类活动排放的温室气体主要有 6 种，即二氧化碳（CO_2）、甲烷（CH_4）、氧化亚氮（N_2O）、氢氟碳化物（HFCS）、全氟化碳（PFCS）和六氟化硫（SF_6），其中对气候变化影响最大的是二氧化碳。它产生的增温效应占所有温室气体总增温效应的 63%，且在大气中的存留期很长，最长可达到 200 年，并充分与大气中的 CO_2 混合，因而最受关注。

温室气体的增加主要是通过温室效应来影响全球气候或使气候变暖的。地球表面的平均温度完全决定于辐射平衡，温室气体则可以吸收地表辐射的一部分热辐射，从而引起地球大气的增温，也就是说，这些温室气体的作用犹如覆盖在地表上的一层棉被，棉被的外表比里表要冷，使地表辐射不至于无阻挡地射向太空，从而使地表比没有这些温室气体时更为温暖（徐世晓等，2001）。

（二）全球气候变化对生态系统的影响

全球气候变化通过改变生态系统结构和功能，显著影响了全球生态系统服务的供给，严重威胁了人类的生存环境及社会经济的可持续发展（江学顶等，2003）。

1. 海平面上升

气温升高会引起海平面上升，但是大多数科学家在引起海平面上升的原因方面，有如下不同的见解。①冰川融化。全球变暖会使两极冰川融化，导致海平面上升。以地球南极为例，平均气温在-80～-50℃，所以即使大气平均气温增加几度，也根本无法使那里的冰川融化，但从长期来看，气温持续升高可能使南极冰盖融化，然而要发生这种情况至少需要两个世纪。②海水热膨胀。海水温度会因气温的升高而升高，热膨胀的结果会导致海平面上升。有人估计，综合考虑海水热膨胀、高山冰雪融化、降水增加等正因素，降雪等使冰盖增厚等负因素，当全球温度上升 1.5～4.5℃，海平面可能上升 20～165cm（Moore et al.，2010）。

2. 气候带的移动

全球变暖将引起世界温度带的移动（张雪芹等，2011）。大气运动也会产生相应的变化，降水情况发生改变，即降水带的移动。气候变暖带来的影响主要如下：①大部分地区温度升高，但也有例外。温度升高在远离赤道的地区更为明显。例如，纬度 70°～80°的极地高纬度地区可能更频繁地出现更大的暴风雪天气（Douglass et al.，2010）。②全球降水量增加，大多数干旱、半干旱地区，降水量的增加可以使其获得更多的水资源，但某些地区却可能出现更频繁的干旱，如美国的中西部农场带，可能由于蒸发迅速和风型改变而变得更干燥。一般说来，低纬度地区现有雨带的降水量会增加，高纬度地区冬季降水量也会增多，而中纬度地区夏季降水量减少。③沿海岸的亚热带地区会出现更潮湿的季风。④飓风更频繁、更强大，并向高纬度地区发展，台风强度也将增强。如果热带地区的温度升高 3℃，则海洋表面温度的升高将引起台风能量增大，还有研究结果表明，加勒比海、大西洋西部、印度洋及太平洋地区台风强度将增大 40%～50%。墨西哥湾台风强度将增大 60%，因为这些地区表层海水温度升高的幅度更大（Denman and Brasseur，2007）。

3. 对生物及其生存环境的影响

全球气候的变化必然给生物圈造成多种冲击，生物群落的纬度分布和生物带都会有相应的变化，部分植物、高等真菌物种濒临灭绝和物种变异，进而影响到动物群落（刘志林，2002）。同时，气候变暖会使森林火灾更为频繁和严重。气候带移动引起的森林生态系统改变也不容忽视，据估算，气候增暖将使森林土地面积占比从现在的 58%减到 47%，荒漠将从 21%扩展到 24%；此外，草原将从 18%增加到 29%，苔原将从 3%减到零（吕雅，2014）。

4. 对人类的影响

（1）对农业的影响。全球变暖将引起更多的气候反常，这些异常的干旱、洪水、酷热或严寒、暴风雨雪或飓风必将导致更多的自然灾害，造成农作物歉收、病虫害流行，鱼类和其他水产品减少（肖国举等，2007）。

（2）威胁沿海城市、岛屿和平原。沿海地带往往是国家的经济、交通和文化枢纽，因此，升温对沿海城市造成的威胁是不可估量的。我国科学家证实，上海邻近海域海平面上升速度正在加快，1993 年东海海平面上升速率为每年 0.39m，预计从 1990 年算起，2010 年上升幅度达到 29cm，2030 年、2050 年上升幅度将分别达到 42cm、53cm，所以气候变化对我国许多城市和广阔平原将构成严重威胁（江学顶等，2003）。

（3）传染性疾病可能扩大分布范围。随着气候的变暖和反常，被称为"传病媒介"的那些动物、微生物和植物可能扩大分布范围，造成更多的致病病毒和细菌向人进攻，出现全球性流行传染病的概率增加，如登革热、黄热病、疟疾和盘尾丝虫病等。

（4）改变水资源的分布和水量。全球气候变化可能引起水量的减少和洪水的泛滥。当今世界水资源缺乏的国家日益增多，气候变化很可能造成更多的国家和地区缺水，由此而引起的冲突将会增多，因此，环境安全将成为国际性问题。

5. 全球变暖对生态系统的有利影响

全球变暖对生态系统的影响也有有利的一面，主要是 CO_2 具有"化肥效应"（肖国举等，2007）。例如，美国的一个由农学家、地质学家和环境学家组成的研究气候变化的委员会的研究结果表明，全球气候变暖带来的好处或许超过它的副作用。因为大气中 CO_2 含量增加会使地球变得更绿，土地变得更肥沃，如果 2050年全球气温平均升高 2℃，可望为美国带来的好处是：粮食每年增产 15%，水资源量增加 9%，森林覆盖率增加 10%，每年可创造价值 1000 亿美元，而气温升高造成的损失每年约 200 亿美元（徐小锋等，2007）。

二、全球气候变化和区域大尺度科学问题

（一）区域生态环境脆弱性问题

气候变化下陆地生态系统的脆弱性研究对减缓和适应气候变化对生态系统的不利影响有着重要的预警作用和决策意义，是全球气候变化研究领域的重要课题（苑全治等，2016）。针对此方面，国内外开展了大量相关研究，取得了丰富的研究成果，但由于认识有限，部分科学问题仍然存在模糊性（陈宜瑜等，2002）。

（1）目前对于气候变化下陆地生态系统脆弱性内涵的理解仍然存在分歧，争议的焦点集中在"是否认为暴露程度是系统脆弱性的构成要素"。若不是，则脆弱性是系统本身的一种属性，包括系统在气候变化下的敏感性和适应能力；若是，则脆弱性是在气候变化的不利影响下由一种状态转为另一种状态的变化量，即生态系统退化的程度。

（2）对于气候变化下生态系统脆弱性概念理解的不统一导致了脆弱性评价方法的差异，部分研究在对脆弱性评价时考虑了系统在气候变化下的敏感性和适应能力两个方面；而有些研究在评价系统脆弱性时考虑暴露程度、敏感性和适应能力三个方面，或者将在气候变化的不利影响下系统特征值的变化作为指标来评价系统脆弱性。

（3）气候变化下生态系统的脆弱性是一个相对的概念，脆弱性评价需要以生态系统的一个特定的状态做基准，然而对于评价基准的选择方法目前仍不成熟，部分研究以生态系统的生态基准作为评价基准，但由于实测资料有限，对于生态基准的研究仍然相对滞后。

气候变化下生态系统的脆弱性评价研究仍存在诸多问题亟待解决，未来的研究中对于脆弱性概念的争论可能长期存在。但这不影响脆弱性评价研究的发展，对生态系统脆弱性的评价能够揭示生态系统本底对气候变化的响应特征，而以气候变化不利影响下的生态特征变化程度为指标的脆弱性评价，则能够反映在特定

气候条件下生态系统的脆弱状态；评价基准和阈值的合理设定是气候变化下陆地生态系统脆弱性评价的关键，是今后重要的研究方向（於琍等，2005）。

（二）区域土地覆盖和利用及其影响问题

土地利用与土地覆盖直接反映了引起全球气候变化的主导因子——人类活动对气候变化的影响程度（周广胜和王玉辉，1999）。因此，关于土地利用与土地覆盖变化的研究将有助于加深对全球气候变化与陆地生态系统相互作用的理解，有利于科学地制定应对全球气候变化的对策，最大限度地减小全球气候变化带来的不利影响，抓住全球气候变化带来的机遇（邵璞和曾晓东，2012）。土地利用和土地覆盖对于气候的反馈作用将可能加快或减缓全球气候的变化，因而土地利用与土地覆盖的变化对气候反馈作用的研究将有助于提高我们预测全球气候变化以及其对于植被影响的能力，减小预测的不确定性（塔西甫拉提·特依拜和丁建丽，2006）。

气候变化对植被的生长发育、生产力、生物量等都将产生极大的影响。气候变化使西北高海拔地区高寒草地植被覆盖度与生产力出现大范围下降现象，草地植物群落组成发生改变，原生植被群落优势种减少，高寒旱生苔原灌丛有持续增加趋势，20世纪80年代初到21世纪初，整个青藏高原地区植被覆盖度总体呈增加趋势（马丽等，2017）。王根绪等（2007）指出，气候的暖干和暖湿变化对高寒草地植被生物量的影响不同，如果未来10年气温增加0.44℃，降水量增加8mm，地上生物量将明显减少。同时，高寒草原对气候增暖的响应幅度显著小于高寒草甸，对降水的增加响应要大于高寒草甸。由于气候变化和人为因素的共同作用，青藏高原主要的植被类型——高寒草原和高寒草甸的退化不断加剧，使"三江源"地区牧草生育期缩短，牧草高度较20世纪80年代下降30%~50%，产草量下降，其中最严重的曲麻莱县产草量减少70%~80%，高寒草原覆盖度降低，草地严重退化（张国胜和李林，1998）。江河源区脆弱的生态环境对气候的响应强烈，冰川退缩和多年冻土的消融加剧了高寒草地的大范围退化。

（三）区域水土资源及环境问题

水土资源是人类赖以生存的物质基础，是保障国家水安全和粮食安全的根本；水土资源的优化配置已成为全球生态环境保护和经济发展共生的有效途径（夏星辉等，2017）。在全球气候变化背景下，水资源的水质、水量以及土地资源的格局和土壤环境质量都将发生深刻的变化。因此揭示全球气候变化对区域水土资源和环境质量的影响，预估全球气候变化背景下区域水土资源和环境质量的变化趋势，并将这种影响纳入水土资源优化配置模型中，建立全球气候变化背景下规避生态环境风险的水土资源优化配置模型是当前国际研究的重大热点和前沿命题，是我国亟需解决的国家重大需求（陈宜瑜等，2002）。未来相关研究需以全球气候变化背景下大气-陆面-水文-环境过程演变为主线，重点研究水土界面物质/能量迁移传输和相互作用过程及规律、区域水土资源空间网络系统变化特征和驱动机制、气候变化对区域水土资源和环境质量的影响评价、全球增暖 1.5℃/2℃ 区域水土资源优化配置模式设计等内容。集中解决三大科学问题：气候变化背景下水土界面物质/能量迁移转化过程及规律、区域水土资源空间网络系统对全球气候变化的响应过程及机理、全球气候变化背景下水土资源优化配置原理及环境风险规避机制。

（四）区域生态修复问题

所谓生态修复是指对生态系统停止人为干扰，以减轻负荷压力，依靠生态系统的自我调节能力与自组织能力使其向有序的方向进行演化，或者利用生态系统的这种自我恢复能力，辅以人工措施，使遭到破坏的生态系统逐步恢复或使生态系统向良性循环方向发展；生态修复主要指致力于那些在自然突变和人类活动影响下受到破坏的自然生态系统的恢复与重建工作，恢复生态系统原本的面貌，使生态系统得到更好的恢复。

分析报告显示，生态环境恶化表现为植被破坏、水土流失、沙漠化等方面。根据全国第二次土地侵蚀遥感调查，我国水土流失面积为 356 万 km^2，沙化土地面积约 174 万 km^2，每年流失的土壤总量达 50 亿 t，全国 113 108 座矿山中，采空区面积约为 134.9 万 hm^2，采矿活动占用或破坏的土地面积 238.3 万 hm^2，植被破坏严重（王世元，2009）。

未来生态环境恶化对人类不良影响的表现将越来越明显，加大生态环境建设投入以保护越来越脆弱的生态环境已刻不容缓。为了应对气候变化并改善生态环境，我国政府提出了 2020 年全国森林覆盖率达到 23%，2050 年森林覆盖率达到并稳定在 26% 以上的目标（胡进，2014）。有关部门已开始重点投入矿山生态修复和沙漠化治理等方面的国土整治工作，其中生态修复已成为一个新兴的生态环境建设领域。

（五）区域减贫和可持续发展问题

区域可持续发展与应对全球气候变化挑战的关系应该是互相依存、互为条件，在处理这两个方面的问题时必须统筹考虑，任何一方面都不可或缺。可持续发展的理念是人类通过历史上成功的实践和失败的教训得出的重要结论，可持续发展不仅要求人与自然和谐，还需要人类社会自身的和谐。历史经验表明，发展不均衡是人类社会不和谐的一个根源，国家内部区域发展不平衡可能导致内乱，固化或加大国家间发展的不平衡可能使世界难以实现和平与稳定，因此也不可能实现可持续发展。

当前，全球气候变化是人类面临的共同挑战，国际社会共同应对全球变暖是为了解决人为导致的人与自然不和谐的问题。但是解决全球气候变化问题，绝不能以牺牲社会发展，特别是不能以维持或扩大国际社会不均衡发展为代价。否则，不仅不能解决人与自然和谐发展的问题，还会破坏人类社会自身的和谐（徐冠华等，2013）。

三、全球气候变化的生态样带研究

样带研究方法最早在国际地圈生物圈计划（IGBP）的核心项目"全球变化与陆地生态系统（GCTE）"中提出（张新时和杨奠安，1995）。由于陆地样带可以作为分散的研究站点的观测研究与一定的空间区域综合分析的桥梁，以及不同时空尺度模型间的耦合与转换的媒介，尤其是进行全球气候变化驱动因素梯度分析的有效途径，因而，很快被 IGBP 的其他核心项目及非 IGBP 的研究项目（如生物多样性研究）所采用，成为一种重要和有效的研究手段（Thomas，1992）。IGBP的陆地样带是以一系列综合性的全球气候变化研究计划为基础的。陆地样带是由分布于较大地理范畴（≥1000km）的，存在影响生态系统结构和功能的全球气候变化驱动因素（如气候、土壤或土地利用梯度）的一系列研究站点组成。所谓的全球气候变化驱动因素，如温度、降水（干燥度）和土地利用强度，通常表现为由某单一因素占优势而在空间上连续递变的简单梯度。例如，在纬度方向（南北向）的温度或热量梯度，或由海洋性湿润气候向内陆干旱气候递变的森林-草原-荒漠地带过渡的降水或干燥度梯度。土地利用方式与强度的梯度较为复杂，不同于准线性的气候样带，而包含有人类社会经济活动的原因，但以样带方式进行空间分析研究仍不失为可取之法。在 IGBP 的 36 号报告"IGBP 陆地样带：科学计划"（1995）中对样带作了如下的明确定义："每条 IGBP 样带被选作来反映一个主要环境因素变异的作用，该因素影响生态系统的结构、功能、组成，生物圈-大气圈的痕量气体交换与水循环"。并提出，每条样带均由分布在一个具有控制生态系统结构与功能的因素梯度的较大地理范围（≥1000km）内的一系列研究点所构成（倪健，1997）。这一长度距离的要求是由于要符合于大气环流模型（general circulation model，GCM）运作的最小单元（4 经纬度×5 经纬度或 8 经纬度×10 经纬度）。IGBP 依照以下相当严格的标准来确定全球陆地样带。

（1）样带必须代表一系列或多或少地成一直线和连续的、与由于人类活动引起的全球环境变化的主要环境因子相关联的研究站点。

（2）样带位于正在或很可能受全球环境变化影响较敏感的区域，而发生的这些变化可能具有全球重要性或很可能对大气、气候或水文系统产生反馈作用。

（3）样带必须有足够的跨度，以保证：①来自样带的研究成果可应用于窄条区域；②包含不同主要生活型（如森林/草原或稀树草原，泰加林/苔原）间的过渡带；③具有国家级的科研投资。

（4）样带可为 IGBP 提供有用的资源。

（5）样带的设置或发展建立在沿着样带的大量研究站点、雄厚的科研力量及明确的学术带头人基础上。

陆地样带的主要研究内容包括：①生物地球化学过程（如痕量气体的发散，碳或氮循环等）；②生态系统的物质与能量交换过程；③植被的结构与动态；④生物多样性（种类-群落-景观-区域）；⑤气候-植被的相互作用；⑥土地利用的性质与格局；⑦遥感资料的检验；⑧不同时空尺度模型的发展、验证及其耦合技术（张新时等，1997）。

由于样带均是根据一个或几个全球气候变化驱动因素而设置的，因而可根据这些全球气候变化驱动因素，如温度、降水（干燥度）、土地利用强度等直接与生物多样性的梯度分析联系起来，以点带面，通过对一些典型站点的多样性分析找出整个地区的多样性梯度（倪健等，1999）。从而为制订详细的生物多样性保护计划、生物多样性的恢复和持续利用提供重要的科学依据，同时也可以据此来预测全球气候变化后，样带内生物多样性的变化发展趋势（周广胜和何奇瑾，2012）。它可以作为分散的研究站点的观测研究与一定的空间区域综合分析的桥梁以及不同时空尺度模型间的耦合与转换的媒介，尤其是进行全球气候变化驱动因素梯度分析的有效途径，并且被证明是促进与加强 IGBP 各核心计划间协作的一个有效手段，能使不同学科领域与不同单位及国家的研究者在同一地点进行工作，共用研究设备，便于学术交流与融合，是一种资源节约型与增效型的科学手段。因而，目前国际上陆地样带研究已成为陆地生态系统与全球气候变化研究的重要手段。

四、生态样带对全球气候变化研究和区域可持续发展的意义

全球气候变化背景下生态样带是从机理上理解陆地生态系统对全球气候变化的响应，预测全球气候变化对陆地生态系统的可能影响，实现预警、调节和减小全球气候变化不良影响，科学地规划和管理陆地生态系统的有效研究平台（周广胜，2002）。尽管近年来我国科学家已经以全球气候变化陆地样带为研究平台，获得了许多国际上有显示度又服务于我国社会经济可持续发展的研究成果，但对自然与农业生态系统响应未来气候变化的预测能力还很有限。为此，未来中国全球气候变化陆地样带研究应在注重各科学计划交叉集成的同时，加强以下方面研究。

（1）陆地生态系统对全球气候变化的适应性：重点研究全球气候变化背景下相互作用的大气温室气体、气候变化与土地利用变化对陆地生态系统不同时空尺度的影响过程与控制机制，揭示生态系统适应机制，给出生态适应阈值，提出生

态可持续发展与利用的模式（Wei et al.，2012）。

（2）地球系统相互作用的生物-物理-化学-社会过程与管理：强调地球系统多圈层间的相互作用，研究相互作用的水与生源要素（碳、氮、磷等）在各圈层及其界面间的生物、物理、化学与社会过程及其对管理措施的响应；揭示全球气候变化背景下碳、氮循环与水循环的相互作用过程与控制机制，综合评估碳、水收支的现状、速率与潜力，发展碳、水科学管理模式与对策技术。

（3）土地利用变化的动力学过程与机制：研究不同的利用方式及其强度与程度对陆地生态系统的影响过程与机制，揭示不同土地利用方式、强度与程度对生态系统结构和功能过程的影响，阐明陆地碳库类型转化的增汇机理及优化模式。

（4）灾害性天气气候的生态效应及其调控机制：重点阐述全球气候变化背景下灾害性天气气候对生态与经济社会发展的影响过程与机制，探讨灾害性天气气候的生态适应阈值，建立灾害性天气气候的风险评估方法与技术，提出应对灾害性天气气候影响的措施。

（5）全球气候变化模拟预警系统：从地球系统角度动态阐述陆地生态系统的演变、影响及其变化趋势；发展耦合陆地表面过程、碳循环和植被动态的生物圈模型，并实现与大气环流模型（GCM）的耦合与参数转换；研发集数据库、模型库和专家系统于一体的陆地生态系统数字系统；探讨优化的地球系统管理模式及对策措施，实现陆地生态系统对全球气候变化响应的动态仿真与海量数据管理，为政府制定全球气候变化对策提供依据（王权，1997）。

第二节 生态样带研究方法的科学基础

一、生态学方法基础

植被作为地球表面最突出的组成部分，构成了整个生物圈的支撑系统，因而植被生态学成为生态样带研究的一个重要领域，它涉及从种群和群落，到景观和区域，乃至全球尺度上的生态学问题。在当前全球生态环境出现危机的情景下，对植被生态学的研究显得更为突出。早期的植被与环境关系研究主要是通过野外观察，并加以定性描述，但是涉及大量植被和环境因子的观测数据，单凭直观的观察和人们头脑的简单综合，难以看出其内部的规律性，需要借助数量分析方法的一系列计算分析，找出有生态意义的结果。

一般植物群落野外样地调查有 4 种取样方法：①随机取样，需要足够多的样方才能代表所研究区域的整体性，一般不采用此法；②规则取样，按照网格或者样条规则设计，从区域尺度来讲，样带本身也是一个样条；③人为选择取样，优先选择认为是特别典型的、同质的、有代表性的或未被干扰的地段来设置样方；

④分层取样，以某种方式将研究区域细分成许多个部分，然后在每个部分随机取样（冯起等，2013）。对于有经验的生态学家来说，采用人为选择取样比其他任何方法都要少用样方且调查效果良好。该方法常常被植物生态学家，特别是欧洲的植物生态学家所采用。

从数学上讲数量分析方法可分为两类，简单的统计学方法和多元统计分析方法。前者要求通过对样品数据的分析推断总体的规律性，一般要求显著性检验。种间关联、种群空间分布格局等分析方法大多属于此种。而多元统计分析方法一般不要求从样品去推断总体的规律，也不涉及显著性检验，只是将样方数据作为总体（王玮明等，2007），排序和数量分类方法大部分属于此类。从生态意义上讲，根据研究目的、范围的不同，数量分析方法可分为种间亲和性、生态位、物种多样性、排序、分类、格局分析、演替分析等方面。

二、环境学方法基础

环境学是研究人类与环境关系的学科，因此常以综合方法研究环境系统。大多数环境问题涉及人类活动，故社会学知识往往可用于环境科学研究。环境学研究主要包括以下几个方面。

（1）探索全球范围内环境演化的规律。环境总是不断地演化，环境变异也随时随地发生。在人类改造自然的过程中，为使环境向有利于人类的方向发展，避免向不利于人类的方向发展，就必须了解环境变化的过程，包括环境的基本特性、环境结构的形式和演化机理等。

（2）揭示人类活动同自然生态之间的关系。环境为人类提供生存条件，其中包括提供发展经济的物质资源。人类通过生产和消费活动，不断影响环境的质量。人类生产和消费系统中物质和能量的迁移、转化过程是异常复杂的。但必须使物质和能量的输入同输出之间保持相对平衡。这个平衡包括两项内容。一是排入环境的废弃物不能超过环境自净能力，以免造成环境污染，损害环境质量。二是从环境中获取的可更新资源不能超过它的再生增殖能力，以保障永续利用；从环境中获取不可更新资源要做到合理开发和利用。因此，社会经济发展规划中必须包含环境保护的内容，有关社会经济发展的决策必须考虑生态学的要求，以求得人类和环境的协调发展（郝朝德，2000）。

（3）探索环境变化对人类生存的影响。环境变化是由物理的、化学的、生物的和社会的因素以及它们的相互作用所引起的。因此，必须研究污染物在环境中的物理、化学的变化过程，在生态系统中迁移转化的机理。同时，必须研究环境退化同物质循环之间的关系。这些研究可为保护人类生存环境、制定各项环境标准、控制污染物的排放量提供依据。

三、经济学、社会学方法基础

从经济学和社会学的角度开展气候变化背景下样带的研究起步较晚，主要侧重于从风险社会、全球社会、社会制度等层面进行切入（曲建升等，2008）。以乌尔里希·贝克为代表，通过探讨气候变化问题对当代社会学提出的挑战，阐述了构建气候社会学的必要性。社会伦理学研究方面，迈克尔·S.诺斯科特等在其著作《气候伦理》中以基督教、人和自然之间的关系为视角，探讨应对气候变化挑战的各种政策措施和科学手段。此外，对气候变化问题的社会学研究还包括对其可信度的质疑，涉及对气候变化问题本身的解构，对现有管理模式的批判，对群众自发性减缓与适应行为的探究。

气候变化背景下的生态样带研究不是多学科间知识的简单线性叠加，而是各学科新知识突变的过程。自然科学、技术科学在气候变化研究中可为社会科学提供一般方法和模型工具，提供定量化研究的方法与手段。在研究气候变化问题背景下，自然科学的概念、原理和方法向社会学等应用学科移植和融合，是现实的需要，也是学科发展的必然。这种移植和融合，将打破基础研究和应用研究的鸿沟、自然科学和社会科学的鸿沟，真正实现科学研究的联合。在学科联合、借鉴中，生态样带问题研究将实现应用性与科学性的统一，将有助于科学成果转化为现实生产力，进而有利于公众对相关政策和行动的支持和参与。

四、统计学方法和建模方法基础

植被与环境的关系是生态样带研究的一个重要问题。对这一问题的研究常常需要从植物群落物种组成及丰度数据和对其生境的环境变量的测量数据来推断物种-环境之间的关系。通常，环境的理化特性、气候因子、地貌因素等常常被看作是物种分布格局的重要的决定因素。但物种、环境数据都具有内在的空间异质性，这些数据的变异包含空间变异成分，这种空间异质性往往会导致过高地估计物种与环境因子之间的相互关系。因而，要完整清晰地认识植物群落格局，需要分离数据的空间变异成分和环境变量的变异成分。在过去的几十年里，从大量的复杂的生态学数据中获取信息的多元统计方法伴随着计算机的应用得到了极大的发展。Ter Braak 发展起来的多元直接梯度分析方法——除趋势典范对应分析（detrended canonical correspondence analysis，DCCA）在植被-环境关系的研究中得到了较为广泛的应用。Borcard 提出应用典范对应分析（CCA）分离环境和空间变异的方法。目前国内大部分学者多采用 CCA 方法，因为虽然 DCCA 方法可以使物种排序和环境解释一步完成，但是对于环境数据的要求比较严格，而间接梯度分析（排序）可被用于在环境梯度不知道或不清楚的情况下（贾晓妮等，2007）。

第三节　国际生态样带研究热点和典型样带简介

全球气候变化陆地样带作为确定多变量的相对重要性与相互关系、分散研究站点观察研究与一定区域综合分析的桥梁，尤其是全球气候变化驱动因素梯度分析的有效途径，受到全球气候变化研究者的高度关注（周广胜和何奇瑾，2012）。全球气候变化陆地样带的概念首先出现于1993年8月在美国加利福尼亚州举办的"全球气候变化与陆地生态系统关系"研讨会，会上确定了首批启动的4条全球气候变化陆地样带：北澳大利亚热带样带、北美中纬度样带、中国东北森林草原样带和阿根廷样带。至1995年IGBP在全球共启动了15条全球气候变化陆地样带，其中13条为国际样带，2条为中国样带。样带研究方法在自然科学研究、社会经济科学研究等多领域被广泛应用。本节将对主要的国际样带进行简要介绍。

一、SALT 生态样带

（一）样带地理位置和环境梯度特征

SALT（Savannas in the long term）生态样带位于西非热带稀树草原。该样带是从南到北设置的，从科特迪瓦到马里，长度约1000km。沿样带存在降水梯度，年降水量从科特迪瓦稀树草原地区的1200mm，到萨赫勒地区的300mm。

西非热带稀树草原地区属于热带干燥气候，有明显的旱季和雨季之分，降水集中在雨季，旱季的干旱成为植物生长的不利因素。年内季节降水量差异很大，以年降水量为1000mm计，旱季只有10mm。年际波动也很大。土壤类型主要为低活性淋溶土（lixisol）、铁铝土（ferralsol）、砂性土（arenosol）、强淋溶土（acrisol）（Jagtap，1995）。草本植物占据优势，乔木稀疏散生。

（二）主要研究方向和研究进展

该样带被认为是最理想和先进的样带，其原因是该地区对全球气候变化的许多因子都有敏感性和潜在反馈性。样带研究主要基于8个主要点和若干个次要点的过程研究，并用遥感手段将点的研究推向整个区域。主要有以下研究：水分平衡以及土地利用、土壤类型对于生态系统碳汇与碳流以及植被组成和结构的影响；植物生理生态的变化特点；气候及土地利用对于树木和草本植物的决定作用以及对全球气候变化的响应；沿梯度的碳、氮循环的变化对于植物的适口性和分解率的影响以及全球气候变化后的相互作用；萨瓦纳（Savanna）群落CH_4、CO、NO以及非甲烷烃类和微粒的释放对于大气的反馈强度；木本植物和草本植物的变化格局对于挥发性有机碳（VOC）、NO和O_3释放的影响。

样带的综合研究是将能流和物流与物种与植被的动态联系起来，其目的是要在从斑块到区域到大陆的更广幅的尺度上来了解生态系统的过程与性质的变化。样带分析研究和建模的主要内容包括：初级生产力、有机物与养分循环、土壤-植被-大气相互作用、表土特征与侵蚀过程、植被结构和动态、生态系统对干扰的反应（如火、放牧、农垦等），以及小流域的水文与水质变化（王权，1997；张新时和杨奠安，1995）。

二、南非卡拉哈里样带

（一）样带地理位置和环境梯度特征

南非卡拉哈里样带（Kalahari Transect，KT），是 IGBP 确定的用于研究陆地生态系统气候、生物地球化学、生态系统结构和功能的关系的大样带之一。样带设计从北向南延伸，从赞比亚开始，通过博茨瓦纳、纳米比亚，直到南非，长约1400km。沿样带表现出十分明显的湿度梯度，年降水量从南部的约 250mm 到北部的平均 1000mm，雨季从 10 月开始，到第二年的 4 月结束，其余月份 5 月到 8月是旱季，很少有雨或几乎无雨。年际间降水量变异系数从南部的 40% 到北部的16%。植被类型从北部茂密的森林过渡到南部稀疏的灌丛草地。

南非卡拉哈里样带跨越卡拉哈里（Karahari）沙漠，该样带内沙地面积 250 万 hm^2，南北分布从 29°S 到赤道，东西覆盖 14°E～28°E。沙地于大约 1000 万年前由风成因素形成，沙地堆积最深处达 100～200m。由于整个地区主要由深厚的沙地组成，样带内土壤类型相对一致。

样带内萨瓦纳植被的结构和组成主要由降水量、土壤营养有效性、火及草食动物决定。用火、砍伐树木、放牧、围栏等人类活动无疑是植被结构的重要影响因素。萨瓦纳植被类型从西北到东南有细叶萨瓦纳向阔叶萨瓦纳更替的趋势。

（二）主要研究工作和研究进展

1999～2000 年有 8 个国家的 50 位科学家联合开展了卡拉哈里样带的湿季野外考察，重点开展沿样带的生态过程变化研究，包括生态系统的结构、功能和生物地球化学的研究，以及斑块、景观和区域等不同尺度的模拟。研究表明，样带内地势相对平坦，海拔变异很小，土壤主要为覆盖沙土，分布一致，只有降水梯度十分明显，是决定沿样带植被的结构和生态生理功能变化的主要因素。该研究反映了样带具有验证全球和区域尺度植被模型、校正监测全球气候变化的卫星数据以及与地面数据结合的潜力，对于分析区域尺度的全球气候变化的影响具有重要意义（Shugart et al.，2004）。

学者对样带区树木和草本植物共为优势植物、长期互不替代的机制兴趣浓厚，并做了大量研究工作。研究揭示了树冠盖度与年平均降水量具有强相关关系，降水量是制约萨瓦纳植被生产力的重要因素。学者也探讨了关于土壤 N、P 营养元素对萨瓦纳植被地上草产量的影响，施 P 和施 N 对地上草生物量有促进作用，但年际间样地差异很大，说明年际间的降水量变化是影响生物量的主导因素。学者也对随干旱度不同而变化的土地利用强度梯度下的植物和土壤进行了 N 同位素丰度测定，发现土地利用强度越大，土壤和植物中 $\delta^{15}N$ 含量越高，反映了放牧和耕作对 N 循环过程的影响。

三、北澳大利亚热带样带

（一）样带地理位置和环境梯度特征

北澳大利亚热带样带（Northern Australia Tropical Transect，NATT）位于澳大利亚北部热带地区，12°S～23°S，128°E～138°E，从达尔文（Darwin）到滕南特克里克（Tennant Creek），南北跨度达 1100km，年平均降水量从北部湿润地区的 1800mm 递减到南部干旱地区的 200mm 左右，是一个典型的以降水差异为主要梯度因素的样带，从北部的森林植被更替到南部的萨瓦纳植被，是对萨瓦纳植被物候和生态系统功能进行研究的理想的"天然实验室"。NATT 人口密度很低，不足 0.13 人/km^2，而且主要集中在样带北部。因此，该样带的主要生态驱动因素是以自然降水差异为主的梯度因素。

（二）主要研究方向和研究进展

在 NATT 开展的研究工作包括：①沿样带植被的水分利用效率及 N 获取和 N 有效性的相关研究。研究表明沿 NATT 从北到南，植被水分利用率的时间异质性变强，土壤水分含量渐低，水分匮缺性增大，导致植被总初级生产力降低（Kanniah et al.，2011；Cook et al.，2002；Eamus and Prior，2001；Hutley et al.，2001）。②揭示萨瓦纳沙地土壤中树木的密度降低与年平均降水量降低的关系。研究表明，低于 600mm 降水量的地区树木利用水分量减少，树木利用土壤水分的最小深度也由 5m 降低到 1m。③利用日光诱导叶绿素荧光遥感技术研究干旱生态系统的物候特性等。

四、美国俄勒冈样带

（一）样带地理位置和环境梯度特征

美国俄勒冈样带（Oregon Transect Ecosystem Research，OTTER）的主要研究区域从太平洋沿岸的林肯郡开始，向东延伸至俄勒冈州雷德蒙德（Redmond）附近，东西向长约 250km，沿样带设有 6 个研究站点。该样带有较大的温度和湿度梯度，年平均降水量在西部可达 2500mm，而在东部只有约 250mm；西部沿海地带极少降雪，而东部则有严寒的冬季；不同站点之间叶面积指数和净初级生产力的变化幅度可达 10 倍以上，是一个温度和湿度生态梯度均较大的样带。

（二）主要研究工作和研究进展

俄勒冈样带的研究主要采用 Forest-BGC 模型开展。该模型由 Running 和 Coughlan（1988）建成，用以模拟生态系统中 C 和 H_2O 的流动，又于 1991 年由 Running 和 Gower 将其扩展，将 N 循环包括在内。Forest-BGC 共有 20 个主要状态变量和 48 个模型参数。但只有少数部分可以从野外实测得到，测得的变量和参数主要包括以下几个。

（1）水：季节性融雪率、季节性土壤水分匮缺、季节性叶水势、季节性水流量。

（2）C：季节性冠层 CO_2 和水流动速率、季节性土壤 CO_2 释放量、地上年初级生产力、叶和茎生物量、年凋落物量、稳态叶面积指数（LAI）、茎生物量。

（3）N：年矿质化数量、冠层 N 重新分布量、凋落物 N 含量等。其他的参数变量一方面通过遥感方法得到，另一方面通过对每个站点模型模拟输出一部分变量，并和其他各种方法得到的变量值进行比较，用以检验模型。预测和检验的变量有：①水循环：黎明前叶水势；② C 循环：地上净初级生产力（ANPP）、LAI、茎生物量；③ N 循环：N 含量。OTTER 研究工作表明 Forest-BGC 模型适用于环境变化较大地区的生态系统的模拟，并且其主要参数可以通过遥感手段来获得，从而为机理性模型在区域层次的应用奠定了基础（王权，1997）。

五、北美中纬度样带

（一）样带地理位置和环境梯度特征

北美中纬度样带（North American Mid-Latitude Transect，NAMER）位于北美中纬度地区。该样带从西部的落基山脉山麓小丘到东部的密西西比河的边缘，长度约 1200km（丁一汇等，2006）。沿样带主要存在降水梯度，年降水量从西部的 300mm 增加到东部的 1200mm（安芷生和符淙斌，2001）。

该样带属于温带大陆性气候，样带气候环境从半干旱地区变化到湿润地区（丁一汇等，2006）。夏季是整个样带的雨季，通常冬季降水量占年降水量的比例少于 25%（林春路，2012；符淙斌，2000）。样带潜在蒸散量为 1500mm/年，超过了整个样带上不同地区的年降水量（丁一汇等，2006）。土壤类型以大面积的砂沉积物和沙丘为显著特征（丁一汇等，2006）。样带上的自然植被为西部的短草草原、中部的高草草原及东部的落叶阔叶林。20世纪90年代，农业是样带上主要的土地利用方式。由于受土地利用方式的影响，样带中部和东部的自然植被很少。样带中部以作物种植为主，样带西部以畜牧业为主（丁一汇等，2006）。样带所有能被用来耕作的土地都转变成了耕地。样带东部种植玉米，中部种植冬小麦，西部未种植作物的土地用来放牧。整个样带上作物产量普遍比较高（如在科罗拉多州韦尔德县作物产量高达7000kg/hm²）（丁一汇等，2006）。

（二）主要研究方向和研究进展

该样带研究重点是理解气候或者大气组成发生变化（如CO_2引起的蒸腾变化）导致的水分有效性的改变对生态系统结构和功能产生的影响（江学顶等，2003）。研究的主要的科学问题包括：①半干旱区水分有效性的改变对初级生态系统过程（初级生产力、养分循环、微量气体交换和蒸散）有什么影响？主要植被类型（灌丛、草地、森林）对这些变化反应的程度是否不同？②以功能类型（C_3和C_4）混合为特征的系统，是否比以一个或另一个功能组为主导的系统对水分有效性的变化表现出更大或更小的生态系统水平响应？③随着水分有效性的变化，土壤和植被碳库的相对变化速率是多少？植被发生变化时，土壤有机质类型和养分含量动态如何随时间变化？④在水分有效性空间梯度上，特定植物功能类型的根系分布特征是植被结构的关键决定因素吗？

Barrett等（2002）在该样带上研究了年际和季节气候变化对土壤有机质、地上净初级生产力（ANPP）和原位净氮矿化的影响。结果表明，在样带末端的半干旱区，长期气候因子（特别是降水量）均值的季节和月变异最大。ANPP对这种气候因子的变异是敏感的，并与平均年气候因子密切相关。在培养过程中，净氮矿化和硝化作用受土壤水分和温度的影响较弱，并且对季节气候变量的敏感性低于ANPP。ANPP和净氮矿化没有相关性。

六、加拿大 BFTCS 生态样带

（一）样带地理位置和环境梯度特征

北方森林样带案例研究（Boreal Forest Transect Case Study，BFTCS）生态样带位于加拿大中部，是北方森林过渡样带。样带长约1000km，宽约100km，西南-东北走向，与加拿大北方森林的南界和北界呈垂直方向。沿样带地势相对平坦，南北最大海拔差仅700m，且中间没有大的地理障碍。样带年平均降水量为424mm，平均潜在蒸发量为394mm，1月均温–22.1℃，7月均温16.9℃。样带的东北端气候相对冷湿，Churchill站点年均降水量403mm，1月均温–27.5℃，7月均温11℃；样带的西南端相对热且干燥，Medicine Hat站点年降水量347mm，1月均温–12.7℃，7 月均温 19.9℃。土壤类型从南部草原的黑钙土，到北方森林的淋溶土，再到北部苔原的泥炭土，土壤肥力递减。该样带是研究加拿大北方森林群落结构、功能和过程的理想平台。

（二）主要研究方向和研究进展

生态学研究越来越多地采用野外观测测定和数据分析相结合多学科交叉的方法开展工作。以美、加科学家为主，以 BFTCS 生态样带为研究平台，合作开展北方生态系统-大气研究（Boreal Ecosystem-Atmosphere Study，BOREAS）实验，通过多尺度的测定研究，建立从叶片到冠层再到景观和区域的关系模型，研究不同层次结构对气候变化的敏感性响应。BFTCS 样带研究工作包括：①生物量清单和生产力评估。标准化测定森林样点的立木密度、胸高断面积、活立木总蓄积量以及土壤因子，估测植被生物量、碳密度、年生产力等。②森林地面凋落物分解速率。研究估测枯落物基质和气候的互作关系。③高地景观的敏感性研究。④自然和人为干扰史的研究，重点是森林野火的研究。⑤利用遥感技术和数据研究大尺度植被结构的时空变化及其对气候变化的响应。

第四节 国内生态样带和研究热点

中国生态系统样带研究始于 20 世纪 90 年代。两条著名的样带是中国东北森林草原样带（Northeast China Transect，NECT）和中国东部南北样带（North-South Transect of Eastern China，NSTEC）。前者由叶笃正院士课题组在 1991 年最早提出，由张新时院士于 1993 年在 IGBP 国际样带会议上正式提出，并定名为 NECT，被列为 IGBP 陆地样带之一。后者是由刘东生院士 1994 年在过去全球气候变化研究计划（Past Global Changes，PAGES）国际学术会议上倡议设置的。这两条样带代表了决定我国气候和植被的两条最重要和显著的梯度，即热量梯度和湿度梯度，既反映了我国基本的陆地生态系统或生物群区类型和地带性，也包括了我国主要的土地利用格局（侯向阳，2012）。通过查阅文献和梳理相关资料，本节将对这两条样带的主要梯度特征、项目研究概况、主要研究进展进行综述。

一、中国东北森林草原样带

（一）样带地理位置和环境梯度特征

中国东北森林草原样带（Northeast China Transect，NECT）是沿降水量梯度设立的样带，位于东经 112°～130°30′，沿北纬 43°30′设置，东西全长约 1600km，南北幅度约 300km。

该样带的设置反映了全球气候变化驱动因素之一——降水或湿润/干燥度的梯度，代表着由海洋性湿润气候向大陆性干旱气候的过渡，从东到西表现为温带湿润、温带半湿润到温带半干旱的过渡。年降水量 177～706mm，1 月降水量 0.3～0.5mm，7 月降水量 67～197mm，湿度指数 35.5～45.0mm，自然植被净初级生产量（NPP）2.8～6.9t/(hm²·a)（张新时等，1997）。

沿样带地势相对平坦，没有太高的山脉，基本上具有水平地带性特征。植被上反映了由强中生性的温带森林红松针阔叶混交林-蒙古栎落叶阔叶林，向旱中生、旱生的温带草原的主要亚型草甸草原-典型草原-荒漠草原的陆地生态系统的空间更替。土壤上呈现东亚中温带典型的土壤类型变化，由森林土壤暗棕壤、草甸土壤到草原土壤黑钙土、栗钙土、棕钙土的梯度分布（张新时等，1997）。

样带区域内土地利用方式多样，农、牧、林都占主要地位。其中耕地占总面积的 32.6%，主要分布在大兴安岭以东，吉林东部山地以西的辽河平原北部地区；林地占 19.8%，主要分布于吉林东部的低山丘陵、长白山熔岩台地与中山以及西部大兴安岭东坡；草地占 38.3%，主要分布于内蒙古高原、松嫩平原西部（张新时等，1997）。

（二）样带项目、平台和考察概况

1. 重大、重点项目立项情况

中国东北森林草原样带自提出以来，先后在国家自然科学基金委员会、科技部、中国科学院的资助下开展了大量研究工作。2006 年科技部立项国家重点基础研究发展计划（973 计划）"北方草地与农牧交错带生态系统维持与适应性管理的科学基础"（2007CB106800）。"八五"和"九五"期间国家自然科学基金委员会启动了两项利用样带方法研究全球气候变化的重大项目，研究工作集中在中国东北森林草原样带和中国东部南北样带上。这两个项目的研究工作部分地揭示了全球气候变化对中国主要陆地生态系统能量与生产力过程的影响、全球气候变化对中国主要陆地生态系统物质循环和水分利用效率的影响、土地利用与覆被格局变化及其对农业生态系统的影响。2005 年立项设立了重大项目"我国主要陆地生态系统对全球气候变化的响应和适应性样带研究"。其他相关基金项目还有"全球气候变化的中国东北森林草原样带研究"重点项目、"中国东北样带典型生态系统的碳循环过程和机理"国家杰出青年科学基金项目等。

2. 实验平台情况

在中国东北森林草原样带（NECT）范围内最重要的长期定位观测积累与研究工作的生态站包括：①长白山森林生态系统实验站；②长岭（松嫩平原）草地实验站；③乌兰敖都（科尔沁）沙地生态实验站；④锡林郭勒温带草原生态系统

实验站。其他的在荒漠草原、草原化荒漠地区的实验站也发挥了一定的作用。

3. 样带考察情况

样带设立以来，在 1994 年、2001 年、2008 年先后开展了 3 次多学科大规模的样带考察研究。

1994 年 6～7 月，由中国科学院植物研究所联合相关单位对样带进行了考察，获得大量第一手资料。在此基础上，开展了样带的气候-植被关系地理信息系统分析，植被的结构和生产力的动态模拟，遥感（NOAA/NDVI）监测与自然植被的净初级生产量（NPP）模拟等研究。建成 NECT 生态信息数据库，为样带的数量分析、图形和图像分析、模型的空间格局和动态过程研究奠定了基础。开展的 NECT 地理信息系统分析，为各类气候要素、地形、植被、土壤等因子的梯度分析与数量相关研究提供了良好手段。

2001 年 7～8 月，由中国科学院植物研究所组织考察队对中国东北森林草原样带进行科学考察。考察队从吉林珲春出发，沿北纬 43°30′向西，遵循 1997 年中国科学院植物研究所对中国东北森林草原样带进行考察的路线，每隔 25km 用全球定位系统（Global Positioning System，GPS）确定采样地点，进行植物群落、土地利用方式记录及优势植物光合作用测定；同时，选取代表性地段，挖土壤剖面，按土壤发生层次选取不同层次土壤样品，装入布袋，风干后室内进行化学分析。

2008 年，开展了样带化学计量分析的考察，结合草原站 27 年的长期监测实验，分析了草地生态系统的内稳性与草地生产力和稳定性的关系。

（三）主要研究进展

1. 植物碳氮代谢

与一般的干旱有助于促进植物高温适应性的结果不同，本研究提出：干旱加剧了高温对光合器官的伤害，使叶片氮素水平降低，进而削弱光合能力，反映了干旱和高温的交互作用降低了植物固碳能力，干旱促使叶片加厚，而高温则相反，表明高温对羊草的干旱适应性不利。沿样带自东向西羊草水分利用效率和气孔密度呈明显增大趋势，表明羊草气孔数量的增多有利于提高水分利用效率（周广胜和何奇瑾，2012）。

2. 生态系统多样性

沿中国东北森林草原样带生物多样性随降水的减少而减少；α 多样性指数表现为森林>草甸草原>典型草原>荒漠草原；β 多样性指数沿样带由东向西逐渐降低，表明群落内物种被替代的速率变慢。

土地利用方式变化也是中国东北森林草原样带的重要驱动力，是影响生态系统变化的重要因素。沿中国东北森林草原样带，中牧或重牧阶段草地群落多样性指数较大，呈现出中牧（重牧）>重牧（中牧）>轻牧>过牧（周广胜和何奇瑾，2012）。

3. 生态系统生产力

沿中国东北森林草原样带，植被净初级生产量（NPP）呈由东向西逐渐递减趋势。1982～1999 年 NECT 植被 NPP 为 58～811gC/(m²·a)，平均为 426gC/(m²·a)；NECT 的总 NPP 变异范围是 0.218～0.325PgC（1Pg=10¹⁵g），平均为 0.270PgC；NECT 的总 NPP 在 1982～1999 年整体呈显著性增加趋势，其中样带 NPP 在 1982～1990 年呈显著增加趋势，在 1991～1999 年则没有显著变化趋势。典型草原、荒漠草原对气候变化表现出高的敏感性。

沿降水梯度不同草原类型土壤呼吸速率表现为：羊草草原 [1471.2mg/(m²·h)] >草甸草原 [1304.3mg/(m²·h)] >大针茅草原 [895.6mg/(m²·h)] >荒漠草原 [756.0mg/(m²·h)]，与其年降水量变化 [草甸草原（>450mm）>羊草草原、大针茅草原（300～350mm）>荒漠草原（<200mm）] 并不一致，表明草原土壤呼吸不仅与环境因子，还与草原类型有关（周广胜和何奇瑾，2012）。

放牧与开垦是影响草地土壤呼吸的主要方式，放牧并没有改变土壤呼吸的季节动态。开垦导致草甸草原土壤呼吸速率增加 [由 1304.3mg/(m²·h)增加至 1707.9mg/(m²·h)]。

中国东北森林草原样带内土壤有机碳、土壤全氮、土壤有效氮、土壤全磷、土壤有效磷沿经度均呈东高西低分布趋势；土壤碳、氮、磷含量不仅与降水量和温度有关，而且与土壤特性、土地利用方式、植被特性及人类的干扰程度有关。

二、中国东部南北样带

（一）样带地理位置和环境梯度特征

中国东部南北样带（North-South Transect of Eastern China，NSTEC）是在中国东部地区设立的样带，在 108°E～118°E 沿经线由海南岛北上至 40°N，然后向东错位 8°，再由东部 118°E～128°E 往北至国界，南北相距约 3500km，有明显的热量梯度和水热组合梯度，形成了由北向南独特而完整的以热量梯度驱动为主的森林地带系列，从北（53°31′N 的漠河）到南（4°15′N 的南沙群岛）依次分布着寒温带针叶林、温带针阔叶混交林、暖温带落叶阔叶林、亚热带常绿阔叶林、热带雨林、季雨林和赤道珊瑚岛常绿阔叶林。2000 年 5 月，该样带被 IGBP 列为第 15 条标准样带（滕菱等，2000）。

中国东部南北样带是从大兴安岭起经太行山到贵州山地高原一线以东地区，

从南至北的地貌为：海南岛山地丘陵、东南沿海丘陵、南岭山地、江南丘陵、黔鄂山地高原、秦岭淮阳山地、黄土高原和黄淮平原、冀北山地、内蒙古高原、东北平原、兴安岭山地。

样带内的年平均气温具明显的从南到北递减的趋势：海南 24℃，广东 20～24℃，湖南、湖北、江西 16℃，河南、安徽、河北、北京 8～12℃，辽宁 4～8℃，黑龙江 0～4℃。最冷月温度由南到北也逐渐降低。样带内的气温年较差从南到北显著增高。样带内太阳总辐射量的范围为 376.7～795kJ/cm²，光资源的区域性差异不是很大。样带内降水量由南向北呈递减趋势，样带内的长江以南地区降水量为 1000mm 以上，长江以北的河南、安徽为 1000mm 左右，河北、北京为 600～800mm，东北为 600mm。按照中国科学院自然区划工作委员会在 20 世纪 50 年代划分的气候带，中国东部南北样带跨越 6 个气候带，从南到北依次为：赤道季风气候带、热带季风气候带、亚热带季风气候带、湿润或半湿润暖温带季风气候带、半湿润或半干旱温带季风气候带、寒温带大陆东岸季风气候带。

中国东部南北样带土壤主要为森林土壤、草原土壤。从南到北土壤类型依次为：砖红壤、砖红壤性红壤、铁质化砖红壤性土、黄壤和红壤、黄褐土和黄棕壤、棕色森林土和褐土、灰化棕色森林土、生草灰化森林土（彭少麟等，2002）。

中国东部南北样带栽培树木和农作物从南至北分布规律十分明显。南亚热带珠江三角洲栽培常绿阔叶树种，农作物以水稻为主，一年两熟最为普遍；北亚热带的江汉平原、长江三角洲的栽培树种既有暖温带的某些落叶阔叶树，也有常绿阔叶树和亚热带特有的落叶阔叶树，农作物一年两作，夏季以水稻为主，冬季以油菜、小麦为主；淮河中游平原、关中平原栽培的落叶阔叶树种一方面具有暖温带的特点，另一方面也逐渐出现亚热带的过渡树种，农作物除小麦、大豆、棉花、芝麻、烤烟、玉米外，水稻栽培比例也较大；黄辽平原栽培落叶阔叶树种，粮食作物以小麦、谷子、玉米、高粱、大豆、甘薯、水稻为主；辽东半岛、胶东半岛是苹果和梨的重要产区，农作物方面有玉米、高粱、马铃薯、小麦、水稻、大豆、谷子等（滕菱等，2000）。

中国东部南北样带植被分布与气候关系密切。寒温带针叶林带年均气温 –5.5～–2.2℃，最冷月均温–38～–28℃，最热月均温 16～20℃，年降水量 350～550mm；温带针阔叶混交林年均气温 0～8℃，最冷月均温–25～–10℃，最热月均温 21～24℃，年降水量 500～1000mm；落叶阔叶混交林年均气温 9～14℃，最冷月均温–13.8～–2℃，最热月均温 24～28℃，年降水量 500～900mm；常绿阔叶林年均气温 14～22℃，最冷月均温 2.2～13℃，最热月均温 28～29℃，年降水量 800～2500mm；季雨林年均气温 22～26.5℃，最冷月均温 16～21℃，最热月均温 26～29℃，年降水量 1200～3000mm。

（二）样带项目和平台概况

1998 年国家自然科学基金委员会设立了"中国东部陆地农业生态系统与全球气候变化相互作用机理研究"重大项目，由中国科学院华南植物研究所主持，北京师范大学、中国农业科学院农业气象研究所和东北林业大学等单位共同承担。在中国东部南北样带范围内开展了水、土、气、生的综合观测，建立了样带数据库，绘制了样带内农业生态系统生物量、生产力分布格局图，研究了中国东部农业生态系统结构、功能和过程机理，样带土地利用和土地覆盖格局的变化，以及对自然生产力、自然环境和社会经济发展的影响，分析研究了中国东部南北样带全球气候变化的趋势和温室气体对我国农业地理分布和农业生产的可能影响，并提出了对策（王兵等，2006）。

2005 年国家自然科学基金委员会又设立了"我国主要陆地生态系统对全球气候变化的响应和适应性样带研究"重大项目，由中国科学院地理科学与资源研究所主持，中国科学院植物研究所、中国林业科学研究院、北京师范大学等共同承担。该项目包括 4 个课题，即"生态系统水碳氮循环过程对全球气候变化的响应与适应机制""生物多样性与生态系统功能关系对全球气候变化的响应与适应""中国陆地样带生态系统植被分布格局变化的环境驱动机制""区域生态系统过程功能和结构对全球气候变化响应和适应的集成分析"。以我国东部南北样带为平台，综合研究了生态系统对全球气候变化的响应与适应性，为我国政府制定可持续发展战略，履行国际环境公约提供了理论基础。

（三）主要研究进展

1. 生态系统水碳氮循环过程对纬度梯度全球气候变化的响应与适应机制

中国区域陆地生态系统碳收支格局的量化研究表明，森林生态系统的"碳汇"功能明显高于草地，东部亚热带天然林与人工林、温带森林生态系统都表现出明显的"碳汇"功能（刘颖慧等，2012）。从各生态系统观测的碳收支年际变异性来看，各生态系统的碳收支在年际均存在较大的差异，甚至在不同的年份之间还会发生"碳汇"和"碳源"的转变，进一步证明了生态系统的"碳汇"功能受年际气候波动的影响。

中国温带和亚热带森林生态系统净交换（net ecosystem exchange，NEE）量与温度之间呈现明显的正相关关系，其与温度的相关性明显高于降水。中国区域生态系统碳吸收能力随着年平均气温的升高而逐渐增强，这与 NEE 随纬度的变化趋势一致。生态系统碳吸收能力随降水量的增多逐渐增强，但当降水量超过 1500mm 后，碳吸收能力有降低趋势。

中国陆地生态系统的光能利用率（utilization efficiency of light，LUE）表现出明显的季节和年际变异性，温度和降水量与 LUE 呈正相关，说明不同生态系统之间 LUE 的变异受到温度和降水的双重控制。

在某一特定气候条件下，生态系统水分利用效率（WUE）具有较强的保守性，随着纬度的升高，生态系统 WUE 表现出先降低后升高的变化趋势。

东部森林生态系统叶片 P 含量随着纬度的升高呈线性增加的趋势，但当纬度高于 48°后，叶片 P 含量反而降低。叶片 C/P 随纬度的升高呈抛物线形变化趋势，而叶片 N/P 随纬度的升高呈极显著的线性降低。

2. 区域生态系统过程、功能和结构对全球气候变化的响应与适应

具有适应机制的模型模拟得到的 NPP 平均值比相应的不具有适应机制的模型模拟结果高 14%，生态系统净碳平衡能力平均升高 17%。在应对未来气候变化时，具有适应机制的生态系统具有较强的阻抗能力。

森林生态系统碳周转时间的空间分布模拟表明，森林生态系统的平均碳周转时间存在很大的空间异质性，其值大多在 20～100 年，而绝大多数值在 20～70 年。随着纬度的升高，森林生态系统的碳周转时间具有增加的趋势。1982～1999 年遥感监测的 NPP 具有明显的增长趋势，导致了森林生态系统碳汇量的年际变化及累积量上的变化（周涛等，2010）。

第五节　欧亚温带草原东缘生态环境问题及样带研究意义

欧亚草原是世界上面积最大的草原，自欧洲多瑙河下游起，呈连续带状往东延伸，经东欧平原、西西伯利亚平原、哈萨克丘陵、蒙古高原，直达中国东北松辽平原，东西绵延近 110 个经度，构成了地球上最宽广的草原区。欧亚温带草原东缘主要包括蒙古高原大部、中国东北松辽平原和俄罗斯外贝加尔地区在内的草原地区，以蒙古高原草原最为典型，面积广阔，地势连续平坦，草原植被梯度特征明显，草原文化历史悠长，具有重要的生态、经济及社会文化研究价值。

一、欧亚温带草原东缘主要生态环境问题

（一）气候变化脆弱敏感性增强

欧亚温带草原东缘地处干旱半干旱的中高纬度地区，是气候变化的敏感区之一。在全球 CO_2 等温室气体浓度升高、全球表面平均温度上升的背景下，欧亚温带草原东缘气候呈现暖旱化的趋势。以中国北方温性草原（包括草甸草原、

典型草原和荒漠草原）为例，世纪、年代际、年际 3 个尺度上气候均表现"暖旱化"增强趋势。以采集于内蒙古锡林郭勒盟的 200 余年的古榆树树木年轮反演过去气候变化特征，反映出近 40 余年北方草原区的温度呈现持续偏高的态势；1962～2011 年的 130 个气象站的气象资料统计表明，99.86%的区域面积温度升高，68.32%的面积年降水量减少，降水变化幅度较温度变化幅度小，但降水变化的空间异质性比较明显；干旱指数变化趋势表明，区域内近 83.36%的面积干旱程度增强，且主要分布在内蒙古中部；从四季温度升高情况来看，春季（0.6037℃/10a）＞秋季（0.3409℃/10a）＞冬季（0.3376℃/10a）＞夏季（0.3195℃/10a）；从 4～9 月草原植被生长季分析，生长季节初期降水量多表现为增加，生长旺盛期，降水量减少，易导致生长关键期干旱，造成草原生产力的降低（萨茹拉等，2018）。

　　与中国内蒙古自治区相毗邻的蒙古国，在气候变化的趋势上有一定的相似性（王菱等，2008）。1951～2004 年呼和浩特和乌兰巴托年平均气温变化趋势线近于平行，说明两地温度变化有一致性，但变化速率略有差异，呼和浩特每 10 年温度升高约 0.52℃，乌兰巴托约 0.42℃。两地的共同特点是近地面气温明显增暖，主要发生在 20 世纪 90 年代后半期和 21 世纪初，是近半个多世纪以来的最暖期。而相对于温度变化，降水量变化没有显著性的突变，但有周期变化，中国内蒙古降水量变化周期为 2.8 年，蒙古国为 4 年，这可能因为中国内蒙古降水水汽主要来源于太平洋，而蒙古国降水的水汽主要来源于北冰洋。在 21 世纪初（2000～2004年）中国内蒙古降水量比 20 世纪 60 年代平均减少 28.7mm，占多年平均的 10.8%，蒙古国则减少了 33.8mm，占多年平均的 18.1%，表明蒙古国比中国内蒙古有更大的变干速率（王菱等，2008）。

（二）人为不合理活动加剧

　　开垦草原是造成草原覆被变化和草原生态环境退化的最主要因素。历史上我国经历了多次开垦草原的浪潮，在农耕文化的挤压下，农牧交错区的边界逐渐向西北推移。新中国成立以来，内蒙古出现过三次开垦高潮。第一次是 1958～1959年，片面地强调大办农业，盲目开垦牧区。第二次是在"三年困难时期"，在牧区半农半牧区开荒耕种，大办副食品基地。第三次是在 1966～1976 年"文化大革命"时期，过度开垦草原，致使草原资源受到极其严重的破坏，草原生态环境付出沉重代价（欧军，2002）。

　　长期过度放牧导致草原生产力普遍衰减也是不争的事实，草原退化与生产力衰减相伴而存。近 70 年来内蒙古草原理论载畜数量和实际家畜数量呈负相关变化关系，理论载畜数量从 20 世纪 50 年代的 5800 万羊单位下降至 2012 年的 4420万羊单位，草甸草原、典型草原、荒漠草原、草原化荒漠承载能力平均分别为 1.36

羊单位/hm^2、0.41 羊单位/hm^2、0.33 羊单位/hm^2 和 0.25 羊单位/hm^2。而内蒙古全区草地载畜率从 1945 年的 0.1 羊单位/hm^2 增加到 2018 年的 1.2 羊单位/hm^2，实际载畜率远超各类型草原的理论载畜率，虽有一定数量的饲草料作补充，但草畜矛盾越来越激化是不争的事实，季节性的超载过牧更是导致草地退化的重要原因（侯向阳等，2015）。

草原地区矿藏资源丰富。以内蒙古为例，其为我国发现新矿物最多的省区，在全国已发现的 171 种矿产资源中内蒙古就有 144 种，其中查明资源储量的有 91 种。截至 2018 年，内蒙古煤炭已查明资源量突破万亿吨大关，煤炭等资源的开发在推动地区经济与社会发展的同时，也带来了严重的生态环境问题。例如，大型露天煤矿的开采通过大面积采挖和填土，导致地表植被消失，增加了水土流失、河道阻塞、地表和地下水系紊乱、土地沙化、盐渍化等的发生率；采矿和选矿过程中产生的"三废"对矿山周围环境造成严重污染。随着内蒙古矿藏资源的加快开发，污染和破坏草原的现象也越来越严重。

（三）地表水资源量锐减，湖泊数量和面积均有减少

由于气候暖干化和工农业过度超采等因素，过去几十年蒙古高原地表水资源量锐减。1956～2000 年内蒙古多年平均水资源量为 545.95 亿 m^3，但 2001～2018 年多年平均水资源量下降为 453.9 亿 m^3，减少了约 17%。据 Tao 等（2015）研究，自 20 世纪 80 年代以来，面积大于 1km^2 的湖泊数量由 1987 年前后的 785 个（其中，中国内蒙古 427 个，蒙古国 358 个），锐减到 2010 年的 577 个，其中，中国内蒙古减少了 145 个，占内蒙古湖泊总数量的 34.0%；蒙古国减少了 63 个，占蒙古国湖泊总数的 17.6%。同时，伴随着湖泊数量的减少，湖泊面积也显著减小，特别是内蒙古地区，湖泊数量总面积由 1987 年前后的 4160km^2 缩小到 2010 年的 2901km^2，面积缩小高达 30.3%。在内蒙古草原区，湖泊数量锐减的原因 64.6% 是煤炭开采耗水；而在其农牧交错区，灌溉耗水是湖泊面积减小的主要因素，解释了近八成的面积变化。

（四）人为和自然因素耦合叠加使区域生态愈加脆弱、经济欠发达

以暖干化为主的气候变化与日趋剧烈的人为干扰因素相互叠加，对该区域的生态、经济和社会文化环境造成了很大的压力。在中国的北方草原，近 20 年来虽然经过一系列生态保护建设工程的实施，取得了一定的成效，但是，草原退化的基本面仍未得到根本扭转。截至 2016 年内蒙古仍有国家级贫困旗县 31 个，即使在 2020 年我国脱贫攻坚战取得了全面胜利，但巩固脱贫攻坚成果，防止规模性返贫和消除相对贫困的任务仍很艰巨（侯向阳，2012）。

二、建立和研究草原生态样带的意义

（一）构建系统研究中高纬度地区气候变化的影响和适应的联合平台

草原是中国第一大陆地生态系统。当前我国日益重视草原和牧区建设，但草原治理和管理的好坏，首先取决于对草原及其变化的科学理解，取决于政策制定和实施的科学性与长效性，而我国草原气候变化响应研究的滞后状况制约草原生态保护建设的效率和效益，因此，迫切需要对草原气候变化影响和适应进行系统研究。以主要控制因素（如热量、水分或土地利用强度）为主线的样带研究是系统梳理草原问题的有效途径，有助于揭示草原诸多变化的科学问题、解决生态保护和产业发展的技术攻关方向问题，有助于草原的适应性管理和可持续发展。

作为欧亚温带草原重要组成部分的蒙古高原草原，具有研究气候变化影响的天然优势。这一地区由于受东亚季风的影响，且地势连续平坦，草原植被梯度特征明显。针对连续性和一致性较强的欧亚温带草原东缘进行系统性和整体性气候变化影响和适应研究，对于加深气候变化和人为影响对草原生态系统的发生、发展、利用及演变规律的影响的认识，增强对气候变化的适应能力，具有非常重要的意义。该区域生态样带研究符合《国家中长期科学和技术发展规划纲要（2006—2020年）》中"生态脆弱区生态系统功能的恢复重建"及"全球环境变化监测与对策"两大优先主题，也符合我国积极应对气候变化的国家战略；对提升我国在草原科学领域、全球气候变化生态学领域的创新能力与国际话语权具有重要作用，同时研究可以为未来人类与欧亚温带草原生态系统特别是中国北方草原区的和谐共存提供理论依据和行动指南。欧亚温带草原东缘生态样带是经向跨国界的温带草原大样带，样带的设置将成为世界上第一条跨越欧亚草原东缘中高纬度的国际性生态样带，具有重要的科学意义和实践指导意义。

（二）建立跨国合作治理区域性退化草原生态环境的共享平台

北方退化草原生态治理是事关我国生态建设全局的关键区域性问题，内蒙古草原区是我国天然草原面积最大的草原区，在维护生态安全中发挥着不可替代的作用。欧亚温带草原东缘生态保护治理则关系到中国及周边国家的生态环境保护及可持续发展。

《国家"十二五"科学和技术发展规划》中明确强调了"重点选择'两屏三带'生态屏障、退化生态系统、重大工程建设区生态系统、城市生态系统等，开展生态保护与修复关键技术研发和模式构建，并进行应用示范"的研究布局。本团队提出和研究的欧亚温带草原东缘生态样带中国区是"两屏三带"中"北方防沙带"的核心组成部分，项目研究符合区域性退化草原生态治理的战略需求。通过开展与蒙古国、俄罗斯协作的样带整体研究和治理，构建跨国合作治理区域性退化草原生态环境的共享平台，对于加深对区域性草原退化机理的理解，提升区域性退化草原治理与恢复效率，提升区域生态系统服务功能、应对气候变化能力等，均有重要意义。

（三）建立"一带一路"沿线国家共同治理与共同发展模式和经验的开放试验区

欧亚温带草原东缘地区区位优势独特而且重要，是重要的国家生态安全屏障、畜牧业生产基地、生物多样性资源库，是多民族的聚居区。该区的发展，对于国家的和谐稳定和可持续发展具有非常重要的意义。

该区是"一带一路"倡议实施的桥头堡和承接地。推进该区的发展，并形成成功的经验和模式，是实施"一带一路"倡议、有效支持沿线国家和地区发展的宝贵的财富，对于其他国家和地区发展有借鉴意义。

在该区推进现代化转型，可以为欠发达地区发展理论和实践的突破提供样板和模式。如有效破解中等发达国家的收入陷阱问题，发展的不均衡问题，发展与环境保护的矛盾问题，全球气候变化问题等。

按照样带研究的规范性方法，采用自然科学和社会经济学方法融合的技术路线，建立"一带一路"沿线国家共同治理与共同发展模式和经验的开放试验区，是非常重要的实践性探索。

第六节 欧亚温带草原东缘生态样带简介、本书内容框和研究意义

一、欧亚温带草原东缘生态样带的提出和简况

（一）EEST 的提出和范围

生态样带研究方法已成为国际上公认的研究全球气候变化和陆地生态系统等问题的一种有效手段。侯向阳研究员于 2012 年首次提出欧亚温带草原东缘生态样带（EEST）的概念。这是一条由中国长城至俄罗斯贝加尔湖，方向由南向北，代表决定欧亚温带草原东缘气候和人为干扰的热量梯度和草原利用强度梯度的样带，为研究土地利用对草原生态系统的影响及在全球气候变化中的作用提供了天然研究平台，也是汇集中、俄、蒙草原草业领域专业机构和权威学术专家，共同开展草原资源与生态、草原生产、人类活动与草原政策等研究的国际性科研创新平台。本研究在该样带上开展了生物地球化学过程、能量交换、植被结构动态、气候-植被、放牧-草地-牧草驯化、土地利用格局与管理、模型测试等研究。

样带范围：欧亚温带草原东缘生态样带位于北纬 42.0°～52.2°，东经 106.5°～118.9°，4 个拐点位置的坐标分别为：51°24′6″N，106°32′53″E；52°10′26″N，108°44′34″E；42°12′8″N，118°51′18″E；42°0′25″N，115°54′56″E。南北长 1400km、

东西宽 200km（侯向阳，2012）。

（二）EEST 气候、植被、土壤及农牧业制度

1. 气候

欧亚温带草原东缘生态样带处于东亚季风与北方寒流交替影响通道上，有明显的经向热量梯度。气候为典型的大陆性气候，热量分布格局为从南向北递减，样带最南端的燕山长城，年均温度可达 14℃，中部内蒙古锡林郭勒草原，年均温度为 2.6℃，而样带最北端的环贝加尔湖地区，年均温度降至–5℃。年均降水量200～500mm，样带南部及北部区降水量偏高，气温的梯度变化比降水更为显著。

2. 植被

样带代表了欧亚温带草原东缘植被生态地理分布系。植被类型可分为 3 类：东亚夏绿阔叶林植物区、欧亚草原植物区、西伯利亚针叶林区。面积最大的是中部的草原区，又可分为荒漠草原区、典型草原区和草甸草原区。样带包含了各植被区或植被地带之间的生态过渡区，北部植被为以狼针草（*Stipa baicalensis*）为优势种的草甸草原；中部和南部为以大针茅（*Stipa grandis*）、西北针茅（*Stipa krylovii*）、羊草（*Leymus chinensis*）为优势种的典型草原，也有以贝加尔针茅为优势种的局部的草甸草原区；样带西部主要为以西北针茅、戈壁针茅（*Stipa tianschanica var. gobica*）为优势种的荒漠草原等生态类型。植物区系以蒙古高原成分、亚洲中部区系成分为主。根据中、俄、蒙植被类型数据整合的结果，其中草原类型共划分为 19 个亚类型。

3. 土壤及农牧业制度

欧亚温带草原东缘生态样带反映了从中国长城到俄罗斯贝加尔湖地区的各种土壤类型与土地利用强度的基本格局。沿样带由南向北，地带性土壤类型有褐土、棕钙土、栗钙土、黑钙土 4 类。褐土是暖温带半湿润森林灌丛草原条件下形成的土壤，是中国华北地区的重要土类，表现出兼有森林和草原两种土壤成土特点，既有黏化过程又有钙积化过程。棕钙土系荒漠草原下发育的土壤，光照条件好，降水少，蒸发强，土壤腐殖质含量低，表面常有盐分聚集。栗钙土系典型草原下发育的土壤，随干旱程度的加剧栗钙土色质稍有差异，可分为暗栗钙土、普通栗钙土和淡栗钙土，土壤腐殖质含量较高。黑钙土成土母质主要由壤质与轻壤质黄土淤积构成，主要植被为森林与草甸草原，有深厚的腐殖质层，肥力高。沿样带由南向北表现为纯农业区-半农半牧区-两季轮牧区-四季游牧区-林区的完整的序列与过渡，土地利用的强度有显著变化，有跨越不同人文地理区域的放牧梯度。根据土地利用现状结构与主要土地资源利用的限制性因素，可划分为 3 段：南部

的半农半牧区，主要包括样带内的河北沽源、张北及内蒙古太仆寺旗，畜牧业以圈养为主，种植业以马铃薯、莜麦、玉米、油菜、甜菜等为主。内蒙古锡林郭勒地区中部为两季轮牧区。北部的四季游牧区包括蒙古国东部及俄罗斯贝加尔湖东南地区。该样带土地利用方式复杂，生态系统类型多样，为研究土地利用对草原生态系统的影响及其在全球气候变化中的作用提供了天然研究场所。

（三）样带的主要科学问题和研究内容

1. 欧亚温带草原东缘核心区气候变化趋势及该地区对全球气候变化的响应

目前人们对气候变化的基本事实与全球气候变化的平均趋势已有了较好的了解，我国从 1987 年起开展了一系列针对气候变化的研究，关于全球气候变化与欧亚温带草原关系的研究主要集中于欧亚温带草原东缘南部，在 CO_2 浓度倍增对植物生理生态影响，气温增高对植被与土壤的影响，区域气候模式的模拟研究等方面取得了一系列的研究成果。但对全球气候变化对欧亚温带草原东缘核心区域的影响以及未来的变化趋势的研究尚存在许多空白。主要是缺乏沿全球气候变化主要环境梯度上对欧亚温带草原东缘的整体理解，特别是对欧亚温带草原东缘生态系统不同层次在核心区及过渡区对全球气候变化下的响应需要进行深入探讨，以建立比较完整和清晰的模型框架。因此，欧亚温带草原东缘生态样带研究重点，包括研究欧亚温带草原东缘生态样带气候变化的过程和梯度分布；沿样带分布生态系统的碳、氮贮量及循环特征变化；沿样带分布关键物种与生物类群对全球气候变化的适应性反应；全球气候变化对植物-动物-土壤之间关系的影响，以及对生态系统生产力稳定性的影响；不同组织层次与营养级水平关键物种的适应机理及反馈。

2. 欧亚温带草原东缘人类活动频度与强度对草原生态系统的影响

从 1980 年开始我国在欧亚温带草原东缘南部草原区，开展了草原退化与恢复演替机理、草畜平衡、生物多样性、草地适应性管理、农牧交错区社会生产范式等大量的研究工作。人们已对农业耕作生产与畜牧业生产等对草原生态系统的影响有了较广泛的认识与理解，但是有必要从整体上认识人类活动频度与强度对欧亚温带草原东缘生态系统的影响，为欧亚温带草原东缘遗传多样性、物种多样性、生态系统多样性的保护，为欧亚温带草原东缘生态系统退化过程与原因、过程与机理、恢复与重建提供对策。特别是，跨越中、俄、蒙三国境内的欧亚温带草原东缘生态系统存在历史上就已形成的放牧梯度和各种人类干扰活动，有利于开展区域间生态系统与人类活动的比较研究。本研究重点通过对欧亚温带草原东缘边缘与核心区生态服务功能形成、演变、调控机制、时空格局的研究，评估了不同管理方式下生态系统服务功能的变化与人类活动的关系，深入开展了不同强度的人类活动干扰下欧亚温带草原东缘生态系统在不同组织层次上的变化等研究。

3. 全球气候变化背景下人类行为与自然地理格局的关系

IGBP 认为人类行为模式的改变,是应对和适应全球气候变化下保持可持续发展的首要条件,全球气候变化对人类生产活动的影响引起了世界各国的关注,其中关注最多的是对农业生产的影响。而在欧亚温带草原东缘人们对全球气候变化对社会生产活动影响的理解和认识还远远不够,虽然欧亚温带草原东缘地区,具有独特的气候特征、地理位置,多样的生态系统,丰富的生物资源,但该地区位于北半球中高纬度敏感区域,是未来气候变化最脆弱的地区之一,因此有必要从整体上分析全球气候变化背景下人类行为与自然地理格局的关系。在景观上该地区是在欧亚温带草原生物群域的背景上星散分布着粗放耕作的农田与村落等景观单元。有跨国界的民族文化,社会制度、经济等存在明显差异,有独特的人文环境,因此如何在符合国情的基础上实现科学管理仍需深入探讨。本项目主要研究样带草原-耕地-森林的进退变化规律,人类生产生活对这种变化的影响,人类生产和生活活动的物质/能量代谢过程,自然资源保护,生态系统管理,城乡发展统筹规划,应用生态系统原则应对人类行为与可持续发展的关系等。

二、欧亚温带草原东缘生态样带试验研究平台建设

(一)EEST 定位试验平台

整合俄罗斯及中国境内原有的试验台站,2013 年与 2014 年为强化欧亚温带草原东缘生态系统研究工作,本研究团队在蒙古国温都尔汗[①]和中国内蒙古锡林浩特,建立了草原中长期定位监测与放牧试验研究平台,填补了我国草原科学研究在境外无研究站点的空白,形成了由南到北跨越三国的国际性中长期定位试验平台,目前共有 10 处定位试验平台。

为了在不同的纬度带开展定位试验研究,在原有试验台站的基础上在样带内新建了以下两处野外观测站,以填补样带中部区域无定位监测的空白。

(1)2013 年 7 月,在中-蒙两国科研人员共同努力下,圆满完成了欧亚温带草原东缘样带蒙古国的长期站点选点工作;2013 年 10 月,中国农业科学院草原研究所与蒙古国草原管理学会组成联合工作组,前往蒙古国肯特省,在温都尔汗东南 33km 处设置了占地 $25hm^2$ 的野外科学观测站。

(2)2014 年在内蒙古锡林郭勒盟锡林浩特市朝克乌拉苏木,建立了中国内蒙古锡林郭勒野外科学观测站,占地 $130hm^2$。观测站主要分为以下几个功能区:中长期监测样地、放牧样地、永久围封样地、割草样地、施肥试验样地、备用样地。

---

① 2013 年 11 月 18 日蒙古国政府将温都尔汗更名为成吉思汗。本书研究项目开展时间跨越了城市改名时间点,为防止混淆,本书仍然沿用温都尔汗的名称。

设置了简易自动气象站一个，24h 记录包括风速、气温、降水、土壤温度、土壤湿度等在内的 9 个指标。为定位研究欧亚温带草原东缘生态的演变规律提供了创新研究平台（图 1-1）。

图 1-1　新建的蒙古国温都尔汗野外科学观测站（a）与中国锡林郭勒野外科学观测站（b）
（彩图请扫封底二维码）

（二）EEST 变型增温试验平台

本研究平台采取与增温试验相似的思路，以欧亚温带草原东缘生态样带为研究对象，以纬度上的温度变化代替增温处理，以同一纬度带的不同放牧强度作为放牧梯度处理，形成变型的增温试验，观测大尺度长期生态效应，可弥补一般增温试验相对短期的不足。

三、样带调查样地设置和调查方法

（一）网格式系统样地调查

样地的设置及采样方法：从中国长城至俄罗斯贝加尔湖，采用 50km×50km 网格法划分区域，每区设置 1 个样地，共 108 个样地，每个样地设置 5 个样方。采集土壤、植物、昆虫野外数据，收集气象、社会经济数据。土壤调查用土钻分层采样、植被调查用样方法、昆虫调查用扫网法、化学计量与遗传多样性调查用原位置采样方等（图 1-2）。

本研究于 2012 年 8～9 月，成功组织了中-俄-蒙欧亚温带草原东缘生态样带系统调查。参加野外调查的研究人员有 30 余人，合计调查样地 58 个，其中，中国区域 32 个，蒙古国区域 18 个，俄罗斯区域 8 个（图 1-3）。收集了中-俄-蒙三国典型草原区植物群落样方数据 300 套，土壤样品 500 份，昆虫样品 5000 份，种质资源 300 余份，气象、植被、畜牧业经济等图件 15G，为大尺度系统研究欧亚温带草原东缘生态的演变规律提供了基础数据支撑。2013～2015 年又进行了系统的补充调查。

图 1-2　调查样地布设图

图 1-3　野外调查研究人员（俄罗斯、蒙古国、中国）（彩图请扫封底二维码）

（二）专项调查

1. 雪灾影响调查

2013 年 6～9 月，对中国锡林浩特、蒙古国中东部 5 省区牧户进行了深入细致的入户调查，运用结构式访谈方法实地走访牧户进行问卷调查，搜集牧户基本信息、经营模式、雪灾受灾灾情、牧户基础设施建设情况、经济来源及收入支出情况和应对雪灾采取的防灾、抗灾、救灾措施等数据资料。共调查 408 户，获得有效问卷 405 份，其中蒙古国 199 份、中国锡林郭勒 206 份。为欧亚温带草原东缘生态样带典型灾害（雪灾）事件研究提供了第一手资料。

2. 羊草资源采集调查

羊草作为温带草原和草甸群落的关键建群种，在维持中国北方草原生态系统稳定、生物多样性、草地生产力等方面扮演着重要角色。同时，作为优质牧草，羊草在推动我国草地畜牧业健康发展上起着重要作用。因此，为加强欧亚大陆草原优质牧草——羊草遗传资源的保护、研究、利用。2014 年 6 月、2015 年 6 月，中国农业科学院草原研究所、俄罗斯科学院西伯利亚分院普通与实验生物研究所和蒙古国草原管理学会相关科研人员，共同开展了欧亚温带草原东缘生态样带羊草资源的采集工作，采集区域覆盖中-俄-蒙三国 80%以上的典型草原，按网格逐个采集，共 424 点，2000 多份根茎资源，全部移植成功。目前正在开展羊草全基因组测序工作。该研究成果将填补草原植物基因组研究的空白，有力推动草原生态系统、生物多样性、草地改良、草地畜牧业等研究的健康发展。同时，该计划的完成还将为世界牧草基因组、生态基因组及复杂基因组等研究提供全新的起点和平台。

3. 放牧生态效应调查

沿样带以多年平均温度有差异的 6 条纬度带代表 6 个温度处理，每个纬度带调查选取轻度放牧、中度放牧和重度放牧各 3 个样地，以纬度上的温度变化代替增温处理。于 2013 年至 2015 年采集了土壤及群落样方数据，采集样方数据 300 余组，土壤样品 1000 余份（图 1-4）。为揭示沿纬度梯度下样带植被群落多样性变化规律及群落生产力与温度和放牧利用强度的关系，阐明沿纬度梯度下温度与放牧利用强度对样带土壤氮、磷等关键营养元素含量的影响及其变化规律，阐明沿纬度梯度下温度与放牧利用强度对草地生态影响的互作关系，建立基于气候变暖下放牧强度、放牧方式与时间综合调控技术体系，为我国中、高纬度草原区应对全球气候变化突发性事件的发生提供重要参考和依据。

图 1-4 入户调查与野外工作（彩图请扫封底二维码）

4. 刈割及施肥试验繁殖生物学调查

为揭示不同利用方式对欧亚温带草原东缘生态系统的影响,于 2014 年 8～9 月,在蒙古国温都尔汗野外科学观测站和中国锡林郭勒野外科学观测站实施了牧草刈割及施肥试验(图 1-5)。

图 1-5 牧草刈割(左)及施肥试验(右)(彩图请扫封底二维码)

5. 土壤矿化研究及土壤微生物宏基因组采样调查

于 2015 年 6 月,在中国农业科学院草原研究所和蒙古国草原管理学会相关科研人员共同努力下,完成了中国和蒙古国段土壤样品及根系的采集,收集土壤及根系样品共 200 份。从全球气候变化、人类活动角度解析根际微生物的变化规律,阐述长期气候变化与放牧引起草原变化可能的微观机理,探讨温度和放牧对土壤碳、氮矿化作用的影响机理,对系统科学地预测草原生态系统结构和功能对全球气候变化的响应提供新的理论支持。

6. 植被遥感监测调查

本研究在完善 EEST 数据库的基础上,采用遥感和地面监测相结合的方法,构建草地生物量遥感反演模型,开展了 2000 年以来样带草地生物量、碳储量等的时空变化分析,及其对气象因子的响应;通过构建物候模型,开展了近 15 年来草原物候的时空变化规律研究,并进一步探讨了气象因子与物候的响应关系;开展了草原植被长势状况遥感监测动态变化分析,从整体上评估了样带草原长势的实际情况。基于 MODIS 数据还开展了样带草原退化(沙化)状况研究,分析了草原沙化的历史演变及其空间动态变化规律,为防治草原沙化(退化)提供依据,此项工作正在进行中。本研究还用 Holdridge 生命地带模型模拟了未来气候变化情景下样带植被分布区变化。

（三）资料收集

重点依靠样带项目的野外观测台站的土壤、植被、气象、昆虫、种质资源等监测数据，同时收集其他课题组获得的原始数据及研究成果数据；通过查阅、历史文献、科学文献等资料，收集了近三十年与样带有关的土壤、气象、生物、水文等数据，不断完善样带信息系统数据库。

收集了包括地面调查数据、各专题图件、遥感数据以及社会经济统计资料等在内的共 5 万余条数据信息。

（1）地面调查数据方面，收集了包括近三十年与样带研究区域相关的土壤、气象、生物、水文等数据，重点收集项目组野外观测台站的土壤、植被、气象、昆虫、种质资源等监测数据，收集其他课题组获得的原始数据及研究成果数据，完善样带信息系统所需的原始数据。通过对样带研究区内不同年度不同类型土壤、植被、气象、昆虫、种质资源等相关环境因子的调查分析，建立了动态监测数据库。

（2）专题图件方面，包括植被类型图、草场类型图、土地利用现状图、土壤类型图、地形图、地貌图、水系图、试验样地分布图等，结合遥感和地学分析，建立图形库。

（3）遥感数据方面，收集不同时相遥感影像资料 180 余景。

（4）社会经济统计资料方面，收集整理各类社会经济统计资料 10 000 余条，为今后综合分析、评价和预测预报提供决策参考。

根据收集的原始数据及资料，分别建立欧亚温带草原东缘生态样带研究的土壤、植被、气象、水文、昆虫、种质资源、社会经济等子数据库；通过自主开发软件系统，集成欧亚温带草原东缘样带信息系统平台。

欧亚温带草原东缘样带信息系统平台可全面反映欧亚温带草原东缘生态环境变化，可用于动态监测、专题分析和信息提取，并开展相应的决策咨询与应用研究，为区域调查和宏观分析服务，实现专题及相关部门资源与环境信息的科学管理和数据共享。实现对欧亚温带草原东缘生态系统的土壤、植被、气象、生物等因子，物质循环和能量流动等生态学过程，以及对周边地区土地利用、社会经济状况等多项数据的长期监测，整合样带土壤、植被、气象、昆虫、种质资源等信息，构建欧亚温带草原东缘样带生态网络信息系统，实现生态系统数据的检索与共享，为开展草原生态系统生态化学计量学特征、草原生物多样性对全球气候变化的响应、不同放牧利用方式和强度的生态效应、欧亚温带草原东缘生态系统分布格局及变动规律等方向的研究提供数据支撑平台。

四、本书主要内容框架和研究意义

本书是对过去几年来团队开展的欧亚温带草原东缘生态样带研究工作的系统

梳理和总结。全书共分 8 章。第一章为导论，重点介绍国际国内开展样带研究的方法、进展和趋势，欧亚温带草原东缘生态样带的提出、研究意义、关键科学问题、主要研究内容、试验平台建设及数据调查采集的方法和布局等。第二章系统分析样带系统生物多样性的变化，包括植物群落和物种多样性、昆虫多样性、土壤微生物多样性，以及优势植物的繁殖生态学。第三章重点介绍样带系统生态化学计量学及土壤碳氮矿化的研究进展。第四章主要介绍用遥感方法研究样带生态系统分布格局及变化规律。第五章主要介绍放牧、温度和施肥等措施对样带生态系统的影响。第六章主要介绍样带地区重要优势植物——羊草资源抗逆和生长特性。第七章是对 2012～2013 年冬春季样带地区重大雪灾事件及沿样带牧民应对雪灾的比较研究。第八章是对样带及其代表地区的草原适应性生态管理进行的宏观政策研究，内容涉及中国草原管理的发展过程和趋势、牧户心理载畜率及其对草畜平衡生态管理的影响、草原生态补偿长效激励机制、草原丝绸之路文化传承及草原生态治理和管理，以及加强跨国草原科技合作和治理管理的对策等。

　　本研究以国际上通行的大尺度生态样带方法为基础，系统开展了样带内试验样地的定位和控制试验研究，以及牧户系统、政策层面等多尺度的草原生态治理和管理研究，取得了一定的进展，并通过研究发现了许多更有趣的草原治理和管理问题，为下一步更深入的系统研究提供了平台、明确了方向、奠定了基础。希望更多年轻的草原专业相关学子投身于该领域，为深入揭示草原生态规律，提升草原治理、管理水平贡献智慧。

第二章 欧亚温带草原东缘生态样带
生物多样性研究*

本章导语：基于 2012 年和 2013 年 8～9 月沿样带进行的草原生态实地考察，本章系统总结了欧亚温带草原东缘植物、昆虫及土壤微生物多样性的变化规律，探讨了沿样带自然气候因素和人为因素对草原生物多样性的影响。

第一节 生物多样性研究背景

一、生物多样性

生物多样性是生态系统生产和服务的重要基础与源泉。目前，全球人口的爆炸性增长、气候变化以及掠夺式的土地利用，导致超过 90% 的自然生境丧失，严重威胁生物多样性。由于不断加剧的人类活动影响，生物多样性正以前所未有的速度丧失（Künzi et al.，2015）。生物多样性丧失已经引起国际社会、各国政府和科学界的广泛关注。生物多样性的严重丧失导致生态系统生产力下降，其危害与臭氧污染和土壤酸化等的危害程度相当，严重威胁人类的福祉（Hooper et al.，2012）。气候变化与人类活动是威胁生物多样性的主要因素，研究预测到 21 世纪中期，变化的温度与降水格局将成为生物多样性丧失的主要驱动力，相对于其他地区，温带和北极区域由于全球气候变化而引起的生物多样性丧失可能更为严重（Sala et al.，2000）。

二、生物多样性研究现状

国际生物科学联合会（International Union of Biological Sciences，IUBS）于 1991 年建立。国际科学理事会（International Council for Science，ICSU）与国际科学联合会环境问题科学委员会（Scientific Committee on Problems of the Environment，SCOPE），联合国教育、科学及文化组织（United Nations Educational，Scientific and Cultural Organization，UNESCO），国际地圈生物圈计划（International Geosphere-Biosphere Program，IGBP）和国际微生物学会联合会（International Union of

---

*本章作者：侯向阳、韩文军、王宁、郭丰辉、张勃、王珍

Microbiological Societies，IUMS）等共同主持了研究地球上生物多样性的国际生物多样性计划（An International Programme of Biodiversity Science，DIVERSITAS）（陈灵芝和钱迎倩，1997）。随之，生物多样性科学应运而生、发展迅速，而且影响力与日俱增，研究热点丰富而紧迫，包括：生物多样性丧失与保护名录，特别是受威胁程度评估与物种红色名录和生态系统红色名录，物种分布模型，群落维持机制，生物多样性的生态系统功能，生态系统服务，生物多样性与气候变化，生物多样性信息学及监测等。其中，全球气候变化对生物多样性的影响、生物多样性与生态系统功能、以 DNA 条形码技术为基础的生物多样性信息学等研究方向发展较快。

（一）气候变化与生物多样性

气候变化导致物种多样性丧失、生态系统服务功能降低和区域生态安全屏障功能受损，威胁到国土生态安全格局和生态脆弱区域的可持续发展，给生物多样性保护带来新的挑战。做好生物多样性保护及适应气候变化的风险管理工作，既是应对气候变化风险的必要措施，也是减缓气候变化的重要途径（李海东和高吉喜，2020）。国际国内针对气候变化与生物多样性开展了大量基础工作，包括岛屿生物区系在响应全球气候变化方面与大陆的差异，寻找对全球气候变化最敏感的生物类群，人类活动如何导致岛屿物种灭绝或成功应对气候变化等，提出了不同国家应对气候变化的技术政策和适应性管理策略等（马克平，2017b）。

（二）生物多样性与生态系统功能

过去几十年来，国内外学者针对生物多样性与生态系统功能之间的关系及调控机制开展了大量研究，主要包括生物多样性对植被生产力与稳定性的影响和影响途径，从植物功能性状角度研究植物群落构建机制，从土壤微生物与植物互惠共生的角度研究群落建成的机制等。随着科学技术的不断发展，通过无人机搭载的激光雷达技术（light detection and ranging，LiDAR）、高光谱成像技术和多光谱等设备在自然生态系统研究中的广泛应用，使得森林等生态系统三维可视化与更多功能性状数据的自动获取成为可能，为植被群落构建机制研究展示了令人期待的光辉前景（马克平，2017a）。

（三）生物多样性信息学和大数据平台

生物生态研究已进入"大数据时代"，生物多样性大数据与生物资源本身一样，已成为国家战略资源，成为国际科技与产业竞争的热点和战略制高点。全球和区域水平的生物多样性数据库正在不断建立和完善，如全球生物多样性信息网络（GBIF）等全球大型数据库包括 10 亿多条物种分布信息，澳大利亚生物多样性信息系统（ALA）和美国标本数字化平台（iDigBio）等国家水平数据库，均包含数千万条物种分布信息（张文娟，2019）。中国以中国科学院为核心，正在搭建适合中国国情的生物多样性大数据平台。中国生物多样性大数据平台将包括基于宏观与微观生物生态数据协同整合的大数据库和大数据深度挖掘与模型模拟运算库，支持生物多样性和生态系统多源数据整合和共享的标准以及数据集成应用的方法，实现古生物化石数据与遗传组学数据、生理与性状数据、物种多样性、生态系统多样性等跨学科数据融合，与地理、气象、遥感、环境、国民经济等跨领域数据整合，形成完整的共享数据集或栅格化图集。大数据平台的构建将促进我国生物多样性资源保护和生态安全格局构建，保障国家生态安全，支撑我国生物多样性交叉学科前沿领域科学发现和产业创新发展（马克平等，2018）。

第二节　植物群落和物种多样性

我国从 1987 年起开展了一系列针对气候变化与温带草原植物群落的研究，其研究区域主要集中于欧亚温带草原东缘生态样带南部，并取得了一系列的研究成果（王炜等，2000a，2000b；Li，1996）。但全球气候变化对欧亚温带草原东缘核心区域的影响与未来变化趋势的研究尚存在许多未解问题。主要是缺乏从沿全球气候变化的主要环境梯度上对欧亚温带草原东缘的整体理解，特别是对欧亚温带草原东缘生态系统各组织层次在边缘与核心区对全球气候变化下的响应需要深入探讨（侯向阳，2012）。我国草原气候变化响应研究的滞后状况制约着草原生态保护建设的效率和效益，迫切需要对草原气候变化影响和适应的系统研究，以主要控制因素（如热量、水分或土地利用强度）为主线的样带研究是通过时间空间转换的方法研究全球气候变化与陆地生态系统关系的有效途径之一。因此，本节通过从大的空间尺度上对欧亚温带草原东缘生态样带群落数量特征进行调查，分析了欧亚温带草原东缘生态样带的植物群落物种组成、物种多样性、主要植物种群数量特征、植被生产力及群落结构沿纬度梯度的变化规律。

本工作隶属于 2012 年 8～9 月开展的中-俄-蒙"欧亚温带草原东缘生态样带网格式系统调查"工作之一，野外调查样地选择、调查方法详见本书第一章第六节。植物多样性指数采用如下指标表征。

重要值（IV）：(相对盖度+相对高度)/200

综合优势比（SDR_2）：(盖度比+高度比)/2×100%

多样性指数：香农-维纳多样性指数（Shannon-Wiener's diversity index）（Shannon and Wiener，1949）、辛普森多样性指数（Simpson's diversity index）（Simpson，1949）、Pielou 均匀度指数（Pielou，1975）、Sorenson 指数（Whittaker，1972）。

用植物物种的原始数据 58×140 维重要性矩阵，作样地主分量分析来概括群落格局，将群落格局与环境信息比较，揭示植被与环境间的关系。

一、植物物种组成与多样性

据统计，样带内 58 个调查样地出现植物物种包括大针茅、克氏针茅、糙隐子草、羊草、冰草以及寸草苔、黄囊苔、双齿葱、二裂委陵菜、星毛委陵菜、冷蒿、达乌里芯芭、小叶锦鸡儿等 140 余种，隶属于 34 科 94 属。含种最多的科依次为禾本科（22 种），菊科（22 种），豆科（18 种），百合科（10 种），藜科（8 种），最多的属依次为蒿属和葱属（见表 2-1）。

表 2-1 欧亚温带草原东缘生态样带调查群落植物名录

编号	植物种	植物拉丁名	科名
1	二色补血草	*Limonium bicolor*	白花丹科
2	驼舌草	*Goniolimon speciosum*	白花丹科
3	矮韭	*Allium anisopodium*	百合科
4	碱韭	*Allium polyrhizum*	百合科
5	黄花葱	*Allium condensatum*	百合科
6	蒙古韭	*Allium mongolicum*	百合科
7	砂韭	*Allium bidentatum*	百合科
8	细叶韭	*Allium tenuissimum*	百合科
9	野韭	*Allium ramosum*	百合科
10	天门冬	*Asparagus cochinchinensis*	百合科
11	黄花菜	*Hemerocallis citrina*	百合科
12	知母	*Anermarrhena asphodeloides*	百合科
13	北点地梅	*Androsace septentrionalis*	报春花科
14	点地梅	*Androsace umbellata*	报春花科
15	车前	*Plantago asiatica*	车前科
16	百里香	*Thymus mongolicus*	唇形科
17	糙苏	*Phlomoides umbrosa*	唇形科
18	益母草	*Leonurus japonicus*	唇形科
19	并头黄芩	*Scutellaria scordifolia*	唇形科
20	黄芩	*Scutellaria baicalensis*	唇形科
21	地锦	*Parthenocissus tricuspidata*	大戟科
22	乳浆大戟	*Euphorbia esula*	大戟科
23	胡枝子	*Lespedeza bicolor*	豆科
24	花苜蓿	*Medicago ruthenica*	豆科
25	草木樨	*Melilotus officinalis*	豆科
26	甘草	*Glycyrrhiza uralensis*	豆科
27	披针叶黄华	*Thermopsis lanceolata*	豆科
28	糙叶黄芪	*Astragalus scaberrimus*	豆科

编号	植物种	植物拉丁名	科名
29	斜茎黄芪	*Astragalus laxmannii*	豆科
30	草原黄芪	*Astragalus dalaiensis*	豆科
31	乳白黄芪	*Astragalus galactites*	豆科
32	多叶棘豆	*Oxytropis myriophylla*	豆科
33	黄毛棘豆	*Oxytropis ochrantha*	豆科
34	小叶棘豆	*Oxytropis microphylla*	豆科
35	硬毛棘豆	*Oxytropis hirta*	豆科
36	狭叶锦鸡儿	*Caragana stenophylla*	豆科
37	小叶锦鸡儿	*Caragana microphylla*	豆科
38	米口袋	*Gueldenstaedtia verna*	豆科
39	紫花苜蓿	*Medicago sativa*	豆科
40	广布野豌豆	*Vicia cracca*	豆科
41	冰草	*Agropyron cristatum*	禾本科
42	狗尾草	*Setaria viridis*	禾本科
43	虎尾草	*Chloris virgata*	禾本科
44	画眉草	*Eragrostis pilosa*	禾本科
45	芨芨草	*Neotrinia splendens*	禾本科
46	羽茅	*Achnatherum sibiricum*	禾本科
47	赖草	*Leymus secalinus*	禾本科
48	羊草	*Leymus chinensis*	禾本科
49	白草	*Pennisetum flaccidum*	禾本科
50	马唐	*Digitaria sanguinalis*	禾本科
51	互花米草	*Spartina alterniflora*	禾本科
52	披碱草	*Elymus dahuricus*	禾本科
53	洽草	*Koeleria macrantha*	禾本科
54	沙鞭	*Psammochloa villosa*	禾本科
55	稷	*Panicum miliaceum*	禾本科
56	羊茅	*Festuca ovina*	禾本科
57	糙隐子草	*Cleistogenes squarrosa*	禾本科
58	无芒隐子草	*Cleistogenes songorica*	禾本科
59	早熟禾	*Poa annua*	禾本科
60	狼针草	*Stipa baicalensis*	禾本科
61	大针茅	*Stipa grandis*	禾本科
62	西北针茅	*Stipa sareptana* var. *krylovii*	禾本科
63	瓦松	*Orostachys fimbriata*	景天科
64	长柱沙参	*Adenophora stenanthina*	桔梗科

续表

编号	植物种	植物拉丁名	科名
65	皱叶沙参	*Adenophora stenanthina* var. *collina*	桔梗科
66	苍耳	*Xanthium strumarium*	菊科
67	柳叶风毛菊	*Saussurea salicifolia*	菊科
68	草地风毛菊	*Saussurea amara*	菊科
69	阿尔泰狗娃花	*Aster altaicus*	菊科
70	白莲蒿	*Artemisia stechmanniana*	菊科
71	柔毛蒿	*Artemisia pubescens*	菊科
72	大籽蒿	*Artemisia sieversiana*	菊科
73	黑沙蒿	*Artemisia ordosica*	菊科
74	红足蒿	*Artemisia rubripes*	菊科
75	黄毛蒿	*Artemisia velutina*	菊科
76	冷蒿	*Artemisia frigida*	菊科
77	南牡蒿	*Artemisia eriopoda*	菊科
78	东北丝裂蒿	*Artemisia adamsii*	菊科
79	碱菀	*Tripolium pannonicum*	菊科
80	乌丹蒿	*Artemisia wudanica*	菊科
81	猪毛蒿	*Artemisia scoparia*	菊科
82	碱苣	*Sonchella stenoma*	菊科
83	黄瓜菜	*Crepidiastrum denticulatum*	菊科
84	麻花头	*Klasea centauroides*	菊科
85	蒲公英	*Taraxacum mongolicum*	菊科
86	桃叶鸦葱	*Scorzonera sinensis*	菊科
87	栉叶蒿	*Neopallasia pectinata*	菊科
88	紫菀	*Aster tataricus*	菊科
89	虫实	*Corispermum hyssopifolium*	藜科
90	木地肤	*Bassia prostrata*	藜科
91	刺藜	*Teloxys aristata*	藜科
92	灰绿藜	*Oxybasis glauca*	藜科
93	狭叶尖头叶藜	*Chenopodium acuminatum*	藜科
94	雾冰藜	*Grubovia dasyphylla*	藜科
95	轴藜	*Axyris amaranthoides*	藜科
96	猪毛菜	*Kali collinum*	藜科
97	叉分蓼	*Koenigia divaricata*	蓼科
98	卷茎蓼	*Fallopia convolvulus*	蓼科
99	金荞麦	*Fagopyrum dibotrys*	蓼科
100	列当	*Orobanche coerulescens*	列当科
101	龙胆	*Gentiana scabra*	龙胆科
102	地梢瓜	*Cynanchum thesioides*	萝藦科

续表

编号	植物种	植物拉丁名	科名
103	草麻黄	*Ephedra sinica*	麻黄科
104	大花马齿苋	*Portulaca grandiflora*	牻牛儿苗科
105	白头翁	*Pulsatilla chinensis*	毛茛科
106	瓣蕊唐松草	*Thalictrum petaloideum*	毛茛科
107	展枝唐松草	*Thalictrum squarrosum*	毛茛科
108	木贼	*Equisetum hyemale*	木贼科
109	地蔷薇	*Chamaerhodos erecta*	蔷薇科
110	地榆	*Sanguisorba officinalis*	蔷薇科
111	鸡冠茶	*Sibbaldianthe bifurca*	蔷薇科
112	菊叶委陵菜	*Potentilla tanacetifolia*	蔷薇科
113	白萼委陵菜	*Potentilla betonicifolia*	蔷薇科
114	星毛委陵菜	*Potentilla acaulis*	蔷薇科
115	狼毒	*Stellera chamaejasme*	瑞香科
116	北柴胡	*Bupleurum chinense*	伞形科
117	防风	*Saposhnikovia divaricata*	伞形科
118	寸草	*Carex duriuscula*	莎草科
119	黄囊薹草	*Carex korshinskyi*	莎草科
120	独行菜	*Lepidium apetalum*	十字花科
121	线叶花旗杆	*Dontostemon integrifolius*	十字花科
122	小花花旗杆	*Dontostemon micranthus*	十字花科
123	香芥	*Clausia aprica*	十字花科
124	燥原荠	*Stevenia canescens*	十字花科
125	叉歧繁缕	*Stellaria dichotoma*	石竹科
126	山蚂蚱草	*Silene jenisseensis*	石竹科
127	草原石头花	*Gypsophila davurica*	石竹科
128	反枝苋	*Amaranthus retroflexus*	苋科
129	白兔尾苗	*Pseudolysimachion incanum*	玄参科
130	大黄花	*Cymbaria daurica*	玄参科
131	银灰旋花	*Convolvulus ammannii*	旋花科
132	田旋花	*Convolvulus arvensis*	旋花科
133	打碗花	*Calystegia hederacea*	旋花科
134	马蔺	*Iris lactea*	鸢尾科
135	鸢尾	*Iris tectorum*	鸢尾科
136	细叶鸢尾	*Iris tenuifolia*	鸢尾科
137	远志	*Polygala tenuifolia*	远志科
138	北芸香	*Haplophyllum dauricum*	芸香科
139	鹤虱	*Lappula myosotis*	紫草科
140	大麻	*Cannabis sativa*	桑科

整体来看，欧亚温带草原东缘生态样带植被群落中，菊科植物占据优势地位，沿纬度梯度禾本科、菊科、豆科及藜科植物在各样地群落比例和纬度之间无显著相关性，石蒜科植物所占比例与纬度之间呈负相关关系（$P<0.05$）。另外，样带中部的蒙古国境内发现了在样带南部中国内蒙古草原上已经灭绝的植物——草原黄芪。样带内植被群落香农-维纳多样性指数和纬度之间具有显著的负相关关系（$P<0.01$），Sorenson 指数随纬度升高总体呈下降趋势，但未达显著水平（$P=0.089$）（图 2-1）。

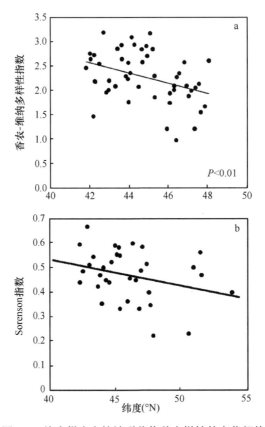

图 2-1 纬度梯度上植被群落物种多样性的变化规律

一般认为，位于中高纬度的干旱半干旱地区，增温与降水的波动将成为威胁生物多样性、初级生产力及群落结构的主要因素。而众多的中高纬度的干旱半干旱地区植物种类经过长期的进化，形成了独特的适应方式，形成的植物多样性对维系草原生态系统的稳定性起到了重要作用（Hooper et al., 2005）。而事实上，气候变暖改变草原生态系统物种组成和群落结构，对植物多样性的维系既有正面也有负面影响。温度升高可以导致物种的迁移，从而在某种程度上增加了物种多样性（Liu et al.，2009）。本研究中，欧亚温带草原东缘生态样带内从植物物种组成及生物多样性来看，共观察到 139 种植物，并在样带中部的蒙古国境内发现了豆科黄芪属的草原黄芪，该种在中国内蒙古草原已经灭绝，在 30 多年前已经消失，在中国境内最近采集到的是 1948 年时的标本（马毓泉，1989）。样带上的植物多样性指数，包括 α 多样性指数及 β 多样性指数，随纬度的升高总体呈下降趋势，温度偏高的南部区植物物种的丰富度要高于北部区，在一定程度上支持了增温对物种多样性有正面作用的这一研究结果，而气候变暖很可能改变科、属、种在群落中的比例。

二、植被群落特征

群落地上生物量由南到北随纬度升高而降低，生物量和纬度之间呈极显著负相关关系（$P<0.001$）（图 2-2）。样带中主要优势植物针茅属、羊草、糙隐子草和冰草等物种的 SDR_2 沿纬度梯度的变化趋势存在差异（图 2-3）。整体比较而言，样带植被群落中上层优势植物针茅属和羊草的 SDR_2 较高，其次为糙隐子草，最低为冰草。针茅属植物 SDR_2 随纬度升高存在降低趋势，但与纬度梯度相关性不显著（$P=0.130$）（图 2-3a）；羊草的 SDR_2 随纬度升高呈极显著下降趋势（$P<0.001$）（图 2-3b），羊草在样带北部植被群落结构中的地位逐渐降低。群落中下层植物糙隐子草和冰草的 SDR_2 变化不显著（$P=0.540$；$P=0.958$）（图 2-3c，图 2-3d），两物种的 SDR_2 受纬度梯度的影响较小。样带中群落主要豆科植物与退化指示植物（锦鸡儿属、冷蒿、星毛委陵菜和狼毒等）SDR_2 沿纬度梯度的变化趋势不同。锦鸡儿属植物的 SDR_2 随纬度升高存在降低趋势，但变化不显著（$P=0.1956$）（图 2-3e），冷蒿在群落中的 SDR_2 随纬度升高存在上升趋势，但未达显著水平（$P=0.3164$）

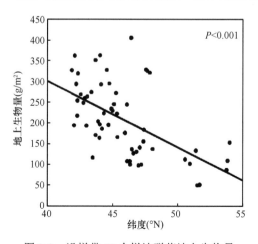

图 2-2　沿样带 58 个样地群落地上生物量

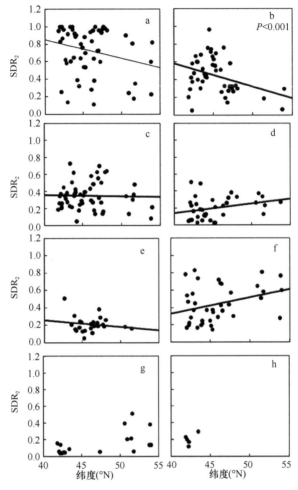

图 2-3 针茅属（a）、羊草（b）、糙隐子草（c）、冰草（d）、锦鸡儿属（e）、冷蒿（f）、星毛委陵菜（g）和狼毒（h）SDR$_2$ 的纬度变化规律

（图 2-3f），星毛委陵菜主要集中于样带的南北两端，在中部的典型草原核心地区几乎没有分布，星毛委陵菜在北端的 SDR$_2$ 高于南端（图 2-3g），而狼毒只分布于样带的南部少数样地（图 2-3h），样带两端草原的退化程度高于中部，退化指示植物的 SDR$_2$ 受纬度梯度影响较小，可能与不同地区的土地利用强度关系更为密切。随着纬度的升高，一年生植物、二年生植物在群落内比例有显著降低（$P<0.05$），多年生植物及灌木无显著变化（图 2-4）。

　　经过计算，前 5 个主成分提供的信息量分别为 6.46%、5.32%、4.837%、4.30%、3.78%，累积贡献率为 24.73%。从贡献率来看对于欧亚温带草原东缘生态样带植物群落的分异，第一、第二主成分的贡献率都较低，说明生态样带内群落物种组

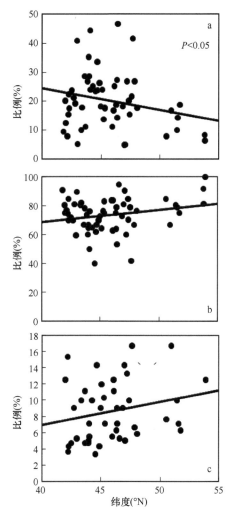

图 2-4　群落中一年生植物和二年生植物（a）、多年生植物（b）及灌木（c）的物种比随纬度的变化规律

成与群落结构较为一致。根据 58 个样地前两个主成分，二维空间上的投影图样区植被群落大致可分三大类：Ⅰ群落类型是以百里香+冷蒿，冷蒿+星毛委陵菜，冷蒿+芨芨草为主的群落；Ⅱ群落类型是以西北针茅+糙隐子草，西北针茅+羊草为主的群落；Ⅲ群落类型是以羊草+大针茅，羊草+大针茅+杂类草以及大针茅+羊草，大针茅+糙隐子草+羊草为主的群落类型（图 2-5）。这三类群落基本沿纬度梯度分布，Ⅲ群落类型基本分布于样带南部，Ⅱ群落类型分布于样带中部，Ⅰ群落类型分布于样带北部，虽然群落物种组成与群落结构基本一致，但从群落类型来看在样带北端反映出有不同程度的退化（图 2-5）。

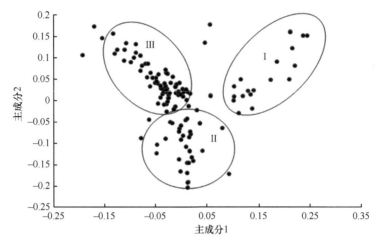

图 2-5　植被群落的主成分分析

　　气候变暖会导致植物种间关系发生改变，最终影响植物群落组成。有学者认为，不同物种对气候变暖响应机制的异质性可能会打破经过长期进化而产生的适应关系及群落的平衡和稳定（Walther et al.，2002；Huelber et al.，2006）。欧亚温带草原东缘生态样带内由南到北，随纬度的升高上层优势植物针茅属和羊草的优势度总体呈下降趋势，而下层优势植物糙隐子草和伴生种冰草的变化趋势不明显，下层优势植物在群落中的作用相对稳定，可以推测其对纬度梯度上的温度变化不敏感。豆科锦鸡儿属植物与退化指示植物（冷蒿、星毛委陵菜、狼毒）在纬度梯度上的变化不显著，星毛委陵菜主要集中于样带的南北两端，中部的典型草原核心地区几乎没有分布，星毛委陵菜在北端的盖度高于南端，而狼毒只分布于样带的南部少数样地，样带两端草原的退化程度高于中部，可能与不同地区土地利用强度的关系更为密切。在本研究中，也表现出物种对气候变暖响应的种间及空间异质性。随温度胁迫程度的增加，欧亚温带草原东缘生态系统物种间的关系是否由协作转变为中性以致竞争，有待于进一步探讨。这种气候变暖引起的物种多样性及种间关系的变化势必影响草原生产力。有研究表明，气候变暖引起了全球范围内植物生物量的持续增加。温度的小幅增加将导致 21 世纪前 50 年间，温带及高纬度地区植物平均生物量增加，而半干旱和热带地区植物平均生物量则呈现减少的趋势。但 21 世纪下半叶，温度的持续增加将会对上述所有区域植物的生物量产生负面影响（Lobell and Asner，2003；Tubiello et al.，2007）。本研究中，欧亚温带草原东缘生态样带降水条件较为一致，植被的生物量随纬度的升高而降低，生物量和纬度之间具有极显著的相关性，温度的增加对植被初级生产力产生正面影响。未来持续的增温背景下，欧亚温带草原东缘生态样带植被初级生产力的变化趋势有待于通过动态定位监测进一步了解。

植物群落中各种生活型是植物在其发展历史过程中，对于一定生活环境长期适应所形成的各种基本形式，分析欧亚温带草原东缘生态样带植物生活型，可进一步认识植物对气候变暖的响应。本研究中，一年生植物、二年生植物表现出了高度的敏感性，未来气候变暖趋势可能提高一年生植物在欧亚温带草原东缘生态样带植物群落中的比例和地位。从群落类型来看，各群落类型在排序图上呈一定规律性分布。位于高纬度的 I 群落退化较为严重，以百里香、冷蒿、星毛委陵菜为建群种，中部的 II 群落属于轻度利用，以西北针茅、糙隐子草、羊草为建群种，南部的 III 群落恢复得较好，以大针茅、羊草、糙隐子草为建群种，具有一定的空间异质性，但其群落连续性强，群落的组成结构具有高度的一致性，整体属于典型草原。

通过对欧亚温带草原东缘生态样带研究，发现在气候变暖的影响下，欧亚温带草原东缘典型草原生物量、物种多样性及群落结构受到明显的影响，而且这种空间格局的改变及空间异质性变化势必将影响未来欧亚温带草原东缘地区植物群落的演变，应引起我们的高度关注，以便及早制定应对策略。

第三节　昆虫多样性

一、昆虫多样性研究进展

昆虫不仅是世界上种类最多的物种，同时也对生态系统功能和全球经济起着十分重要的作用。昆虫由于个体小、数量大，在自然界中占据了多样性更高、空间尺度更小的生境，它们对生境的变化往往也更加敏感，若干类群已经可以作为监测生境和生物多样性变化的指示种，具有广泛的生物地理学和生态学探针（biogeographical and ecological probe）的功能，可用作较大尺度生态系统的指示性生物来监测环境及群落的变化趋势（Golden and Crist，1999；Kruess，2003），更适合用来描述生境的精细特征及指示生境的细微变化，在这个意义上开展昆虫物种多样性研究对实施生物多样性监测和保护具有重大意义（Samways，1993）。

昆虫群落与气候、植物群落以及土壤亚系统有着极为密切的关系。昆虫类群是草原生态系统的重要组成成分，在草原生态系统中发挥着重要的生态功能，是生物地球化学循环、食物链网构成不可缺少的环节。昆虫群落的生态学研究是正确评估和认识草原生态系统的健康、稳定与功能和过程的核心研究内容之一。但是，正如邹怡等（2011）指出的，昆虫多样性却常常被"生物多样性"研究者和保护者所忽略。例如，在全球和地区生物多样性保护中，被列入保护名录的昆虫只占其中很小一部分，在北美据估计 29 000 种昆虫濒临灭绝，但只有 37 种被列入保护。由于昆虫一般个体小、颜色多变、难于辨别，对昆虫多样性的研究难度也较大，所以其较少被关注。虽然一些研究也探讨了昆虫多样性与植物多样性及气候变化的关系，如 Scherber 等（2010）研究表明草原地区低营养级水平的物种对植物多样性的变化比高营养级水平的物种更敏感；Tilman 等（2006）研究指出草原植物多样性与生境稳定性呈正相关，植物多样性也影响昆虫与捕食者的关系，但植物多样性与昆虫多样性并非总是正的关系，在有些生境中也有相反趋势；Brehm 等（2003）和 Axmacher 等（2010）研究表明温度及湿度等环境因子显著影响昆虫物种数量与组成；气候变化条件下北半球许多昆虫物种有向北扩展的现象。国内对昆虫多样性开展的一些研究（于晓东等，2001；刘新民等，1999，2002；贺达汉和长有德，1999）多限于局部地区。对于昆虫多样性和土壤、植被演变关系的研究及昆虫群落多样性随气候的变化报道较少（陈应武等，2006）。

目前，国内外对样带生物多样性的研究多集中在植物方面，针对环境因子变化对昆虫多样性的长期潜在影响的研究仍是空白，气候变化究竟怎样并在多大程度上影响昆虫多样性是个有待深入探讨的研究命题。地处中高纬度的欧亚草原是气候变化最为敏感和脆弱的区域之一，也是受人类活动影响系统功能退化最为严重的区域之一。对该地区草原生态系统不同结构和组分在气候变化的影响下的响应和适应以及未来的变化趋势的研究仍存在许多空白，对该地区的昆虫多样性与环境变化的关系研究更为缺乏。也有人把对环境变化敏感的类群用作多样性研究的指示生物（张大治等，2012）。其中，半翅目的蝽类和双翅目的虻类是研究关注较多的类群，由于对环境变化敏感，长期以来在欧美其广泛被用作生物多样性和环境评价的指示生物（杨春花等，2005；Bährmann，2009；Pollet and Grootaert，1996；Pollet，2001）。

本研究沿样带按照纬度梯度由南向北选择 50 个样点进行野外采集，对于不完善的样点于第二年进行补充采集，在室内对采集到的标本进行分类鉴定，系统整理标本和文献资料，通过系统检索和收集近几年的文献，完善资料，将不能鉴定的标本送出请相关专家鉴定。将鉴定完的昆虫种类和数量进行统计。分析样带的昆虫多样性；分析样带植被生物量，土壤含水量和土壤组成，并分析样带昆虫多样性变化与气候、植被、土壤等生态指标变化的相关性。在上述研究的基础上，综合分析样带环境变化对昆虫多样性的影响，从而了解昆虫多样性对草原退化程度的指示作用。

在野外采集的 50 个样点，其中中国 32 个，蒙古国 18 个，每个样点设置 4 个样方，样方大小为 20m×20m，样方间距不小于 100m，采用棋盘式扫网取样，横 5、纵 5，间隔 5m，捕虫网直径 40cm，网深 70cm，将昆虫放入毒瓶处死后带回实验室整理鉴定。同时记录样地的地理位置、植被生态指标等数据。把采集到的标本带回实验室后做成针插标本并在体视显微镜下进行分类鉴定，统计其分布后编写名录。将锡林郭勒盟的锡林浩特市、镶黄旗、正蓝旗、西乌珠穆沁旗等地的调查区域划分为 6 个纬度带，对不同纬度带的昆虫多样性进行分析比较，结合纬度变化分析与地理位置之间的关系，分析温度等气候因素对昆虫多样性变化的影响。

二、欧亚温带草原东缘生态样带昆虫种类分析

通过对标本的初步分类整理，在前期采集的基础上又补充采集，总计采集昆虫标本 18 000 余号，隶属于 9 目 46 科，其中鞘翅目 6 科，鳞翅目 5 科，直翅目 5 科，双翅目 8 科，膜翅目 4 科，半翅目 11 科，同翅目 4 科，脉翅目 1 科，蜻蜓目 2 科，另有部分种类未鉴定到科。在此基础上编写了锡林郭勒草原天敌昆虫和主要害虫名录，丰富了研究者所在单位的标本馆藏。对采集到的昆虫标本进行分类学研究，其中发现双翅目剑虻科（Therevidae）1 新种，舞虻科（Empididae）3 个内蒙古新纪录种。

（一）新种记述

王氏愿添剑虻（*Actorthia wangae* sp. nov.）体型特征如图 2-6、图 2-7 所示。雄体长 4.6～5.7mm，翅长 4.0～4.5mm。头黑色被灰白粉。侧颜和颊被白毛，单眼瘤和后头无毛，上后头无眼后鬃。复眼红褐色且在额上方几乎接合。触角被灰白粉，柄节至梗节基部褐色，梗节末端至第一鞭节黑色；触角被黑色短毛，柄节末端混合少许黑鬃；柄节长度适中；梗节圆形；第一鞭节末端尖；端刺 2 节且位于第一鞭节末端，顶端有 1 根小刺；触角比率 2.8∶1.0∶3.8∶0.7。喙深褐色被稀疏的白色短毛；下颚须黄褐色被白色伏毛。胸部黑色被灰白粉，中胸背板有 1 条黑色纵宽带且无粉。中胸背板边缘和小盾片被稀疏的浅褐色毛，上前侧片、下前侧片和背侧片被稀疏的白毛；胸部巨鬃黑色。鬃序：背侧鬃 2 对，翅上鬃 1 对，

图 2-6 王氏愿添剑虻（*Actorthia wangae* sp. nov.）背视图（彩图请扫封底二维码）

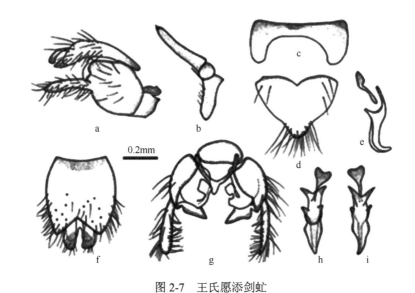

图 2-7 王氏愿添剑虻

a. 雄性生殖器；b. 触角；c. 第八背板；d. 第八腹板；e. 阳茎侧视；f. 第九背板；g. 生殖基节背视；
h. 阳茎背视；i. 阳茎腹视

翅后鬃 1 对，背中鬃 2 对，小盾鬃 1 对。足棕黄色除跗节末端深褐色，爪垫深褐色。足上的毛和鬃黑色，除基节、前足和中足股节后腹面被白色长毛。前足基节有前鬃 1 根，前腹鬃 1 根。前足股节有前腹鬃 6～7 根；中足股节有前腹鬃 3 根；后足股节有前背鬃 1 根，前腹鬃 3 根。前足胫节有胫节端鬃 4 根；中足胫节有前背鬃 1 根，前腹鬃 1 根，后腹鬃 1 根，胫节端鬃 7 根；后足胫节有前背鬃 6 根，前腹鬃 5 根，胫节端鬃 4 根。翅透明无翅斑；翅脉近翅基土黄色，近端部褐色；翅室 M3 闭合且末端具短柄。平衡棒基部褐色，中部棕黄色，端部浅黄色。腹部深褐色被灰白色的粉，每一节背板的后缘棕黄色。白色的毛被于背板两侧，腹板和尾器被黑色的短毛。雄性生殖器：第九背板长为宽的 1.1 倍，端部有一个三角形的凹陷。尾须近长方形且端部圆钝。肛下板较尾须短，端部有一个深凹陷。下生殖板很大，椭圆形。生殖基节上着生正方形的腹叶；生殖基节外突近乎和生殖基节等长。生殖刺突三角形。端阳茎向下弯曲；阳茎腹面突分叉；射精突基部心形。

雌体长 6.1～6.5mm，翅长 4.5mm。和雄性相似，除额很宽，为前单眼宽度的 8.8 倍。额褐色且有光泽，被灰白色的粉，中部被一些黑色的短毛。观察标本，正模♂，内蒙古自治区苏尼特右旗（42°34′N，112°38′E，1148m），2010. Ⅶ. 22，王宁（IMNU）。7♂，2♀，内蒙古自治区苏尼特左旗（43°02′N，112°49′E，1024m），2010. Ⅶ. 23-25，王宁（IMNU）；2♂，1♀，内蒙古自治区杭锦旗（39°54′N，108°19′E，1254m），2010. Ⅷ. 11-12，王宁（IMNU）。分布于内蒙古（西苏旗、东苏旗、杭锦旗）。讨论：该种和科氏厚胫剑虻（*Actorthia kozlovi* Zaitzev，1974）的区别在于，第八腹板前缘有显著凹陷，生殖基节后侧角圆钝，腹叶末端尖，阳茎背面突简单、不隆起。词源学：该种以其采集人王宁命名。

（二）内蒙古新纪录种

新记录种如下：①粗腿驼舞虻［*Hybos grossipes*（Linnaeus，1767）］，*Musca grossipes* Linnaeus，1767：988. 模式标本产地："Europa"。观察标本内蒙古：3♂♂，2♀♀鄂尔多斯市东胜区（109°45'7″E，39°47'55″N），7.Ⅷ.2006，盛茂岭；2♂♂，3♀♀锡林郭勒盟苏尼特右旗（42°11'20″E，112°43'16″N，1011m）6Ⅷ.2012，王宁；2♂♂，11♀♀，兴安盟阿尔山市（119°55'56″E，47°11'46″N，1035m），26Ⅶ.2014，王宁和杨定。分布：中国（内蒙古、甘肃、宁夏、吉林、陕西、河北、河南、四川）；古北区。②湖北驼舞虻（*Hybos hubeiensis* Yang & Yang，1991），*Hybos hubeiensis* Yang & Yang，1991：3. 模式标本产地：湖北武当山。观察标本内蒙古：2♂♂，1♀，鄂尔多斯市东胜区（109°45'7″E，39°47'55″N），7.Ⅷ.2006，盛茂岭；1♂，2♀♀锡林郭勒盟苏尼特右旗（42°11'23″E，112°43'21″N，1023m），11Ⅶ.2012，王宁；分布：中国（内蒙古、甘肃、宁夏、河南、湖北）。③武当驼舞虻（*Hybos wudanganus* Yang & Yang，1991），*Hybos wudanganus* Yang & Yang，1991：5. 模式标本产地：湖北武当山。观察标本内蒙古：2♂♂，鄂尔多斯市东胜区（109°45'7″E，39°47'55″N），7.Ⅷ.2006，盛茂岭；3♂♂，1♀锡林郭勒盟苏尼特右旗（42°11'20″E，112°43'16″N，1011m）6Ⅷ.2012，王宁。

（三）蝗虫及主要天敌昆虫名录

1. 样带蝗虫名录

沿样带调查发现，样带上的蝗虫隶属于4科，共有22种，其中中国特有种为6种，中、蒙共有种6种，中、蒙、俄共有种9种，蒙古国和俄罗斯共有种1种。

（1）斑翅蝗科 Oedipodidae

1）亚洲飞蝗 *Locusta migratoria*（Linnaeus，1758）

异名：*Gryllus locusta danica* Linnaeus

其为杂食性，危害玉米、小麦、谷子、黍、高粱、水稻等禾本科植物及作物，以及芦苇、莎草科等植物，饥渴时也食其他动物。

分布：河北、内蒙古、新疆、青海、甘肃；蒙古国。

2）鼓翅皱膝蝗 *Angaracris barabensis*（Pallas，1773）

危害菊科和百合科植物，主要危害冷蒿、艾蒿、双齿葱及委陵菜等。

分布：黑龙江、内蒙古、河北、山西、宁夏、青海、甘肃；俄罗斯，蒙古国。

3）内蒙古皱膝蝗 *Angaracris neimongolensis*（Zheng，Z. & Yali Han，1998）

分布：内蒙古。

4）红翅皱膝蝗 *Angaracris rhodopa*（Fischer von Waldheim，1836）

异名：*Bryodema barabense* var. *reseipennis* Krauss

别名：赤翅皱膝蝗、沙拉子。

主要寄生在沙荒草原禾本科植物上，亦危害小麦、稷。

分布：黑龙江、河北、山西、内蒙古、宁夏、甘肃、青海；俄罗斯，蒙古国。

5）白边痂蝗 *Bryodema luctuosum*（Stoll，1813）

内蒙古典型草原、荒漠草原的主要牧草害虫之一。主要分布在植被稀疏、土壤沙质的典型草原，危害冷蒿、羊草、针茅、赖草和小旋花等。

分布：甘肃、青海、内蒙古、东北、河北、山西、西藏。

6）轮纹痂蝗 *Bryodema tuberculatum dilutum* Stall

分布：内蒙古；蒙古国。

7）亚洲小车蝗 *Oedaleus decorus asiaticus*（Bei-Bienko，1941）

异名：*Oedaleus asiaticus* Bei-Bienko

主要危害谷子、黍、玉米、莜麦、高粱等禾本科植物，也危害大豆、小豆、马铃薯、亚麻等。

分布：河北、山东、陕西、内蒙古、宁夏、甘肃、青海；俄罗斯，蒙古国。

（2）网翅蝗科 Arcypteridae

1）白膝网翅蝗 *Arcyptera fusca albogeniculata* Ikonnikov，1911

分布：辽宁、内蒙古。

2）白边雏蝗 *Chorthippus albomarginatus*（De Geer，1773）

异名：*Gryllus elegans* Charpentier、*Oedipoda tricarinata* Stephens、*Gryllus blandus* Fishcher-Waldheim

主要寄生在环境湿度很大的高大植丛，危害禾本科牧草。

分布：内蒙古、黑龙江、新疆；蒙古国。

3）华北雏蝗 *Chorthippus brunneus*（Thunberg，1815）

异名：*Chorthippus brunneus huabeiensis* Xia et Jin

别名：褐色雏蝗。

主要寄生在禾本科植物。

分布：黑龙江、吉林、辽宁、河北、北京、山西、内蒙古、宁夏、甘肃、陕西、新疆、青海、西藏。

4）狭翅雏蝗 *Chorthippus dubius*（Zubovsky，1898）

异名：*Stenbothrus borvathi* Bolivar

危害禾本科、莎草科等杂类牧草。

分布：黑龙江、吉林、辽宁、河北、山西、陕西、内蒙古、甘肃、青海、四川；欧洲，俄罗斯，格鲁吉亚，哈萨克斯坦，蒙古国。

5）小翅雏蝗 *Chorthippus fallax*（Zubovsky，1899）

异名：*Stenobothrus ehubergi* Miram、*Stauroderus cognatus* var. *amurensis* Ikonnikov

主要寄主为禾本科植物。

分布：河北、山西、内蒙古、甘肃、宁夏、陕西、青海、新疆；俄罗斯，哈萨克斯坦，蒙古国等。

6）东方雏蝗 *Chorthippus intermedius*（Bei-Bienko，1926）

分布：东北、内蒙古、河北、山西、陕西、宁夏、青海、四川、西藏、甘肃；俄罗斯，蒙古国。

7）小翅雏蝗 *Altichorthippus fallax*（Zubovsky，1899）

分布：青海、甘肃、新疆、内蒙古、吉林、山西、河北；蒙古国。

8）红腹牧草蝗 *Omocestus haemorrhoidalis*（Charpentier，1825）

雄性体长为 11～14mm，雌性体长为 18～20mm。体绿色或黑褐色。体中小型，匀称。头部短小，短于前胸背板。颜面隆起全长略凹陷。复眼近圆形。触角丝状，不超过前胸背板后缘。前胸背板中隆线明显；侧隆线周围黑色，在沟前区以"〉〈"状向内凹。前胸腹板在前足之间平坦无突起。前、后翅均较发达。前翅到达腹部末端，前缘较直。后足股节底侧黄褐色；后足胫节黑褐色，密布灰黑色小斑。腹部背面和底面明显橘红色。雄性下生殖板锥形；雌性产卵瓣钩状，上产卵瓣的上外缘圆钝。寄主主要为牧草。

分布：山西、内蒙古、甘肃、新疆、青海、西藏。

9）宽翅曲背蝗 *Pararcyptera microptera meridionalis*（Ikonnikov，1911）

异名：*Arcyptera flavicosta sibirica* Uvarov，1914

寄主为禾本科牧草，有时也侵入农田危害农作物。

分布：黑龙江、吉林、辽宁、河北、山西、山东、内蒙古、甘肃、陕西、青海；俄罗斯，蒙古国。

（3）槌角蝗科 Gomphoceridae

1）黑肛蛛蝗 *Aeropedellus nigrepiproctus*（Kang & Yonglin Chen，1990）

分布：内蒙古。

2）毛足棒角蝗 *Dasyhippus barbipes*（Fischer-Waldheim，1846）

内蒙古东部区典型草原的优势种蝗虫。

分布：黑龙江、吉林、内蒙古、甘肃、青海；俄罗斯，蒙古国。

3）宽须蚁蝗 *Myrmeleotettix palpalis*（Zubovsky，1900）

主要分布于典型草原和荒漠草原，是草原蝗虫的主要优势种之一，以取食禾本科牧草为主，如羊草、隐子草、针茅、早熟禾、扁穗草、冰草、狐狸草、燕麦、小麦等，也少量取食豆科苜蓿、三叶草、草木犀、小叶锦鸡儿；菊科冷蒿、柔毛蒿、沙蒿及莎草科黄囊薹草等。

分布：内蒙古、甘肃、青海、新疆；蒙古国，俄罗斯。

（4）剑角蝗科 Acrididae

1）条纹鸣蝗 *Mongolotettix vittatus*（Uvarov，1914）

异名：*Chrysochraon kaszabi* Steinmann，1967

寄主为禾本科类杂类牧草。

分布：黑龙江、吉林、河北、北京、内蒙古、甘肃、陕西；蒙古国。

2）西伯利亚大足蝗 *Aeropus sibiricus*（Linnaeus，1767）

分布：蒙古国肯特省，俄罗斯。

（5）斑腿蝗科 Catantopidae

1）短星翅蝗 *Calliptamus abbreviatus* Ikonnikov，1913

分布：中国广泛分布，蒙古国。

2. 样带主要天敌昆虫名录

本次调查结合文献记载统计出样带上分布的天敌昆虫主要隶属于 4 目 11 科共 19 种，分别是半翅目的姬蝽科（Nabidae）、花蝽科（Anthocoridae）、猎蝽科（Reduviidae）、蝽科（Pentatomidae），鞘翅目的虎甲科（Cicindelidae）、步甲科（Carabidae），脉翅目的草蛉科（Chrysopidae）以及双翅目的剑虻科（Therevidae）、长足虻科（Dolichopodidae）、食蚜蝇科（Syrphidae）、寄蝇科（Tachinidae）；其中在样带上多为中、蒙、俄共有种，共 14 种，另外，中国特有种 4 种，中、蒙共有种 1 种。

（1）半翅目

1）姬蝽科

类原姬蝽亚洲亚种 *Nabis feroides mimoferus*（Hsiao，1964）

分布：内蒙古各个盟市均有分布，北京，河南，新疆，西藏，福建；蒙古国，俄罗斯。

塞姬蝽 *Nabis intermedius*（Kerzhner，1963）

分布：内蒙古呼伦贝尔、赤峰、乌兰察布，辽宁，新疆；俄罗斯，蒙古国。

2）花蝽科

西伯利亚原花蝽 *Anthocoris sibiricus* Reuter

西伯利亚原花蝽为捕食性蝽类，主要捕食蚜虫、盲蝽、叶蝉及红蜘蛛。

分布：内蒙古的各个盟市均有分布，甘肃，新疆；蒙古国，东欧，中亚，叙利亚，土耳其。

乌苏里原花蝽 *Anthocoris ussuriensis* Lindberg

乌苏里原花蝽为捕食性花蝽，捕食蚜虫等小型软体昆虫及螨类。

分布：内蒙古呼和浩特市、兴安盟、赤峰市、乌兰察布市、锡林郭勒盟和巴彦淖尔市，河北，宁夏，湖北，辽宁；蒙古国和俄罗斯。

微小花蝽 *Orius minutus*（Linnaeus）

微小花蝽为捕食性花蝽，主要捕食蚜虫、蓟马等微小昆虫、虫卵及螨类。

分布：在我国长江以北地区，微小花蝽是最为常见的小花蝽之一。在内蒙古的各个盟市均有分布，甘肃，新疆，河南，河北，山东，辽宁，北京，天津，湖南，四川也有分布。在朝鲜、蒙古国、俄罗斯、欧洲及北非等地也有分布。

3）猎蝽科

枯猎蝽 *Vachiria clavicornis*（Hsiao et Ren，1981）

枯猎蝽是捕食性蝽类，在红柳树上以盲蝽的若虫等为食。

分布：内蒙古的各个盟市均有分布，除此之外，北京、天津、河北、山东也有分布。

4）蝽科

双刺益蝽 *Picromerus bidens*（Linnaeus，1758）

双刺益蝽属于蝽科的益蝽亚科，是森林、草原以及山地中重要的一类天敌昆虫，它们捕食鞘翅目、鳞翅目、植食性膜翅目等的幼虫以及其他软体幼虫，甚至捕食杨毒蛾的五龄幼虫。但在养蚕区也捕食蚕的幼虫，故也造成危害。

分布：内蒙古的各个盟市均有分布，吉林，黑龙江，辽宁，北京，河北，福建，陕西，浙江，江西，湖南，江苏，广西，四川；土耳其，蒙古国，荷兰，朝鲜，芬兰，德国，奥地利，匈牙利，法国，瑞士，丹麦，加拿大，西班牙，俄罗斯，希腊，英国，波兰，葡萄牙，阿富汗，意大利，比利时。

（2）鞘翅目

1）虎甲科

云纹虎甲 *Cicindela elisae*（Motschulsky）

云纹虎甲的成虫、幼虫均为捕食性昆虫，以鳞翅目幼虫、蜘蛛、蚂蚁等小型有害昆虫为食。

分布：内蒙古各盟市均有分布，北京，上海，河北，河南，湖北，安徽，四川，新疆，山东，甘肃，江苏，山西，浙江，台湾；日本，朝鲜，蒙古国，俄罗斯。

2）步甲科

中华广肩步甲 *Calosoma maderae chinensis* Kirby

中华广肩步甲又名金星步甲，是鳞翅目幼虫的重要天敌，主要捕食鳞翅目夜蛾科的粘虫、小地老虎、大地老虎、黄地老虎、斜纹夜蛾等森林及农作物害虫。

分布：内蒙古，北京，河北，山西，甘肃，宁夏，湖南，江苏，辽宁，黑龙江及吉林大部分地区。

（3）脉翅目

草蛉科

丽草蛉 *Chrysopa formosa*（Brauer，1851）

丽草蛉的成虫与幼虫均为捕食性昆虫，可以捕食多种害虫以及一种害虫的多种形态，如蚜虫、鳞翅目的卵和幼虫。

分布：内蒙古各盟市均有分布；在东北、华北、西北和湖南、湖北、浙江等地也有大量分布。蒙古国，俄罗斯，欧洲，日本，朝鲜。

胡氏草蛉 *Chrysopa hummeli*（Tjeder，1936）

捕食蚜虫、介壳虫等。

分布：内蒙古锡林郭勒盟，新疆；蒙古国，俄罗斯。

（4）双翅目

1）剑虻科

王氏愿添剑虻 *Actorthia wangae* Liu，Wang et Yang

分布：内蒙古苏尼特左旗、苏尼特右旗、杭锦旗。

2）长足虻科

胫突水长足虻 *Hydrophorus praecox*（Lehmann）

分布：内蒙古，新疆，北京，辽宁，山东，河南，西藏，台湾；爱尔兰，以色列，英国，印度，蒙古国，土耳其，西班牙，澳大利亚，匈牙利，俄罗斯，德国，法国，南非，乌克兰，丹麦，新西兰，奥地利，波兰，芬兰，瑞士，美国蒙大拿州赫勒拿，阿拉伯，毛里塔尼亚，冈比亚，挪威，爱沙尼亚，比利时，尼日利亚，捷克，罗马尼亚，瑞典，斯洛伐克，埃塞俄比亚，伊拉克，伊朗，安哥拉，博茨瓦纳，肯尼亚，纳米比亚，坦桑尼亚，毛里求斯，智利。

3）食蚜蝇科

大斑鼓额食蚜蝇 *Scaeva albomaculata*（Macquart）

分布：内蒙古，山西，新疆，四川；阿富汗，蒙古国，北非，欧洲。

大灰食蚜蝇 *Syrphus corolla*（Fabricius）

幼虫捕食棉蚜、豆蚜等多种蚜虫。

分布：内蒙古，北京，陕西，新疆，四川，河北，甘肃，云南；日本，安纳托利亚，马来西亚，欧洲，北非，印度东部，亚洲北部。

叉叶细腹食蚜蝇 *Sphaerophoria taeniata*（Meigen）

幼虫为捕食性，捕食蚜虫、蚧虫等。

分布：内蒙古，河北，甘肃；俄罗斯，蒙古国，日本，欧洲。

4）寄蝇科

玉米螟厉寄蝇 *Lydella grisescens*（Robineau-Desvoidy，1830）

寄主：玉米螟、二化螟、棉大卷叶螟。

分布：内蒙古，黑龙江，吉林，广东，广西，河北，天津，北京，山东，山西，江苏，四川，陕西，青海。

伞裙追寄蝇 *Exorista civilis*（Rondani，1859）

寄主：玉米螟、小地老虎、棉铃虫、马尾松毛虫、西伯利亚松毛虫。

分布：内蒙古，北京，吉林，河北，河南，山东，山西，浙江，江苏，安徽，江西，广东，广西，新疆；蒙古国，俄罗斯赤塔，乌克兰，意大利，地中海。

刺拍寄蝇 *Peteina erinaceus*（Fabricius，1794）

寄主：小地老虎。

分布：内蒙古，吉林，宁夏，山西；欧洲，蒙古国，俄罗斯，外高加索。

（四）欧亚温带草原东缘生态样带昆虫多样性分析

不同纬度带间的昆虫多样性存在显著差异。昆虫的香农-维纳多样性指数有随纬度升高而逐渐降低的趋势，其中，样带点 L1 分别与纬度 5、纬度 6 的昆虫多样性存在显著差异，纬度 2 与纬度 5 间存在显著差异（图 2-8）。不同纬度带间的昆虫辛普森多样性指数存在显著差异，其中，以纬度 3 为最高，显著高于纬度 2、纬度 5 和纬度 6，纬度 5 最低，显著低于纬度 1 和纬度 3，其余纬度带间差异不显著（图 2-9）。通过图 2-10 可以看出，样带不同纬度带间的昆虫均匀度存在显著差异，其中，以纬度 3 为最高，显著高于纬度 2、纬度 4、纬度 5 和纬度 6，纬度 4 和纬度 5 较低，显著低于纬度 1 和纬度 3，其余纬度带间差异不显著。由图 2-11 可知，样带不同纬度带间的昆虫丰富度存在显著差异，其中，以纬度 1、纬度 3 和纬度 4 较高，显著高于纬度 5，纬度 2 与纬度 6 间差异不显著。

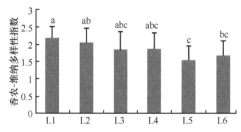

图 2-8　各纬度带的昆虫香农-维纳多样性指数

横坐标为纬度带，L1 为纬度1，L2 为纬度2，……；纵坐标为多样性指数值；下同

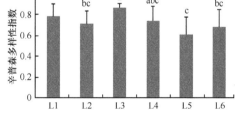

图 2-9　各纬度带的昆虫辛普森多样性指数

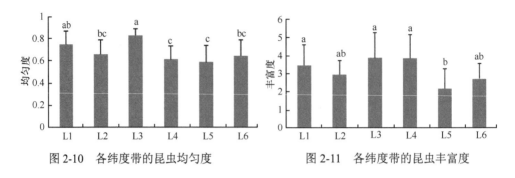

图 2-10　各纬度带的昆虫均匀度　　　　　　图 2-11　各纬度带的昆虫丰富度

第四节　土壤微生物多样性

地处中高纬度的欧亚温带草原对气候变化的响应敏感且脆弱，但是过去在区域尺度上对温带草原生态系统结构和功能的探究大多集中在地上植被，而对与植物关系最密切的地下微生物丛枝菌根真菌（arbuscular mycorrhizal fungal，AM 真菌）关注较少。AM 真菌是植物与土壤联系的重要介质，其群落结构的改变不仅会影响地上植被的组成，也会影响土壤的理化性质及养分动态循环，进而影响整个生态系统的稳定性和生产力。因此，研究 AM 真菌在欧亚温带草原的多样性及变化，揭示以 AM 真菌为代表的土壤微生物在植被-土壤相互关系中的作用，对探索气候变化条件下欧亚温带草原生态系统的变化和驱动因素，具有深远的科学价值和现实意义。

本研究以欧亚温带草原东缘生态样带（内蒙古段）为依托，沿从北至南的温度梯度选择了阿巴嘎旗（AQ）、锡林浩特（XL）、正蓝旗（ZQ）3 块样地，以我国温带典型草原主要建群种和优势种植物——大针茅（*Stipa grandis*）、糙隐子草（*Cleistogenes squarrosa*）、羊草（*Leymus chinensis*）作为研究对象，共采集 45 个根系样品。采用"台盼蓝（曲利苯蓝）染色法"制片观察统计羊草植株根系中 AM 真菌的侵染率，以反映 AM 真菌在植株根系内的状况。利用分子分析方法，通过提取根内 AM 真菌的 DNA，巢式 PCR（以 NS1-NS4 和 AML1-AML2 为引物）扩增反应、电泳检测 PCR 产物、建立克隆文库及测序等一系列步骤，分析温带草原生态系统 AM 真菌的分子多样性和群落组成（表 2-2，图 2-12）。

一、沿温度梯度 AM 真菌群落组成

在 97% 的相似水平上，应用 Mothur 软件对本研究得到的 683 条 AM 真菌 DNA 序列进行分子种划分，并用 Mega 6.06 构建 AM 真菌 18S rRNA 基因序列的系统发育树。由表 2-2 可知，从 45 个样品的 683 条序列中共鉴定出 24 个分子种，分布

表 2-2　三种植物根系 AM 真菌克隆子的分布状况及其丰度统计（胡红，2016）

真菌克隆子号	羊草			糙隐子草			大针茅		
	AQ	ZQ	XL	AQ	ZQ	XL	AQ	ZQ	XL
OUT1	18	28	33	14	58	30	5	30	34
OUT2	21	55	17	35	11	14	21	44	17
OUT3	15	0	18	13	3	14	8	9	27
OUT4	1	7	3	0	0	1	0	1	8
OUT5	0	1	1	0	0	0	5	1	0
OUT6	1	0	0	5	0	0	2	0	0
OUT7	7	0	0	0	0	0	1	0	0
OUT8	0	1	3	0	0	0	1	0	0
OUT9	0	1	0	0	0	0	0	1	3
OUT10	0	0	0	0	0	0	3	1	0
OUT11	2	0	0	0	0	2	0	0	0
OUT12	4	0	0	0	0	0	0	0	0
OUT13	0	0	0	0	2	0	0	0	2
OUT14	0	0	0	0	0	3	0	0	0
OUT15	0	0	0	0	1	2	0	0	0
OUT16	1	1	1	0	0	0	0	0	0
OUT17	0	0	0	0	0	3	0	0	0
OUT18	0	0	0	0	1	0	0	1	0
OUT19	0	0	0	1	0	0	0	0	0
OUT20	0	0	1	0	0	0	0	0	0
OUT21	0	0	0	0	0	1	0	0	0
OUT22	1	0	0	0	0	0	0	0	0
OUT23	1	0	0	0	0	0	0	0	0
OUT24	0	0	0	0	0	0	0	0	1
菌落总数	72	94	77	68	76	70	46	88	92
总丰度	11	7	8	5	6	9	8	8	7

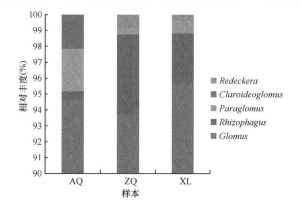

图 2-12　AM 真菌在不同温度梯度样地中的相对丰度（胡红，2016）（彩图请扫封底二维码）

于球囊霉门的 4 科 5 属，包括 *Glomus*、*Paraglomus*、*Rhizophagus*、*Redeckera* 和 *Claroideoglomus* 5 个属。其中 *Glomous* 属有 20 种，为优势属；*Rhizophagus* 属有 1 种，*Claroideoglomus* 属有 1 种，*Paraglomus* 属有 1 种，*Redeckera* 属有 1 种，均为稀有属。

二、物种、温度对 AM 真菌群落组成的影响

宿主植物种类、温度和两者的交互作用对 AM 真菌的分子种丰富度、香农-维纳多样性指数和辛普森多样性指数均没有显著性影响（$P>0.05$）（表 2-3，表 2-4，表 2-5，表 2-6，图 2-13）。采用 ANOSIM、MRPP 和 ADONIS 三种不同的分析方法检验采样点间 AM 真菌群落组成的差异性，结果表明，采样点（温度）对 AM 真菌的群落组成有显著影响。这为我们进一步研究温度对根系 AM 真菌的群落组成变化规律的影响提供了理论基础。采用 ANOSIM 分析方法检验同一采样点不同植物之间 AM 真菌群落组成的差异性和不同采样点同种植物间的 AM 真菌群落组成的差异性，结果显示，同一采样点不同植物间仅 XL 样地内羊草和糙隐子草的 AM 真菌群落组成存在显著性差异，同一植物不同样点间仅糙隐子草在 AQ-XL 样地内的 AM 真菌群落组成存在显著差异，其他同一采样点不同植物之间和不同采样点同种植物间的 AM 真菌群落组成均无显著差异（表 2-7，表 2-8，表 2-9）。

表 2-3　采样地点与植物种类对根系 AM 真菌分子种丰富度影响方差分析（胡红，2016）

方差来源	III型平方和	自由度	均方	F 值	显著性
样地	3.511	2	1.756	0.705	0.501
植物	6.711	2	3.356	1.348	0.273
样地×植物	4.622	4	1.156	0.464	0.761

表 2-4　根系内 AM 真菌群落香农-维纳多样性指数、辛普森多样性指数及物种丰富度（胡红，2016）

植物/样地	香农-维纳多样性指数	辛普森多样性指数	物种丰富度
大针茅			
AQ	0.77±0.56a	0.44±0.25a	3.00±0.71a
ZQ	0.75±0.46a	0.27±0.25a	3.20±0.86a
XL	0.63±0.53a	0.34±0.28a	3.40±0.60a
糙隐子草			
AQ	0.66±0.45a	0.55±0.11a	2.60±0.68a
ZQ	0.45±0.49a	0.46±0.27a	3.20±0.86a
XL	0.75±0.46a	0.43±0.25a	2.00±0.55a
羊草			
AQ	1.10±0.50a	0.53±0.26a	4.0±0.84a
ZQ	1.01±0.60a	0.39±0.24a	3.80±0.58a
XL	0.75±0.45a	0.42±0.30a	2.8±0.58a

表 2-5　采样地点与植物种类对 AM 真菌香农-维纳多样性指数影响方差分析（胡红，2016）

方差来源	Ⅲ型平方和	自由度	均方	*F*值	显著性
样地	0.583	2	0.292	1.270	0.295
植物	0.729	2	0.364	1.581	0.220
样地×植物	0.131	4	0.033	0.142	0.965

表 2-6　采样地点与植物种类对 AM 真菌辛普森多样性指数影响方差分析（胡红，2016）

方差来源	Ⅲ型平方和	自由度	均方	*F*值	显著性
样地	0.153	2	0.076	1.178	0.319
植物	0.136	2	0.068	1.049	0.361
样地×植物	0.013	4	0.003	0.052	0.995

表 2-7　不同温度梯度 AM 真菌群落组成的 ANOSIM，MRPP，ADONIS 分析（胡红，2016）

	ANOSIM		MRPP		ADONIS	
	r	*P*	delta	*P*	*F*值	*P*
AQ-ZQ	0.121	0.017	0.645	0.025	3.019	0.019
AQ-XL	0.161	0.005	0.602	0.016	4.287	0.006
ZQ-XL	0.077	0.066	0.560	0.051	2.702	0.043

表 2-8　相同样地不同宿主植物间 AM 真菌群落组成的 ANOSIM 分析（胡红，2016）

样地	植物种类	*r*	*P*
AQ	LC-CS	−0.176	0.948
	LC-SG	−0.08	0.737
	CS-SG	−0.032	0.471
ZQ	LC-CS	−0.138	0.829
	LC-SG	−0.108	0.741
	CS-SG	−0.188	0.960
XL	LC-CS	0.46	0.016
	LC-SG	−0.074	0.629
	CS-SG	0.272	0.053

注：LC、CS、SG 分别代表羊草、糙隐子草、大针茅，下同

表 2-9　不同样地相同宿主植物间 AM 真菌群落组成的 ANOSIM 分析（胡红，2016）

植物种类	样地	*r*	*P*
LC	AQ-ZQ	−0.124	0.810
	AQ-XL	0.184	0.092
	ZQ-XL	0.236	0.052
CS	AQ-ZQ	−0.01	0.491
	AQ-XL	0.416	0.026
	ZQ-XL	0.054	0.253
SG	AQ-ZQ	0.244	0.094
	AQ-XL	0.144	0.192
	ZQ-XL	−0.048	0.501

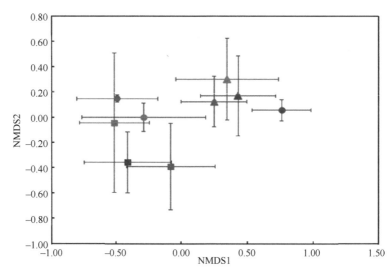

图 2-13　AM 真菌群落沿温度梯度非度量多维标度（non-metric multidimensional scaling，NMDS）
排序（胡红，2016）

蓝色、红色、绿色分别代表羊草、糙隐子草和大针茅；■：AQ 样地；▲：ZQ 样地；●：XL 样地

在 200× 显微镜下采用十字交叉法进行羊草根系侵染率测定，结果表明，ZQ 样地和 XL 样地羊草根系 AM 真菌侵染率显著高于 AQ 样地羊草根系的侵染率（$P<0.05$）。ZQ 样地和 XL 样地羊草根系 AM 真菌侵染率之间没有显著差异（$P>0.05$）（表 2-10）。

表 2-10　不同采样点羊草根系 AM 真菌侵染率测定结果（胡红，2016）

采样点	侵染率（%）	显著性
AQ	32.1±11.41	a
XL	55.2±4.9	b
ZQ	51.9±2.4	b

注：不同小写字母表示不同采样点侵染率间的差异显著性，差异显著水平为 $P<0.05$

第五节　优势植物羊草、贝加尔针茅繁殖生态学

繁殖成功是草地植物得以补充更新（recruitment）的前提，是保证植物种群稳定、维持草地生物多样性和生态系统健康的关键。植物的有性繁殖过程是对环境气候改变最为敏感的生活史阶段（Hedhly et al.，2008），因此，在不同地理生境中分布的种群，其繁殖特征可能存在显著的适应性变异。沿着纬度梯度，温度和降水等气候变量以及土壤环境因子均发生变化，植物的表型性状和遗传多样性可能会随之改变。因此，将植物生活史性状的空间变异性与其协变生态因子进行

关联分析为揭示植物的生态适应机制提供了可能性，同时，也为分析和预测植物应对气候变化可能的响应提供了途径。

本研究通过在内蒙古中部锡林郭勒草原建立的纬向生态样带（116°E），调查了该地区两种优势植物——羊草（*Leymus chinensis*）和针茅（*Stipa capillata*）的生活史（繁殖）性状及其适合度的空间变异性。该调查样带南起内蒙古东南部的多伦县，向北延伸至内蒙古阿巴嘎旗，纬度跨度为 41° N～46° N（图 2-14）。本样带调查从南到北每 35～40km 设置一个纬度梯度，同一纬度梯度在东西向 20km 范围选择 2～3 个调查样点。调查数据主要包括羊草和针茅的种群特征及其生活史（繁殖）相关性状；气象数据来自国家气象科学数据中心（http://data.cma.cn），涵盖了样带范围内及附近的 15 个气象站共 52 年（1961～2012 年）的数据。研究主要揭示了羊草和针茅两个物种生活史（繁殖）性状的纬度变异格局，分析和探讨了这些植物的繁殖表现随纬度空间变异的生态适应机理。具体探讨了以下 3 方面的问题：①羊草和针茅种群及其生活史（繁殖）性状对纬度变化的响应；②驱动这些植物的繁殖表现随纬度变异的关键生态气候因子或因子组合；③这些植物生活史性状变异的生态适应性及其应对全球气候变化可能的响应（以羊草为例）。

一、羊草繁殖性状随纬度梯度的变化规律

1. 羊草的繁殖相关性状对纬度梯度变化的响应

在 41°43′ N～45°19′ N，羊草的繁殖性状随纬度梯度变化表现出不同的响应格局（图 2-14）。生殖枝茎高（茎高）、穗长和小穗数 3 个性状随纬度梯度呈现出非线性变化模式（图 2-14b～d），这些性状值在低纬度地区（41.5° N～43.5° N）随纬度升高逐渐变大，而在 43.5° N～45.5° N 随纬度升高逐渐变小；也就是说，在样带中段羊草种群的这些性状值均表现最大。羊草种群总的枝密度、穗茎比（穗长/茎高）以及种子活力随纬度升高呈现出显著的下降趋势（图 2-14e～g）；单穗小花数和生殖枝密度 2 个性状对纬度变化未表现出显著响应（图 2-14a，图 2-14h）。

2. 羊草生活史性状表现与地理和气候因子的相关关系

多元回归模型分析结果显示（表 2-11），年平均温（AMT）、年均降水量（AMP）和纬度各因子及其因子组合对羊草生活史性状的表现均产生不同程度的直接影响。纬度作为地理空间因子，与羊草种群总的枝密度呈显著正相关关系，其偏回归系数（平均值±标准误）为 1.26±0.57（$P=0.029$，$N=222$），即纬度对该性状产生正影响效应。纬度与单穗小花数、穗茎比、生殖枝密度和种子活力 4 个性状呈显著负相关关系，其偏回归系数分别为–1.35±0.42（$P=0.006$，$N=17$）、–0.93±0.35

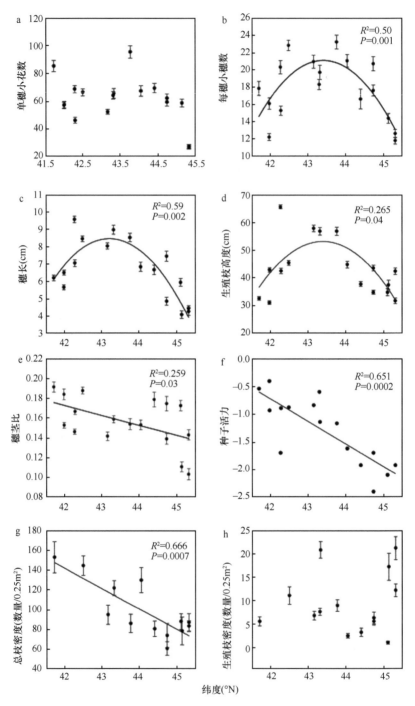

图 2-14　羊草的繁殖性状随纬度梯度的变化（Zhang et al.，2018）

表 2-11 纬度和气候因子对羊草繁殖性状的直接影响（Zhang et al., 2018）

性状	最小充足模型中各项的偏回归系数						模型统计
	纬度	年均温（AMT）	年均降水量（AMP）	纬度×AMP	纬度×AMT	AMP×AMT	
MRM							
单穗小花数	−1.35±0.42 **	0.39±0.09 ***	−1.49±0.43 **	−0.27±0.11 *	—	—	R^2=0.759 P=0.0003
每穗小穗数	−0.59±0.41	—	−0.55±0.41	0.19±0.05 **	—	—	R^2=0.579 P=0.004
生殖枝茎高	0.61±0.39	−0.27±0.09 *	0.88±0.40 *	0.45±0.10 **	—	—	R^2=0.757 P=0.002
穗茎比	−0.93±0.35 *	0.185±0.08 *	−0.97±0.36 *	−0.16±0.09	—	—	R^2=0.674 P=0.011
GLM							
总枝密度	1.26±0.57 *	−0.16±0.09 *	1.51±0.58 *		−2.19±0.83 **	−2.53±0.93 **	准泊松：色散参数 = 17.85
生殖枝密度	−4.50±1.05 ***	—	−3.80±1.01 ***	0.71±0.09 *	−1.39±0.14 ***		准泊松：色散参数 = 5.43
种子活力	−7.08±2.20 **	2.01±0.68 **	−5.96±2.14 **	—		2.05±0.89 *	准二项式：色散参数=7.40

注：MRM 表示公共多元回归模型；GLM 表示广义线性模型；* 代表 $P<0.1$，* 代表 $P<0.05$，**代表 $P<0.01$，***代表 $P<0.001$；—表示没有数据

（P=0.02，N=17）、−4.50±01.05（$P<0.001$，N=222）和−7.08±2.20（P=0.008，N=16）；同样，年均降水量与这 4 个性状亦呈负相关关系（$P<0.05$）；也就是说，纬度和降水量两个因子对这 4 个性状产生负影响效应。相反，羊草的生殖枝茎高和总枝密度与年均降水量呈显著正相关关系，而与年平均温度呈显著负相关关系。另外，年均温与羊草单穗小花数、穗茎比和种子活力 3 个有性繁殖性状呈显著正相关关系，即年均温对这些性状产生正影响效应。

纬度和降水量两因子互作与羊草的单穗小花数呈显著负相关关系，与小穗数、生殖枝茎高和生殖枝密度 3 个性状呈极显著正相关关系。纬度和年均温的互作与羊草的生殖枝密度和总枝密度均具有显著的负相关关系，其偏回归系数分别为−1.39±0.14（$P<0.001$，N=222）和−2.19±0.83（P=0.008，N=222）。另外，年均降水量和年均温的互作与羊草总枝密度呈显著负相关关系，与种子活力呈正相关关系，其偏回归系数分别为−2.53±0.93（P=0.007，N=222）和 2.05±0.89（P=0.041，N=16）。

二、贝加尔针茅繁殖性状随纬度梯度的变化规律

1. 贝加尔针茅种群及生活史性状对纬度梯度的响应

如图 2-15 所示，在北纬 41.0°～46.0°，随着纬度的升高，该植物种群的株丛密度呈极显著降低趋势（N=24，$P<0.05$）。株丛密度由高纬度地区的近 80 丛/m²，

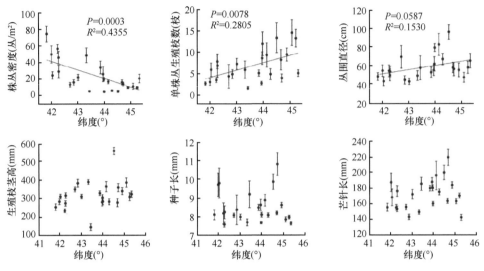

图 2-15　贝加尔针茅的繁殖性状随纬度梯度的变化（张勃，2015）

下降至低纬度的 20 丛/m²。相反，该植物株丛的丛围直径和单株丛生殖枝数随纬度升高，呈现显著增大的趋势。生殖枝茎高、种子长和芒针长等性状随着纬度的变化未表现出显著的响应。

2. 贝加尔针茅种群及生活史性状对海拔梯度的响应

如图 2-16 所示，贝加尔针茅种群的株丛密度、单株丛生殖枝数、株丛丛围直

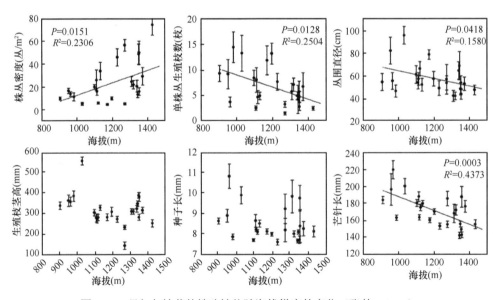

图 2-16　贝加尔针茅的繁殖性状随海拔梯度的变化（张勃，2015）

径和种子芒针长等性状随海拔梯度呈现显著的变化。株丛密度与海拔呈显著正相关关系（$P=0.0151$，$R^2=0.2306$），即随海拔升高，株丛密度显著增大。与此相反，贝加尔针茅种群的丛围直径、单株丛生殖枝数和种子芒针长 3 个性状与海拔高度显著呈负相关关系。生殖枝茎高和种子长两性状随着海拔变化未表现出显著变异。

3. 贝加尔针茅种群及生活史性状对年均降水量变化的响应

如图 2-17 所示，贝加尔针茅种群的株丛密度、丛围直径和单株丛生殖枝数随年均降水量呈现出显著变化。随降水量的增多，贝加尔针茅的株丛密度显著增大（$P<0.001$）。相反，单株丛生殖枝数和丛围直径两个性状，随年均降水量增多均呈现显著降低的趋势（$P<0.05$）。生殖枝茎高、种子长和芒针长 3 个性状对年均降水量变化未呈现出显著的响应。

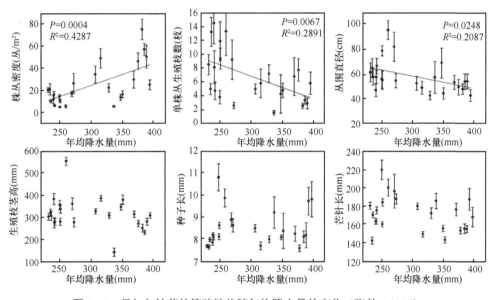

图 2-17　贝加尔针茅的繁殖性状随年均降水量的变化（张勃，2015）

4. 贝加尔针茅种群及生活史性状对年均温变化的响应

贝加尔针茅种群及其生活史性状随年均温的变化如图 2-18 所示。种群的株丛密度随着年均温增高呈现出增大趋势（$P=0.0578$）；相反，单株丛的生殖枝数随年均温的增高显著降低（$P=0.042$）。其他测量性状，如株丛的丛围直径、生殖枝茎高以及种子长和芒针长 4 个性状对年均温变化未呈现出显著的响应。

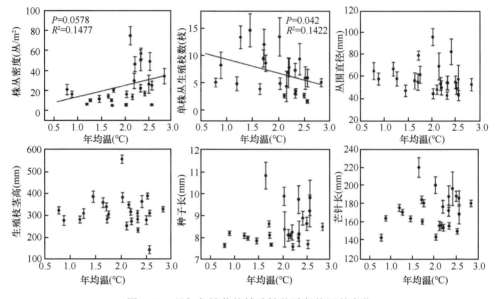

图 2-18   贝加尔针茅的繁殖性状随年均温的变化

三、羊草生活史性状空间变异的生态暗示

羊草的小穗数、穗长和茎高等性状随纬度梯度呈非线性变化，但小花数量随纬度未表现出明显变异。这表明，尽管羊草的植株大小和部分繁殖性状在一定范围内随纬度而发生变化，但是其种子生产潜力仍保持相对恒定。然而，这并不意味着羊草小花的发育不受地理和气候条件的影响。通过多变量分析表明，羊草的小花数与小穗数相比，对气候因子的变化更为敏感。年均温（AMT）对该性状有显著的积极（正向）影响，即相对较高的 AMT 有利于羊草小花的发育。相反，年均降水量（AMP）及其与纬度的互作对小花的发育有显著的消极（负向）影响，这意味着降水量对该性状的影响受特定纬度梯度的制约，相对较大的降水量对低纬度的小花发育至关重要，而相对较小的降水量对高纬度羊草的小花发育较为有利。综合来看，温度可能是促进羊草小花发育的主要因素，但在特定纬度地区同时受降水量的影响和制约。

据研究，克隆植物在生长发育限制的条件下（如高海拔或高纬度），倾向于分配更多的生物量进行营养繁殖，从而减少其有性繁殖投入。穗茎比在一定程度上反映了羊草在花序内的资源配置，也就是对有性繁殖器官的相对投入量。本研究表明，羊草的穗茎比随纬度升高而下降，说明高纬度地区的羊草种群相对于低纬度种群倾向于减少其有性繁殖的资源投入。其他有性繁殖性状，如花序的分化（生殖枝密度）、小花的发育和种子生活力，也受到纬度的消极（负向）影响，也就是说，纬度升高能显著制约这些性状的发育。另外，羊草的穗茎比、生殖枝密度和种子活力等性状也受到年均温和年降水量的影响。总体显示，在低纬度地区的种群，相对较低的降水量和较高的温度有利于羊草的生殖枝分化，也就是说，充足的降水对羊草的生殖枝（花序）分化并非是一个有利因素；但是，年均温较高、年降水量相对充足，较有利于羊草种子的发育成熟。综合分析表明，温度可能是限制羊草有性繁殖成功（如有性性状发育和种子成熟）的关键性决定因子，而降水量是影响其有性繁殖适合度的主要气候因素。

羊草的营养生长和发育主要受降水量，即土壤水分有效性的影响。研究显示，羊草种群总的分枝密度（包括营养枝和生殖枝）不仅受年均降水量的直接影响，同时也受到温度、纬度和降水量交互作用的影响。总体表明，在高纬度地区，相对较高的年降水量和较低的年均温有利于羊草营养枝的发育，形成相对密集的种群；相反，在低纬度地区，相对较低的年降水量和较高的年均温有利于羊草生殖枝的生长，即株高的发育。已有研究表明，土壤的矿化作用与其生态气候因子密切相关，同时受温度、降水和纬度之间复杂相互作用的影响；因此，温度对羊草营养生长的影响在很大程度上可能是通过改变土壤水分和营养资源的可利用性（availability）而发生的。另外，从植物的角度看，在降水匮缺的地区，减少其分枝数、降低地上生物量能减少蒸腾，提高资源利用效率，是其在干旱环境中提高存活率的一种适应策略。

四、羊草种群对全球气候变暖的可能响应

据预测，未来的气候变化将比后冰川时代的气候变暖速度更快。根据 Lee 等（2014）对东亚地区气候变化的评估，到 21 世纪中叶，亚洲大陆内陆地区，如中国北部和蒙古高原，其生长季节的平均气温将升高 1.5～3℃（在 RCP 4.5 和 RCP 8.5 情景下）。同样地，Li 等（2005）预测，该地区气温将在 21 世纪内平均升高 2.9℃，同时伴随着不同程度的降水量增加。

作为欧亚温带草原东缘地带的局域优势种，羊草在面临气候变化时将对该地区草地生态系统的稳定性和群落演替产生重要影响。本研究表明，相对较高的年均温总体上有利于羊草的有性繁殖。因此可以预见，在气候变暖的情况下，如果羊草种群的有性繁殖适合度（种子产量）有所提高，可显著提升其应对气候变化的能力。首先，有性繁殖可以为羊草种群建立丰富的遗传变异库来应对各种环境变化的挑战，如气候变暖可能导致的干旱等不利环境；也就是说，气候变暖在一定程度上将有利于提高羊草种群的进化潜力和适应能力。其次，对于一个以无性繁殖为主的植物，其地理分布范围边缘种群的有性繁殖能力对于该物种的运动迁移、寻找适宜的避难所、最终控制其分布范围至关重要。因此，羊草种群特别是

其分布范围前缘种群（如高纬度地区）的有性繁殖成功，对于该植物在应对气候变暖背景下的迁移运动至关重要。然后，作为一种典型的克隆植物，其有性繁殖的提高能使该植物在应对气候变暖挑战时比其他物种更具优势。根据空间显式模型（spatially explicit model），克隆生长不仅可以通过游击策略，即母株交互生长模式，促进花粉在不同（母株）个体间的传播，这对羊草等具有自交不亲和性物种的种子繁殖至关重要，另外，它还可以通过母株克隆生长向外扩展，促进种子的传播。也就是说，羊草在应对环境和气候变化时，其有性和无性两种繁殖方式能功能互补、相互促进该种群的适应迁移。

五、贝加尔针茅种群及其生活史性状空间变异的生态暗示

植物的繁殖对策是其在生活史繁殖过程中对各种自然和人为因素干扰及其所造成的环境和生态格局的适应（刘志民等，2003），是植物通过优化资源配置，在特定生境中实现其适合度最大化的结果。随纬度和海拔等地理空间因子的变化，降水、温度和土壤等生态因子随之改变，从而影响和驱动不同生境的植物采取不同的繁殖策略，使其生活史（繁殖）性状表现出高度的空间变异性。本研究表明，在北纬 41°~45°，随纬度升高，贝加尔针茅种群的株丛密度显著降低，株丛丛围变大，单株的生殖枝数增多。说明在高纬度地区，该物种倾向于通过分蘖进行营养繁殖，从而使株丛不断扩围变大，同时单株丛生殖枝数增多。另一方面，在高纬度地区可能受温度等因子限制，贝加尔针茅的有性繁殖受限，从而选择和促进了无性分蘖，增大了单株丛大小。另有研究表明，在长期稳定的环境压力下，如恶劣气候（低温严寒等）或资源短缺，植物的有性繁殖将变得不可靠（Eriksson，1997），其种苗的建成也非常困难。在此环境中，植物倾向于采取无性繁殖策略维持其种群大小。因此，在高纬度地区，贝加尔针茅通过营养繁殖扩大单株丛围，通过增大单株丛生殖枝数提高有性繁殖的策略，不仅能提高株丛的越冬存活率，还可降低其在不利环境中进行有性繁殖的代价。

海拔是影响植物生长和繁殖并导致其繁殖策略分异的重要因素之一。本研究发现，在海拔 850~1500m，随海拔升高贝加尔针茅种群的株丛密度显著增大，丛围直径变小，单株丛生殖枝数减少。株丛密度的增大和单株丛的小型化，一方面说明，在高海拔地区贝加尔针茅株丛的分蘖能力，即无性繁殖能力有所降低；另一方面说明，该植物与群落内其他物种的种间竞争压力相对较小，有利于其通过种子繁殖进行种群扩充，从而提高了种群的株丛密度。有学者认为，由于无性繁殖能降低种群的遗传多样性，影响物种对多变环境的适应能力，从而使植物在扰动多变的环境中更倾向于通过有性繁殖方式产生后代。因此，随海拔升高，贝加尔针茅种群的无性分蘖能力降低、有性繁殖能力增强，有利于其对多变气候环境

的适应。另外，贝加尔针茅的种子芒针长随海拔升高逐渐变短，反映了该性状对海拔梯度的适应性变异。芒针作为针茅种子重要的附属构件，对种子的远距离散布发挥着重要作用。在高海拔地区，针茅种群可能具有高位优势（如多风条件），种子散布相对容易，种子芒针长度的缩短既可以节约资源，又不影响种子扩散；相反，在低海拔地区，针茅种群的生境条件相对稳定，增大种子的芒针长度，有利于促进种子的远距离扩散。

　　在该样带草原区，贝加尔针茅种群的株丛密度、单株丛的丛围直径和生殖枝数 3 个性状，对年均降水量和年均温的变化表现出基本一致的响应模式。总体表明，随年均温升高、年均降水量增大，种群的株丛密度增大，丛围变小，单株丛生殖枝数减少。由此推断，相对较高的年均温和充足的降水量能促进贝加尔针茅的有性繁殖，同时也有利于种苗的定居和存活；因此，针茅植株倾向于降低无性分蘖，更多地通过种苗进行种群更新，从而促使种群的密度增大和株丛的小型化。贝加尔针茅的种子长度对纬度、海拔和气候因子的变化均未表现出显著的响应，说明其种子大小具有相对较低的生态可塑性。这一结果与前人对大针茅和西北针茅的研究结果类似。

第三章　欧亚温带草原东缘生态样带土壤养分、化学计量学碳氮矿化研究*

本章导语：本章依托欧亚温带草原东缘生态样带、中国科学院草原生态系统定位站等站点，对植被群落、代表植物物种养分含量及其化学计量学特征、土壤理化性质、土壤化学计量比、土壤碳氮矿化速率在纬度梯度、放牧干扰下的变化规律开展了研究。

第一节　研究背景

碳（C）、氮（N）、磷（P）是陆地生态系统的重要组成元素，是植物实现生态系统初级生产力的物质基础与陆地生态系统生产力的主要限制因子，是陆地生态系统物质化学循环的重要组成部分。由于降水和热量的时空分布异质性、人为利用方式及强度差异、气候变化等因素，C、N、P 动态特征存在较强的时空异质性。充分认知 C、N、P 等元素的全球循环过程是解决有关全球性生态环境问题的基本前提。

过去 100 年，全球地表温度平均上升 0.6℃，相对于低纬度地区，北半球中、高纬度地区增温幅度更显著（Pachauri and Reisinger，2007），不断加剧的气候变化对陆地生态系统产生了重大影响。伴随着全球人口的大幅度增加，人类对陆地生态系统的干扰强度也越发增大，人类过度干扰所引起的草原退化、农田土壤酸化、温室效应等环境问题对全球生态安全造成了巨大的威胁。全球性的环境问题要求生物地球化学循环研究需基于大尺度的、长期的、多因子的综合实验研究，从而深刻地理解控制生物地球化学循环的基本过程，为制定科学的综合应对策略提供理论基础。欧亚温带草原东缘生态系统处于全球中温度上升幅度最显著的是中、高纬度地区，受人类干扰存在明显的空间异质性，样带中国境内受过度放牧影响 90%以上草原面积出现了退化，而蒙古国、俄罗斯境内由于人口较少而受干扰较小。因此，依托横跨中-蒙-俄三国的欧亚温带草原东缘生态样带，并结合放牧样地开展 C、N、P 等元素的生物地球化学循环研究，将为欧亚大陆草原生产力维持机制及可持续发展提供重要理论依据。

---

*本章作者：郭丰辉、侯向阳、高丽、张庆、韩文军、运向军、王珍、马文静、赵艳云

　　1958 年哈佛大学 A. Redfield 教授的开创性研究为生态化学计量学奠定了基础，此后 Sterner 和 Elser 2004 年出版的 *Ecological Stoichiomertry* 专著，标志着生态化学计量学理论的系统化和逐步成熟。生态化学计量学作为研究生态相互作用中能量和化学元素之间平衡关系的一门新兴学科，为研究 C、N、P 等元素在生态系统过程中的耦合关系提供了一种以生物学、化学和物理学基本原理为基础的综合研究方法，是全球尺度上联系生物地球化学过程与细胞、个体水平上生理限制机制的综合理论框架（Sterner and Elser，2002）。这一理论体系非常适合于对跨越多时空尺度、包含生命和非生命组分的生态系统进行分析。

　　欧亚温带草原东缘具有独特的气候特征、地理位置，多样的生态系统，丰富的生物资源，且位于北半球中纬度敏感区域，是未来气候变化最脆弱的地区之一。但全球气候变化对欧亚温带草原东缘核心区及过渡区植物群落及主要物种 C、N、P 元素循环积累的影响与未来的变化趋势尚存在许多问题有待解决，当前主要缺乏从全球气候变化主要环境梯度上对欧亚温带草原东缘生态系统主要限制元素的整体理解。因此，本研究旨在从区域尺度上分析欧亚温带草原东缘生态样带 C、N、P 循环过程在纬度梯度、放牧干扰下的变化规律，为充分厘清欧亚大陆草原元素循环过程提供数据支撑。

第二节　植物群落及优势种生态化学计量学研究

　　陆地植物不仅是生态系统的生产者，也是生物圈的重要组成部分，其对生态系统的作用及其在外界环境影响下的相互作用决定着植物营养水平、生长发育、物种间相互作用及植被群落演替等生态学过程。生态化学计量学是研究植物营养元素组成与分配的重要方法，通过植被群落不同组织水平上化学计量比的研究，有助于揭示个体生长环境限制因子、种群空间分布与动态、植被群落组成结构等诸多生态过程的内在规律及诱导途径。本节内容研究了欧亚温带草原东缘生态样带植物群落及优势种化学计量学的纬度变化规律，以及草原不同演替阶段代表植物（羊草、冷蒿）化学计量学对放牧干扰的响应，为揭示样带植被群落元素循环规律提供依据。

　　该节内容隶属于 2012 年 8～9 月开展的中-俄-蒙"欧亚温带草原东缘生态样带网格式系统调查"工作之一，在样带调查的样点分别进行了如下群落及优势种化学计量学取样。①群落取样：群落特征观测完毕后，将 3 号样方内 1/4 地上生物量装入信封袋（布袋）带回实验室分析（图 3-1）；②优势种取样：在 30m × 30m 样块内，选取 3～5 个优势物种，剪取标准株丛地上部分 50g 左右，装入网袋（布袋）带回实验室分析。上述样品置于 65℃恒温条件下烘干至恒重，粉碎后测定其 C、N 和 P 含量。

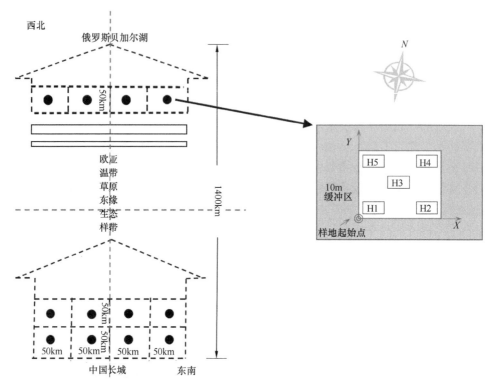

图 3-1 实验布设图
H1～H5 为实验小区

羊草、冷蒿化学计量学对放牧干扰的响应于内蒙古锡林浩特市白音锡勒牧场，中国科学院内蒙古草原生态系统定位研究站附近（43.63°N, 116.72°E）开展。研究区内围封样地自 1983 年开始围封，至取样时已围封 34 年（2017 年取样）；与其毗邻的自由放牧样地，于每年 6～10 月进行放牧，载畜率为 3 标准羊单位/（hm²·a）。于 2017 年在 8 月上旬生物量累积高峰期进行羊草、冷蒿取样。为了减少空间变异和土壤异质性，选择 50m × 400m 作为围封样地取样面积，20m × 400m 作为放牧区取样面积。随后在每个采样区域随机选择 5 个实验小区，间隔至少 10m。在每个实验小区中随机采集羊草和冷蒿植株个体各 5 株装入信封袋带回实验室烘干，并进行叶、茎、根分离，分别测定 C、N 和 P 含量。

以上植物样品全碳用重铬酸钾加热法测定，全氮用半微量凯氏定氮法测定，全磷用钼锑抗比色法测定（中国土壤农业化学专业委员会，1983）。

本实验所有数据采用 Excel 2013 软件整理汇总，采用 SPSS 17.0（SPSS Inc. Chicago，Ill，USA）软件进行数据统计分析。植被群落及优势种的纬度变化规律采用一元线性回归模型方法分析，羊草、冷蒿化学计量学对重度放牧干扰的响应采用单因素方差分析方法分析。采用 Origin 8.5（OriginLab，American）软件作图。

一、样带内植物化学计量特征随纬度的变化

欧亚温带草原东缘生态样带内植物群落、针茅的 N/P 随纬度的升高显著降低，呈极显著负相关关系（$P<0.001$），糙隐子草 N/P 随纬度的升高呈降低趋势，但未达显著水平（$P=0.076$），而羊草 N/P 随纬度的变化趋势不明显（$P=0.965$）（图 3-2）。针茅和糙隐子草 C/N 随纬度的升高而增大，呈极显著正相关关系（$P<0.001$），羊草 C/N 随纬度的升高无明显的变化趋势（$P=0.8630$）（图 3-3）。针茅、羊草和糙隐子草 C/P 随纬度的升高变化皆不明显，相关关系均未达显著水平（$P>0.05$）（图 3-4）。

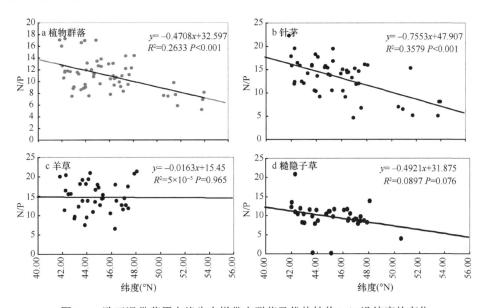

图 3-2　欧亚温带草原东缘生态样带内群落及优势植物 N/P 沿纬度的变化

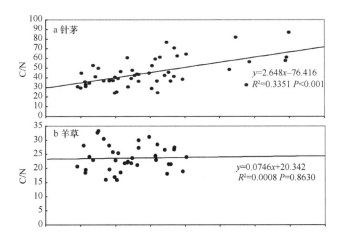

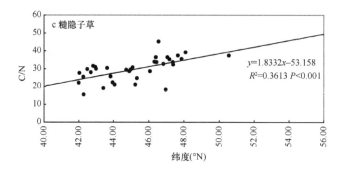

图 3-3　欧亚温带草原东缘生态样带内优势植物 C/N 沿纬度的变化

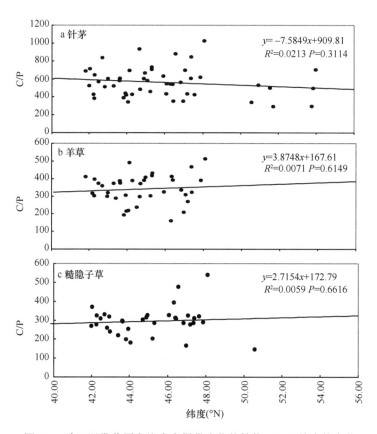

图 3-4　欧亚温带草原东缘生态样带内优势植物 C/P 沿纬度的变化

　　作为生物体结构组成和能量传递的介质，C、N、P 等元素的生物地球化学循环是维持生态系统结构和功能的基础。本研究表明，随着纬度的升高，欧亚温带草原东缘生态样带植物群落 N/P 呈显著降低趋势，但是物种间存在差异性响应，其中，针茅的 N/P 随纬度的升高显著降低，N/P 和纬度之间具有极显著的负相关关系。羊草 N/P 随纬度的升高呈降低趋势，但和纬度之间无显著相关性，糙隐子草 N/P 变化趋势不明显。该结果验证了 Reich 和 Oleksyn（2004）的土壤底物年龄 N/P 假说：随着纬度的升高和温度的降低植物 N/P 呈降低趋势。

本研究结果表明，当前样带内大部分样点 N/P 小于 14，植被群落更可能受 N 限制。但是，气候变暖背景下欧亚温带草原植被群落 N 含量将趋于升高，P 含量基本不变，因此，未来 P 成为欧亚温带草原植物生长限制因子的可能性较高。但是，不同植物养分状况及其对气候变暖的响应存在明显差异，羊草和针茅 N/P 明显高于糙隐子草，相对于糙隐子草，羊草与针茅可能更受到 P 限制，而糙隐子草更易受 N 限制。针茅与糙隐子草 N/P 随着纬度的升高呈明显降低趋势，羊草变化趋势不明显，因此气候变暖对羊草 N、P 养分状况影响较小，更可能导致针茅和糙隐子草趋向于 P 限制。

另外，养分利用效率已被广泛用于评价植物对养分的需要和利用能力。植物叶片 C/N、C/P 可表示植物吸收营养所能同化 C 的能力，在一定程度上反映了植物的营养利用效率。本研究中针茅 C/N、C/P 明显高于糙隐子草，具有更高的养分利用效率。因此，在典型草原区，如果上层植物针茅在竞争中失去优势，植被群落呈现退化演替趋势，下层建群种的低养分利用效率，有可能加快土壤贫瘠化速率。

二、草原代表植物化学计量特征对放牧的响应

羊草与冷蒿根、茎 C 浓度和羊草叶 C 浓度在放牧干扰下无显著变化，放牧显著增加了冷蒿叶片 C 浓度，放牧对两种植物 C 浓度无显著交互作用。放牧显著提高了羊草叶和茎中的 N 浓度，但对根中的 N 浓度没有显著影响。对于冷蒿而言，叶片 N 浓度没有显著变化，但放牧显著增加了茎和根中 N 浓度。植物叶片 N 含量受放牧与物种交互作用的影响显著。羊草和冷蒿叶片 P 浓度在围封和放牧之间没有显著差异，放牧显著增加了两种植物茎中 P 浓度。然而，在放牧处理下，冷蒿根中 P 浓度显著增加，而羊草无显著响应。处理 × 物种的交互作用对茎和根中 P 的浓度具有显著影响。

羊草叶片、茎 C/N 在放牧干扰下显著降低，但根 C/N 无显著变化。与羊草相似，放牧显著降低了冷蒿茎 C/N，而叶片和根 C/N 保持不变。对羊草而言，放牧降低了羊草茎的 C/P，而叶和根 C/P 无显著变化。冷蒿茎和根 C/P 在放牧干扰下显著降低，但叶 C/P 无显著变化。羊草叶片和根 C/P 显著高于冷蒿，两种植物茎 C/P 无显著差异。放牧显著提高了羊草叶 N/P，但茎和根中 N/P 无显著变化。放牧显著降低了冷蒿茎 N/P，对叶和根 N/P 影响不显著。两种植物茎和根

N/P 无显著差异，羊草叶 N/P 显著高于冷蒿。放牧与物种对各器官 C/P、N/P 及叶片 C/N 均表现为显著交互作用，对茎和根 C/N 交互作用不显著（表 3-1，表 3-2，图 3-5）。

　　植物生长需要合成蛋白质，而蛋白质又需要核糖体大量的 N 和 P，因此，快速生长的植物具有较低 C/P 和 N/P 的特点（Elser et al.，2000）。因此，植物器官化学计量比的变化对放牧反映的基本生态过程具有重要意义（Elser et al.，2010；Peñuelas et al.，2013）。在本研究中，叶片和茎中 N 和 P 浓度的增加表明，放牧对羊草叶片和茎的生长都有积极的影响。这与羊草通过促进补偿性生长来减少生物量损失的结果是一致的（Wang et al.，2004）。Niu 等（2016）研究发现西藏高寒草甸植物在放牧条件下叶片养分浓度增加，但叶片干物质含量往往较低，以促进更快的生长和再生。但值得注意的是，补偿性生长与放牧强度直接相关。Zhao 等

表 3-1　处理、物种及其相互作用对羊草和冷蒿叶、茎、根的 C、N、P 浓度和化学计量比的影响（马文静，2019）

	处理		物种		处理×物种	
	F	Sig.	F	Sig.	F	Sig.
叶 C	0.74	0.40	0.48	0.25	1.18	0.29
茎 C	1.95	0.18	0.70	0.41	2.27	0.15
根 C	0.20	0.66	10.69*	0.00	0.04	0.84
叶 N	30.94*	0.00	0.00	0.98	22.68*	0.00
茎 N	18.77*	0.00	1.59	0.23	0.14	0.71
根 N	7.90*	0.01	3.53	0.08	1.10	0.31
叶 P	2.75	0.12	84.38*	0.00	2.97	0.10
茎 P	130.54*	0.00	0.08	0.79	8.15*	0.01
根 P	14.92*	0.00	9.31*	0.01	13.24*	0.00
叶 C/N	18.81*	0.00	0.26	0.62	31.40*	0.00
叶 C/P	1.90	0.19	35.39*	0.00	5.16*	0.04
叶 N/P	7.31*	0.02	82.24*	0.00	5.16*	0.04
茎 C/N	11.73*	0.00	0.01	0.92	3.73×10^{-4}	0.98
茎 C/P	96.15*	0.00	0.05	0.83	6.54*	0.02
茎 N/P	18.62*	0.00	0.01	0.91	7.16*	0.02
根 C/N	1.53	0.23	9.55*	0.01	0.52	0.48
根 C/P	3.80	0.07	11.65*	0.00	6.72*	0.02
根 N/P	0.52	0.48	0.46	0.51	4.98*	0.04

注：处理分为围封和放牧处理。双因素方差分析的 F 值和显著性水平为*$P<0.05$；Sig. 表示显著性

表 3-2　围封和放牧样地两种植物叶、茎、根中的 C、N、P 浓度（马文静，2019）

		羊草（*Leymus chinensis*）		冷蒿（*Artemisia frigida*）	
		围封	放牧	围封	放牧
	叶	292.18±22.09 [a]	295.83±25.78 [a]	302.24±10.06 [b]	331.42±6.15 [a]
C（g/kg）	茎	221.12±12.96 [a]	218.98±16.54 [a]	198.90±5.45 [a]	199.60±3.99 [a]
	根	203.99±3.75 [a]	222.09±14.53 [a]	181.51±6.52 [a]	190.92±3.61 [a]
	叶	18.50±0.75 [b]	29.99±1.54 [a]	23.83±1.06 [a]	24.72±0.95 [a]
N（g/kg）	茎	10.30±0.94 [b]	15.02±1.37 [a]	9.42±0.95 [b]	13.38±0.58 [a]
	根	8.88±0.51 [a]	10.09±0.58 [a]	9.45±0.57 [b]	12.09±0.97 [a]
	叶	0.48±0.03 [a]	0.62±0.06 [a]	0.94±0.04 [a]	0.94±0.09 [a]
P（g/kg）	茎	0.45±0.03 [b]	0.74±0.03 [a]	0.35±0.03 [b]	0.82±0.04 [a]
	根	0.46±0.03 [a]	0.46±0.03 [a]	0.44±0.03 [b]	0.69±0.04 [a]

注：同行不同小写字母表示差异显著（$P<0.05$）。表中数据为平均值±标准误差

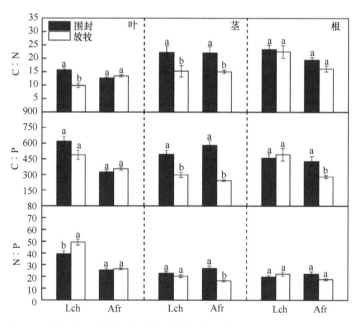

图 3-5　放牧对两种植物各器官化学计量比的影响（马文静，2019）

条形图为平均值±标准差。Lch 为羊草，Afr 为冷蒿。围封区和放牧区在 95%置信区间的方差分析中存在显著差异。字母相同的条形图间没有显著差异

（2008）研究表明，羊草在光照和中度刈割处理下展现出过补偿生长（20% 和 40% 生物量移除）与地上部生物量积累，但过度剪切（80% 生物量移除）去掉了大部分的地上部组织，大大降低了地上部生物量积累，表现出欠补偿生长。因此，如

果牲畜采食生物量大于生物量的增加，植物可能无法抵抗过度放牧所造成的破坏。但冷蒿表现出不同的适应性策略，即不改变叶片生长速率，而是在放牧条件下提高茎和根的生长速率。这一结果被 Li 等（2005）的研究结果支持，即在轮牧系统中，放牧提高了冷蒿的分枝密度和不定根密度，是冷蒿对中等载畜率放牧（4.0 只绵羊/hm²）的适应性策略。适当的叶片化学计量学对放牧优势的重要性也反映在化学抗草食动物防御中（Endara and Coley，2011）。Royer 等（2013）发现基于 C 的二级防御化合物与 C/N 呈显著正相关，Royer 等（2013）进一步指出，C/N 可以被认为是次级化合物浓度的一个很好的指标，特别是那些涉及化学防御的次生代谢物质。冷蒿叶片 C/N 高于羊草，说明冷蒿具有较高的防御物质水平，可以较好地防止草食动物的采食。Liu 等（2015）的研究结果也支持这一观点，他发现中度和重度机械损伤会迅速增加冷蒿的次生代谢物，而次生代谢物的主要成分是萜类化合物，能够抑制去叶的速度和时间。

第三节　欧亚温带草原东缘生态样带土壤养分变化

近年来，中国生态学家积极参与了以减缓和适应全球气候变化为核心任务的全球气候变化科学研究，其中包括生态系统对全球气候变化的响应和适应的陆地样带研究，生态系统碳储量、碳氮循环过程及机制等方面的研究，有力推动了全球气候变化与陆地生态系统生态学的发展。以下将以欧亚温带草原东缘生态样带为依托，根据沿该样带上的土壤实测数据，分析纬度梯度上土壤碳、氮、磷的分布特征及其变化，为预测未来全球气候变暖背景下欧亚温带草原东缘生态系统土壤养分的分布格局及演变提供科学依据。

本节内容隶属于 2012 年 8～9 月开展的中-俄-蒙"欧亚温带草原东缘生态样带网格式系统调查"工作之一，选择样带上 58 个调查点中位于蒙古高原的 50 个调查点的数据进行分析。土壤调查样地选择典型的、同质的、有代表性的典型草原地段，用内径 5cm 土钻分 0～10cm、10～20cm、20～30cm、30～40cm、40～50cm 共 5 层依次取样，每个样方钻取 3 钻，然后将每个样方内同层土样均匀混合，装入布袋，风干后进行室内化学分析。

土壤容重测定采用环刀法，土壤 pH 测定采用玻璃电极法，土壤有机碳的测定采用外加热重铬酸钾容量法，全氮测定用半微量凯氏法，全磷用钼锑抗比色法测定，土壤有效氮的测定采用碱解扩散法，土壤有效磷的测定采用 Olsen 法（中国土壤农业化学专业委员会，1983）。

数据的前期处理和制图使用 Excel 进行，后期采用 SAS 8.0 统计分析软件对数据进行统计分析（SAS Institute Inc. 1989）。

一、样带内土壤化学性质随纬度的变化

样带内 0～10cm、10～20cm、20～30cm 土壤 pH 与纬度呈极显著负相关关系（$P<0.01$），随着维度的升高土壤酸碱度由碱性递变为中性，而 30～40cm、40～50cm 土壤 pH 与纬度无相关关系（$P>0.05$）（图 3-6）。0～10cm、10～20cm、20～30cm 土壤 pH，中国显著高于蒙古国，30～40cm、40～50cm 土壤 pH，中国与蒙古国之间无显著差异（$P>0.05$），样带南部中国各样地不同土层土壤 pH 平均值分别为 7.78±0.32、7.92±0.28、8.03±0.40、8.19±0.42、8.28±0.42，样带北部蒙古国各样地不同土层土壤 pH 平均值分别为 6.97±0.74、7.23±0.75、7.37±1.01、7.79±1.06、8.29±0.98（图 3-7）。

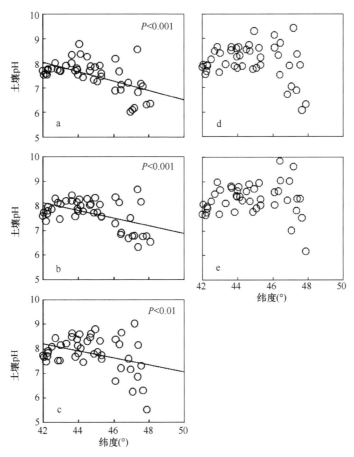

图 3-6　0～10cm（a）、10～20cm（b）、20～30cm（c）、30～40cm（d）和 40～50cm（e）土壤 pH 对纬度梯度的响应

斜线表示该层土壤 pH 与纬度间存在显著相关关系

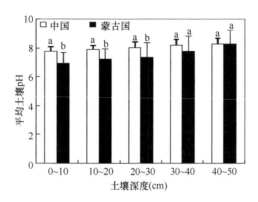

图 3-7 样带上中国和蒙古国各样点土壤 pH 平均值（Zhao et al，2017）

欧亚温带草原东缘生态样带土壤有机质含量随纬度升高呈递增趋势，土壤各层有机质含量与纬度之间具有显著正相关关系（$P<0.05$）（图 3-8）。样带南部中国境内各层土壤有机质含量均极显著低于样带北部蒙古国土壤有机质含量（$P<0.01$），样带南部中国各样地不同土层有机质含量平均值分别为 21.43g/kg±9.42g/kg、18.45g/kg±7.74g/kg、14.06g/kg±7.14g/kg、12.18g/kg±6.34g/kg、9.30g/kg±5.29g/kg，样带北部蒙古国各样地不同土层有机质含量平均值分别为 30.06g/kg±8.09g/kg、24.52g/kg±7.68g/kg、21.84g/kg±7.30g/kg、18.15g/kg±6.13g/kg、13.89g/kg±5.41g/kg（图 3-9）。

欧亚温带草原东缘生态样带各样地 20～30cm、30～40cm 土壤全氮含量随纬度的升高显著增加（$P<0.01$），而表层土壤（0～10cm、10～20cm）和深层土壤（40～50cm）全氮含量与纬度间无显著相关性（$P>0.05$）（图 3-10）。除 40～50cm 土层外，样带北部蒙古国土壤全氮含量均显著高于样带南部中国（$P<0.05$），样带南部中国各样地不同土层全氮含量平均值分别为 1.24g/kg±0.56g/kg、1.01g/kg±0.33g/kg、0.92g/kg±0.76g/kg、0.76g/kg±0.32g/kg、0.65g/kg±0.47g/kg，样带北部蒙古国各样地不同土层全氮含量平均值分别为 1.53g/kg±0.68g/kg、1.31g/kg±0.58g/kg、1.50g/kg±0.94g/kg、1.22g/kg g/kg±0.83g/kg、0.80g/kg±0.35g/kg（图 3-11）。

样带各层土壤全磷含量随纬度升高呈微弱降低趋势，但相关性未达显著水平（$P>0.05$）（图 3-12）。样带各调查样地土壤全磷含量均值蒙古国与中国之间无显著差异（$P>0.05$），样带南部中国各样地不同土层全磷含量平均值分别为 0.26g/kg±0.11g/kg、0.28g/kg±0.20g/kg、0.22g/kg±0.09g/kg、0.28g/kg±0.35g/kg、0.31g/kg±0.40g/kg，样带北部蒙古国各样地不同土层全磷含量平均值分别为 0.22g/kg±0.17g/kg、0.25g/kg±0.18g/kg、0.23g/kg±0.16g/kg、0.21g/kg±0.16g/kg、0.23±0.18g/kg（图 3-13）。

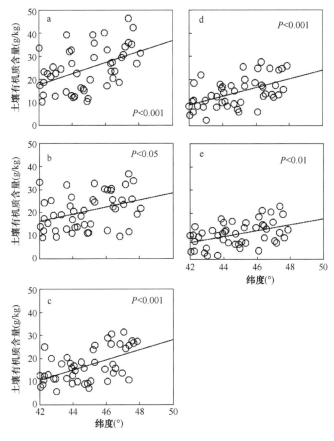

图 3-8 0～10cm（a）、10～20cm（b）、20～30cm（c）、30～40cm（d）和 40～50cm（e）土壤
有机质含量对纬度梯度的响应

斜线表示该层土壤有机质含量与纬度间存在显著相关关系

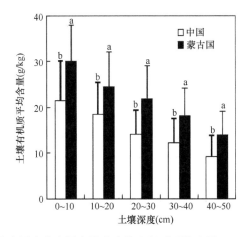

图 3-9 样带上中国和蒙古国各样点土壤有机质平均含量（Zhao et al，2017）

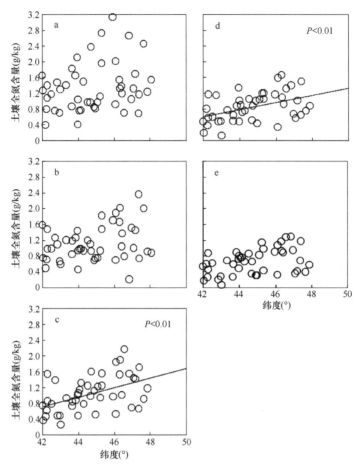

图 3-10　0～10cm（a）、10～20cm（b）、20～30cm（c）、30～40cm（d）和 40～50cm（e）土壤全氮含量对纬度梯度的响应

斜线表示该层土壤全氮含量与纬度间存在显著相关关系

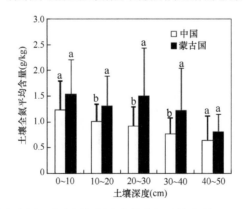

图 3-11　样带上中国和蒙古国各样点土壤全氮平均含量（Zhao et al，2017）

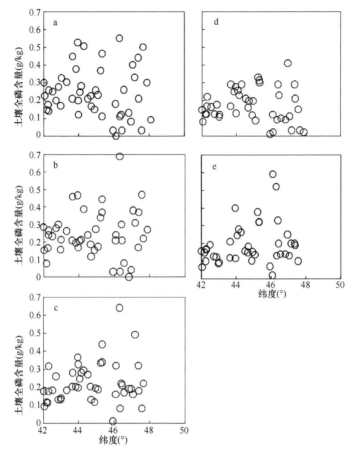

图 3-12 0～10cm（a）、10～20cm（b）、20～30cm（c）、30～40cm（d）和 40～50cm（e）土
壤全磷含量对纬度梯度的响应

斜线表示该层土壤全磷含量与纬度间存在显著相关关系

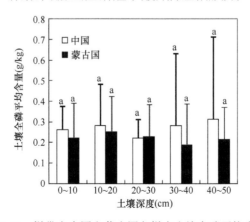

图 3-13 样带上中国和蒙古国各样点土壤全磷平均含量

土壤 pH 是描述土壤酸碱度的惯用指标（鲁如坤，2000），pH 显示欧亚温带草原东缘生态样带土壤以碱性为主，随纬度升高趋于中性，随土壤深度的增加呈递增趋势。这一结果与在北纬 34.5°～51.5°中亚地区的土壤剖面采样结果基本一致，受纬度效应控制，年均温与纬度间呈显著负相关，因此，样带上热量的梯度分布为该地区的盐碱类物质在地表积累创造了条件，促成了样带土壤 pH 南高北低的分布格局。也有研究表明，陆地生态系统演替高级阶段的土壤有机质含量高于低级阶段，pH 则相反。样带北部蒙古国典型草原区土壤有机质含量显著高于样带南部中国内蒙古典型草原区，所以，样带水平及垂直分布格局的形成不仅与样带上热量的梯度分布有关，样带土壤有机质含量的分布格局也是重要的影响因素之一。

土壤有机质和有机碳主要来源于生物残体及其分泌物，处于形成与分解的动态平衡状态，不同生物气候条件会影响土壤有机质和有机碳含量及其分布。本研究中土壤有机质含量随纬度的升高呈显著递增趋势，因为土壤有机碳是土壤有机质矿化与腐殖化的结果，土壤有机碳含量取决于进入土壤的有机质数量，因此，样带土壤有机碳含量也随纬度的升高呈显著递增的趋势，即纬度与土壤有机质和有机碳含量呈极显著正相关，也可以认为土壤有机质和有机碳含量与温度间存在很强的负相关。已有的研究表明土壤有机质和有机碳含量随降水增加而增大，随温度的降低而增大，在中国土壤有机碳与气候关系同样具有相似规律，但也具有明显特色，在年均温大于 20℃区域，土壤有机碳含量与温度、降水相关性较大，年均温 10～20℃区域，土壤有机碳含量与温度相关性变小，而年均温小于 10℃区域，土壤有机碳含量与温度呈比较大的负相关，而本研究区域欧亚温带草原东缘生态样带年均温均低于 10℃，土壤有机质和有机碳含量与温度的关系也表现出相同的规律。气候因子通过影响植被生物量、凋落物而影响土壤有机质含量，同时又强烈影响土壤有机质分解与形成，有研究发现黑麦草在热带气候条件下分解速率比在温带高 4 倍，因此推测样带南部低纬度区土壤有机质含量偏低，可能受凋落物的影响，而样带低纬度区土壤有机碳含量偏低，有可能是样带上沿纬度温度的梯度分布导致温度高的低纬度区土壤有机质分解速率加快。

氮是大气圈中含量最丰富的元素，但也是草原生态系统植物生产力的限制因子。在自然生态系统中土壤氮，主要是通过生物固氮、降水及凋落物在地表的积累改变土壤氮素含量，最后影响土壤氮素循环（Wang et al.，2004）。土壤湿度与温度则是影响土壤氮固持的重要环境因子，土壤 90%以上的氮是有机氮，土壤全氮含量与土壤有机质含量高度相关，任何生态系统中氮的流动都依赖于碳的流动。欧亚温带草原东缘生态样带土壤全氮含量随纬度的升高呈递增趋势，与土壤有机质含量变化趋势基本一致，沿纬度呈南低北高趋势，其中，20～30cm、30～40cm 土层中的全氮含量与纬度呈显著正相关。欧亚温带草原东缘生态样带属于典型草原，降水格局基本一致，而纬度升高导致的气温降低，使土壤有机质分解速率变缓，有可能是高纬度地区土壤全氮含量高于低纬度地区的原因之一。样带南部中国境内土壤全氮含量显著低于样带北部蒙古国。另外，土壤表层的全氮含量均大于表下层，这已被很多研究所证明，由于地表形成的凋落物是土壤有机碳和全氮的重要来源，并且 90%生物量集中于表层土壤，所以表层土壤有机碳和全氮含量大于表下层。而本研究中表层土壤全氮含量虽然也大于中下层土壤全氮含量，但只有中层土壤中全氮含量与纬度的升高具有高度的相关性。全球陆地土壤的全氮含量平均值为 2g/kg，而样带各样地不同土层土壤全氮含量平均值低于这一水平。

全球陆地土壤中磷含量在自然状态下平均值为 0.8g/kg，大多来自母岩矿物质，在土壤形成过程中，植物吸收的无机磷形成有机磷，再通过动植物残体归还于土壤。土壤全磷的空间变异性低于有机碳和全氮，这是由于磷是沉积性矿物，在土壤中迁移率低，在空间上分布较为均匀。本研究中样带土壤全磷含量范围为 0.01～0.69g/kg，低于自然界平均水平，样带各层土壤全磷含量随纬度变化不显著，地区间也无显著差异，表现出在空间分布上的一致性。

二、放牧对土壤理化性质的影响

围封和放牧样地不同土壤深度（0～10cm、10～20cm 和 20～30cm）的土壤含水量和容重存在显著差异。由图 3-14 可以看出，围封样地 0～10cm、10～20cm 和 20～30cm 土壤的含水量分别为 13.69%、4.45%和 2.52%，放牧样地各土层对应含水量分别是 7.54%、3.75%和 2.40%，各土层含水量分别降低了 44.92%、15.73%

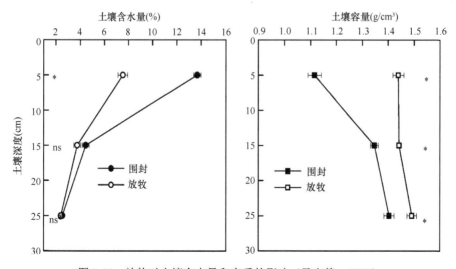

图 3-14　放牧对土壤含水量和容重的影响（马文静，2019）
*表示放牧与围封之间差异显著；ns 表示没有差异

和4.76%。在0～10cm土层中围封样地土壤含水量显著高于放牧样地，而10～20cm和20～30cm土层中两者的土壤含水量无显著差异（图3-14）。

围封样地 0～10cm、10～20cm 和 20～30cm 土层深度的土壤容重分别为1.12g/cm³、1.35g/cm³ 和 1.40g/cm³，放牧样地各土层对应土壤容重分别为1.44g/cm³、1.44g/cm³ 和 1.49g/cm³。方差分析检验得出，放牧样地各土层的土壤容重均显著高于对应土层的围封样地，各土层容重分别增加了 28.6%、6.67%和6.43%。表层土壤容重增加的比率高于下层土壤（图3-14）。

由图 3-15 可知，土壤有机碳、全氮和全磷含量在放牧利用和围封条件下存在显著性差异。放牧样地中土壤有机碳含量为 7.59g/kg，显著低于围封样地中的11.29g/kg。围封和放牧条件下土壤全氮含量分别是 1.24g/kg 与 0.93g/kg，土壤全磷含量在围封和放牧样地分别为0.24g/kg 与 0.19g/kg，放牧样地与围封样地相比，其全氮和全磷含量显著降低。围封与放牧样地相比，其有机碳与全氮含量的比值无显著差异。放牧显著降低了土壤有机碳与全磷含量的比值，但全氮和全磷含量的比值在围封与放牧样地没有显著差异。围封样地土壤有效氮平均含量（53.30mg/kg）显著高于放牧样地（35.68mg/kg）。与此相反，放牧样地土壤有效磷含量显著高于围封样地，与围封样地相比，放牧样地土壤有效磷含量增加63.87%。土壤有效氮和有效磷含量的比值在放牧样地显著降低。

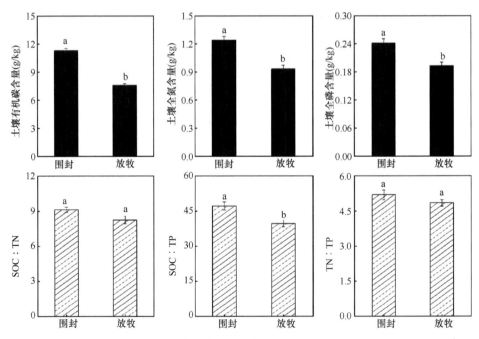

图 3-15　围封和放牧样地土壤的化学性状（马文静，2019）

SOC. 土壤有机碳；TN. 全氮；TP. 全磷

放牧显著降低了土壤有机碳库储量，这不仅会影响土壤养分循环，还会影响微生物活动（Golluscio et al.，2009）。放牧触发土壤养分的改变并没有统一的结论，主要与气候、草原类型、放牧强度、家畜种类有关（Li et al.，2010；Wu et al.，2011）。在我们的研究中，放牧降低了土壤全氮、全磷、有效氮含量，但显著增加了土壤有效磷含量。长期放牧导致草原生态系统氮的流失，这与觅食动物不断从生态系统中去除氮的累积效应有关，尽管动物只使用摄入氮的 10%～15%，其余通过尿液和粪便排出（Duff et al.，1994），而固氮过程受到豆科植物数量减少的限制也是重要原因。放牧对土壤有效氮的影响主要与植物凋落物、微生物、土壤性质、凋落物分解、土壤呼吸和氮矿化等复杂因素和过程有关。这一过程主要是由于草食动物选择优质牧草，增加了劣等植物（氮含量较低或含有较多化学防御作用的有机化合物）的丰度，降低了凋落物的质量，减缓了有机质分解速度，从而降低了土壤中有效氮的含量（Abbasi and Adams，2000）。放牧减少了凋落物的数量和质量，导致土壤有机质库的投入减少，微生物的碳供应减少（Golluscio et al.，2009），这些因素会对土壤碳和氮循环产生负面影响。此外，放牧地区可能会遭受表层土壤风蚀带来的额外的氮损失（Steffens et al.，2008）。对于磷而言，我们的研究结果为放牧降低土壤全磷含量的研究结果提供了证据。Sternberg 等（2015）对华北羊草草原 19 年放牧对土壤磷的影响进行了研究，发现在 0～60cm 土层，土壤磷储量损失了 24.9%，主要以有机质形式流失。本研究中，我们观察到放牧样地有效磷含量较围封样地显著增加，该结果与 Rui 等（2012）报道一致，即在 0～10cm 和 10～20cm 土层，自由放牧显著增加了 APi［1 mol/L 氯化铵（NH_4Cl）］萃取液和 BPi ［0.5 mol/L 碳酸氢钠（$NaHCO_3$）］萃取液中磷的无机形态。此外，放牧可以刺激微生物活动，对植物根系分泌物和菌根真菌产生影响，进而刺激磷酸酶和有机酸的排泄，释放磷（Oburger et al.，2009）。

第四节　气候变化和放牧利用对样带内中蒙两国土壤碳储量的影响

土壤是陆地生态系统最大的碳库，其贮存的有机碳占整个陆地生态系统碳库的 2/3，约为植物碳库的 3 倍、大气碳库的 2 倍，是全球碳循环非常重要的组成部分（Batjes，1996）。土壤有机碳库的微小变化，对全球的碳平衡都会产生重大影响，进而影响到全球气候变化（Lal，2004）。因此，开展土壤有机碳储量的估算，揭示其影响因素对全球陆地生态系统碳循环研究及生态系统碳汇管理具有重要意义（Hobley et al.，2015；Mao et al.，2015；Breulmann et al.，2016）。

本研究野外考察在 2012 年的 7 月到 8 月中旬开展，从中-俄-蒙"欧亚温带草原东缘生态样带网格式系统调查"58 个样地中选择 48 个样地取样,其中中国内蒙古 30 个,蒙古国 18 个。每个样地在 10m×10m 的区域内,随机确定三个土壤剖面,每个土壤剖面的深度为 0.3m,并将样品分为 0~10cm、10~20cm 和 20~30cm 三个层次,使用容量为 100cm^3 的环刀收集每个土层样品。

将所有土壤样品风干,然后在 105℃下烘干以测定其体积密度。同时,使用布袋收集一份土壤样品用于分析土壤有机碳含量和土壤质地。在样品处理之前,通过 2mm 筛网对样品进行筛分,手动除去可见的植物根和岩石碎片(Mao et al. 2015)。土壤有机碳的测定采用重铬酸钾燃烧法,粒度分析仪(Microtrac S3500,USA)用于测定土壤质地[包括黏粒(<0.002mm)、粉粒(0.002~0.02mm)、砂粒(0.02~2mm)和砾石(>2mm)],土壤 pH 采用 pH 测定仪(Sartorius,Germany)来测定土壤与水为 1:2 的悬浊液(He et al.,2014)。对每一层土壤而言,土壤 SOC 密度,土壤体积密度、土壤 pH 和土壤质地均采用该层三个土壤样品的平均值来体现。

年平均降水量(mean annual precipitation,MAP)和年平均气温(mean annual temperature,MAT)通过全球 30 秒(约 1km)分辨率的气候数据获得,该气候数据通过 WorldClim 全球气候变化数据库(www.worldclim.org)下载(Hijmans et al.,2005)。2012 年羊密度数据由联合国粮食及农业组织网站(http://data.fao.org/map)下载,并提取相应样地的羊密度数据。

土壤有机碳储量通过三个不同层次(0~10cm、10~20cm、20~30cm)的土壤有机碳密度和 0~0.3m 总的土壤有机碳密度来表征。深度 h 的土壤有机碳密度(SOCD$_h$)计算方法如式(3-1)。

$$\text{SOCD}_h = \sum_{i=1}^{n} \frac{(1-\delta_i\%) \times \rho_i \times C_i \times T_i}{100} \tag{3-1}$$

式中,n 为土壤测层数,δ_i 为 i 层土壤中大于 2mm 的砾石含量,ρ_i 和 C_i 为 i 层土壤的体积密度和土壤有机碳含量,T_i 为 i 层土壤厚度。

整个区域(蒙古高原)和两个亚区域(蒙古国草原亚区和内蒙古草原亚区)的每层及总土壤有机碳密度均采用平均值±标准误表示。中国内蒙古地区和蒙古国的土壤有机碳密度差异采用双因素方差分析检验。普通最小二乘回归分析用以检验土壤有机碳密度与不同影响因素(MAT、MAP、黏土含量、土壤 pH、放牧密度)之间的关系,并评估每个因素如何影响每个土壤层(0~10cm、10~20cm、20~30cm)和总土壤中土壤有机碳密度的变化。方差分析和回归分析采用 SPSS 17.0 完成。

为了确定气候因素、土壤质地和放牧密度对土壤有机碳密度的相对重要性,采用结构方程模型(structural equation modeling,SEM)分析蒙古高原及两个亚区域尺度下，气候因素、土壤质地和放牧密度对 0～0.3m 土壤有机碳密度的直接、间接和总影响（Mulder et al.，2015；Rabbi et al.，2015）。由于土壤黏粒和粉粒含量之间具有很强的线性关系，因此土壤质地由黏粒含量和土壤 pH 代表；放牧密度代表人类活动。假设气候因素、土壤质地和放牧密度直接影响土壤有机碳密度，而气候因素和放牧密度还会影响土壤质地。最终模型的精度要保持在卡方（CMIN）P 值>0.05，近似均方根误差（RMSEA）<0.05，以及尽可能低的 Akaike 信息标准（AIC）和 Browne-Cudeck 准则（BCC）（McDonald and Ho，2002）。结构方程模型分析采用 AMOS 17.0 完成。

　　为了描述单个控制因素（包括 MAT、MAP、黏土含量、土壤 pH 和放牧密度）对土壤有机碳密度的影响，并进一步确定土壤有机碳密度最重要的影响因素，随机森林分析用以评估这些因素对土壤有机碳密度的解释力。通过对这些因素在蒙古高原和两个亚区域的重要程度进行排序来确定其影响程度。重要性的排序基于节点纯度来确定，节点纯度通过残差平方和来衡量，高节点纯度意味着更多贡献（Breiman，2001）。随机森林分析采用 R 语言（http://cran.r-project.org/）完成。

一、蒙古高原地区碳储量现状

　　蒙古高原平均土壤有机碳密度为 47.38t/hm²，中国内蒙古与蒙古国分别为 41.08t/hm²±14.03t/hm²、57.89t/hm²±14.50t/hm²，二者间存在极显著差异（F0-30=15.77，P0-30<0.01）。内蒙古草原 0～10cm、10～20cm、20～30cm 各层的土壤有机碳密度平均值分别为 16.17t/hm²±6.29t/hm²、14.00t/hm²±5.12t/hm²、10.91t/hm²±3.93t/hm²，蒙古国草原分别为 22.69t/hm²±6.26t/hm²、18.94t/hm²±5.84t/hm²、16.26t/hm²± 5.37t/hm²。同时，内蒙古草原及蒙古国草原土壤有机碳密度随着土壤深度的增加均逐渐降低，0～10cm 层土壤有机碳密度最高（图 3-16，表 3-3）。

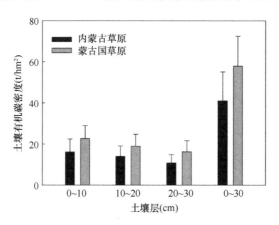

图 3-16　土壤有机碳密度特征

表 3-3   研究区 0～30cm 土壤碳密度及环境特征

研究区	土壤有机碳 (t/hm²)	年平均气温 (℃)	年平均降水量 (mm)	土壤黏粒含量 (%)	pH	羊密度 (羊单位/hm²)
欧亚草原	47.38±16.28	9.96±7.71	270.83±65.76	28.96±18.54	7.51±0.60	44.64±34.12
内蒙古草原	41.08±14.03	12.20±8.23	308.10±50.57	20.60±12.63	7.75±0.26	65.88±25.03
蒙古国草原	57.89±14.50	6.22±5.04	208.72±32.51	42.89±18.71	7.10±0.77	9.23±5.18
差异系数	15.77**	7.72**	55.47**	24.32**	18.39**	89.20**

注：**表示差异极显著，下同

相关分析表明，0～10cm、10～20cm、20～30cm 三层土壤及 0～30cm 土壤有机碳密度与所有影响因子间均呈现相同的相关关系：年平均气温、年平均降水量、放牧密度与土壤有机碳密度呈显著负相关（$P<0.05$），土壤黏粒含量与 PH 与土壤有机碳密度相关性不显著（$P>0.05$）（表 3-4）。

表 3-4   土壤表层碳密度与影响因素的相关性分析（Zhao et al，2017）

	年平均气温	年平均降水量	土壤黏粒含量	pH	放牧密度
SOC 0-10	−0.494**	−0.356**	0.205	−0.023	−0.436**
SOC 10-20	−0.483**	−0.304*	0.030	0.078	−0.434**
SOC 20-30	−0.456**	−0.382**	0.227	−0.152	−0.466**
SOC 0-30	−.531**	−.376**	0.171	−0.03	−0.492**

结构方程模型分析表明，气候与放牧是蒙古高原土壤有机碳密度的主要作用因子，气候与土壤特征是蒙古国草原土壤有机碳密度的主要作用因子，而内蒙古草原土壤有机碳密度的主要作用因子是气候因子；土壤特征全部是正效应，放牧全部是负效应，气候在蒙古高原及内蒙古草原起负作用，但是对蒙古国草原起正作用（图 3-17）。

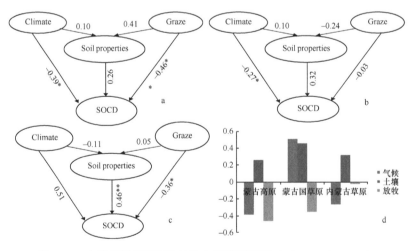

图 3-17   土壤有机碳密度的结构方程模型框架（Zhao et al，2017）

a 为蒙古高原区域（欧亚草原）；b 为内蒙古草原亚区，c 为蒙古国草原亚区，d 为直接和间接贡献率。Climate 代表气候，Graze 代表放牧，Soil properties 代表土壤质地和 pH，SOCD 代表土壤有机碳密度

　　主导因子分析表明，影响内蒙古草原、蒙古国草原及蒙古高原土壤表层有机碳密度的主导因子不同。年平均气温和放牧强度是导致蒙古高原区域草原土壤表层碳密度差异的主要因子，且均是负作用；年平均降水量和年平均气温是导致内蒙古草原土壤碳密度差异的主要因子，且年平均气温与其呈显著负相关；年平均气温和土壤 pH 是导致蒙古国草原土壤表层碳密度差异的主要因素，年平均气温为负作用，土壤 pH 是正作用（图 3-18）。

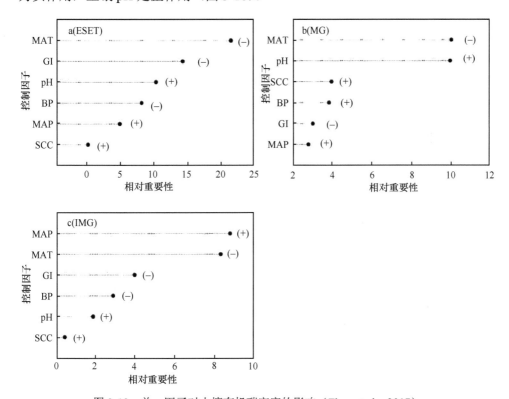

图 3-18　单一因子对土壤有机碳密度的影响（Zhao et al，2017）

a 为蒙古高原区域；b 为蒙古国草原亚区，c 为内蒙古草原亚区。＋、－分别代表该因子正、负作用，MAT 表示年平均气温，pH 表示土壤 pH，MAP 表示年平均降水量

ESET 表示欧亚草原东部样带，MG 表示蒙古国草原，IMG 表示内蒙古草原，GI 表示放牧强度，SCC 表示土壤黏粒含量，BP 表示生物量生产率

二、蒙古高原地区土壤有机碳密度估算及影响因素

　　土壤碳密度的估算是进一步定量固碳速率及潜力的基础，对应对全球气候变化有着重要作用（Lal，2004；Mao et al.，2015）。本研究发现蒙古高原 0～30cm 平均土壤有机碳密度为 4.74kg/m^2，高于印度热带草原（3.8kg/m^2）（Rudrappa et al，2006）、尼日利亚热带草原（4.2kg/m^2）（Akpa et al，2016）、巴西热带草原（3.4kg/m^2）

（Cerri 2003）；低于更为寒冷的青藏高原高寒草甸（7.4kg/m²）（Chang et al.，2014）、三江平原（10.65kg/m²）（Mao et al.，2015）、比利时草原（9.22kg/m²）（Esther et al.，2009）、爱尔兰草原（11.1kg/m²）（Wellock，2011）；与澳大利亚的温带草原（4.9kg/m²）（Rabbi et al.，2015）、新西兰草地（6.83kg/m²）（Hedley et al.，2012）、伊朗草原（6.33kg/m²）（Nosrati and Ahmadi，2013）、美国温带草原（5.5kg/m²）（Jung and Lal 2011）比较接近。这一点和基于一系列土壤碳模型模拟的结果一致（Parton et al.，1993；Maillard et al.，2017）。

一系列研究表明，随着土壤深度的增加，土壤碳密度逐渐降低（Jobbagy and Jackson，2000；Badgery et al.，2013）。本研究也发现 0～10cm 层土壤有机碳密度最高，随着土壤深度的增加，土壤有机碳密度逐渐降低。Jobbagy 和 Jackson（2000）通过对全球土壤有机碳垂直分布格局进行分析发现土壤有机碳密度与植被类型有着密切联系。本研究处于草原区，土壤有机碳主要来源于地上凋落物和地下根系，凋落物集中在地表，其分解产物向浅层土壤转移；同时，植物地下根系也主要集中于表层土壤（0～20cm），因此，0～10cm 土壤有机碳密度最高。尽管有研究表明，浅层土壤主要受到气候特征的影响，深层土主要受到土壤特征的影响（Mulder et al.，2015；Breulmann et al.，2016），本研究发现三层土壤与各影响因子间均呈现相同相关关系（表 3-4），这主要与三层土壤属于浅层土有关，本研究未达到深层土的程度（30cm 以上深度）（Mulder et al.，2015）。

结构方程模型分析发现影响蒙古高原土壤表层有机碳密度的主要因素是气候因子与放牧强度。进一步通过 RF 分析发现，气候中起主导作用的是年平均气温，年平均气温与土壤表层有机碳密度呈显著负相关关系。这一研究和之前在美国（Follett et al.，2012）、法国（Martin et al.，2010）、德国（Herold et al.，2014）、全球（Jobbagy and Jackson，2000）等的诸多研究结果一致。随着温度的升高，蒸发加强，植物生产力降低，进而降低了土壤碳的输入（Martin et al.，2010；Herold et al.，2014）；同时，随着温度的升高，土壤微生物活性增加，土壤分解作用增强，增加了土壤碳的输出（Mao et al.，2015），因此，随着年平均气温的升高，土壤有机碳密度呈下降趋势。很多研究发现土壤有机碳密度与年均降水量呈显著正相关关系（Jobbagy and Jackson，2000；Hobley et al.，2015），但是，本研究发现土壤有机碳密度与年平均降水量呈显著负相关关系，究其原因，可能是该区域年平均气温与年平均降水量间存在很强的共线性，二者呈极显著正相关（$r=0.453$，$P=0.001$），而对该区域土壤有机碳密度起真正作用的是年平均气温，从而导致其与降水量呈现虚假的负相关关系。

关于放牧对土壤有机碳密度的影响结论并不一致，有研究认为放牧不会对土壤有机碳密度造成显著影响（Li et al.，2012），也有研究认为适度放牧通过加速土壤碳循环，从而有利于土壤有机碳密度的积累（Wang et al.，2016b）；更多研究表明放牧强度越大，土壤有机碳含量越低（Golluscio et al.，2009）。本研究支持了第三种观点，放牧强度是影响欧亚草原土壤有机碳密度的第二主要因素，且随着放牧强度的增加，土壤有机碳密度逐渐降低。一方面，放牧可以通过降低植被生产力及枯落物，直接制约土壤有机碳输入（Luo et al.，2010）；另一方面，放牧降低了植被盖度，加剧了土壤风蚀，降低了土壤中黏、粉粒含量，从而降低了土壤有机碳的固定，并间接增强了土壤有机碳的分解，进而降低了土壤有机碳密度（Chen et al.，2012）。本研究发现，在蒙古高原，放牧对土壤有机碳密度的影响，其直接作用为−0.46，高于间接作用（0.11），因此推断该区域放牧主要通过降低草地生产力，减少地表枯落物，从而抑制土壤有机碳的积累。

三、蒙古国和内蒙古土壤有机碳密度的影响因素

SEM 分析发现影响内蒙古土壤有机碳密度的主要因素是气候，而放牧作用较弱，此与多年来内蒙古草原长期处于高强度放牧状态有关（Chen et al.，2015）。在持续高强度放牧状态下，植被生产力一直处于较低状态，放牧通过调节植被生产力而影响土壤有机碳密度的作用非常微弱（本研究中，−0.03 的直接贡献率证明了这一点）。放牧更多通过影响土壤特征或者 pH 从而间接影响土壤有机碳密度（−0.08），但考虑到该区土壤黏粒含量较低，仅为 20.60%，土壤 pH 又相对较高（7.75），放牧的间接作用受限于土壤特征而减弱，导致放牧对该区的作用较低。通过 RF 分析发现，年平均降水量和年平均气温为影响内蒙古土壤有机碳密度的主导因素，这一结果和 He 等（2014）的研究结果一致，其认为年平均降水量是影响内蒙古土壤有机碳密度的主要因素，随着年平均降水量的增加，植被生产力增加，从而增加了土壤有机碳密度。

SEM 分析发现影响蒙古国土壤有机碳密度的主要因素是气候与土壤，进一步通过 RF 分析发现，年平均气温与土壤 pH 为主要影响因素。土壤有机碳密度随年平均气温的升高而降低，这一规律与整个蒙古高原或者内蒙古的规律相同，但土壤有机碳密度随土壤 pH 的升高而增加，却是该区域的独特特征之一。土壤 pH 与土壤有机碳密度关系密切，有正效应及负效应，过酸过碱均降低土壤有机质的降解速度（Senechkin et al.，2014；Dlamini et al.，2016）。土壤 pH 主要通过影响土壤微生物活性从而间接影响土壤有机碳密度（Senechkin et al.，2014）。在蒙古高原，无论是基于野外调查的大尺度分析（Chen et al.，2015a），还是基于长期的水分添加控制实验（Ma et al.，2016），都发现随着土壤 pH 的升高，土壤微生物总量降低，土壤微生物分解能力降低，从而降低了土壤有机碳的积累。

无论在全球还是在区域尺度上，很多研究都发现土壤黏粒是影响土壤有机碳密度的重要因素（Jobbagy and Jackson，2000；Yonekura et al.，2013），但是本研

究发现内蒙古及蒙古国土壤黏粒作用并不显著，这与 He 等（2014）的研究结果一致。尽管内蒙古和蒙古国草原均属于欧亚草原东缘，植被特征非常接近，但影响土壤有机碳密度的主导因素却存在很大差异，除年平均气温起主导作用外，内蒙古更强调降水作用，而蒙古国更强调土壤 pH。究其原因，一方面是气候作用，蒙古国更加寒冷，气温的相对作用则更加突出，气温成为该区域生态系统生产力的主导气候因素，而在内蒙古年均降水量则更为突出，成为维系生态系统生产力的主导因素（Wang et al.，2013；Han et al.，2016）。另一方面是人类活动的影响，内蒙古具有更高的持续放牧强度，从而导致内蒙古的土壤空间异质性较低，尤其是土壤黏粒含量低，导致其对土壤有机碳密度调节能力更弱（He et al.. 2014）；而蒙古国放牧强度较低，放牧对土壤的影响有限，土壤 pH 具有更大空间异质性，从而成为影响土壤有机碳密度的重要因素。因此，气候与人类活动的综合作用导致蒙古高原两个主要草原区——内蒙古草原区与蒙古国草原区土壤碳密度的差异及其主导因素的差异。

第五节　重度放牧对欧亚温带草原东缘生态样带土壤碳氮矿化及其温度敏感性的影响

在人类活动影响加剧和大气中温室气体浓度不断增加的背景下，碳、氮元素循环等问题是研究全球气候变化的热点之一（王启基等，2008）。土壤碳氮矿化是碳、氮元素循环的重要环节，直接影响土壤养分有效性、土壤有机质组成及微生物群落组成等土壤特征。虽然广大研究人员于欧亚草原开展了大量有关碳氮矿化的研究，但未取得一致结论，有关欧亚温带草原碳氮矿化速率的影响因素及规律尚存在诸多争议。究其原因，可能与放牧强度、放牧制度、土壤类型、植被类型等多种因素共同制约土壤碳氮矿化过程有关（Singer and Schoenecker，2003；Barger et al.，2004；Shan et al.，2011；代景忠等，2012）。为进一步揭示欧亚温带草原土壤碳氮矿化规律，本项研究以 EEST 为平台，以样带上未放牧和重度放牧配对样地为研究对象，开展重度放牧对欧亚温带草原土壤碳氮矿化及其温度敏感性的影响研究，旨在解析土壤碳氮矿化速率对纬度梯度的响应规律，土壤碳氮矿化速率温度敏感性沿样带的空间变异特征，以及放牧对土壤碳氮矿化速率及其温度敏感性的影响。

一、研究方法

（一）样地设置

2015 年 5 月，沿样带由南到北选择了 5 个样点，3 个样点在中国，2 个样点在蒙古国（表 3-5）。5 个样点跨越经度 111°01'E～116°40'E 和纬度 41°50'N～

47°18'N，海拔 880～1382m。植被类型为大针茅+羊草+糙隐子草群落，属于典型草原，土壤为栗钙土。在每个研究样点上，选取了 5 个 20m × 20m 的未放牧样地和 5 个 20m × 20m 的放牧样地。未放牧样地是 10 年内未放牧的草地；放牧样地是放牧持续时间为 10 年左右的草地，放牧强度为 2～3 羊单位/(hm^2·a)（高丽等，2019）。

表 3-5　各样点基本概况（高丽等，2019）

样点编号	行政区域名称	经度	纬度	海拔（m）
T	中国内蒙古锡林郭勒盟太仆寺旗	115°02' E	41°50' N	1382
M	中国内蒙古锡林郭勒盟锡林浩特市	116°40' E	43°33' N	1249
E	中国内蒙古锡林郭勒盟东乌珠穆沁旗	116°07' E	44°55' N	880
S	蒙古国苏赫巴托尔省西乌尔特市	113°22' E	46°55' N	1143
K	蒙古国肯特省成吉思汗市	111°01' E	47°18' N	1157

（二）气象数据来源

采用格点数据和 anusplin 插值法，获得了 1981～2011 年 5 个样点大气温度和降水量数据。格点数据来源于 http://rda.ucar.edu 网站，由东安格利亚大学气候研究小组（CRU）全球性的时间序列计算而来。气象站点数据来自中国气象数据共享服务网站（http://cdc.nmic.cn），1981～2011 年地面监测点数据是从格点数据 anusplin 插值后得到的面数据中提取的。为了分析每个样点的气候干湿程度，采用 de Martonne 于 1926 年提出的干燥度计算方法得出干燥度指数（aridity index，AI）（孟猛等，2004；高丽等，2019），计算公式如式（3-2）。

$$IdM=P/(T+10) \tag{3-2}$$

式中，de Martonne 干燥度用 IdM 表示，其由多年平均降水量（P）（mm）和平均温度值（T）（℃）计算得出。IdM 越大，气候越湿润，IdM 越小，气候越干旱。

5 个样点年平均温度由北到南为 0.1～2.6℃，年平均降水量由低到高为 239～380mm（1981～2011 年）。干燥度指数在 21.0～30.2，干燥度指数由小到大为 E<S<M<K<T（表 3-6）。

表 3-6　各样点气候特征（高丽，2020）

样点编号	年平均温度（℃）	年平均降水量（mm）	干燥度指数
T	2.6	380	30.2
M	2.4	346	27.9
E	1.4	239	21.0
S	0.9	282	25.9
K	0.1	299	29.6

（三）植物群落特征调查

2015 年 8 月，在 5 个样点上选取的每个样地（5 个未放牧样地和 5 个放牧样地）内，随机选取 5 个 1m × 1m 的样方，调查的植被指标包括群落总盖度和植物分种盖度、多度及频度，然后将样方中植物地上部分剪掉，分种装入牛皮纸袋中，用于地上生物量的测定（高丽等，2019）。

（四）土壤样品采集及测定方法

1. 土壤样品采集

植物群落调查结束后，在每个样方内采集土壤样品，首先，为避免植物群落调查过程对土壤样品的影响，去掉地表 1cm 的土壤，然后利用土钻以 5 点法采集土壤样品，土钻直径为 3.5cm，取样深度为 20cm，将每个样方中得到的 5 份土壤进行均匀混合，装于冰盒中带回实验室（高丽等，2019）。其中一部分土壤鲜样用于测定土壤碳、氮矿化指标以及土壤微生物生物量碳（MBC）、微生物生物量氮（MBN）、酶活性、铵态氮（NH_4^+-N）含量、硝态氮（NO_3^--N）含量，另一部分土壤样品自然风干用于测定土壤粒径组成、pH、土壤有机碳（SOC）、土壤全氮（STN）、土壤全磷（STP）含量。在每个样地内，用容积为 100cm^3 的土壤环刀分别随机取 0～5cm、5～10cm、10～15cm、15～20cm 深度的土样，并装入小铝盒，用于测定土壤容重，每个样品重复 3 次。

2. 室内实验及分析方法

（1）土壤理化性质指标测定：土壤含水量、土壤容重、土壤粒径组成、土壤 pH 分别采用烘干称重法、环刀法、马尔文 MS2000 激光粒度仪、BPH-220 测试仪测定；采用全自动间断化学分析仪（Clever Chem380）测定土壤 NH_4^+-N 含量、NO_3^--N 含量；SOC 测定采用重铬酸钾容量法-外加热法；采用半微量凯氏定氮法测定 STN；采用 $HClO_4$-H_2SO_4 法测定 STP（鲍士旦，2013；高丽等，2019）。

（2）土壤微生物指标测定：采用氯仿熏蒸-K_2SO_4 提取法测定 MBC、MBN（吴金水等，2006）；土壤微生物群落结构及多样性测定采用 16S V4 区域扩增子测序分析技术（北京诺禾致源生物信息科技有限公司，2020）；土壤过氧化氢酶活性（SCA）测定采用高锰酸钾滴定法，土壤脲酶活性（SUA）测定采用苯酚-次氯酸钠比色法，土壤蔗糖酶活性（SIA）测定采用比色法（关荫松，1986）。

（3）土壤碳矿化速率测定：将 100g 风干土重的土壤鲜样（过 2mm 土壤筛）装入 500ml 密封罐，调节至 60% 土壤饱和含水量。土壤样品先在 20℃恒温箱内放置一周，将装有 10ml 1mol/L NaOH 溶液的 50ml 玻璃瓶放入每个密封罐中（保证在要求时间内能吸收完释放的 CO_2，并有少量盈余），密封后分别置于 5℃、15℃、

25℃、35℃恒温培养箱。同时，在每个培养箱内，放置 3 个内置 10ml 1mol/L NaOH 溶液的没有土壤样品的密封罐，作为空白。于培养 3d、7d、14d、21d，将所有密封罐中的吸收液取出并换上新的吸收瓶，再按上述方法继续培养，同时进行空白实验。取出的 NaOH 溶液，加入 5ml 1mol/L $BaCl_2$ 溶液，加入 3 滴酚酞指示剂，混匀，溶液变为粉红色，用 1mol/L HCl 滴定至溶液变为白色，记录 HCl 用量，用于计算 CO_2 释放量。在每次测量后，将压缩空气冲入密封罐，用于 O_2 的补充。为了保持田间持水量的 60%，每 2～3d 补充 1 次去离子水。

（4）土壤氮矿化速率测定：将 40g 风干土重的土壤鲜样装入 50ml 塑料培养瓶，调节至 60%土壤饱和含水量，在 5℃、15℃、25℃、35℃恒温培养箱中进行培养。每隔 2d 或 3d 补充去离子水，以保持 60%土壤饱和含水量，土壤 NH_4^+-N 含量、NO_3^--N 含量于培养 21d 后测定（高丽等，2019）。

（五）指标计算

1. 植物群落地下生物量

由于调查植物群落特征时，未测定地下生物量，所以采用 Gill 等（2002）推导出来的式（3-3）计算地下生物量。

$$BGB（g/m^2）= 0.79\ AGB（g/m^2）- 33.3\ [g/(m^2 \cdot ℃)]\ (MAT + 10)（℃）$$
$$+ 1290（g/m^2） \tag{3-3}$$

式中，BGB、AGB、MAT 分别为植物群落地下生物量、地上生物量和年平均温度值。

2. 植物多样性指标

物种相对重要值（P_i）计算公式如式（3-4）（汝海丽等，2016）。

$$P_i =(相对盖度+相对多度+相对频度)/3 \tag{3-4}$$

Margalef 丰富度指数（Ma）计算公式如式（3-5）（汝海丽等，2016）。

$$Ma =(S-1)/\ln N \tag{3-5}$$

香农-维纳多样性指数（H）计算公式如式（3-6）（Pielou，1975；马克平等，1995）。

$$H = -\sum P_i \lg(P_i) \tag{3-6}$$

Pielou 均匀度指数（J）计算公式如式（3-7）（Hurlbert，1971；马克平等，1995）。

$$J = H/\ln S \tag{3-7}$$

式中，P_i 为物种 i 的相对重要值，S 为样方内物种总数，N 为群落中所有种个体总数。

3. 土壤碳矿化指标

土壤有机碳矿化速率（C_{min}）计算公式如式（3-8）（杨开军等，2017）。

$$C_{min} = [(V_0-V) \times CHCl/2] \times 44 \times 12/44 \times 1/m(1-w) \times 1/t \qquad (3-8)$$

式中 C_{min} 为培养期间土壤碳矿化速率（C，干土）$[mg/(g \cdot d)]$，V_0 为空白标定时消耗的标准 HCL 的体积（ml），V 为样品滴定时消耗的标准 HCL 的体积（ml），CHCl 为标准 HCL 浓度（mol/L），m 为每个密封罐中的鲜土质量（g），w 为土壤水分质量分数（%），t 为培养时间（d）。

土壤碳矿化速率与温度之间的关系基于指数模型（Xu et al.，2012）。

$$RT= A \times e^{kT} \qquad (3-9)$$

式中，RT、T、A 分别为土壤碳矿化速率 $[mg\ CO_2\text{-}C/(kg\ 土 \cdot d)]$、培养温度（℃）、基质质量指数（substrate quality index），A 是温度为 0℃时土壤碳矿化速率，k 为温度反应系数。

土壤碳矿化速率的温度敏感性用 Q_{10} 来表示，计算公式为式（3-10）。

$$Q_{10} = e^{10k} \qquad (3-10)$$

土壤碳矿化速率表观活化能（E_a，kJ/mol）通过 Arrhenius 公式计算（Hamdi et al.，2013）。

$$RT=A \times e^{-E_a/RT} \qquad (3-11)$$

式中，A 是基质质量指数，R 是气体常数 $[8.314\ J/(mol \cdot K)]$，T 是温度（Kelvin，K）。

4. 土壤氮矿化指标

土壤氮矿化指标通过式（3-12）～式（3-18）分别计算（Xu et al.，2007；赵宁等，2014；高丽等，2019）.

$$\Delta t = t_{i+1} - t_i \qquad (3-12)$$

$$A_{amm} = c[NH_4^+\text{-}N]_{i+1} - c[NH_4^+\text{-}N]_i \qquad (3-13)$$

$$A_{nit} = c[NO_3^-\text{-}N]_{i+1} - c[NO_3^-\text{-}N]_i \qquad (3-14)$$

$$A_{min} = A_{amm} + A_{nit} \qquad (3-15)$$

$$R_{amm} = A_{amm}/\Delta t \qquad (3-16)$$

$$R_{nit} = A_{nit}/\Delta t \qquad (3-17)$$

$$R_{min} = A_{min}/\Delta t \qquad (3-18)$$

式中，分别用 t_i 和 t_{i+1} 表示培养起始时间和结束时间，Δt 为培养时间；培养前和培养后土壤样品铵态氮含量（mg N/kg）分别用 $c[NH_4^+\text{-}N]_i$ 和 $c[NH_4^+\text{-}N]_{i+1}$ 表示；培养前和培养后的土壤样品硝态氮含量（mg N/kg）分别用 $c[NO_3^-\text{-}N]_i$ 和 $c[NO_3^-\text{-}N]_{i+1}$ 表示；一定培养时间内铵态氮（$NH_4^+\text{-}N$）、硝态氮（$NO_3^-\text{-}N$）和无机氮（$NH_4^+\text{-}N+ NO_3^-\text{-}N$）积累量分别用 A_{amm}、A_{nit} 和 A_{min} 表示；土壤氨化速率、硝化速率和净氮矿化速率 $[mg\ N/(kg \cdot d)]$ 分别用 R_{amm}、R_{nit} 和 R_{min} 表示，氮矿化指标的单位都换算为单位风干土重。

Q_{10} 通过式（3-19）计算（Fissore et al.，2013；Liu et al.，2017；高丽等，2019）。

$$Q_{10} = （N2/N1）［10/(T2–T1)］ \qquad (3-19)$$

式中，N1 和 N2 分别为 T1 和 T2 培养温度（℃）下的土壤净氮矿化速率。

土壤氮矿化速率表观活化能（E_a，kJ/mol）通过 Arrhenius 公式计算（Hamdi et al.，2013；高丽等，2019）。

$$R_{min} = A×e – E_a/RT \qquad (3-20)$$

式中，A 是基质质量指数，表示温度为 0℃时土壤净氮矿化速率，R 是气体常数 ［8.314 J/(mol·K)］，T 是温度（Kelvin，K）。

5. 放牧响应比

本研究采用响应比（the response ratio，RR）来反映土壤碳氮矿化指标对放牧的响应效应（Hedges et al.，1999；Luo et al.，2006；周贵尧和吴沿友，2016；高丽等，2019），计算公式如式（3-21）。

$$RR = ln(Xt / Xc) = ln Xt – ln Xc \qquad (3-21)$$

式中，Xt 与 Xc 分别表示放牧处理的平均值和未放牧对照组的平均值。如果 RR=0，表示放牧处理组和未放牧对照组之间无差异。如果 RR<0，表示放牧产生了负效应，如果 RR>0，表示放牧产生了正效应。

方差（v）采用式（3-22）计算。

$$v = St2 / ntXt2 + Sc2 / ncXc2 \qquad (3-22)$$

其中，nt 与 nc 分别为放牧处理组和未放牧对照组的样本量，St 与 Sc 分别为放牧处理组和未放牧对照组所选变量的标准差。

（六）统计分析

应用 Microsoft Excel 2019 对气候、植物群落、土壤理化性质、土壤微生物、土壤碳氮矿化指标等数值进行计算和绘图。利用 SPSS 22.0 软件进行方差分析，LSD 法检验样点或样地间的差异显著性（$P<0.05$）采用单因素方差分析（One-way ANOVA）获得。采用 Pearson 和 Spearman 相关分析检验各指标之间相关性（$P<0.05$）。采用室内培养温度为 25℃，培养时间为 21d 的土壤碳氮矿化指标进行样点或样地之间的比较，以及土壤碳氮矿化影响因素的分析。

利用 R3.6.1 进行统计分析，将与土壤碳氮矿化指标相关的植被因子、土壤理化因子、土壤微生物因子作为解释变量，采用线性混合效应模型（linear mixed-effects model，LMEM）考察未放牧样地和放牧样地各因子对土壤碳氮矿化变异的相对贡献。在模型中，将植被因子、土壤理化因子、土壤微生物因子作为固定效应，不同样点的（未放牧或放牧）样地编号作为随机效应。采用 lme4 包和 nlme 包完成 LMEM 模型的分析（Chen et al.，2015；邱华等，2020）。

二、重度放牧下草原土壤碳氮矿化特征及影响因素分析

（一）土壤碳氮矿化特征

1. 土壤碳矿化

在未放牧样地和放牧样地，E 样点的土壤有机碳累积矿化量（C）和矿化速率（C_{min}）均显著小于 S 样点、M 样点、K 样点和 T 样点。在未放牧样地，S 样点、T 样点的 C 显著大于 M 样点、K 样点，S 样点与 T 样点、M 样点与 K 样点之间的 C 差异不显著；T 样点的 C_{min} 显著大于 M 样点、K 样点，S 样点的 C_{min} 显著大于 K 样点，M 样点与 S 样点、K 样点以及 S 样点与 T 样点之间无显著差异。在放牧样地，S 样点、T 样点的 C 显著大于 K 样点，M 样点与 S 样点、K 样点、T 样点以及 S 样点与 T 样点之间差异不显著；T 样点的 C_{min} 显著大于 S 样点、K 样点，M 样点的 C_{min} 显著大于 K 样点，M 样点与 S 样点、T 样点以及 S 样点与 K 样点之间的 C_{min} 无显著差异（表 3-7）。

表 3-7　5 个样点土壤有机碳累积矿化量和矿化速率（高丽，2020）

指标	样地	E	S	M	K	T
土壤有机碳累积矿化量（mg CO₂-C/kg 土）	N	140.73±18.22c	417.31±4.01a	303.94±23.97b	285.20±33.70b	486.71±44.11a
	G	81.14±14.42c	291.25±48.39a	289.69±28.90ab	196.82±21.23b	336.24±24.87a
土壤有机碳矿化速率[mg CO₂-C/(kg 土·d)]	N	4.11±0.51d	16.60±0.47ab	14.07±2.17bc	11.61±0.98c	19.71±1.30a
	G	1.59±0.09d	10.59±1.52bc	11.11±0.58ab	8.40±0.40c	13.86±1.14a

注：表内的数值为平均值±标准误差。同行相同字母表示样点间差异不显著（$P>0.05$），不同字母表示差异显著（$P<0.05$）；N 表示未放牧样地，G 表示放牧样地

在培养温度为 25℃ 条件下，未放牧样地（图 3-19a）和放牧样地（图 3-19b）的 C 随着培养时间的推移均呈增长趋势。5 个样点未放牧样地的 C 随着培养时间的推移增长幅度较大，放牧样地的增长幅度较小，E 样点的未放牧样地和放牧样地 C 的增长幅度显著小于 S 样点、M 样点、K 样点和 T 样点。5 个样点未放牧样地（图 3-19c）和放牧样地（图 3-19d）C_{min} 在培养前期均呈现出下降趋势，后期趋于平稳，E 样点的未放牧样地和放牧样地 C_{min} 随着培养时间的变化幅度显著小于 S 样点、M 样点、K 样点和 T 样点。

随着温度的升高，所有样点未放牧样地和放牧样地的 C（图 3-20a，图 3-20b）和 C_{min}（图 3-20c，图 3-20d）均呈指数增长。在未放牧样地，培养温度较低时（5℃ 和 15℃），温度对 5 个样点 C 和 C_{min} 的影响不显著，培养温度较高时（25℃ 和 35℃），C 和 C_{min} 随温度升高显著增加，干燥度指数最高（最湿润）的 T 样点的 C 和 C_{min} 随温度升高的增加幅度最大，干燥度指数最低（最干旱）的 E 样点的 C 和

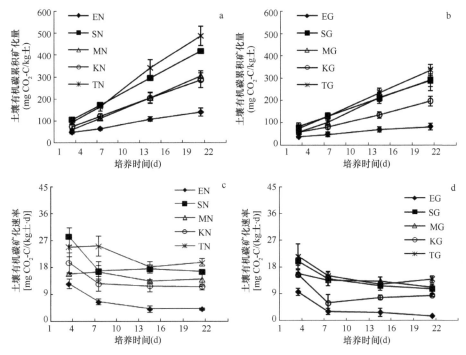

图 3-19 5 个样点未放牧样地与放牧样地土壤有机碳累积矿化量和矿化速率动态变化
（高丽，2020）

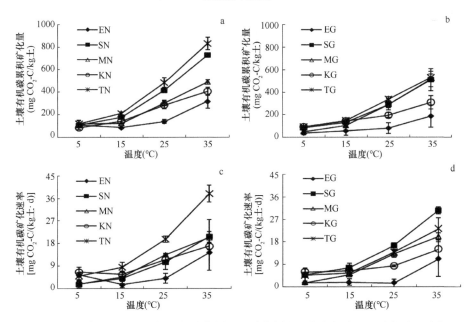

图 3-20 不同温度条件下 5 个样点未放牧样地和放牧样地土壤有机碳累积矿化量和矿化速率
（高丽，2020）

C_{min} 随温度升高的增加幅度最小。在放牧样地，4 个温度条件下的 C 和 C_{min} 随温度升高的增加幅度均变小；在 S 样点、M 样点、T 样点，培养温度较低时（5℃和15℃），温度对 C 和 C_{min} 的影响不显著，培养温度较高时（25℃和35℃），C 和 C_{min} 随温度升高显著增加；在 E 样点和 K 样点，培养温度为 5℃、15℃、25℃时，C 和 C_{min} 随温度升高增加幅度较小，在培养温度为 35℃时，C 和 C_{min} 随温度升高增加幅度较大。

土壤碳矿化速率与温度之间的关系基于指数模型 $RT=A\times e^{kT}$，利用模型拟合获得温度反应系数（k），采用式（3-10）计算了 5 个样点未放牧样地和放牧样地的土壤有机碳矿化速率温度敏感性（Q_{10}）值，结果显示，5 个样点土壤有机碳矿化速率 Q_{10} 在 1.69～2.94，Q_{10} 随着纬度的升高呈先升高后降低的趋势（图 3-21）。相关分析表明，Q_{10} 与 A（图 3-22a）、E_a 与 A（图 3-22b）均呈显著负相关关系（$P<0.05$）。

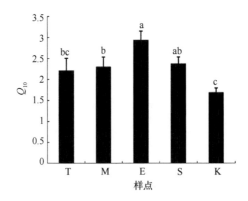

图 3-21   5 个样点土壤有机碳矿化速率温度敏感性（Q_{10}）（高丽，2020）

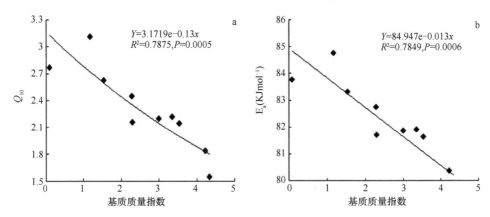

图 3-22   基质质量指数（A）与土壤有机碳矿化速率温度敏感性（Q_{10}）、表观活化能（E_a）的相关性分析（高丽，2020）

　　放牧对不同样点的 C（图 3-23a）和 C_{min}（图 3-23b）的影响不同。在 25 ℃条件下培养 21d 后，E 样点、S 样点、T 样点的放牧样地 C 显著低于未放牧样地，M样点、K 样点的未放牧样地和放牧样地之间的 C 差异不显著；除了 M 样点外，其余 4 个样点的放牧样地 C_{min} 显著低于未放牧样地。每个样点未放牧和放牧样地的土壤 C_{min} 的 Q_{10} 值之间差异不显著（$P>0.05$）。采用放牧响应比（RR）来反映土壤碳矿化指标对放牧的响应效应，结果发现，放牧对 C（图 3-24a）和 C_{min}（图 3-24b）产生了负效应。除了 M 样点外，放牧响应比随着干燥度指数升高而降低，干燥度指数最低（最干旱）的 E 样点的 C_{min} 放牧响应比接近 1。

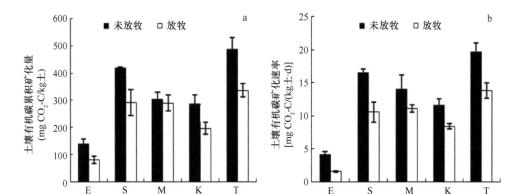

图 3-23　5 个样点未放牧样地和放牧样地土壤有机碳累积矿化量和矿化速率（高丽，2020）

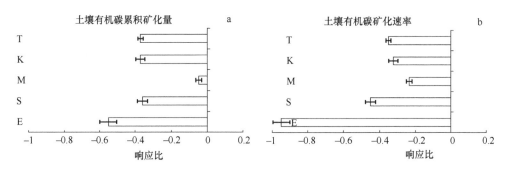

图 3-24　5 个样点土壤有机碳累积矿化量和矿化速率对放牧的响应比（高丽，2020）

2. 土壤氮矿化

　　5 个样点未放牧样地和放牧样地土壤在培养温度为 25℃条件下，以硝化过程占主导作用（表 3-8）。在未放牧样地，在干燥度指数较高（相对湿润）的 K 样点的土壤铵态氮减少量显著小于 E 样点、S 样点、M 样点，T 样点的显著小于 S样点和 M 样点，S 样点显著小于 M 样点；在放牧样地，K 样点土壤铵态氮减少量显著小于其他 4 个样点，T 样点、M 样点显著小于 E 样点、S 样点，T 样点与 M 样点、E 样点与 S 样点之间无显著差异。在未放牧样地，5 个样点土壤硝态氮积累量（A_{nit}）和无机氮积累量（A_{min}）均表现为 E 样点显著低于其他 4 个样点；在放牧样地，S 样点 A_{nit} 显著大于 E 样点、T 样点，其他样点间无显著差异，S 样点 A_{min} 显著大于 E 样点，其他样点之间无显著差异。5 个样点 R_{amm}、R_{nit}、R_{min} 之间的差异与 5 个样点 A_{amm}、A_{nit}、A_{min} 之间的差异相同（表 3-8）。

表 3-8　5 个样点土壤氮积累量和氮矿化速率（高丽，2020）

指标	样地	E	S	M	K	T
土壤铵态氮积累量	N	−2.48±0.15bc	−2.99±0.30c	−3.91±0.36d	−1.57±0.20a	−2.19±0.02ab
（mg N/kg）	G	−4.53±0.30c	−4.10±0.17c	−2.55±0.25b	−1.23±0.31a	−1.99±0.06b
土壤硝态氮积累量	N	15.18±2.11b	40.37±5.51a	37.44±2.32a	36.00±3.05a	32.33±3.85a
（mg N/kg）	G	18.22±3.18a	31.66±5.20a	26.11±2.09ab	22.51±1.81ab	19.70±1.75b
土壤无机氮积累量	N	12.70±2.02b	37.38±5.70a	33.53±2.54a	34.43±3.21a	30.14±3.87a
（mg N/kg）	G	13.69±3.40b	27.57±5.33a	23.56±2.14ab	21.27±2.06ab	17.71±1.72ab
土壤氨化速率	N	−0.12±0.01bc	−0.14±0.01c	−0.19±0.02d	−0.07±0.01a	−0.10±0.00ab
[mg N/(kg·d)]	G	−0.22±0.01c	−0.20±0.01c	−0.12±0.01b	−0.06±0.01a	−0.09±0.00b
土壤硝化速率	N	0.72±0.10b	1.92±0.26a	1.78±0.11a	1.71±0.15a	1.54±0.18a
[mg N/(kg·d)]	G	0.87±0.15b	1.51±0.25a	1.24±0.10ab	1.07±0.09ab	0.94±0.08b
土壤净氮矿化速率	N	0.60±0.10b	1.78±0.10a	1.60±0.15a	1.64±0.11a	1.44±0.10a
[mg N/(kg·d)]	G	0.65±0.16b	1.31±0.10a	1.12±0.10ab	1.01±0.10ab	0.84±0.08ab

注：数值为平均值±标准误差。同行相同字母表示样点间差异不显著（$P>0.05$），不同字母表示差异显著（$P<0.05$）

随着温度的升高，所有样点未放牧样地和放牧样地的 R_{nit}（图 3-25a，图 3-25b）和 R_{min}（图 3-25c，图 3-25d）呈指数增长。在未放牧样地，培养温度较低时（5℃和 15℃），温度对 5 个样点 R_{nit} 和 R_{min} 的影响不显著，培养温度较高时（25℃和 35℃），温度升高显著增加了 R_{nit} 和 R_{min}，E 样点 R_{nit} 和 R_{min} 随温度升高的增加幅

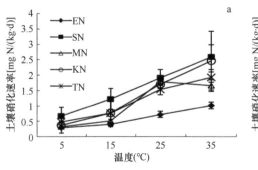
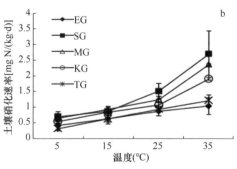

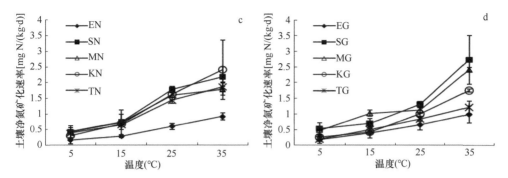

图 3-25　不同温度条件下 5 个样点未放牧样地和放牧样地土壤硝化速率和净氮矿化速率（高丽，2020）

度最小。在放牧样地，5℃、15℃、25℃条件下的 R_{nit} 和 R_{min} 随温度升高的增加幅度较小，35℃时出现大幅增加，E 样点 R_{nit} 和 R_{min} 随温度升高的增加幅度与未放牧样地基本相同。温度对 R_{amm} 无显著影响（$P>0.05$）。

利用式（2-18）计算了 5 个样点未放牧样地和放牧样地的土壤氮矿化速率温度敏感性（Q_{10}）值，5 个样点土壤净氮矿化速率温度敏感性（Q_{10}）在 1.61～2.06（图 3-26），Q_{10} 随着纬度的升高呈升高趋势。通过指数模型拟合土壤氮矿化速率与温度之间的相关关系，得到基质质量指数（A）和土壤氮矿化速率表观活化能（E_a）。相关分析表明，Q_{10} 与 A（图 3-27a）、E_a 与 A（图 3-27）均呈显著的负相关关系（$P<0.05$）。

在 25℃培养过程中，在干燥度指数较高（相对湿润）的 M 样点、K 样点、T 样点，放牧样地土壤铵态氮减少量和速率较未放牧样地低（图 3-28a，图 3-28b），A_{nit}、R_{nit}、A_{min}、R_{min} 显著降低（图 3-28c，图 3-28d，图 3-28e，图 3-28f）；在干燥度指数较低（相对干旱）的 E 样点和 S 样点，放牧样地土壤铵态氮减少量和速率

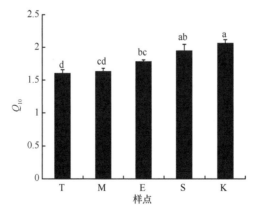

图 3-26　5 个样点土壤净氮矿化速率温度敏感性（Q_{10}）（高丽，2020）

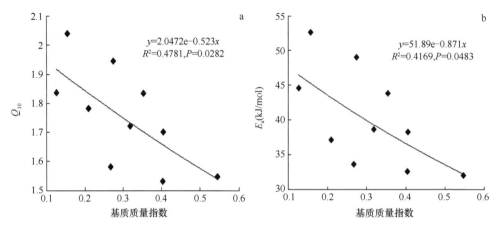

图 3-27　基质质量指数与土壤净氮矿化速率温度敏感性（Q_{10}）、表观活化能的相关分析（高丽，2020）

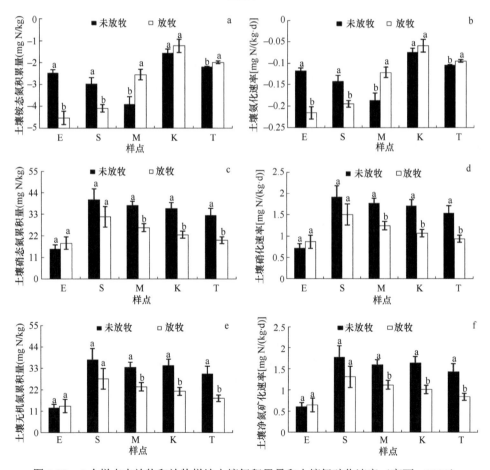

图 3-28　5 个样点未放牧和放牧样地土壤氮积累量和土壤氮矿化速率（高丽，2020）

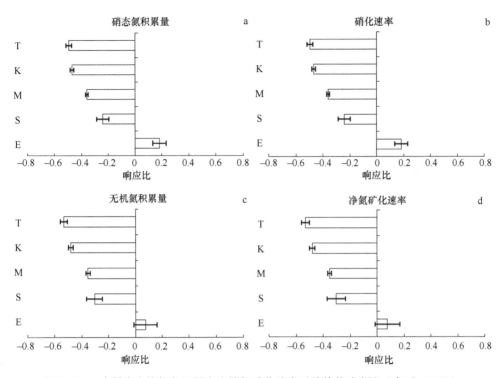

图 3-29 5 个样点土壤氮积累量和土壤氮矿化速率对放牧的响应比（高丽，2020）

较未放牧样地高，A_{nit}、R_{nit}、A_{min}、R_{min} 没有显著变化。每个样点未放牧和放牧样地之间土壤氮矿化的 Q_{10} 值差异不显著（$P>0.05$）。采用放牧响应比（RR）来反映土壤氮矿化指标对放牧的响应效应，结果显示，在干燥度指数较高（相对湿润）的 S 样点、M 样点、K 样点、T 样点，放牧对 A_{nit}（图 3-29a）、R_{nit}（图 3-29b）、A_{min}（图 3-29c）、R_{min}（图 3-29d）产生了负效应。在干燥度指数最低（最干旱）的 E 样点，放牧对 A_{nit}、R_{nit}、A_{min}、R_{min} 产生了正效应，但是响应比小于 0.2。

（二）土壤碳氮矿化的影响因素

1. 土壤碳氮矿化与气候因子的关系

相关分析表明，除放牧样地 C_{min} 与年平均降水量（MAP），A_{amm}、R_{amm} 与干燥度指数（AI）呈显著正相关外（$P<0.05$），其余样地 C、C_{min}、A_{amm}、A_{nit}、A_{min}、R_{amm}、R_{nit}、R_{min} 与年平均温度（MAT）、MAP、AI 均无显著相关性（$P>0.05$）（表 3-9）。C_{min} 对放牧的响应比与干燥度指数呈显著正相关（$P<0.05$）（图 3-30a），A_{nit}（图 3-30b）、R_{nit}（图 3-30c）、A_{min}（图 3-30d）、R_{min}（图 3-30e）对放牧的响应比与干燥度指数呈极显著负相关（$P<0.01$）。C、A_{amm}、R_{amm} 对放牧的响应比与干燥度指数相关性不显著（$P>0.05$）。C、C_{min}、A_{amm}、A_{nit}、A_{min}、R_{amm}、R_{nit}、R_{min}

对放牧的响应比与 MAT、MAP 相关性不显著（$P>0.05$）。

表 3-9　5 个样点土壤碳氮矿化指标与气候因子的关系（高丽，2020）

指标	样地	皮尔逊相关系数			P 值 Sig.（双侧检验）		
		MAT（℃）	MAP（mm）	AI	MAT（℃）	MAP（mm）	AI
C	N	0.32	0.73	0.70	0.60	0.16	0.18
C	G	0.46	0.84	0.75	0.43	0.08	0.14
C_{min}	N	0.37	0.81	0.78	0.54	0.10	0.12
C_{min}	G	0.41	0.89*	0.85	0.50	0.04	0.07
A_{amm}	N	−0.53	−0.25	0.19	0.36	0.82	0.76
A_{amm}	G	−0.02	0.67	0.90*	0.97	0.21	0.04
A_{nit}	N	−0.09	0.52	0.73	0.89	037	0.16
A_{nit}	G	−0.21	−0.01	0.13	0.73	0.98	0.83
A_{min}	N	−0.14	0.51	0.76	0.82	0.38	0.13
A_{min}	G	−0.22	0.16	0.37	0.72	0.79	0.54
R_{amm}	N	−0.53	−0.14	0.19	0.36	0.82	0.76
R_{amm}	G	−0.02	0.67	0.90*	0.97	0.21	0.04
R_{nit}	N	−0.09	0.52	0.73	0.89	0.37	0.16
R_{nit}	G	−0.21	−0.01	0.13	0.73	0.98	0.83
R_{min}	N	−0.14	0.51	0.76	0.83	0.38	0.13
R_{min}	G	−0.22	0.16	0.37	0.72	0.79	0.54

　　注：表中 C 表示土壤有机碳累积矿化量，C_{min} 表示土壤有机碳矿化速率，A_{amm} 表示土壤铵态氮积累量，A_{nit} 表示土壤硝化氮积累量，A_{min} 表示土壤无机氮积累量，R_{amm} 表示土壤氨化速率，R_{nit} 表示土壤硝化速率，R_{min} 表示土壤净氮矿化速率，MAT 表示年平均温度，MAP 表示年平均降水量，AI 表示干燥度指数，*表示显著相关（$P<0.05$），N 代表未放牧，G 代表放牧；下同

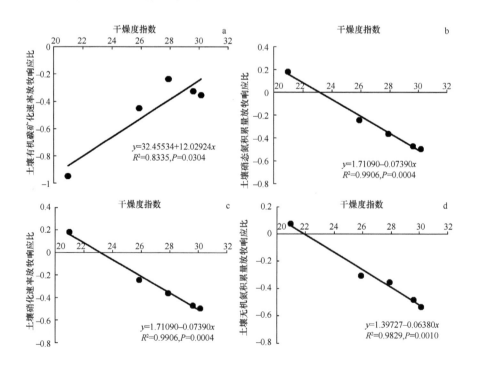

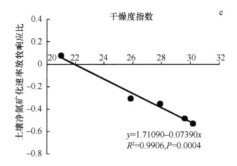

图 3-30　土壤碳氮矿化的放牧响应比与气候因子的回归分析（高丽，2020）

2. 土壤碳氮矿化与植被因子的关系

5 个样点未放牧和放牧样地 C、$C_{\min}$、A_{amm}、A_{nit}、$A_{\min}$、R_{amm}、R_{nit}、$R_{\min}$ 与植物地上生物量、地下生物量和总生物量间无显著相关关系（$P>0.05$）。在未放牧样地，C、$C_{\min}$ 与 Margalef 丰富度指数、香农-维纳多样性指数呈显著正相关（$P<0.05$）；在放牧样地，$C_{\min}$ 与 Margalef 丰富度指数以及 A_{nit}、$A_{\min}$、R_{nit}、$R_{\min}$ 与香农-维纳多样性指数呈显著负相关（$P<0.05$）（表 3-10）。C、$C_{\min}$、A_{nit}、$A_{\min}$、R_{amm}、R_{nit}、$R_{\min}$ 的放牧响应比与植物地上生物量、地下生物量、总生物量、Margalef 丰富度指数、香农-维纳多样性指数、Pielou 均匀度指数的放牧响应比之间相关性均不显著（$P>0.05$），A_{amm} 的放牧响应比与 Margalef 丰富度指数的放牧响应比呈显著正相关关系（$P<0.05$）（图 3-31b），与其余指标的放牧响应比相关性不显著（$P>0.05$）（图 3-31）。

表 3-10　5 个样点土壤碳氮矿化指标与植被因子的关系（高丽，2020）

指标	样地	皮尔逊相关			P 值 Sig.（2-tailed）		
		Ma	H	J	Ma	H	J
C	N	0.57*	0.53*	0.04	0.03	0.04	0.90
C	G	−0.48	−0.24	0.06	0.07	0.40	0.83
$C_{\min}$	N	0.56*	0.55*	0.08	0.03	0.04	0.78
$C_{\min}$	G	−0.59*	−0.33	0.04	0.02	0.23	0.89
A_{amm}	N	0.35	0.33	−0.31	0.21	0.23	0.27
A_{amm}	G	−0.30	−0.03	0.35	0.28	0.92	0.20
A_{nit}	N	−0.22	−0.20	0.18	0.44	0.49	0.51
A_{nit}	G	−0.46	−0.52*	−0.27	0.09	0.04	0.33
$A_{\min}$	N	−0.18	−0.16	0.15	0.52	0.56	0.58
$A_{\min}$	G	−0.48	−0.52*	−0.23	0.07	0.04	0.41
R_{amm}	N	0.35	0.33	−0.31	0.21	0.23	0.27
R_{amm}	G	−0.30	−0.03	0.35	0.28	0.92	0.20

续表

指标	样地	皮尔逊相关			P 值 Sig.（2-tailed）		
		Ma	H	J	Ma	H	J
R_{nit}	N	−0.22	−0.20	0.18	0.44	0.49	0.51
R_{nit}	G	−0.46	−0.52*	−0.27	0.09	0.04	0.33
R_{min}	N	−0.18	−0.16	0.15	0.52	0.56	0.58
R_{min}	G	−0.48	−0.52*	−0.23	0.07	0.04	0.41

注：表中 Ma 表示 Margalef 丰富度指数，H 表示香农-维纳多样性指数，J 表示 Pielou 均匀度指数，*表示显著相关（$P<0.05$）

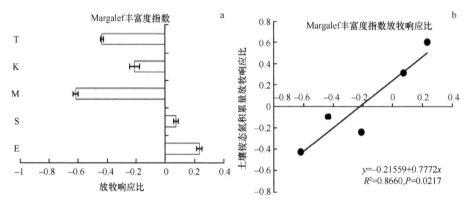

图 3-31　5 个样点 Margalef 丰富度指数放牧响应比（a）及其与土壤铵态氮积累量的放牧响应比回归分析（b）（高丽，2020）

3. 土壤碳氮矿化与土壤理化因子的关系

在未放牧样地，8 个土壤碳氮矿化指标与土壤容重相关性均不显著（$P>0.05$），C 与土壤粉粒含量呈极显著正相关（$P<0.01$），与土壤砂粒含量呈极显著负相关（$P<0.01$），C_{min}、A_{min}、R_{min} 与土壤粉粒含量呈显著正相关（$P<0.05$），C_{min} 与土壤砂粒含量呈显著负相关（$P<0.05$）。在放牧样地，C、C_{min} 与土壤容重和土壤砂粒含量呈极显著负相关（$P<0.01$），与土壤粉粒含量呈极显著正相关（$P<0.01$），A_{nit}、A_{min}、R_{nit}、R_{min} 与土壤容重呈显著负相关（$P<0.05$），R_{min} 与土壤砂粒含量呈显著负相关（$P<0.05$）（表 3-11）。

表 3-11　5 个样点土壤碳氮矿化指标与土壤物理因子的关系（高丽，2020）

指标	样地	皮尔逊相关				P 值 Sig.（2-tailed）			
		SBD	Clay	Silt	Sand	SBD	Clay	Silt	Sand
C	N	−0.31	0.26	0.69**	−0.69**	0.26	0.35	0.00	0.00
C	G	−0.79**	0.30	0.78**	−0.74**	0.00	0.28	0.00	0.00
C_{min}	N	−0.44	0.23	0.63*	−0.63*	0.10	0.42	0.01	0.01

续表

指标	样地	皮尔逊相关				P 值 Sig.（2-tailed）			
		SBD	Clay	Silt	Sand	SBD	Clay	Silt	Sand
C_{min}	G	-0.72^{**}	0.24	0.76^{**}	-0.71^{**}	0.00	0.39	0.00	0.00
A_{amm}	N	0.20	0.23	-0.08	0.03	0.47	0.41	0.78	0.92
A_{amm}	G	0.23	-0.16	0.40	-0.32	0.41	0.56	0.14	0.24
A_{nit}	N	-0.34	0.15	0.45	-0.42	0.21	0.60	0.09	0.12
A_{nit}	G	-0.54^{*}	0.35	0.40	-0.41	0.04	0.19	0.14	0.13
A_{min}	N	-0.33	0.18	0.45^{*}	-0.43	0.23	0.53	0.04	0.11
A_{min}	G	-0.51^{*}	0.33	0.43	-0.44	0.04	0.22	0.11	0.10
R_{amm}	N	0.20	0.23	-0.08	0.03	0.47	0.41	0.78	0.92
R_{amm}	G	0.23	-0.16	0.40	-0.32	0.41	0.56	0.14	0.24
R_{nit}	N	-0.34	0.15	0.45	-0.49	0.21	0.60	0.09	0.07
R_{nit}	G	-0.54^{*}	0.35	0.40	-0.34	0.04	0.19	0.14	0.57
R_{min}	N	-0.33	0.18	0.45^{*}	-0.24	0.23	0.53	0.04	0.40
R_{min}	G	-0.51^{*}	0.33	0.43	-0.52^{*}	0.04	0.22	0.11	0.04

注：表中 SBD 表示土壤容重，Clay 表示土壤黏粒含量，Silt 表示土壤粉粒含量，Sand 表示土壤砂粒含量，*表示显著相关（$P<0.05$），**表示极显著相关（$P<0.01$）

由表 3-12 可知，在未放牧样地，8 个土壤碳氮矿化指标与土壤 pH、STP 相关性不显著（$P>0.05$）；C、C_{min}、A_{nit}、R_{nit} 与 SOC 呈显著正相关（$P<0.05$），A_{min}、R_{min} 与 SOC 呈极显著正相关（$P<0.01$）；C 和 C_{min} 与 STN 呈显著正相关（$P<0.05$），A_{nit}、A_{min}、R_{nit}、R_{min} 与 STN 呈极显著正相关（$P<0.01$）。在放牧样地，C、C_{min} 与土壤 pH 呈极显著正相关（$P<0.01$），其余 6 个指标与土壤 pH 相关性不显著（$P>0.05$）；C、C_{min} 与 SOC、STN 呈极显著正相关（$P<0.01$），A_{nit}、A_{min}、R_{nit}、R_{min} 与 SOC、STN 呈显著正相关（$P<0.05$）；C、C_{min}、A_{amm}、R_{amm} 与 STP 呈极显著正相关（$P<0.01$）。

8 个土壤碳氮矿化指标的放牧响应比与土壤黏粒含量、土壤粉粒含量、土壤砂粒含量、土壤 pH、STN、STP 的放牧响应比相关性均不显著（$P>0.05$）。A_{amm}、R_{amm} 的放牧响应比与 SOC 的放牧响应比呈显著正相关（$P<0.05$）（图 3-32a，图 3-32b，图 3-32c）。A_{nit}、A_{min}、R_{nit}、R_{min} 的放牧响应比与 SOC、STN 的放牧响应比，以及 C_{min} 的放牧响应比与 SOC 的放牧响应比相关性不显著（$P>0.05$），但相关系数较高，P 值接近于 0.05。

表 3-12　5个样点土壤碳氮矿化指标与土壤化学因子的关系（高丽，2020）

指标	样地	皮尔逊相关				P 值 Sig.（2-tailed）			
		pH	SOC	STN	STP	pH	SOC	STN	STP
C	N	0.21	0.51*	0.58*	0.27	0.46	0.04	0.02	0.33
C	G	0.67**	0.84**	0.76**	0.71**	0.00	0.00	0.00	0.00
C_{min}	N	0.16	0.49*	0.55*	0.30	0.56	0.04	0.04	0.27
C_{min}	G	0.64**	0.86**	0.80**	0.70**	0.00	0.00	0.00	0.00
A_{amm}	N	−0.05	−0.02	−0.04	−0.14	0.87	0.94	0.89	0.61
A_{amm}	G	0.25	0.38	0.40	0.67**	0.37	0.16	0.14	0.00
A_{nit}	N	−0.26	0.63*	0.70**	0.40	0.35	0.01	0.00	0.14
A_{nit}	G	0.26	0.56*	0.49*	0.18	0.35	0.03	0.04	0.52
A_{min}	N	−0.27	0.65**	0.71**	0.40	0.33	0.00	0.00	0.14
A_{min}	G	0.28	0.59*	0.52*	0.25	0.31	0.02	0.04	0.37
R_{amm}	N	−0.05	−0.02	−0.04	−0.14	0.87	0.94	0.89	0.61
R_{amm}	G	0.25	0.38	0.40	0.67**	0.37	0.16	0.14	0.00
R_{nit}	N	−0.26	0.63*	0.70**	0.40	0.35	0.01	0.00	0.14
R_{nit}	G	0.26	0.56*	0.49*	0.18	0.35	0.03	0.04	0.52
R_{min}	N	−0.27	0.65**	0.71**	0.40	0.33	0.00	0.00	0.14
R_{min}	G	0.28	0.59*	0.52*	0.25	0.31	0.02	0.04	0.37

注：SOC 指土壤有机碳含量，STN 指土壤全氮含量，STP 指土壤全磷含量，*表示显著相关（$P<0.05$），**表示极显著相关（$P<0.01$）

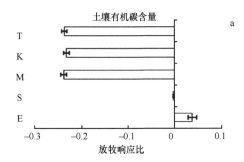

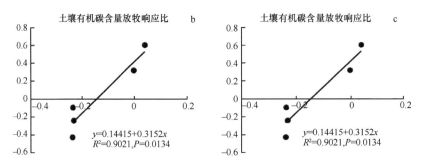

图 3-32　5个样点土壤有机碳含量的放牧响应比（a）及其与土壤铵态氮积累量（b）、土壤氨化速率（c）的放牧响应比的回归分析（高丽，2020）

4. 土壤碳氮矿化与土壤微生物因子的关系

在未放牧样地，C 与 MBN、SCA、SUA、SIA 呈极显著正相关（$P<0.01$），C_{min} 与 SCA、SUA、SIA 呈极显著正相关（$P<0.01$），与 MBN 显著正相关（$P<0.05$），A_{nit}、A_{min}、R_{nit}、R_{min} 与 SUA 呈显著正相关（$P<0.05$）；在放牧样地，C、C_{min}、A_{nit}、A_{min}、R_{nit}、R_{min} 与 SIA 呈极显著正相关（$P<0.01$），C、C_{min} 与 MBN 显著正相关（$P<0.05$），A_{amm}、R_{amm} 与 SUA 以及 A_{nit}、R_{nit} 与 SCA 呈显著正相关（$P<0.05$）（表 3-13）。

表 3-13　5 个样点土壤碳氮矿化指标与土壤微生物因子的关系（高丽，2020）

指标	样地	皮尔逊相关				P 值 Sig. (2-tailed)			
		MBN	SCA	SUA	SIA	MBN	SCA	SUA	SIA
C	N	0.66**	0.81**	0.93**	0.70**	0.00	0.00	0.00	0.00
C	G	0.58*	0.40	0.39	0.89**	0.02	0.13	0.15	0.00
C_{min}	N	0.63*	0.76**	0.88**	0.75**	0.01	0.00	0.00	0.00
C_{min}	G	0.53*	0.30	0.47	0.85**	0.04	0.28	0.08	0.00
A_{amm}	N	0.37	−0.05	0.19	0.00	0.18	0.87	0.50	0.99
A_{amm}	G	0.11	−0.45	0.63*	−0.14	0.70	0.09	0.01	0.63
A_{nit}	N	0.23	0.23	0.53*	0.43	0.41	0.41	0.04	0.11
A_{nit}	G	0.10	0.55*	0.19	0.69**	0.72	0.03	0.50	0.00
A_{min}	N	0.28	0.23	0.56*	0.44	0.32	0.41	0.03	0.10
A_{min}	G	0.11	0.50	0.25	0.67**	0.69	0.06	0.38	0.00
R_{amm}	N	0.37	−0.05	0.19	0.00	0.18	0.87	0.50	0.99
R_{amm}	G	0.11	−0.45	0.63*	−0.14	0.70	0.09	0.01	0.63
R_{nit}	N	0.23	0.23	0.53*	0.43	0.41	0.41	0.04	0.11
R_{nit}	G	0.10	0.55*	0.19	0.69**	0.72	0.03	0.50	0.00
R_{min}	N	0.28	0.23	0.56*	0.44	0.32	0.41	0.03	0.10
R_{min}	G	0.11	0.50	0.25	0.67**	0.69	0.06	0.38	0.00

注：表中 MBN 表示土壤微生物生物量氮，SCA 表示土壤过氧化氢酶活性，SUA 表示土壤脲酶活性，SIA 表示土壤蔗糖酶活性，*表示显著相关（$P<0.05$），**表示极显著相关（$P<0.01$）

对 5 个样点未放牧样地土壤碳氮矿化指标与土壤细菌群落门水平物种相对丰度的 Spearman 相关性分析结果表明（图 3-33），C、C_{min} 与变形菌门（Proteobacteria）和芽单胞菌门（Gemmatimonadetes）物种相对丰度呈显著正相关（$P<0.05$），C 与芽单胞菌门（Gemmatimonadetes）物种相对丰度以及 C_{min} 与纤细菌门（Gracilibacteria）物种相对丰度呈显著正相关（$P<0.05$），C、C_{min} 与广古菌门（Euryarchaeota）物种相对丰度呈显著负相关（$P<0.05$）；A_{amm}、R_{amm} 与绿弯菌门（Chloroflexi）物种相对丰度呈显著正相关（$P<0.05$），与晚生菌门（Latescibacteria）、Parcubacteria 物种相对丰度呈显著负相关（$P<0.05$），A_{nit}、A_{min}、R_{nit}、R_{min} 与棒状杆菌门（Rokubacteria）

物种相对丰度呈极显著正相关（$P<0.01$），与 Candidatus_Woykebacteria 物种相对丰度呈显著负相关（$P<0.05$）。

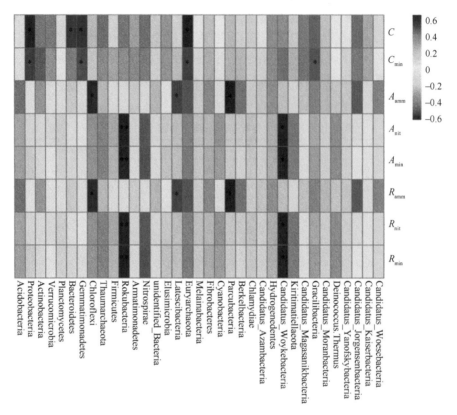

图 3-33　5 个样点未放牧样地土壤碳氮矿化指标与土壤细菌群落门水平物种丰富度的 Spearman 相关性（高丽，2020）（彩图请扫封底二维码）

对 5 个样点放牧样地土壤碳氮矿化指标与土壤细菌群落门水平物种相对丰度的 Spearman 相关性分析结果表明，影响土壤碳氮矿化指标的土壤细菌群落类群发生了变化（图 3-34）。C_{min} 与变形菌门（Proteobacteria）、纤细菌门（Gracilibacteria）物种相对丰度呈显著正相关（$P<0.05$），与芽单胞菌门（Gemmatimonadetes）物种相对丰度呈极显著正相关（$P<0.01$），C、A_{amm}、R_{amm} 与芽单胞菌门物种相对丰度呈显著正相关（$P<0.05$），A_{amm}、R_{amm} 与 Candidatus_Azambacteria 物种相对丰度呈显著正相关（$P<0.05$），C_{min}、A_{amm}、R_{amm} 与疣微菌门（Verrucomicrobia）物种相对丰度呈显著负相关（$P<0.05$），C、C_{min} 与奇古菌门（Thaumarchaeota）物种相对丰度呈极显著负相关（$P<0.01$）。

5 个样点土壤碳氮矿化指标与土壤细菌群落 Alpha 多样性的 Spearman 相关性分析结果表明（图 3-35），未放牧样地的 A_{nit}、A_{min}、R_{nit}、R_{min} 与香农-维纳多样性

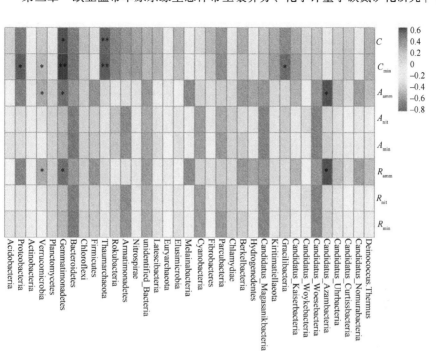

图 3-34　5 个样点放牧样地土壤碳氮矿化指标与土壤细菌群落门水平物种丰富度的 Spearman 相关性分析（高丽，2020）（彩图请扫封底二维码）

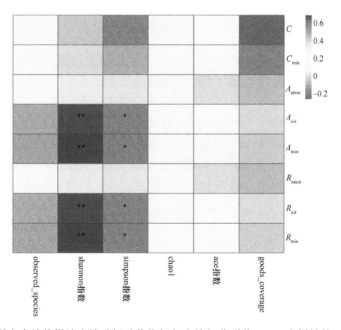

图 3-35　5 个样点未放牧样地土壤碳氮矿化指标与土壤细菌群落 Alpha 多样性的 Spearman 相关性分析（高丽，2020）（彩图请扫封底二维码）

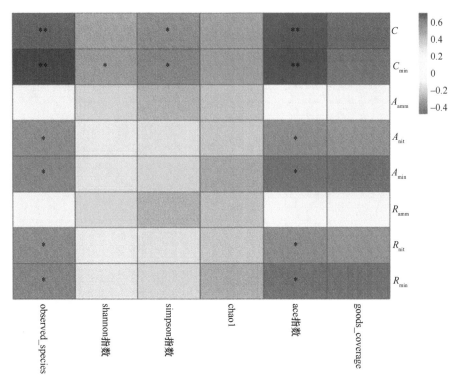

图 3-36 5 个样点放牧样地土壤碳氮矿化指标与土壤细菌群落 Alpha 多样性的 Spearman 相关性
分析（高丽，2020）（彩图请扫封底二维码）

指数呈极显著正相关（$P<0.01$），与辛普森多样性指数呈显著正相关（$P<0.05$）。放牧样地的土壤碳氮矿化指标与土壤细菌群落 Alpha 多样性呈现出显著相关的指标增多并发生了改变。与 C、C_{min} 呈极显著正相关（$P<0.01$）的是观测到的土壤细菌 OUT 数和 ace 指数，与 C、C_{min} 呈显著正相关（$P<0.05$）的是辛普森多样性指数，C_{min} 还与香农-维纳指数呈显著正相关（$P<0.05$），A_{nit}、A_{min}、R_{nit}、R_{min} 与观测到的 OUT 数、ace 指数呈显著正相关（$P<0.05$）（图 3-36）。8 个碳氮矿化指标的放牧响应比与土壤微生物因子的放牧响应比相关性均不显著（$P>0.05$）。

5. 影响土壤碳氮矿化的多因子综合分析

由表 3-14 可知，在未放牧样地，57.84% 的 C 和 51.74% C_{min} 的变异由植物 Margalef 丰富度指数和土壤粉粒含量共同解释，SOC 和 STN 分别解释了 14.64% 与 12.23% 的 C 变异，SOC 和 STN 对 C_{min} 的解释度分别为 15.92% 与 13.50%，MBN、SCA、SUA、SIA、变形菌门物种相对丰度、拟杆菌门物种相对丰度、芽单胞菌门物种相对丰度共同解释了 11.49% 的 C 和 8.44% C_{min} 变异。10.31% 的 A_{amm} 变异和 38.00% 的 R_{amm} 变异由绿弯菌门物种相对丰度解释，晚生菌门（Latescibacteria）

表 3-14　5 个样点未放牧样地各影响因子对土壤碳氮矿化指标的解释度（%）（高丽，2020）

样地	环境因子	C	C_{min}	A_{amm}	A_{nit}	A_{min}	R_{amm}	R_{nit}	R_{min}
N	Ma	32.73*	31.99*	0.00	0.00	0.00	0.00	0.00	0.00
N	H	0.19	0.70	0.00	0.00	0.00	0.00	0.00	0.00
N	SBD	0.00	0.00	0.00	0.00	0.00	0.00	0.00	0.00
N	Silt	25.11*	19.75*	0.00	0.00	11.41*	0.00	0.00	11.41*
N	Sand	3.17	5.32	0.00	0.00	0.00	0.00	0.00	0.00
N	pH	0.00	0.00	0.00	0.00	0.00	0.00	0.00	0.00
N	SOC	14.64	15.92	0.00	39.96**	31.19**	0.00	39.96**	31.19**
N	STN	12.23	13.50	0.00	27.65**	27.79**	0.00	27.67**	27.79**
N	STP	0.00	0.00	0.00	0.00	0.00	0.00	0.00	0.00
N	MBN	1.24	0.07	0.00	0.00	0.00	0.00	0.00	0.00
N	SCA	5.14	3.50	0.00	0.00	0.00	0.00	0.00	0.00
N	SUA	2.24	1.65	0.00	3.30	3.86	0.00	3.30	3.86
N	SIA	1.01	1.24	0.00	0.00	0.00	0.00	0.00	0.00
N	Proteobacteria	0.33	0.64	0.00	0.00	0.00	0.00	0.00	0.00
N	Bacteroidetes	1.40	0.14	0.00	0.00	0.00	0.00	0.00	0.00
N	Gemmatimonadetes	0.13	1.20	0.00	0.00	0.00	0.00	0.00	0.00
N	Chloroflexi	0.00	0.00	10.31	0.00	38.00*	0.00	0.00	0.00
N	Latescibacteria	0.00	0.00	3.42	0.00	0.00	0.15	0.00	0.00
N	Parcubacteria	0.00	0.00	3.99	0.00	0.00	2.42	0.00	0.00
N	Rokubacteria	0.00	0.00	0.00	3.12	3.46	0.00	3.20	3.46

注：*表示 $P<0.05$，**表示 $P<0.01$，下同

和 Parcubacteria 的物种相对丰度解释了 7.41%的 A_{amm} 变异和 2.57%的 R_{amm} 变异。SOC 和 STN 共同解释了 67.61%的 A_{nit} 变异和 67.63%的 R_{nit} 变异，SUA 与棒状杆菌门（Rokubacteria）物种丰富度共同解释了 6.42%的 A_{nit} 变异和 6.50%的 R_{nit} 的变异。SOC 与 STN 对 A_{min} 和 R_{min} 变异的解释度高达 58.98%，土壤粉粒含量解释了 11.41%的 A_{min} 和 R_{min} 变异，SUA 与棒状杆菌门（Rokubacteria）物种丰富度共同解释了 7.32%的 A_{min} 和 R_{min} 变异。

在放牧样地，土壤容重对 C 和 C_{min} 的解释度分别高达 62.66%和 70.89%，土壤粉粒含量与砂粒含量共同解释了 29.33%的 C 变异和 19.52%的 C_{min} 变异，土壤 pH、SOC、STN、STP 共同解释了 2.23%的 C 变异和 2.38%的 C_{min} 变异，MBN、SIA、芽单胞菌门物种相对丰度解释了 4.19%的 C 变异，5.87%的 C_{min} 变异由 MBN、SIA、芽单胞菌门、变形菌门和疣微菌门物种相对丰度解释。STP 对 A_{amm} 和 R_{amm} 的解释度均为 27.76%，SUA、芽单胞菌门、疣微菌门物种相对丰度解释了 28.36%的 A_{amm} 和 R_{amm} 变异。植物群落香农-维纳多样性指数解释了 27.57%的

A_{nit} 变异和 27.58% 的 R_{nit} 变异，土壤容重解释了 18.58% 的 A_{nit} 变异和 18.66% 的 R_{nit} 变异，SOC 和 STN 仅解释了 1.75% 的 A_{nit} 变异和 1.89% 的 R_{nit} 变异，SCA 和 SIA 共同解释了 22.43% 的 A_{nit} 变异和 22.60% 的 R_{nit} 变异，ace 指数解释了 4.32% 的 R_{nit} 变异。土壤容重解释了 27.17% 的 A_{min} 变异和 26.91% 的 R_{min} 变异，SOC 和 STN 对 A_{min} 的解释度为 10.89%，SOC 和 STN 对 R_{min} 的解释度为 11.46%，SIA 和 ace 指数共同解释了 32.29% 的 A_{min} 变异和 31.46% 的 R_{min} 变异（表 3-15）。

表 3-15　5 个样点放牧样地各影响因子对土壤碳氮矿化指标的解释度（%）（高丽，2020）

样地	环境因子	C	C_{min}	A_{amm}	A_{nit}	A_{min}	R_{amm}	R_{nit}	R_{min}
G	Ma	0.00	1.31	0.00	0.00	0.00	0.00	0.00	0.00
G	H	0.00	0.00	0.00	27.57*	0.00	0.00	27.58*	0.31
G	SBD	62.66**	70.89*	0.00	18.58*	27.17*	0.00	18.66*	26.91*
G	Silt	15.02**	8.82*	0.00	0.00	0.00	0.00	0.00	0.00
G	Sand	14.31**	10.70*	0.00	0.00	0.00	0.00	0.00	2.65
G	pH	0.11*	1.10	0.00	0.00	0.00	0.00	0.00	0.00
G	SOC	1.69**	1.14	0.00	0.36	10.27	0.00	0.32	10.77
G	STN	0.42**	0.04	0.00	1.39	0.62	0.00	1.57	0.69
G	STP	0.01	0.10	27.76*	0.00	0.00	27.76*	0.00	0.00
G	MBN	0.13*	0.56	0.00	0.00	0.00	0.00	0.00	0.00
G	SCA	0.00	0.00	0.00	9.41	0.00	0.00	9.53	0.00
G	SUA	0.00	0.00	5.25	0.00	0.00	5.25	0.00	0.00
G	SIA	0.52**	2.01	0.00	13.02*	22.12*	0.00	13.07	22.79*
G	Proteobacteria	0.00	1.21	0.00	0.00	0.00	0.00	0.00	0.00
G	Gemmatimonadetes	3.54**	0.58	13.14	0.00	0.00	13.14	0.00	0.00
G	Verrucomicrobia	0.00	1.51	9.97	0.00	0.00	9.97	0.00	0.00
G	ace 指数	0.00	0.00	0.00	0.00	10.17	0.00	4.32	8.67

三、讨论

（一）气候因子对土壤碳氮矿化的影响

1. 样带气候因子对土壤碳氮矿化的影响

在全球变暖背景下，土壤碳氮矿化对温度变化的响应影响着陆地生态系统对全球气候变化的反馈效应。研究表明，短期（2～3 年）增温对高草草原土壤碳矿化速率影响不大（Zhang et al.，2005），长期增温（10 年）升高了土壤碳矿化速率，添加 C3 植物材料抵消了部分增温效应，添加 C4 植物材料促进了增温效应（Jia et al.，2014）。增温降低了典型草原土壤累积碳矿化量、潜在可矿化碳量（Zhou et al.，2012）和土壤碳矿化速率（Liu et al.，2009）。Giardina 等（2000）研究发现，在全球尺度上，森林土壤碳矿化速率并没有随着年平均温度改变而发生变化。在本研究中，欧亚温带草原东缘生态样带上具有温度梯度，随着纬度的降低，5 个样点的年平均温度升高，土壤碳氮矿化指标及其放牧响应比并未随着年平均温度的升高出现规律性变化，但是土壤碳氮矿化对放牧响应比与表征气候干湿程度的干燥度指数有一定的关系。在未放牧样地，最干旱（干燥度指数最低）的 E 样点的土壤碳矿化作用、硝化作用、净氮矿化作用均显著小于其余 4 个样点，E 样点的土壤有机碳矿化速率随着培养时间的推移增长幅度也显著小于其余 4 个样点，放牧样地土壤有机碳矿化速率与年降水量以及土壤铵态氮积累量、氨化速率与干燥度指数呈显著正相关。在干旱、半干旱地区，降水量和土壤湿度不仅是植物多样性、地上地下生物量、凋落物量、土壤微生物群落组成和活性及土壤碳氮密度的限制因子（Bai et al.，2008），也是影响土壤有机碳氮矿化的重要环境因子（Borken and Matzner，2009；Suseela et al.，2012；Mi et al.，2015；Alexandra et al.，2019）。对内蒙古典型草原的研究表明，增温和增雨对土壤碳矿化的影响存在交互效应（Zhou et al.，2012），在干旱、半干旱草原区，增温对水分有效性和植物生长的间接抑制作用要大于直接促进效应，导致土壤碳矿化对增温表现出负反馈（Liu et al.，2009）。因此，在大尺度上，温度对典型草原土壤碳氮矿化的影响，需要同时考虑水分（降水）因素。

2. 室内培养温度对土壤碳氮矿化的影响

土壤碳氮矿化速率与温度整体呈正相关关系（Sierra，1997；Cookson et al.，2002；Dalias et al.，2002；Davidson and Janssens，2006；何念鹏等，2018）。本项研究表明，5 个样点土壤有机碳累积矿化量、有机碳矿化速率、硝化速率和净氮矿化速率随着温度的升高而增长。在未放牧样地，培养温度较低时（5℃和 15℃），温度对 5 个样点土壤有机碳累积矿化量、有机碳矿化速率、硝化速率和净氮矿化速率的影响不显著，培养温度较高时（25℃和 35℃），土壤有机碳矿化量和矿化速率、硝化速率及净氮矿化速率随着温度升高显著增加，干燥度指数最高（最湿润）的 T 样点的土壤有机碳累积矿化量和有机碳矿化速率随温度升高的增加幅度最大，干燥度指数最低（最干旱）的 E 样点的土壤有机碳累积矿化量、有机碳矿化速率、硝化速率和净氮矿化速率随温度升高的增加幅度最小；在放牧样地，4 个温度条件下的 C 和 C_{min} 随温度升高的增加幅度均变小，5℃、15℃、25℃条件下的土壤硝化速率和净氮矿化速率随温度升高的变化幅度减小，35℃时出现大幅增加。

Q_{10} 即温度升高 10℃土壤碳氮矿化速率的相应改变量，不仅可以表征不同基质土壤的温度敏感性（Dalias et al.，2002），还是衡量土壤碳氮矿化对未来温度变化响应的重要参数（Xu and Qi，2001；Cox et al.，2000；Wang et al.，2006；周焱，2009；李杰等，2014）。5个样点土壤有机碳矿化速率 Q_{10} 在 1.69～2.94，土壤净氮矿化速率 Q_{10} 在 1.61～2.06，随着纬度升高，土壤有机碳矿化速率的 Q_{10} 呈先升高后降低趋势，土壤净氮矿化速率 Q_{10} 呈升高趋势。对西藏 156 个样点的高寒草地的研究表明，干草原土壤碳矿化 Q_{10} 比湿草原高，基质特征和环境变量能共同解释 37% 的干草原 Q_{10} 变化和 58% 的湿草原 Q_{10} 变化，研究结果支持"质量-温度"假说，即基质质量越差，矿化时所需酶促反应步骤越多，需要活化能越高，所以低质量基质比高质量基质对温度升高的响应更剧烈，从而具有较高 Q_{10}（李杰等，2014；赵宁等，2014；Ding et al.，2016）。本项研究中，土壤有机碳矿化速率、净氮矿化速率 Q_{10}、表观活化能与基质质量指数均呈显著的负相关关系（$P<0.05$），说明基质质量越差的土壤碳氮矿化温度敏感性越高，对温度升高的响应更加剧烈，符合"质量-温度"假说。

（二）放牧对土壤碳氮矿化的影响

1. 放牧对土壤碳矿化的影响

已有研究表明，内蒙古典型草原土壤累积碳矿化量随着放牧强度的增加而降低（Barger et al.，2004），放牧对意大利维泰博省的草地土壤碳矿化没有显著的影响（Moscatelli et al.，2007），在前期的培养过程中，放牧促进了美国黄石国家公园土壤碳矿化速率，而在后期的培养过程中，放牧降低了土壤碳矿化速率（Douglas and Peter，1998）。本项研究中，放牧对不同样点土壤有机碳累积矿化量和有机碳矿化速率的影响是不同的。在 25℃ 条件下培养 21d 后，E 样点、S 样点、T 样点的放牧样地土壤有机碳累积矿化量显著低于未放牧样地，M 样点、K 样点未放牧样地和放牧样地土壤有机碳累积矿化量差异不显著；除了 M 样点外，其余 4 个样点的放牧样地土壤有机碳矿化速率显著低于未放牧样地。除了 M 样点外，土壤有机碳矿化速率放牧响应比随着干燥度指数升高而降低，干燥度指数最低的 E 样点的土壤有机碳矿化速率放牧响应比接近于–1。放牧对 Q_{10} 值影响不显著，这与徐丽等（2013）对青藏高原高寒草地的研究结果一致。本研究还发现，放牧对土壤碳矿化产生了负效应，土壤有机碳矿化速率对放牧的响应比与干燥度指数呈显著正相关（$P<0.05$），说明相对干旱的样点，放牧对土壤有机碳矿化速率的降低幅度较大，反之亦然。在相对干燥地区，食草作用使得适口性较差、较难分解的植物增加，而在相对湿润地区，食草作用使得适口性较好、易分解植物增加（Grime，1979；Milchunas et al.，1988；Díaz et al.，2007），因此，在美国黄石国家公园，在上坡样点，食草作用通过增加相对难分解植物从而降低了土壤碳矿化作用，而

在下坡和坡底样点，食草动物通过增加易分解植物从而加速了土壤碳矿化作用（Douglas et al.，2011）。

土壤碳矿化与植被因子、土壤因子、土壤微生物等因子密切相关。已有研究表明，植物生产力（Feike et al.，2006；Wang et al.，2010）、植物群落组成结构、植物生长节律等因素（朱小叶等，2019）都会影响土壤碳矿化过程。本项研究表明，在未放牧样地，土壤有机碳累积矿化量、有机碳矿化速率与植物 Margalef 丰富度指数、香农-维纳多样性指数呈显著正相关（$P<0.05$）；在放牧样地，土壤有机碳累积矿化量与 Margalef 丰富度指数与香农-维纳多样性指数呈显著负相关关系（$P<0.05$）。前人研究发现，土壤有机碳、全氮、全磷、速效钾、黏粒和粉粒含量（李忠佩等，2004；Davidson and Janssens，2006；李顺姬等，2010；黄锦学等，2017）、土壤 C/N 和土壤田间持水量（Xu et al.，2016）等与土壤碳矿化显著相关。本项研究中，在未放牧样地，与土壤有机碳累积矿化量和有机碳矿化速率呈显著正相关的土壤理化因子包括：土壤粉粒含量、有机碳含量、全氮含量，呈显著负相关的土壤理化因子是土壤砂粒含量；在放牧样地，与土壤有机碳累积矿化量、有机碳矿化速率呈显著正相关的土壤理化因子包括：土壤 pH、粉粒含量、有机碳含量、全氮含量，呈显著负相关的土壤理化因子是土壤容重、砂粒含量。欧洲撂荒地土壤细菌和真菌丰度分别能解释 32.2% 与 17% 的土壤碳矿化强度的变化（Vincent et al.，2015）。广西混交林土壤碳矿化与土壤 K-对策细菌［酸杆菌门（Acidobacteria）］丰富度负相关，与土壤 r-对策细菌［变形菌门（Proteobacteria）和拟杆菌门（Bacteroidetes）］丰富度正相关（Zhang et al.，2018）。在本项研究中，在未放牧样地，土壤有机碳累积矿化量与土壤微生物生物量氮、过氧化氢酶活性、脲酶活性、蔗糖酶活性呈极显著正相关（$P<0.01$），土壤有机碳矿化速率与这 3 种土壤酶活性呈极显著正相关（$P<0.01$），与土壤有机碳累积矿化量、有机碳矿化速率呈正相关的是土壤变形菌门、拟杆菌门物种相对丰度，呈负相关的是广古菌门物种相对丰度，土壤有机碳累积矿化量与芽单胞菌门物种相对丰度以及土壤有机碳矿化速率与纤细菌门物种相对丰度均呈显著正相关（$P<0.05$）；在放牧样地，与土壤碳矿化呈正相关的因子有土壤蔗糖酶活性、微生物生物量氮。与土壤有机碳矿化速率呈正相关的是土壤变形菌门、纤细菌门、芽单胞菌门物种相对丰度，呈负相关的是疣微菌门物种相对丰度。土壤有机碳累积矿化量也与芽单胞菌门物种相对丰度呈显著正相关（$P<0.05$），土壤碳矿化与奇古菌门物种相对丰度呈极显著负相关（$P<0.01$）。

放牧降低了植被因子和土壤微生物因子对土壤碳矿化的解释度，使得土壤理化因子成为主要的控制因素，尤其是土壤物理性质，解释了近 90% 的放牧样地土壤碳矿化变异。因此，放牧对不同样点土壤碳矿化产生的不同影响是植被因子、土壤理化因子、土壤微生物因子共同作用产生的结果。虽然本研究中采用的是室内培养法测定土壤碳矿化，培养过程中排除了植物以及外界自然环境对土壤碳矿化的影响，而植被、土壤微生物因子对土壤碳矿化指标变异仍有不同程度的贡献，这种贡献可能源于放牧对植被因子、土壤微生物因子产生的直接影响，导致土壤理化因子发生改变，从而间接作用于土壤碳矿化过程。

2. 放牧对土壤氮矿化的影响

已有研究表明，放牧对土壤氮矿化有促进作用（Xu et al.，2007），因为放牧动物能加速有排泄物斑块土壤的养分循环（高英志等，2004），放牧行为通过刺激根系产生更多的分泌物，促进了根际微生物代谢，增加了不稳定性碳的可利用性，从而增强了土壤氮矿化（Paterson and Sim，1999；Hamilton and Frank，2001；Xu et al.，2007；Liu et al.，2011；Yan et al.，2016；Zhou et al.，2017），但长期的高强度放牧可能导致土壤氮矿化的降低（李香真和陈佐忠，1998；吴田乡和黄建辉，2010；陈懂懂等，2011）。本项研究表明，在 25℃培养过程中，在相对湿润的样点，放牧显著降低了土壤硝化作用和净氮矿化作用；在相对干旱的样点，放牧对土壤硝化作用和净氮矿化作用影响不大。Kauffman 等（2004）采用 25℃室内培养法研究湿草甸和干草甸的土壤氮矿化，结果表明，围封干草甸土壤氮硝化速率和净氮矿化速率与放牧干草甸之间没有显著差异，但围封湿草甸显著大于放牧湿草甸。Zhou 等（2017）整合分析结果发现，轻度放牧有利于土壤氮的截存，而中度、重度放牧显著增加了土壤氮损失；放牧对干旱/半干旱地区土壤氮密度的减少幅度显著低于半湿润/湿润地区草原。本项研究表明，土壤硝态氮积累量、硝化速率、净氮矿化速率对放牧的响应比与干燥度指数呈极显著负相关（$P<0.01$），说明土壤氮矿化对放牧的响应受气候干湿程度的调控。

土壤氮矿化与植被因子、土壤理化因子、土壤微生物因子等密切相关。研究发现，植物物种（Tanja et al.，2001）、植物凋落物 C/N（Vitousek et al.，1982）、植物群落结构（Reich et al.，1997）、植物地上净初级生产力（Reich et al.，1997）等与土壤氮矿化相关。本研究中，放牧样地土壤硝态氮积累量、硝化速率、净氮矿化速率与植物香农-维纳多样性指数呈显著负相关（$P<0.05$）。土壤质地（Hassink et al.，1993；Groffman et al.，1996；Liu et al.，2017）、土壤有机质（Berendse，1990；Liu et al.，2017）、土壤 pH（Curtin et al.，1998；王常慧等，2004）、土壤 C/N（Liu et al.，2017）等影响土壤氮矿化。本研究发现，在未放牧样地，与土壤硝态氮积累量、硝化速率、无机氮积累量和净氮矿化速率呈正相关的土壤理化因子包括：土壤粉粒含量、有机碳含量、全氮含量；在放牧样地，土壤硝态氮积累量、硝化速率、无机氮积累量和净氮矿化速率与土壤有机碳含量、全氮含量呈显著正相关（$P<0.05$），与土壤容重呈显著负相关（$P<0.05$），净氮矿化速率与砂粒含量呈显著负相关（$P<0.05$），土壤铵态氮积累量、氨化速率与全磷含量呈极显著

正相关（$P<0.01$）。土壤微生物量氮（王常慧等，2004）、微生物活性（Hassink et al.，1993）与土壤氮矿化有着密切的联系。自养硝化主要由氨氧化细菌（AOB）和亚硝酸盐氧化细菌（NOB）主导，而异养硝化则由比较广泛的细菌和真菌主导（de Boer and Kowalchu，2001；杨怡等，2018）。相比之下，有机氮硝化为硝态氮的过程则主要由异养微生物驱动。本项研究表明，在未放牧样地，与土壤硝态氮积累量、硝化速率、无机氮积累量和净氮矿化速率呈正相关的土壤生物因子包括：土壤脲酶活性、土壤细菌 Rokubacteria 物种相对丰度、土壤细菌群落香农-维纳多样性指数、辛普森多样性指数，呈负相关的是土壤 Candidatus_Woykebacteria 物种相对丰度，土壤铵态氮积累量、氨化速率与绿弯菌门物种相对丰度呈显著正相关（$P<0.05$），与晚生菌门（Latescibacteria）、Parcubacteria 物种相对丰度呈显著负相关（$P<0.05$）。在放牧样地，与土壤硝态氮积累量、硝化速率、无机氮积累量和净氮矿化速率呈正相关的土壤生物因子包括：土壤蔗糖酶活性、观测到的 OUT 数、ace 指数，土壤铵态氮积累量、氨化速率与脲酶活性以及土壤硝态氮积累量、硝化速率与过氧化氢酶活性呈显著正相关（$P<0.05$）；土壤铵态氮积累量、氨化速率与芽单胞菌门、Candidatus_Azambacteria 物种相对丰度呈显著正相关（$P<0.05$），与疣微菌门物种相对丰度呈显著负相关（$P<0.05$）。

放牧改变了影响氨化作用的土壤细菌类群，降低了土壤化学因子（土壤有机碳含量和全氮含量）对土壤硝态氮积累量、硝化速率、无机氮积累量和净氮矿化速率的影响，增加了土壤物理性质（土壤容重）、土壤微生物因子（土壤蔗糖酶）的影响。放牧还使得植被因子（植物多样性）成为了土壤硝态氮积累量、硝化速率的控制因素。说明植被因子、土壤理化因子、土壤微生物因子共同作用于土壤氮矿化作用，由于本研究中采用的是室内培养法测定土壤氮矿化指标，所以土壤理化因子是直接影响因素，植被因子和土壤微生物因子是间接影响因素。

综合以上的分析，可以看出，能反映气候干湿条件的干燥度指数可以更好的说明气候因子对欧亚温带草原东缘典型草原土壤碳氮矿化的影响，在室内培养条件下，土壤碳氮矿化对温度的响应符合"基质-温度"假说。欧亚温带草原东缘典型草原土壤碳氮矿化对放牧的响应，由气候因子、植被因子、土壤理化因子、土壤微生物因子的共同作用决定。

第六节　本　章　小　结

（1）随着纬度的降低，欧亚温带草原东缘生态样带植被群落、针茅 N/P 显著升高，糙隐子草 N/P 也呈明显升高趋势，在未来气候变暖背景下欧亚温带草原群落与优势植物 N 含量趋于升高，P 含量基本不变，植物生长受 P 限制的可能性较高。

（2）放牧干扰改变了草原代表植物——羊草和冷蒿的各器官养分浓度与化学

计量比，且对两种植物的影响存在差异。放牧干扰下，羊草叶片 N 和 P 浓度及茎中 N 浓度显著提高，根中 N 和 P 浓度没有显著变化；冷蒿叶中 N 和 P 浓度没有显著变化，但茎和根中 N 与 P 浓度显著增加。

（3）随着纬度的升高，样带内土壤由碱性向中性递变，有机质、全氮含量呈现递增趋势，土壤全磷含量无明显变化。未来全球气候变暖趋势可能导致欧亚温带草原东缘生态样带土壤碱化，并对土壤有机质、全氮产生负面影响，对土壤全磷影响不显著。

（4）蒙古高原土壤表层有机碳密度的空间变异主导因子是年均气温与放牧强度，随着年均气温的增高、放牧强度的增大，有机碳密度显著降低；全球变暖、人口增多可能加剧土壤向大气的碳排放，进一步加剧全球变暖趋势。

（5）温度与水分共同作用于土壤碳氮矿化对放牧的响应。放牧显著降低了土壤有机碳累积矿化量和矿化速率，放牧响应比随着干燥度指数的升高而降低。在相对湿润样点，放牧降低了土壤硝化作用和净氮矿化速率；相反，在相对干旱样点，放牧对土壤硝化作用和净氮矿化速率具有正效应。室内培养条件下，土壤碳氮矿化对温度的响应符合"基质-温度"假说，说明基质质量越差，土壤碳氮矿化温度敏感性越高，对温度升高的响应更加剧烈。

第四章　欧亚温带草原东缘生态系统分布格局
及变动规律*

本章导语：本章以欧亚温带草原东缘生态样带为研究对象，根据 Holdridge 生命地带模型和 CMIP5 模式下的未来气候数据，模拟研究样带区未来气候变化下植被格局变化动态；以遥感数据、归一化植被指数（normalized difference vegetation index，NDVI）数据、野外调查数据等为基础，构建样带内草原植被物候、长势和生物量模型，基于遥感技术进行草原植被与生态遥感动态监测。

第一节　研究背景和研究方法

一、研究背景

植被是陆地生态系统的重要组成部分，作为陆地上最大的碳库，参与生物圈、水圈、大气圈和土壤圈的循环作用。植被也是全球碳循环研究的重点关注对象，对降低大气中的二氧化碳和减缓全球气候变暖具有重要意义。植被在长期自然选择和适应过程中不断与环境相互协调，形成了一系列对自然条件的适应机制。在全球变暖的背景下，探讨生态敏感区的生态系统特征、变动规律及其与气候变化的关系，对进一步认识全球碳水循环、应对全球气候变化、加深对生态系统演变规律的认识等都具有重要的作用。

欧亚温带草原东缘生态样带（EEST）是从中国长城至俄罗斯贝加尔湖设置的一条经向样带，样带长度约 1400km。欧亚温带草原东缘受东亚季风影响，春季干旱，植被以温带旱生禾草为主，还有相当数量的灌木和半灌木。由于其地处半干旱和干旱地带，地势平坦降水较充足，是人类较早垦殖的地区之一，目前大部分肥沃的草原已被开垦，使大面积的草原消失或严重退化，许多草原地区成为主要的沙尘源，生态环境压力较大，EEST 已成为生态系统的敏感区和脆弱区。样带生态系统研究有助于揭示植被生态系统的分布格局和变动规律，也有助于深化认识植被生态系统和气候变化的响应与适应机制，为草原保护修复及全球气候变化研究提供技术支撑。

---

* 本章作者：杨秀春、李晓兵、徐斌、王宏、韩文军

二、研究方法

综合利用地面调查、模型模拟和遥感监测等方法，选取影响 EEST 植被及生态系统的主要因子，通过遥感信息提取、样地调查、模型构建、模型检验、GIS空间分析、统计分析、空间插值等技术，分析 EEST 植被格局特征，以及草原植被物候、长势和生物量的动态变化，揭示 EEST 内生态系统变化格局及规律，为植被管理和保护提供科学参考依据。技术路线见图 4-1。

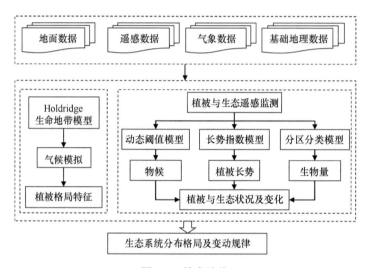

图 4-1　技术路线

（一）植被格局变化研究方案

针对欧亚温带草原东缘生态样带，利用气候数据，根据 Holdridge 生命地带模型对研究区进行植被地带模拟，并用现状植被类型图进行精度验证；利用第五次国际耦合模式比较计划（the Coupled Model Intercomparison Project Phase 5，CMIP5）模式下的未来气候数据，对研究区未来气候变化下植被格局进行模拟研究，从而深入理解气候变化对植被的影响，为欧亚温带草原东缘生态样带的植被研究提供参考。

（二）植被与生态遥感监测方法

EEST 内植被与生态遥感监测研究内容包括物候、长势和生物量监测等。在较大尺度的植被动态监测中，NDVI 以其时间和空间上的连续性，成为表征植被变化的有效参数。该指数包含植被覆盖信息，是植物生长状态及植被空间分布密度的最佳指示因子（何云玲等，2019）。草原植被长势是通过建立遥感数据库、NDVI 数据库，结合草原资源数字类型图等，在大量试验、参数调试、野外检验等工作的基础上，构建草原植被长势模型，计算 EEST 的草原植被长势，并进行时空动态变化评价，以及统计各级别草原长势、面积变化的情况。草原物候是制订放牧管理和草原保护的关键。基于遥感技术的草原春季返青期监测，有效克服了传统地面观测站点有限、资料不完整等缺陷，实现了观测方法由点向面的空间尺度转换。研究基于植被指数序列数据，构建草原物候拟合模型，然后结合地面观测信息对返青模型进行验证，确定物候关键期。生物量是草原宏观管理和草原畜牧业生产与发展的重要基础。克服传统地面草原监测方法的局限性，发挥遥感技术观测范围广、反映客观实际等优势，利用 MODIS 等遥感数据，构建基于分区域、分草原类型的生物量的地面-遥感耦合的监测模型，通过模型筛选、精度验证等过程，实现对 EEST 生物量的全面遥感监测。

（三）TS-MK 趋势检验法

时间序列趋势分析的常用方法为线性回归分析法，该方法简单便捷，被广泛应用于区域和全球植被物候期趋势研究。但线性回归分析法考虑序列中的所有点，即每个点均会对回归结果产生影响，而且越是异常的点对结果的影响权重越大，从而使趋势检验的结果具有一定的误差。TS-MK（Theil-Sen 和 Mann-Kendall）趋势检验是一种非参数的检验方法，Mann-Kendall 方法可用于单调趋势的非参数检验，所以它不假定数据的特定分布并且对异常值不敏感。其中，Theil-Sen 回归分析方法主要用于估计 Mann-Kendall 趋势的斜率。

本研究选择 TS-MK 趋势检验法分析 EEST 草原物候关键因子的变化趋势。TS-MK 趋势检验法包括 Theil-Sen 趋势计算与 Mann-Kendall 趋势检验两部分，前者只能计算序列的斜率值，无法进行显著性检验分析，而后者则是一种趋势显著性检验的非参数统计方法。结合二者的 TS-MK 趋势检验法是一种时间序列趋势分析的优良方法，近年来被广泛应用于气候与水文等变化趋势研究中。

对于任意时间序列 $x_1, x_2, x_3, \cdots, x_n$（$n \geqslant 10$），Theil-Sen 趋势值（Slope）的计算公式如式（4-1）。

$$\text{Slope} = \text{Median}\left(\frac{x_i - x_j}{i - j}\right) \qquad 1 \leqslant j < i \leqslant n \qquad (4\text{-}1)$$

式中，x_i 和 x_j 属于待分析趋势的时间序列的元素，依据时间顺序排列。

Mann-Kendall 趋势检验是一种非参数的检验方法，它无须考虑数据的分布状况，亦不用顾忌序列中的异常值或缺失值，其计算过程如式（4-2）～式（4-5）。

统计量（S）按式（4-2）计算。

$$S = \sum_{j=1}^{n-1} \sum_{i=j+1}^{n} \text{sgn}\left(x_i - x_j\right) \qquad (4\text{-}2)$$

其中，sgn（x）按式（4-3）计算。

$$\text{sgn}(x) = \begin{cases} 1 & x > 0 \\ 0 & x = 0 \\ -1 & x < 0 \end{cases} \qquad (4\text{-}3)$$

构建方差统计量（σ^2）按式（4-4）计算。

$$\sigma^2 = \left[n(n-1)(2n+5)\right]/18 \qquad (4\text{-}4)$$

统计量（Z）按式（4-5）计算。

$$Z = \begin{cases} \dfrac{S-1}{\sigma} & S > 0 \\ 0 & S = 0 \\ \dfrac{S+1}{\sigma} & S < 0 \end{cases} \qquad (4\text{-}5)$$

式中，n 为序列长度；Z 为正值则表示趋势增加，Z 为负值则表示趋势减小。$|Z|$ 大于 1.28、1.64、2.32 时表示分别通过了置信度 90%、95%、99% 的显著性检验，本研究中以 95% 的置信水平作为检验标准。

（四）降水特征年的确定方法

为确定 2000～2012 年 EEST 降水丰年、平年和歉年，选取研究区 1949～2012 年 40 个 1°×1° 的格网气象站点月尺度为 12 个月的标准化降水指数（standardized precipitation index，SPI）数据，按照 SPI 旱涝等级标准分为特旱（涝）、重旱（涝）、中旱（涝）、轻旱（涝）、正常 9 个级别，然后根据划分的旱涝等级算出该地区历年各时段各级的站数，通过计算区域降水量丰歉年指标的方法，算出样带历年丰歉年指标。在相同的旱涝空间分布里，特旱（涝）、重旱（涝）、中旱（涝）站对区域旱涝的影响程度较大，而且其站数越多，则区域旱涝程度越重，因此本研究分别给予特旱（涝）、重旱（涝）、中旱（涝）一定的权重进行降水量丰歉年指标的计算，如式（4-6）。

$$A_y = \frac{2n_1 + n_2 + n_3}{n} \times 100\% \qquad L_y = \frac{n_5 + n_6 + 2n_7}{n} \times 100\% \qquad (4\text{-}6)$$

式中，A_y、L_y 分别为区域丰年指标和歉年指标，n_1、n_2、n_3、n_5、n_6、n_7 分别为该样带内 SPI 指数为特旱（涝）、重旱（涝）、中旱（涝）级别的站数，n 为区域内总站数。

根据公式计算生态样带区降水丰歉年指标，参考鞠笑生等（1998）专家划分华北地区旱涝指标与等级的方法，把生态样带区的降水丰歉年依次划分为 $A_y \geqslant 35$ 为丰年、$|A_y-L_y| < 35$ 为平年、$L_y \geqslant 35$ 为歉年，最后确定 2000～2012 年生态样带区域降水特征年（表 4-1），2000 年、2002 年、2003 年、2008 年、2009 年和 2010 年为降水平年，2001 年、2004 年、2005 年、2006 年、2007 年和 2011 年为降水歉年，2012 年为降水丰年。

表 4-1　2000～2012 年生态样带区域降水特征年的情况

年份	丰年指标	歉年指标	|丰年–歉年|	特征年
2000	42.5	25	17.5	平年
2001	72.5	0	72.5	歉年
2002	10	0	10	平年
2003	2.5	2.5	0	平年
2004	47.5	0	47.5	歉年
2005	97.5	0	97.5	歉年
2006	50	0	50	歉年
2007	125	0	125	歉年
2008	0	15	15	平年
2009	32.5	0	32.5	平年
2010	2.5	15	12.5	平年
2011	37.5	0	37.5	歉年
2012	0	107.5	107.5	丰年

第二节　植被格局的变化研究

一、研究方案

针对欧亚温带草原东缘生态样带，利用气候数据，根据 Holdridge 生命地带模型对研究区进行植被地带模拟，并用现状植被类型图进行精度验证；利用 CMIP5 模式下的未来气候数据，对研究区未来气候变化下植被格局进行模拟研究，深入理解气候变化对植被的影响，为欧亚温带草原东缘生态样带的植被研究提供参考（许凯凯等，2015）。

二、研究方法

研究区为欧亚温带草原东缘，跨越中国、蒙古国和俄罗斯三国，为西北东南走向（四角坐标分别为 51°24′6″N，106°32′53″E；52°10′26″N，108°44′34″E；

42°0′25″N，115°54′56″E；42°12′8″N，118°51′18″E），是经向跨国界的温带草原大样带。最南端的燕山长城，年均温度可达 14℃，中部内蒙古锡林郭勒草原，年均温度为 2.6℃，而样带最北端环贝加尔湖地区，年均温度降至–5℃。样带处于东亚季风与北方寒流交替影响通道上，有明显的经向热量梯度（许凯凯等，2015）。

对 EEST 进行调查研究，选择 Holdridge 生命地带模型和遥感影像对样带植被进行群区分类及过渡带位置的判定。通过收集研究区内气象台站的多年气候资料（温度、降水量、蒸散量等）、遥感数据和植被分类指标数据，建立基础数据库。根据植被分类数据和 Holdridge 生命地带模型对样带内植被进行模拟验证。

以欧亚温带草原东缘生态样带为研究对象，在多源数据支持下，基于植被动态模型，模拟未来气候变化下，欧亚温带草原东缘生态样带植被格局的变化趋势，深入理解气候变化对植被的影响。

根据联合国政府间气候变化专门委员会（IPCC）评估报告对全球气候变化的情景预测，模拟在未来气候变化的几种情景下，特别是未来气温与降水变化下，欧亚温带草原东缘生态样带生物群区及过渡带的变化。

利用覆盖研究区的多时相遥感数据，计算出研究区内归一化植被指数（normalized difference vegetation index，NDVI，又称标准化植被指数），分析欧亚温带草原东缘生态样带 NDVI 空间分布格局。

三、基础数据库的建立

（一）数据来源

1980～2013 年月均温、月降水量、日降水量站点统计数据从美国国家航空航天局（NASA）网站获得，数字高程模型（digital elevation model，DEM）数据从中国空间数据云获得，分辨率 90m×90m。

MODIS 影像数据产品从 NASA 网站上下载得到。所下载数据为 8 月 16 天合成的 250m 分辨率的 NDVI 数据产品，需要 6 景影像才能覆盖研究区。

（二）数据预处理

将下载的站点数据进行空间插值，定义投影为通用横墨卡托投影（universal transverse mercator projection，UTM），坐标系统为 1984 世界大地测量系统（world geodetic system 1984，WGS-84），得到栅格数据。根据研究区范围对图像进行裁剪，得到研究区影像。

（1）气象数据。根据所获得的原始气象数据，经过数据处理，建立研究区基础数据库。下面分别是经过空间插值、裁剪后得到的月降水天数、月降水量、月均温栅格图像（图 4-2、图 4-3 和图 4-4，均以 1980 年为例）。

1980/01 1980/02 1980/03 1980/04 1980/05 1980/06 1980/07 1980/08 1980/09 1980/10 1980/11 1980/12

EEST 1980年月降水天数(d)

<1	1~3	4~6	7~9	10~13
14~17	18~21	22~25	26~28	>28

图 4-2　EEST 月降水天数空间插值后图

1980/01 表示 1980 年 1 月，以此类推，余同

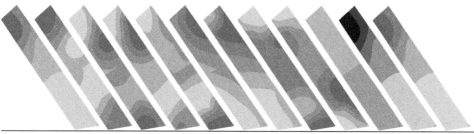

1980/01　1980/02　1980/03　1980/04 1980/05 1980/06 1980/07　1980/08 1980/09 1980/10 1980/11 1980/12

EEST 1980年降水量(mm)

-0.3~11	13~21	6~17	36~99	47~113	260~292	122~316	104~237	187~246	123.30~123.33	-0.3~11	-0.3~11
11~27	21~30	17~30	99~152	113~179	292~319	316~507	237~374	246~287	123.33~133.70	11~27	11~27
27~47	30~42	30~42	152~201	179~271	319~345	507~719	374~484	287~321	133.70~133.75	27~47	27~47
47~66	42~55	42~58	201~262	271~388	345~373	719~923	484~592	321~363		47~66	47~66
66~85	55~72	58~81	262~365	388~528	373~421	923~1 226	592~759	363~433		66~85	66~85

图 4-3　EEST 月降水量空间插值后图

单位:0.1℃

1980/01 1980/02 1980/03 1980/04 1980/05 1980/06 1980/07 1980/08 1980/09 1980/10 1980/11 1980/12

EEST 1980年月均温

-261~-247	-205~-196	-145~-125	-42~-29	63~76	148~161	148~161	156~165	78~84	-41~-28	-127~-108	-224~-213
-246~-230	-196~-188	-125~-112	-29~-21	76~85	161~168	161~168	165~171	84~89	-28~-17	-108~-90	-213~-205
-229~-213	-188~-177	-112~-100	-21~-14	85~94	168~174	168~74	171~177	89~94	-17~-5	-90~-75	-205~-197
-212~-201	-177~-165	-100~-88	-14~-6	94~104	174~180	174~180	177~183	94~98	-5~4	-75~-61	-197~-190
-200~-192	-165~-155	-88~-76	-6~-0.9	104~114	180~191	180~188	183~189	98~103	4~14	-61~-45	-190~-182
-191~-178	-155~-148	-76~-66	0.9~7	114~122	191~196	188~194	189~194	103~108	14~24	-45~-29	-182~-173
-177~-160	-148~-140	-66~-54	7~17	122~132	196~204	194~201	195~203	108~116	24~37	-29~-12	-173~-161

图 4-4　EEST 月均温空间插值后图（彩图请扫封底二维码）

（2）DEM 数据。根据下载的 DEM 原始影像，进行拼接校正，裁剪得到研究区 DEM 数据。

（3）遥感数据。用 MRT 软件对下载的 MODIS 影像进行预处理（投影转换和图像拼接），投影转换为 UTM，坐标系统为 WGS-84。根据研究区范围在 ENVI 软件中对影像进行裁剪，得到研究区影像。

四、欧亚温带草原东缘生态样带生物群区分类及过渡带位置的判定

（一）研究区植被群区分类

根据项目组提供的研究区植被类型图与模型模拟分类做统一分类合并，研究区植被分成温性草甸草原、温性典型草原、温性荒漠草原与泰加林 4 种植被类型，其中，草甸草原类、灌丛类、沼泽类及亲水群落归为草甸草原，冻原、高山草甸、山地森林草原、高寒草甸草原类、Ⅰ杂草-禾草草甸草原及沼泽类划为高山草甸，其余为温性草甸草原；典型草原、温性草原、Ⅰ杂草-禾草及禾草草原、Ⅱ草地归为温性典型草原；荒漠草原、荒漠、草原化荒漠归为温性荒漠草原。

（二）Holdridge 生命地带模型现状模拟及精度分析

在众多植被-气候分类系统中，美国植物生态学家 Holdridge 的生命地带（life zone）分类及其所拟定的年生物温度（biotemperature，BT）与潜在蒸散率（potential evapotranspiration rate，PER），以其简明、合理及与植被类型的密切联系而受到重视与广泛应用（Holdridge，1975）。

Holdridge 生命地带模型以年生物温度（BT）、年降水量（P）和潜在蒸散率（PER）表示自然植被性质。以年平均生物温度作为热量指标，生物温度是植物营养生长范围内的平均温度，一般认为在 0～30℃，日均温低于 0℃ 与高于 30℃者均排除在外，超过 30℃的平均温按 30℃计算，低于 0℃的均按 0℃计算。潜在蒸散是温度的函数，潜在蒸散率则是潜在蒸散与年降水量的比率。Holdridge 生命地带模型各因子具体计算公式如式（4-7）～式（4-9）。

年生物温度（BT）计算公式如式（4-7）。

$$\mathrm{BT} = \sum (t)_i / 12 \tag{4-7}$$

式中，T_i 表示 0～30℃的月均温；当 $T_i > 30℃$时，取 $T_i = 30℃$；$T_i < 0℃$时，取 $T_i = 0℃$。

潜在蒸散率（PER）计算公式如式（4-8）～式（4-9）。

$$\mathrm{PET} = 58.93 \times \mathrm{ABT} \tag{4-8}$$

$$\mathrm{PER} = 58.93 \times \mathrm{BT} / P \tag{4-9}$$

式中，P 为年降水量（mm）；PET 为潜在蒸散量；ABT 为年均生物温度。

根据 Holdridge 生命地带模型（张新时，1993），判断出林地和草地，把草地进行细化，分成温性草甸草原、温性典型草原和温性荒漠草原。

选取研究区温性典型草原区和温性荒漠草原区之间各气候要素的界限值作为临界值，建立表示研究区草原降水梯度的指数（GPI）、热量梯度的指数（GBI）及蒸散梯度的指数（GEI）。由于两个植被类型之间除年降水量（250mm）外，潜在蒸散率和年生物温度并无特定的界限值，特取两者潜在蒸散率界限值（1.8～2.2）的中间值（2.0）和两者年生物温度界限值（7～10℃）的中间值（8.5℃）作为临界值，建立基于 Holdridge 生命地带模型的研究区草地综合气候指数（GCI）。具体公式如式（4-10）～式（4-13）。

$$GCI = GPI + GBI + GEI \tag{4-10}$$
$$GPI = (P - 250) / 250 \times 100 \tag{4-11}$$
$$GBI = (8.5 - BT) / 8.5 \times 100 \tag{4-12}$$
$$GEI = (2.0 - PER) / 2.0 \times 100 \tag{4-13}$$

式中，PER 为年可能蒸散量（mm）；P 为年降水量（mm）。

根据研究区基本状况，确定出研究区各草原类型的综合气候区划指标，如表 4-2 所示。

表 4-2　研究区草原类型综合气候区划指标

草原类型	GCI
温性草甸草原	GCI≥100
温性典型草原	0≤GCI<100
温性荒漠草原	GCI<0

利用现有存储的气象数据资料，根据 Holdridge 生命地带模型对研究区植被现状进行模拟，得到研究区植被的模拟现状，得到的结果与 DEM 高程数据结合得到研究区植被模拟图。

以分类合并后的植被现状图作为基准，对模拟现状图的精度进行检验，模拟结果精度如下：温性典型草原达到 81.23%、温性草甸草原达到 70.15%、温性荒漠草原达到70.52%、泰加林达到87.35%，模拟结果可信。

五、不同气候情景下研究区内的水温变化

（一）不同气候情景数据分析

根据气候数据利用公式，得到研究区年潜在蒸散量，与当年年降水量做差，得到该年蒸散降水差，将各气候情景下 2020 年蒸散降水差与 2010 年蒸散降水差比较，判断研究区干湿变化。根据不同气候情景下 2020 年的气候数据和 2010 年

的气候数据，得到的研究区干湿变化结果如图 4-5 所示。

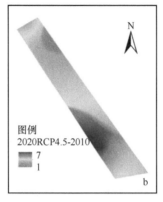

图 4-5　不同气候情景下 2020 年蒸散降水差与 2010 年蒸散降水差之差（彩图请扫封底二维码）

a. RCP2.6；b. RCP4.5；c. RCP8.5

在代表性浓度路径（representative concentration pathway，RCP）2.6 情景下，2020 年样带北部蒸散降水差比 2010 年要小，气候比 2010 年湿润，样带中部和最南端蒸散降水差基本持平，气候干湿变化不大，样带西南部蒸散降水差增大，与 2010 年相比气候变得干燥；在 RCP 4.5 情景下，样带整体蒸散降水差比 2010 年要大，整条样带有变干的趋势，南部比北部变得更加干燥；在 RCP 8.5 情景下，样带整体蒸散降水差比 2010 年要大，整条样带有变干的趋势，南部比北部变得更加干燥，与 RCP 4.5 相比，RCP 8.5 情景下，干燥趋势更为明显。

根据模型到 2020 年在不同气候情景下，气温会有不同变化：在 RCP 2.6 情景下，温度增加 0.06℃；在 RCP 4.5 情景下，温度增加 0.24℃；RCP 8.5 情景下，温度增加 0.63℃。随着 CO_2 排放量的增加，气温呈不断增高的趋势。

综合干湿和气温的变化，样带在 RCP 2.6 情境下，北部呈现暖湿变化，南部呈现暖干变化；RCP 4.5 和 RCP 8.5 情境下，样带整体呈现暖干变化。

（二）Holdridge 生命地带模型模拟未来气候变化情景下植被分布

根据联合国政府间气候变化专门委员会（IPCC）第五次评估报告对于未来气候的不同情景设定（本研究选取高端浓度路径 RCP 8.5、中低端浓度路径 RCP4.5 和低端浓度路径 RCP 2.6 三种不同情景），对 2020 年研究区植被类型的空间分布进行模拟，得到研究区植被模拟分布。

在 RCP 2.6 情景下，到 2020 年温度增加 0.06℃，降水量增加 0.5%，潜在蒸散增量小于降水增量，气候变得更加湿润，温度与水分的变化，导致研究区植被空间分布和面积改变，具体表现在温性荒漠草原面积增加 898km²，北部温性荒漠草原消失，南部面积增加；温性典型草原面积减少 37931km²，整体南移，北部边缘南移比南部要多，研究区最北端温性荒漠草原变为温性典型草原；温性草甸草原面积增加 22 986km²，主要增加在泰加林南部典型草原北部，由温性典型草原转换而来；泰加林面积增加 14 048km²，边界南北扩展。

在 RCP 4.5 情景下，到 2020 年温度增加 0.24℃，降水量增加 1.1%，潜在蒸散增量与降水增量相差不大，但气候湿润性空间分布有了较大变化，温度与降水的变化，导致研究区植被空间分布和面积改变，具体体现在温性荒漠草原总体面积变化不大，但空间分布有较大变化，研究区北部部分温性荒漠草原消失，南部部分面积增加；温性典型草原面积增加 9904km²，边界南北扩张，北部温性荒漠草原变为温性典型草原；温性草甸草原南北两部分面积均减少 22 222km²；泰加林面积减少 5216km²，主要是北部边界南移。

在 RCP 8.5 情景下，到 2020 年温度增加 0.63℃，降水量增加 1.8%，潜在蒸散增量比降水增量大，气候要素空间位置的变化，导致研究区植被空间分布和面积改变，具体表现在温性荒漠草原面积增加 23 997km²，空间位置也有较大变化，研究区北部温性荒漠草原消失，南部面积增加；温性典型草原面积增加 10 805km²，边界南北扩张，北部温性荒漠草原变为温性典型草原；温性草甸草原南北两部分面积均减少 29 505km²（减少面积比 RCP 4.5 多）；泰加林面积减少 5297km²。

六、欧亚温带草原东缘生态样带 NDVI 空间分布格局

（一）数据处理

NDVI 计算：为了存储方便，MODIS 数据产品是用整型数据进行存储的，影像像元值不是原值，研究需要对影像数据类型进行转换，恢复像元原值。在 ENVI 软件中，利用 bandmath 工具对影像进行处理，得到 NDVI 原值的影像。为了区分背景值，需要进行掩膜处理，把背景值设置为 255。

盖度估算：在 NDVI 基础上，根据盖度公式对研究区的盖度（VFC）进行估算。盖度公式为式（4-14）。

$$VFC = (NDVI - NDVIsoil)/(NDVIveg - NDVIsoil) \qquad (4\text{-}14)$$

式中，NDVIsoil 为完全是裸土或无植被覆盖区域的 NDVI 值，NDVIveg 则代表完全被植被所覆盖的像元的 NDVI 值，即纯植被像元的 NDVI 值。当 NDVI<0 时按 NDVI=0 来处理。处理过程在 ENVI 软件中完成。为了区分背景值，需要进行掩膜处理，把背景值设置为 255。

分级处理：为了较好的体现 NDVI 及盖度的空间分布格局，在做好前面的计算处理之后，需要对影像进行分级处理，按 0.1 的间隔分级，得到研究区 NDVI 和盖度的空间分布分级图。

（二）结果分析

样带范围内 NDVI 值从东南到西北沿样带呈现递增趋势。对样带范围内 NDVI 值和盖度进行统计分析得出，NDVI 和盖度在 0.4～0.5 与 0.5～0.6 两个级别中所占比例较大，都超过了 20%。大于 0.6 的只占样带总面积的 39%（图 4-6，图 4-7）。

样带盖度与 NDVI 空间分布趋势基本一致，以 NDVI 为例，对影像进行抽样分析。样带呈西北东南走向，纵向或者横向选取一列穿过样带范围较小数据，为了反映样带 NDVI 和盖度的南北时空分布特征，选择由西北到东南贯穿样带的一列数据为样本，进行分析。由图 4-8 可知，NDVI 值先快速升高再缓慢降低，在样带西北到东南 2/3 处降到最低值然后回升，这列数据可以大体反映样带由西北到东南 NDVI 空间分布规律。样带总体的 NDVI 空间分布特征是由西北到东南呈先递减在东南 2/3 处再呈递增的趋势，中间分布了一些不规律的区域。在样带的西北部俄罗斯境内 NDVI 值相对较高，除西北端较低之外，基本在 0.8 以上；在样带中部的蒙古国境内，NDVI 呈现由西北到东南递减的趋势，较低区域的 NDVI 值在 0.5 左右；在样带东南的中国境内，NDVI 呈现由西北到东南递增趋势，较低的 NDVI 值在 0.3 左右，到东南端较高值达到 0.8 左右。

对样本数据进行统计分析，得到反映样带 NDVI 空间分布趋势的分布图（图 4-8）。

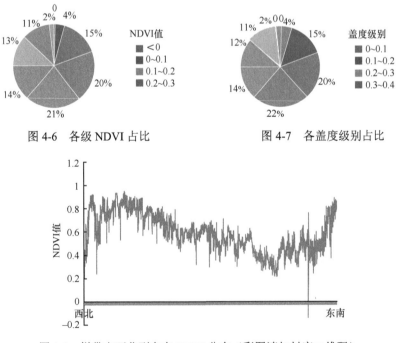

图 4-6　各级 NDVI 占比　　　　　　　图 4-7　各盖度级别占比

图 4-8　样带由西北到东南 NDVI 分布（彩图请扫封底二维码）

第三节　植被与生态遥感监测研究

一、研究区草原分布情况

研究区为欧亚温带草原东缘生态样带（EEST）草原，面积为 19.13 万 km²，主要为低地草甸类、高寒草甸草原类和温性草原类等 10 种草原类型（根据项目组提供的植被分布图，本节将草原类型统一为中国草原分类体系）。其中，分布于中国境内的草原面积为 7.61 万 km²，蒙古国境内的草原面积为 10.16 万 km²，俄罗斯境内为 1.36 万 km²，三国境内草原面积占样带草原总面积的比例分别为 39.78%、53.11% 和 7.11%。在所有草原类型中，面积最大的为温性草原类，为 13.60 万 km²，其次为温性草甸草原类，面积为 2.84 万 km²，再次为山地草甸类，面积为 1.11 万 km²。从空间分布上看，温性草原类主要分布在蒙古国大部、中国锡林郭勒盟的阿巴嘎旗、正蓝旗和锡林浩特市等区域，俄罗斯北部也有小区域分布；温性草甸草原类主要分布在中国境内的围场、多伦、克什克腾旗和锡林浩特南部等旗县，蒙古国北部和俄罗斯南部也有分布；山地草甸类型主要分布在蒙古国北部。

二、数据来源与预处理

遥感数据一部分来源于 LP DAAC（Land Process Distributed Active Archive Center）提供下载的 MOD09Q1 地表反射率为 8 天合成的数据产品，空间分辨率为 250m，属于经过大气校正、薄云去除及气溶胶订正的陆地 3 级标准数据产品，格式为 HDF 栅格数据，正弦投影（sinusoidal projection）。MOD09Q1 数据预处理的步骤如下：首先将下载的地表反射率数据利用 MODIS Reprojection Tool（MRT）软件进行投影转换、拼接等处理，转换后的投影为 Albers 等面积割圆锥投影（Albers Equal-Area Conic）；然后利用近红外波段和红外波段计算归一化植被指数（normalized difference vegetation index，NDVI），得到研究区 2000～2015 年草原植被生长季节（5～9 月）的 NDVI 数据；最后使用最大值合成（maximum value composite，MVC）法进行草原生长旺季的 NDVI 最大值合成，得到研究时段内草原生长旺季 NDVI 的最大值，进一步消除云、大气、太阳高度角等对 NDVI 的干扰。还有一部分为 SPOT Vegetation 数据免费分发网站（http://free.vgt.vito.be/）下载的 10 天最大化合成的 SPOT-VGT S10 NDVI 数据集，空间分辨率为 1km，时间段为 2000～2011 年。

地面数据关于中国境内草原样方的数据主要来自农业农村部（原农业部），还有部分数据来自项目组多年采集的地面样方。为了获得可靠的地面草原样方数据，在被调查的样地内，尽量选择未利用的区域做测产样方，采样时间从 6 月中旬到 9 月中旬。当样地内只有草本、半灌木及矮小灌木植物，布设样方的面积一般为 1m²，若样地植被分布呈斑块状或者较为稀疏，应将样方扩大到 2~4m²。当样地内具有灌木及高大草本植物，且数量较多或分布较为均匀，布设样方的面积为 100m²。如果灌木或高大草本在视野范围内呈零星或者稀疏分布，不能构成灌木或高大草本层时，可忽略不计，只调查草本、半灌木及矮小灌木。对采集的样方数据进行检查、核实，剔除异常数据，整理、建立标准草原地面样方数据库。蒙古国和俄罗斯的地面样方数据为野外调查获得。经整理，最终获得 2005~2013 年 EEST 内草原地面样方数据 1687 个。

气象数据来自中国气象科学数据共享服务网，以及蒙古国提供的部分站点数据，还有部分数据来自欧洲中期天气预报中心（ECMWF，https://apps.ecmwf.int/datasets/）的 0.5°×0.5° 的格网数据。气象站点数据共计收集了内蒙古 10 个气象站点的温度、降水、积温等数据，包括：那仁宝力格旗、阿巴嘎旗、苏尼特左旗、西乌珠穆沁旗、赤峰市、多伦县、围场满族蒙古族自治县和锡林浩特市；蒙古国 3 个气象站点的月降水、气温数据。气象指标主要包括月均温（1900~2010 年）、月降水量（1900~2010 年）；2.5°×2.5° 日气温（1948 年至今）。

其他数据还包括草原资源空间分布数据和行政区划数据。草原资源空间分布数据来源于中国地图出版社的 1：100 万草地资源类型图的数字化成果。行政区划矢量数据来源于自然资源部。此外，还有 1：100 万俄罗斯、蒙古国的植被类型数字化成果。

三、草原物候遥感监测

植被为了适应环境条件变化而相应地发生节律性变化的现象称为物候（Lieth，1974）。物候现象指植物一年的生长中，随着气候的季节性变化植物自身发生萌芽、抽枝、展叶、开花、结果、落叶及休眠等规律性变化的现象。植被物候被认为是环境条件季节和年际变化最直接、最敏感的指示器，其发生时间可以反映陆地生态系统短期动态特征，尤其是在气候快速变化的背景中（Sparks and Menzel，2002）。物候主要监测参数包括返青期（start of season，SOS）、生长季长度（length of season，LOS）、枯黄期（end of season，EOS）等植被生长过程中重要的节点及关键指标。

（一）监测方法

本研究利用 2000~2011 年 10 天合成的分辨率为 1km 的 SPOT VGT NDVI 时间序列数据集，该数据集为经过大气校正后的地表反射率数据，首先将 DN 值转换为 NDVI 值，然后将数据重新投影为等面积割圆锥投影，再将 NDVI 数据集进行平滑处理和重构。平滑方法主要有 Savitzky-Golay 滤波（S-G）、不对称高斯函数（A-G）、双逻辑曲线（D-L）等，经过拟合效果比较，D-L 与 A-G 方法的重建效果类似，S-G 方法对峰值考虑的较多，D-L 与 A-G 滤波对 NDVI 曲线有平滑效果，且不会损失太多植被指数信息。D-L 与 A-G 滤波效果差异较小，且均优于 S-G滤波。本研究选取 D-L 滤波进行时间序列拟合，生成 EEST 平滑重构的 NDVI 时间序列影像，然后将 TIFF 格式的数据批量转换为 GRASS 格式，以便在 TIMESAT软件中进行草原物候信息提取。TIMESAT 软件是分析遥感时间序列数据的软件，它可以在 NDVI 时间序列进行滤波重建后，提取植被的物候信息。最后，为了验证物候监测结果的精度，还需要收集草原地面物候调查数据。

物候遥感提取方法较多，如 NDVI 阈值法、滑动平均法、斜率最大值法、函数拟合法、谐波分析法、动态阈值法等。其中，动态阈值法以其在时间和空间上的适用性而应用较为广泛。需要注意的是，研究者由于研究角度和经验不同，设定的阈值也不尽相同，这表明阈值容易受到人为主观因素的影响，因此，针对研究区还需要根据实际情况，选取合适的阈值。动态阈值（$NDVI_{Lim}$）的计算公式如式（4-15）。

$$NDVI_{lim} = (NDVI_{max} - NDVI_{min}) \times C \qquad (4-15)$$

式中，$NDVI_{max}$ 是整个生长季中 NDVI 的最大值；$NDVI_{min}$ 是 NDVI 上升或者下降阶段的最小值；C 为系数。

（二）结果分析

1. 年际草原物候遥感监测结果

EEST 2000～2011 年物候遥感监测部分结果见图 4-9。总体来看，草原返青时间集中在 4 月上旬至 8 月上旬，其中 5 月中下旬达到草原返青盛期，2000～2011年平均草原返青面积达到 3.51 万 km^2。草原枯黄期集中在 9 月下旬至 10 月上旬，其中 10 月上旬草原枯黄面积达到峰值，2000～2011 年均值为 5.48 万 km^2。生长季长度的范围为 51～212d，集中分布在 130d 左右，并达到最大草原覆盖面积（2.52万 km^2）。从 12 年物候监测结果来看，年际间样带物候是有差异的。2006 年和 2008年草原返青相对推迟，较常年推迟 10～20d，并分别于 6 月中旬和下旬返青面积达到最大值。通过分析草原枯黄遥感监测成果发现，2002 年、2006 年、2008 年、2009 年和 2011 年这些年份的草原枯黄期有所延迟。草原生长季长度在 2002 年、2006 年、2008 年变短，分别为 117d、109d 和 100d，生长季长度较长的年份为 2001年、2004 年、2007 年和 2010 年，天数分别为 140d、141d、148d 和 143d。

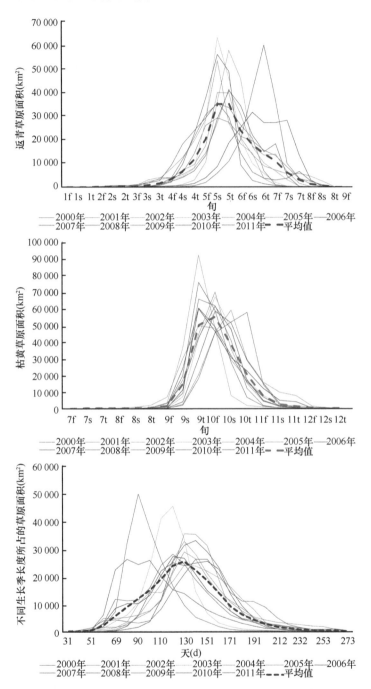

图 4-9　不同年份物候关键参数所占草原面积（彩图请扫封底二维码）
f、s、t 分别表示上旬、中旬、下旬

从空间分布上看，这里以 2000 年、2005 年和 2010 年物候监测结果为例，2000

年草原返青期在中国锡林郭勒盟境内较蒙古国偏早，锡林郭勒盟 4 月开始返青，到 5 月返青期达到盛期；蒙古国南部草原返青期为 7 月上旬，北部返青期在 5 月和 6 月达到盛期。2005 年草原返青在蒙古国南部偏早，主要在 4 月返青；北部主要在 5 月集中返青；中国境内草原返青在正蓝旗、锡林浩特市等区域在 5 月达到盛期。2010 年，样带草原 4 月开始返青，主要分布在中国境内的阿巴嘎旗、正蓝旗等区域，还有一部分为蒙古国南部，返青盛期主要在 5 月，返青草原面积占样带草原总面积的 74.86%，累积返青草原面积占比为 93.17%，在样带内均有分布。

2000 年 9 月样带草原枯黄期开始，主要分布在俄蒙交界地带，以及中国境内的锡林郭勒盟南部区域，并在 10 月达到枯黄盛期，最大月度枯黄草原面积占研究区草原总面积的 81.05%，累积枯黄面积达到 91.67%，11 月仍有小部分草原继续枯黄，主要分布在中国的阿巴嘎旗和蒙古国的南部局部区域。2005 年样带枯黄期开始于 9 月，主要分布在俄蒙交界、中蒙交界，以及中国境内的锡林浩特市和阿巴嘎旗等区域，枯黄在 10 月达到盛期，累积枯黄草原面积占比为 87.89%，在样带内均有分布。2010 年 9 月枯黄面积与 2005 年基本持平，并都远大于 2000 年枯黄的面积，主要分布在蒙古国北部和中部，以及中国的锡林浩特市等区域，枯黄在 10 月仍处于盛期，累积草原枯黄面积占比为 97.38%。

2000 年生长季长度集中在 137d 左右，生长季长度在 120d 以内的区域主要分布在蒙古国中部和南部，121～151d 的区域主要分布在俄罗斯大部、蒙古国北部、中国境内正蓝旗和阿巴嘎旗等地，152d 及以上的区域主要分布在中国阿巴嘎旗和锡林浩特市等地。2005 年生长季长度集中在 130d 左右，较 2000 年时间偏短，120d 以内的区域主要分布在俄蒙交界、蒙古国中部和南部局部，以及中国境内的阿巴嘎旗和锡林浩特市；152d 以上的区域包括蒙古国南部、中国境内的正蓝旗和克什克腾旗。2010 年生长季长度范围为 110～191d，平均为 143d，为生长季偏长的年份，120d 以内的区域主要分布在蒙古国北部和中南部局部，中国境内阿巴嘎旗的东北部、正蓝旗西南局部和翁牛特旗局部等地，121～151d 在样带内均有分布，152d 及以上的区域包括蒙古国西南部，中国境内的阿巴嘎旗、正蓝旗和克什克腾旗西部。

2. 草原物候多年平均情况

从草原物候 2000～2011 年平均情况来看，EEST 草原返青面积在 3 月开始迅速增加，到 5 月达到返青盛期，6 月仍有部分区域继续返青，整个样带内返青状况在 7 月上旬基本结束。3 月、4 月、5 月和 6 月月度返青面积分别为 2555km^2、21404km^2、90136km^2 和 55890km^2，4 个月的草原返青面积占样带草原总面积的 88.86%。其中，5 月上旬、中旬和下旬旬度返青面积分别为 20080km^2、34977km^2 和 35079km^2。

从样带草原枯黄情况来看，8 月下旬草原枯黄期开始，10 月枯黄达到盛期，10 月下旬开始枯黄面积迅速变少，到 11 月中旬左右基本上全部枯黄。9 月、10 月和 11 月月度草原枯黄面积分别为 66132km²、112992km²、11080km²，三个月草原枯黄总面积占比为 99.44%。其中，9 月下旬、10 月上旬和 10 月中旬枯黄范围迅速扩大，旬内枯黄面积分别为 49789km²、54804km² 和 38215km²。样带内草原生长季长度平均为 130d，生长季长度在 59～212d 的草原面积占样带草原总面积的 98.42%。其中，90～120d 的草原面积占样带草原总面积的 23.81%，121d～151d 的草原面积占比为 46.61%，152d～181d 的草原面积占比为 15.01%。

从多年草原平均返青期空间分布上看，在 3 月草原牧草开始返青，在 5 月草原返青面积迅速增加，7 月返青基本结束。4 月返青区域主要分布在蒙古国西南部、中国境内的正蓝旗等地，5 月随着返青面积迅速扩大，在样带内均有分布，6 月返青主要发生在蒙古国中部、中国境内的阿巴嘎旗等地。从 12 年平均草原枯黄期监测结果来看，8 月下旬开始草原牧草开始枯黄，9 月枯黄分布区域主要为俄罗斯北部、中蒙交界地带、蒙古国北部、中国阿巴嘎旗和锡林浩特市等地，10 月枯黄范围扩大到俄罗斯大部、蒙古国中南部、中国正蓝旗和克什克腾旗等地。从平均生长季长度监测结果来看，样带内草原牧草的生长季主要集中在 91～181d，91～120d 的区域主要包括蒙古国中北部，中国正蓝旗、多伦县等地；121～151d 的范围主要涉及俄罗斯北部，蒙古国中南部、中国境内的锡林浩特市和克什克腾旗等地；152～181d 的区域主要有蒙古国西南部和中国境内的正蓝旗。

3. 不同草原类型物候遥感监测结果分析

EEST 草原共有 10 种草原类型，其中以温性草原类、温性草甸草原类和山地草甸类的草原面积较大，分别为 13.54 万 km²、2.83 万 km² 和 1.11 万 km²，占样带草原面积的比例分别为 70.78%、14.79% 和 5.80%，三种草原类型总计占比为 91.37%。根据 2000～2011 年草原返青遥感监测结果（表 4-3），以三种面积占比较大的草原类型为例进行分析，温性草原类型在 4 月下旬开始迅速返青，5 月达到峰值，5 月上旬、中旬和下旬的返青草原面积分别为 10 252km²、39 605km² 和 58 380km²，6 月上旬返青面积仍在扩张，为 20 576km²，6 月中旬开始返青面积迅速变少，截至 7 月返青基本结束，该草原类型由于面积比重较大，与整个样带的返青变化趋势基本一致。温性草甸草原在 4 月下旬开始返青，并在 5 月达到盛期，5 月上旬、中旬和下旬的返青草原面积分别为 2105km²、10 178km² 和 12 617km²，6 月上旬仍有 2880km² 的面积返青，至 6 月底前返青基本结束。山地草甸类 5 月上旬开始返青，面积为 266km²，5 月中旬和 5 月下旬返青面积迅速增加，分别为 3271km² 和 6476km²，截至 6 月中旬返青基本结束。

表 4-3　主要草原类型 2000～2011 年返青情况

旬	平均返青草原面积（km^2）		
	温性草原类	温性草甸草原类	山地草甸类
3 月上旬	3	—	—
3 月中旬	9	—	—
3 月下旬	14	—	—
4 月上旬	42	—	—
4 月中旬	332	—	—
4 月下旬	1 885	57	—
5 月上旬	10 252	2 105	266
5 月中旬	39 605	10 178	3 271
5 月下旬	58 380	12 617	6 476
6 月上旬	20 576	2 880	928
6 月中旬	3 872	404	33
6 月下旬	360	7	—
7 月上旬	52	—	—
7 月中旬	1	—	—

注：—表示空值，下同

　　从三种草原类型的枯黄情况来看（表 4-4），温性草原类在 8 月下旬开始枯黄，9 月下旬到 10 月中旬枯黄草原面积迅速增加，9 月下旬、10 月上旬和 10 月中旬的平均枯黄面积分别为 42 378km^2、72 539km^2 和 16 447km^2，分别占该类枯黄草原面积比重的 31.30%、53.58% 和 12.15%，合计占该类草原枯黄总面积的 97.03%。温性草甸草原类在 9 月上旬开始返青，在 9 月下旬达到盛期，9 月中旬、9 月下旬和 10 月上旬的平均枯黄面积分别为 2273km^2、13 832km^2 和 10 199km^2，10 月中旬以后只有少部分枯黄，直至 11 月枯黄结束。山地草甸类 9 月中旬开始枯黄，9 月中旬、9 月下旬和 10 月上旬枯黄面积分别为 1677km^2、6145km^2 和 2885km^2，之后草原枯黄逐渐减缓，直至 11 月枯黄结束。

　　根据 10 种草原类型的平均生长季长度（表 4-5），最大的长度为沼泽类（166d），

表 4-4　主要草原类型 2000～2011 年枯黄情况

旬	平均枯黄草原面积（km^2）		
	温性草原类	温性草甸草原类	山地草甸类
8 月下旬	4	—	—
9 月上旬	40	60	—
9 月中旬	1 985	2 273	1 677
9 月下旬	42 378	13 832	6 145
10 月上旬	72 539	10 199	2 885
10 月中旬	16 447	1 548	205
10 月下旬	1 605	298	48
11 月上旬	342	37	14
11 月中旬	43	1	—

表 4-5　不同草原类型 2000～2011 年平均生长季长度

草原类型	草原面积（km²）	平均生长季长度（d）
低地草甸类	6 811	137
高寒草甸草原类	32	140
暖性灌草丛类	111	125
山地草甸类	10 974	135
温性草甸草原类	28 248	125
温性草原化荒漠类	58	130
温性草原类	135 383	151
温性荒漠草原类	1 370	161
温性荒漠类	88	151
沼泽类	7359	166

其次为温性荒漠草原类（161d），再次为温性草原类和温性荒漠类，长度均为 151d；长度最小的类型为暖性灌草丛类和温性草甸草原类，均为 125d，然后是温性草原化荒漠类，为 130d，再次为山地草甸类，为 135d。不同草原类型的生长季长度平均为 143d。

4. 草原物候变化趋势分析

本研究基于 2000～2011 年 EEST 草原物候关键参数遥感监测结果，使用 TS-MK 趋势检验法计算了每个像元的物候多年变化趋势（表 4-6）。经过统计分析，样带返青期变化趋势为 0.09d/10a，表明研究时段内返青呈现略推迟的趋势，90% 以上的草原无显著变化，其中，中国境内草原与蒙古国及俄罗斯的草原返青趋势呈现出相反的态势，中国锡林郭勒盟部分区域返青期呈现出提前的趋势，为 −3.0d/10a，这与 Hou 等（2014）计算的中国北方草原趋势（−3.1d/10a）接近，而

表 4-6　不同研究区返青期变化趋势比较

研究区域	研究时段	返青期趋势（d/10a）	遥感数据源	文献来源
中国北方草原	2001～2010	−3.1	SPOT	Hou 等（2014）
中国温带草原	1982～1999	−7.9	GIMMS	朴世龙和方精云（2003）
青藏高原	1999～2009	−6.0	SPOT	Ding 等（2013）
北半球	2000～2008	−0.2	GIMMS	Jeong 等（2011）
全球	1981～2003	−3.8	GIMMS	Julien 和 Sobrino（2009）
锡林郭勒盟	1999～2012	−1.5	SPOT	郭剑等（2017）
EEST	2000～2011	0.09	SPOT	本研究
EEST 中国区域	2000～2011	−3.0	SPOT	本研究
EEST 蒙古国区域	2000～2011	0.38	SPOT	本研究
EEST 俄罗斯区域	2000～2011	0.09	SPOT	本研究

蒙古国和俄罗斯境内草原返青期则呈现出推迟的趋势，变化趋势分别为 0.38d/10a 和 0.09d/10a。

从样带枯黄期变化趋势来看，其趋势为–0.24d/10a，表明枯黄期呈现出提前的态势，分区域而言，中国境内草原与蒙古国境内草原仍呈现出相反的态势，而与俄罗斯境内草原趋势一致，中国锡林郭勒盟区域和俄罗斯境内草原枯黄期推迟，蒙古国境内草原枯黄期提前，中国、蒙古国和俄罗斯三者的枯黄期变化趋势分别为 0.43d/10a、–0.80d/10a 和 0.15d/10a。

就生长季长度变化趋势分析，样带生长季长度呈现出提前的趋势，为–0.31d/10a，其中，中国和俄罗斯境内草原呈现延迟的趋势，而蒙古国境内草原呈现出提前的趋势，中、蒙、俄三个国家的趋势分别为 0.91d/10a、0.06d/10a 和–1.29d/10a。

从物候变化趋势空间格局来看，返青期变化趋势以–5～0d/10a 和 0～5d/10a 为主。其中，提前返青（–5～0d/10a）的区域主要分布在中国境内的锡林郭勒盟、蒙古国中北部和东南部温性草原，以及俄罗斯境内大部分草原；而推迟返青（0～5d/10a）的区域主要分布在中国境内阿巴嘎旗东部局部、蒙古国境内西南部和北部边缘地区；显著提前返青（–10～–5d/10a）的区域零星分布于中国境内阿巴嘎旗的西部和苏尼特右旗东部。从枯黄期的变化趋势来看，总体上以提前枯黄为主，尤其是蒙古国境内草原。其中，蒙古国境内大部分草原以–5～0d/10a 的变化趋势为主，呈现出枯黄提前的趋势，而中国境内的锡林郭勒盟区域和俄罗斯草原区，以 0～5d/10a 的变化趋势为主，呈现出枯黄推迟的趋势。生长季长度的变化趋势与枯黄期变化趋势基本一致，不同的是，蒙古国南部局部区域呈现出更加显著的变短趋势，中国境内的苏尼特右旗东部边缘和阿巴嘎旗西部局部区域呈现出生长期明显延长的趋势。

无论是返青、枯黄还是生长季长度，蒙古国境内的草原与中国境内的草原都呈现出相反的变化。这种变化产生的原因可能有以下两点：一是蒙古国这个区域是偏草甸的质量较好的草地，但放牧利用较少，立枯草比较多，所以相对过牧和刈割区域而言草原颜色偏枯黄，遥感监测可能不太敏感；而中国境内的锡林郭勒盟区域放牧利用比较充分，牧草生长正常，遥感监测物候结果可能更准确。二是蒙古国境内总体上干旱少雨，个别年份干旱的影响可能会对趋势监测结果有影响。

5. 主要草原类型的物候变化趋势

以三种面积较大的草原类型为例（表 4-7），温性草原类返青期变化趋势为 5.14d/10a，为显著延迟；温性草甸草原类变化趋势为 0.00d/10a，表明该类型返青期没有发生变化，山地草甸类变化趋势为 0.50d/10a，呈现出推迟的趋势。枯黄期变化趋势研究结果中，温性草原类、温性草甸草原类和山地草甸类变化趋势分别

表 4-7　不同草原类型的物候参数线性趋势

草原类型	返青变化趋势（d/10a）	枯黄变化趋势（d/10a）	生长季长度变化趋势（d/10a）
低地草甸类	1.47	1.00	1.55
高寒草甸草原类	0.00	0.00	0.00
暖性灌草丛类	0.50	0.00	−0.50
山地草甸类	0.50	−2.00	−1.91
温性草甸草原类	0.00	0.57	−0.45
温性草原化荒漠类	3.00	−0.50	−3.50
温性草原类	5.14	0.21	−0.23
温性荒漠草原类	0.00	1.50	1.50
温性荒漠类	1.00	−1.00	−1.67
沼泽类	1.71	−2.73	−4.33
EEST 样带草原	0.09	−0.24	−0.32

为 0.21d/10a、0.57d/10a 和−2.00d/10a，前两类呈现出延迟的趋势，山地草甸类则呈现出提前的趋势。三种主要草原类型生长季长度的变化趋势分别为−0.23d/10a、−0.45d/10a 和−1.91d/10a，均呈现出提前的趋势，并以山地草甸类生长季长度最长。

四、草原植被长势遥感监测

草原植被长势指草原植被的总体生长状况与趋势，通常通过与以往草原植被的状况进行对比，来说明现在草原植被的生长情况，以往的植被状况可以是过去某个时间段的平均状况或实际状况（徐斌等，2007）。长势是反映草原植被生长状况的综合指标之一，与物候、生物量等植被参数密切相关。

（一）监测方法

草原植被长势遥感监测法是利用遥感信息与草原植被生长状况之间的密切相关关系，通过对不同时期遥感信息的分析运算来判断草原植被相对生长状况的一种方法（徐斌等，2016）。在草原植被长势遥感监测方法中，同期对比法应用最为广泛，包括植被指数差值法、比值法和归一化长势指数法。本研究选用归一化长势指数法，具体公式如式（4-16）。

$$NGGI = \frac{NDVI_m - NDVI_n}{NDVI_m + NDVI_n} \tag{4-16}$$

式中，NGGI 为草原长势监测指数（normalized grassland growth index，NGGI），$NDVI_m$ 和 $NDVI_n$ 分别代表监测年份的植被指数值、基准年份的植被指数值。在获得长势指数后，根据自然分级法或经验划分法制定分级标准，对长势进行等级评价。

长势常用监测方法都是基于上一年或者多年同期数据进行计算分析的，然而植被指数值的大小易受降水量的影响，往年同期降水过多（丰）或过少（歉）年份的植被指数不宜作为平均值，因此，考虑采用平年降水量所在年份的植被指数计算多年平均值。根据标准化降水指数（SPI）计算结果，以及样带历年丰歉年指标，得到 2000 年、2002 年、2003 年、2008 年和 2009 年为平年，因此，本研究取平年的植被指数均值作为多年比较的基值。

选用 MOD09Q1 8d 合成的空间分辨率为 250m 反射率数据集，计算 NDVI，然后以平年植被指数均值作为基值，利用长势指数计算公式，得到 2010～2013 年草原植被长势。本研究将草原植被长势分为 5 个等级，即差、较差、持平、较好和好；并将其中差和较差统称为偏差，好和较好统称为偏好。

（二）结果分析

1. 样带不同年份草原植被长势的动态变化

从 2010～2013 年的 EEST 草原植被长势比较来看（图 4-10，表 4-8），不同年

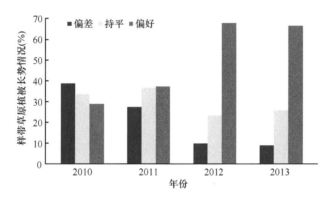

图 4-10　样带总体草原植被长势情况

表 4-8　EEST 2010～2013 年与多年平均相比草原植被长势情况

年份	时间*（d）	草原监测面积占草原总面积的比例（%）				
		差	较差	持平	较好	好
	153	2.53	13.09	36.73	29.89	17.76
	161	1.51	5.29	20.95	27.35	44.91
	169	1.98	10.54	27.86	36.78	22.83
	177	7.17	18.05	38.09	29.60	7.09
2010	185	19.25	32.81	32.81	13.04	2.10
	193	11.46	23.53	36.58	22.06	6.37
	201	16.50	30.27	36.40	15.29	1.55
	209	29.25	31.96	30.27	8.10	0.43
	217	12.64	27.96	41.91	15.09	2.40
	225	11.98	25.57	33.08	24.43	4.94

续表

年份	时间*（d）	草原监测面积占草原总面积的比例（%）				
		差	较差	持平	较好	好
2010	233	28.52	33.55	32.04	5.44	0.45
	241	28.88	35.68	30.99	4.18	0.27
2011	153	3.56	26.03	45.72	19.87	4.81
	161	5.19	24.44	45.89	18.83	5.65
	169	6.14	25.75	39.49	21.70	6.92
	177	8.79	21.88	35.80	23.61	9.93
	185	8.25	16.00	34.15	26.48	15.13
	193	10.35	13.58	27.29	25.61	23.18
	201	5.00	10.84	28.74	29.21	26.21
	209	2.96	11.00	34.04	27.17	24.82
	217	3.83	14.36	36.09	25.60	20.13
	225	4.87	14.76	33.65	28.74	17.98
	233	14.15	29.20	37.06	15.24	4.35
	241	12.52	27.83	39.33	16.20	4.12
2012	153	8.78	12.85	33.94	29.39	15.03
	161	12.85	9.91	25.41	30.56	21.27
	169	4.75	14.98	34.19	30.66	15.42
	177	1.55	4.65	27.25	40.23	26.33
	185	4.91	7.76	21.78	29.82	35.74
	193	4.47	3.76	15.95	29.28	46.54
	201	—	—	—	—	—
	209	2.65	2.69	19.37	27.60	47.69
	217	0.73	1.10	14.44	26.05	57.67
	225	0.42	0.97	11.13	32.47	55.01
	233	0.92	3.26	23.81	37.59	34.41
	241	0.32	3.11	25.94	44.16	26.46
2013	153	1.81	7.21	27.70	45.16	18.12
	161	2.64	6.98	24.40	31.19	34.79
	169	5.43	5.92	19.44	32.14	37.07
	177	3.23	2.97	13.97	35.73	44.09
	185	0.99	5.22	30.70	41.44	21.65
	193	4.08	4.71	18.74	36.12	36.34
	201	2.23	5.49	23.09	42.01	27.17
	209	2.55	5.27	30.18	43.24	18.75
	217	2.67	5.76	29.48	36.55	25.55
	225	1.93	3.11	19.69	43.88	31.39
	233	2.89	10.17	37.48	32.17	17.29
	241	1.50	6.69	31.91	43.04	16.85

注：* 表示时间从 1 月 1 日起，1 月 1 日为 1d，2 日为 2d，依次排序，至 12 月 31 日为 365d，闰年最大 366d。本研究遥感数据使用 8d 合成数据，因此，153d 表示 6 月 2 日至 6 月 9 日，161d 为 6 月 10 日至 6 月 17 日，依次 241d 为 8 月 29 日至 9 月 5 日。下同

份的草原植被长势情况有所差异。2010 年草原植被长势以偏差为主，偏差的草原面积占样带草原总面积的 38.33%，持平和偏好均低于偏差的面积比例，分别为33.14%和28.52%。2011 年长势以偏好为主，偏好的草原面积占比为36.79%，略大于持平的比例，持平和偏差的草原面积比例分别为36.33%与26.77%。2012 年和 2013 年草原植被长势均以偏好为主，面积比例分别为67.22%和65.98%，远大于偏差的面积比例。

从表 4-8 可以看出，2010 年草原植被长势随着季节的变化，偏差的草原面积比例呈现增加的趋势，从最低 161d 的 6.80%，增加到 241d 的 64.56%；偏好的草原面积比例呈现降低的趋势，从最高 161d 的 72.26%减少到 241d 的 4.45%；整个生长季长势持平的草原面积基本无变化。2011 年样带草原植被长势随着季节变化，偏差的草原面积呈现略增的态势，特征变化为"增加-减少-增加"，并在生长季中期（209d）达到最小面积（占比 13.96%），而在生长季末期（233d）达到最大面积（占比43.35%）。持平的草原面积比例在生长季初期达到最大值，161d 为 45.89%，而在生长季中期达到最小值，在 193d 为 27.29%，但在末期持平的面积又有所增加。偏好的草原面积在生长期呈现"单峰型"的变化，面积比例由最初的 161d 的 24.48%增加到 201d 的 55.42%，而后又下降到 233d 的 19.59%。2012 年样带草原植被长势明显偏好。其中，偏差和持平的草原面积比例呈现下降的趋势，而偏好的草原面积比例呈现增加的趋势。偏差的草原面积比例在 225d 达到最小值（1.39%），而后略有增加，在 241d 达到 3.43%。偏好的草原面积比例在整个生长季都占有明显优势，由生长初期 153d 的 44.42%，增加到 225d 的 87.48%，而后略有减少，生长末期（241d）达到 70.62%。2013 年样带草原植被长势偏好的面积比例占明显优势，整个生长季平均为 65.98%，远超过偏差的草原面积比例（8.46%）。偏差的草原面积比例生长季内变化较为平稳；持平的草原面积比例在生长初期较低，而后增加，并在 233d 达到最大值（37.48%）；偏好的草原面积比例呈现两个峰值，一个是 177d 的 79.82%，另一个是 225d 的 75.27%。

2. 样带草原植被长势空间格局

2010～2013 年样带草原植被长势年际、年内变化较为频繁，表明草原植被生长状况容易受到降水、气温、放牧等各种因素的影响而具有波动变化的特点。2010年 7 月上旬，长势偏好的区域主要分布在中国阿巴嘎旗和锡林浩特市北部、蒙古国中北部，偏差的区域主要分布在中国多伦县、蒙古国中南部和俄蒙交界地带；到 8 月上旬，长势持续变差，长势偏差的草原扩展到中国阿巴嘎旗西南部、锡林浩特市、克什克腾旗，以及蒙古国的南部边界区域，长势偏好的区域呈斑块状分布于中国阿巴嘎旗东北部、蒙古国中南部局部、俄蒙交界区域局部；到 9 月上旬，中国境内草原长势持续变差，尤其是正蓝旗，蒙古国南部草原长势也继续变差，但中北部长势逐渐变好。

2011 年样带草原植被生长初期，长势整体以持平、偏差为主，偏差的区域主要分布在中国克什克腾旗、蒙古国南部和东北部、俄罗斯西北部；到 8 月上旬，中国境内克什克腾旗草原长势以持平为主，阿巴嘎旗局部长势变差，蒙古国南部草原长势明显变好，北部长势偏差的区域有所扩展；到 9 月上旬，中国境内的草原整体偏差，蒙古国南部长势偏好的草原面积向北扩展，北部长势仍以偏差为主。

2012 年 7 月上旬，样带中部以偏好为主，南部和中北部局部偏差。具体而言，偏差的区域主要分布于中国正蓝旗、蒙古国北部和俄罗斯南部；偏好的区域主要分布在中国阿巴嘎旗、蒙古国南部和中部局部，以及俄罗斯北部局部；到 8 月上旬，整个样带明显以偏好为主，尤其是中国境内北部草原和蒙古国中南部草原；到 9 月上旬，中国南部正蓝旗和克什克腾旗、蒙古国中部局部和北部局部、俄罗斯北部长势变差。

2013 年 7 月上旬，样带整体以持平、偏好为主，偏好的区域主要分布在中国阿巴嘎旗东部、蒙古国大部，以及俄蒙交界地带；8 月上旬，长势偏好的区域扩展到中国境内正蓝旗和克什克腾旗，以及蒙古国南部；9 月上旬，蒙古国北部草原长势变好，中国境内草原长势持平区域扩展，整个样带大部分草原以偏好为主。

3. 不同区域植被长势动态变化

鉴于样带中国境内和蒙古国境内的草原面积占比较大，分别为 39.77% 和 53.14%，而且两国草原各具特点，因此，本研究从区域的角度着重分析两国境内的草原长势变化情况。

2010～2013 年中国境内草原植被长势以偏好为主（图 4-11），偏好的草原面

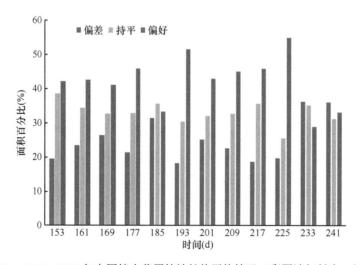

图 4-11　2010～2013 年中国境内草原植被长势平均情况（彩图请扫封底二维码）

积比例平均为 42.18%，持平的比例为 33.02%，偏差的比例为 24.80%。随着时间的变化，长势偏差的草原面积比例整体呈现增加的态势，具体表现为单个"波峰-波谷"的特点，在 185d 达到峰值（31.32%），在 217d 达到谷值（18.52%）。长势持平的草原面积比例变化比较平缓，整体上呈现略降的趋势。偏好的草原面积比例整体呈现略降的趋势，在 185d 达到第一个谷值（33.19%），随后，草原长势变好，在 225d 达到生长季的最大面积（占比 54.93%），在 233d 达到第二个谷值（占比 28.75%）。

蒙古国境内草原在 2010～2013 年明显以偏好为主（图 4-12），偏好的草原面积比例平均为 57.26%，持平的面积比例为 24.92%，偏差的比例为 17.82%。长势偏差的草原面积比例整体呈略增的趋势，生长季表现为"双峰型"的特征，在 161d 达到第一个谷值（11.24%），随后长势偏差的草原面积比例增加，到 201d 达到第一个峰值（21.67%），然后长势偏差的草原面积收缩，在 225d 达到第二个谷值（13.48%），在 233d 为第二个峰值（27.81%），也是生长季中长势偏差草原面积比例最大的时段。长势持平的草原面积比例整体为略降的趋势，随着时间变化，长势持平的草原面积也呈现"双峰型"，但起伏较小。长势偏好的草原面积比例一直处于高位，具体表现为"波峰-波谷-波峰"的变化，161d（65.94%）和 225d（64.67%）为生长季的 2 个峰值，在 201d（52.85%）为谷值，生长季末期的 233d，长势偏好的草原面积比例下降到 45.08%，但仍高于长势偏差和持平的草原面积比例。

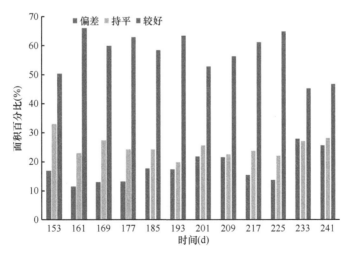

图 4-12　2010～2013 年蒙古国境内草原植被长势平均情况（彩图请扫封底二维码）

4. 不同草原类型植被长势动态变化

以样带主要草原类型为例进行草原植被长势分析（图 4-13）。从温性草原类来看，2010～2013 年，偏差长势的面积总体上呈下降的趋势，偏差的面积比例在 2010

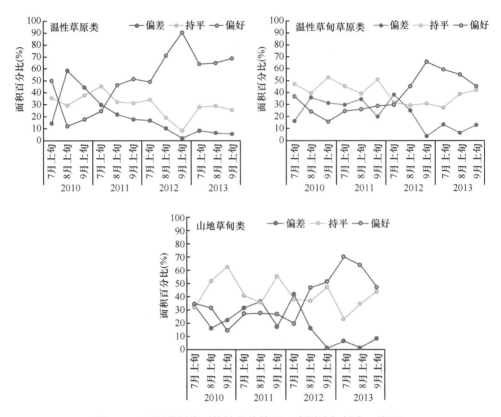

图 4-13 不同草原类型植被长势情况（彩图请扫封底二维码）

年 8 月上旬为最大值，为 58.82%，随后断崖式下降，在 2012 年 9 月上旬达到最小值，为 1.58%。持平的草原面积比例在 4 年间呈波动下降趋势，2010 年 7 月上旬至 2012 年 7 月上旬，长势持平草原面积比例约在 30% 以上，之后先下降再上升，2012 年 9 月上旬达到最小值，为 8.36%，后又上升到 2013 年 8 月上旬的 28.83%。随着时间的变化，偏好的草原面积比例呈现"先下降再上升再下降"的波动特点，2010 年 8 月上旬为 4 年间的最小值，为 11.89%，随后持续上升，2012 年 9 月上旬达到最大值，为 90.05%，后又下降到 2013 年 7 月上旬的 63.91%。总体来看，2010 年生长季和 2011 年生长季初期，长势偏好和偏差的草原面积是波动变化的，2011 年生长季中期至 2013 年，长势以偏好占明显优势，偏差的草原面积比例持续变小。

温性草甸草原类是样带草原面积占第二位的草原类型，2010～2011 年草原生长季，长势以持平为主，偏差和偏好的草原面积呈波动变化，但偏差的面积比例略大；2012～2013 年生长季，长势从开始的胶着状态，发展为以偏好的面积比例占明显优势的状态，偏差的草原面积比例持续降低。4 年间，偏好的面积比例在

2010 年 9 月上旬达到最小值,为 15.82%,在 2012 年 9 月上旬达到最大值,为 65.74%;偏差的草原面积比例高值出现在两个时间,一是 2010 年 8 月上旬,为 36.14%;二是 2012 年 7 月上旬,为 38.49%,低值出现在 2012 年 9 月上旬,面积比例为 3.47%。

山地草甸类的草原面积占样带草原总面积的第三位,其长势波动状态与温性草甸草原大致相同,只是波动幅度有所区别。2010~2011 年草原生长季长势以持平、偏差为主,2012~2013 年生长季长势演变为以偏好为主。偏差的草原面积比例最小值在 2012 年 9 月上旬,为 1.73%,最大值出现在 2012 年 7 月上旬,为 37.31%;偏好的草原面积比例最小值和最大值分别出现在 2010 年 9 月上旬和 2013 年 7 月上旬,分别为 14.40% 和 70.57%。持平的草原面积比例变化比较平缓,总体略降。

五、草原生物量遥感监测

草原是 EEST 面积最大的绿色生态系统,是重要的自然资源之一。草原生物量监测是草地资源空间动态研究的重要衡量指标。生物量的测定方法主要有直接收获法、模拟模型监测和遥感模型监测等方法。随着遥感技术的发展,生物量估产越来越多地使用遥感技术,实际应用中也显示出了宏观、快速、节约成本等独有的优越性,可为草原管理决策、草原保护利用等提供快速而及时的草原信息。采用遥感技术进行草原生物量估算的相关研究较为深入,基于遥感植被指数与同期的地面调查资料的草原生物量估算模型目前已具有较好的估产精度,应用较为广泛。草原资源生物量监测综合利用地面调查数据和卫星遥感数据,及时获取样带草原生物量,准确掌握样带草原资源生物量的现状和动态变化,对草原宏观管理和精准管理、草原保护修复、草原绿色发展都具有重要的意义。

（一）监测方法

草原植被信息在遥感影像上主要通过植物的光谱特性及其差异反映出来,不同波段体现不同的植被特征状态。通常选用绿色植物强吸收（叶绿素吸收）的可见光红光波段和绿色植物高反射（叶肉组织强反射）的近红外波段,经过线性或非线性组合,产生对生物量具有一定指示意义的植被指数。生物量是由植物光合作用的干物质积累形成的,但生物量信息不能被遥感传感器直接获取,需要通过植物反射光谱中不同波段反射率信息间接从遥感数据中计算得到生物量。草原生物量的遥感监测主要是利用植被指数与绿色生物量的相关关系,结合地面样方调查数据建立遥感和地面相结合的统计估产模型。

利用 2000~2013 年 MOD09Q1 250m 分辨率的遥感数据,以及对应时段的草原地面样方数据（1687 个）,建立生物量（鲜重）与对应植被指数的回归模型。

在建模过程中，地面样方生物量与植被指数的关系不一定都是线性的，它们之间可能存在其他复杂的非线性关系，如指数函数、幂函数、对数函数、神经网络模型等。在样带内构建遥感观测（植被指数）-地面观测（样方生物量）之间的多种相关模型，并基于模型误差最小化原则进行分区生物量估算模型的比选。

基于植被指数建立的生物量估算模型是一种统计模型，是对一定草原区域在一定时期内生物量的估算，其模型的精度高低及是否可以用于该区域生物量的总体估算，需要进行精度验证后再进行进一步的推论和判断，以选取更适合该区域的生物量估算模型。对于模型的验证方法还要通过对模型在空间上的适用性进行量化估计。为了进一步验证所建立的模型的精度，选用了另一组数据集（为不同区内预留随机样方）对优选的拟合模型进行验证，分别用测算模型计算其理论生物量，然后和实际生物量进行比较，计算出估产精度。对模型在空间上的适用性进行量化估计主要采用预留的验证数据，验证选取均方根误差（RMSE）、平均相对误差（mean relative error，MRE）来进行运算。在模型精度满足要求的条件下，开展样带草原生物量监测；否则对各测算单元模型进行类型或参数的调整。循环该过程，直至草原生物量监测模型的精度满足要求。各生物量监测模型精度计算公式如式（4-17）～式（4-19）。

$$\text{RMSE} = \sqrt{\frac{\sum (Y_i - Y_i')^2}{N}} \quad (4\text{-}17)$$

$$\text{MRE} = \sqrt{\frac{\sum \left(\dfrac{Y_i - Y_i'}{Y_i}\right)^2}{N}} \quad (4\text{-}18)$$

$$p = (1 - \text{MRE}) \times 100\% \quad (4\text{-}19)$$

式中，Y_i 为样地实际生物量鲜重，Y_i' 为模型估算值，N 为样点数，P 为模型精度。

经过多种模型比较优选，得出样带的 NDVI 和鲜重总体上符合指数关系。根据预留地面样方检验，RMSE 为 960.52kg/hm^2，模型精度达到 80.4%。

（二）结果分析

1. 草原地上生物量统计分析

根据模型估算，EEST 地上生物量鲜重为 7622 万 t，干重为 2426 万 t，平均单产为 1268kg/hm^2。地上生物量鲜重最大值出现在 2012 年，为 10 977 万 t，最小值出现在 2007 年，为 5517 万 t（图 4-14），最大生物量鲜重是最小值的 1.99 倍。从生物量的年际变化来看（图 4-26），地上生物量鲜重和干重均呈现出波动的态势，鲜重随着时间变化呈快速增加的趋势，年增长 148.26 万 t，而干重增加较为缓慢，年增长 48.33 万 t。生物量鲜重年际间变化具有"四峰四谷"的特点，2001 年为第一个波谷，为 6481 万 t，2002 年出现第一个波峰，为 8355 万 t，随后略降，在 2004 年达到第二个波谷，为 6767 万 t，随后两年生物量增加，到 2006 年出现了第二个波峰，为 7461 万 t，2007 年又有所下降，出现第三个波谷（5517 万 t），为研究时段内的最小值，随着下一年降水量的增加，2008 年出现第三个波峰，为 8132 万 t，接着又有两年的下降，在 2010 年出现第四个波谷，为 6251 万 t，随后在降水等因素的影响下，生物量又出现了明显的增长，在 2012 年达到最大值，也是第四个波峰，为 10 977 万 t。草原地上生物量是变化比较大的一种资源，容易受降水、气温和人为因素等的影响，样带生物量的这种波动变化，究其原因，除了略受放牧影响外，主要还是受降水的影响。

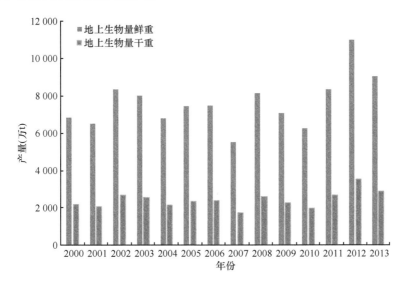

图 4-14　2000～2013 年草原地上生物量鲜重和干重的动态变化（彩图请扫封底二维码）

2. 草原地上生物量空间格局

从地上生物量干重的空间格局来看，2000～2013 年样带草原地上生物量较大值出现在俄蒙交界地带，以及中国锡林郭勒盟境内局部。生物量单产较小值出现在蒙古国西南局部和中国境内苏尼特右旗东部等地。年际间空间格局变化依然较大，2000 年，生物量单产在 800kg/hm² 以下的区域主要分布在中国境内的阿巴嘎旗和苏尼特右旗东部，以及蒙古国南部局部；800～1200kg/hm² 的区域主要分布在中国境内的锡林浩特市和正蓝旗、蒙古国南部大部；1200kg/hm² 以上的区域主要分布在中国境内的克什克腾旗和多伦县等地、蒙古国的中部局部、俄蒙交界地带的山地草甸，以及俄罗斯大部草原。2001 年，生物量单产在 800kg/hm² 以下的区域扩大，主要分布在中国境内的阿巴嘎旗、苏尼特右旗和正蓝旗，蒙古国西南部和中部局部区域。2002 年，多个区域生物量单产增加，主要增加的区域为中国境内的锡林浩特市、克什克腾旗和正蓝旗，以及俄罗斯中部和东南部。2003 年样带中部生物量单产变小，主要在 1200kg/hm² 以下。2004 年在上一年的基础上，1200kg/hm² 以下的区域继续扩展，主要分布在样带中部，具体为中国境内的阿巴嘎旗、蒙古国南部和中部，部分区域单产在 500kg/hm² 以下。2005 年，上一年单产偏小的区域东部产量有所增加，部分区域产量增加到 800kg/hm² 以上。2006 年，样带中部单产继续增加。2007 年，单产出现了较大的变化，蒙古国境内的中部和南部单产均在 800kg/hm² 以下。2008 年样带中部尤其是蒙古国境内生物量较上年出现了明显的增加，单产在 800kg/hm² 以上，部分区域单产在 1500kg/hm² 以上。2009 年中国境内的阿巴嘎旗单产变小，部分区域在 800kg/hm² 以下，蒙古国中部大部分区域单产增加到 1200kg/hm² 以上。2010 年，中国境内的阿巴嘎旗和苏尼特右旗东部、蒙古国南部单产变小，主要在 800kg/hm² 以下。2011 年，蒙古国南部的单产明显增加，大部分都在 1000kg/hm² 以上，而苏尼特右旗局部区域单产下降到 500kg/hm² 以下。2012 年，整个样带单产都处于高位，大部分区域都在 1000kg/hm² 以上。2013 年，中国境内的阿巴嘎旗、蒙古国西南部的草原单产较上年变小，但大部分都在 500~800kg/hm²。

3. 不同草原类型的地上生物量分析

由于分布区域、类型特点均有所不同，不同草原类型的地上生物量单产具有较大的差别（表 4-9）。从地上生物量鲜重单产来看，最大单产为高寒草甸草原类，为 8734kg/hm²，最小的单产为温性草原化荒漠类，为 1546kg/hm²，最大单产是最小单产的 5.6 倍；草原面积占比较大的三种草原类型，温性草原类、温性草甸草原类和山地草甸类，单产分别为 3372kg/hm²、6003kg/hm² 和 6997kg/hm²。从干重单产来看，最大为高寒草甸草原类，为 2729kg/hm²，最小为 592kg/hm²；温性草

表 4-9　不同草原类型的地上生物量单产

草原类型	地上生物量鲜重单产（kg/hm²）	地上生物量干重单产（kg/hm²）
低地草甸类	3469	991
高寒草甸草原类	8734	2729
暖性灌草丛类	6032	1885
山地草甸类	6997	1999
温性草甸草原类	6003	1876
温性草原化荒漠类	1546	619
温性草原类	3372	1118
温性荒漠草原类	1598	592
温性荒漠类	3282	1313
沼泽类	3901	975

原类、温性草甸草原类和山地草甸类，干重单产分别为 1118kg/hm^2、1876kg/hm^2 和 1999kg/hm^2。

4. 草原碳密度和碳密度分析

2000～2013 年（图 4-15），整个样带草原平均地上碳储量和地下碳储量分别为 10.92Tg C 和 57.10Tg C，总碳储量为 68.01Tg C。三者随着时间的变化都呈现出增加的趋势，其中，总碳储量年增长量为 1.3Tg C，表明近 14 年来样带草原碳汇功能明显。其中，地上碳储量由于在总碳储量中占比较小，波动较为平缓，而地下碳储量和总碳储量年际间则变化较大。地下碳储量和总碳储量的变化趋势基本一致，在 2002 年、2006 年、2008 年和 2012 年呈现峰值，地下碳储量分别为 62.49Tg C、55.90Tg C、60.88Tg C 和 81.20Tg C，总碳储量分别为 74.48Tg C、66.57Tg C、72.54Tg C 和 97.04Tg C；而在 2001 年、2004 年、2007 年和 2010 年两者的碳储量均出现谷值，地下碳储量分别为 48.80Tg C、50.75Tg C、41.04Tg C 和 47.31Tg C，总碳储量分别为 58.05Tg C、60.40Tg C、48.91Tg C 和 56.22Tg C。

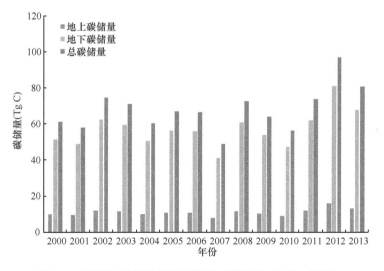

图 4-15　不同年份样带碳储量情况（彩图请扫封底二维码）

2000～2013 年（表 4-10），整个样带草原地上碳平均密度和地下碳平均密度分别为 0.57Mg C/hm^2 和 2.98Mg C/hm^2，表明样带草原生物量碳主要集中在地下，地下碳密度是地上的 5.23 倍。样带总碳密度平均为 3.56Mg C/hm^2。从地上碳密度来看，随着时间的变化其波动较为平缓，最大值出现在 2012 年，为 0.83Mg C/hm^2，最小值出现在 2007 年，为 0.41Mg C/hm^2，两者相差约 1 倍。地下碳密度和总碳密度的变化趋势基本一致，最大值均出现在 2012 年，分别为 4.24Mg C/hm^2 和 5.07Mg C/hm^2，最小值均出现在 2007 年，分别为 2.15Mg C/hm^2 和 2.56Mg C/hm^2；

纵观两者随时间的变化，2002 年、2006 年、2008 年和 2012 年呈现峰值，地下碳密度分别为 3.27Mg C/hm^2、2.92Mg C/hm^2、3.18Mg C/hm^2 和 4.24Mg C/hm^2，总碳密度分别为 3.89Mg C/hm^2、3.48Mg C/hm^2、3.79Mg C/hm^2 和 5.07Mg C/hm^2；而在 2001 年、2004 年、2007 年和 2010 年两者均出现谷值，地下碳密度分别为 2.55Mg C/hm^2、2.65Mg C/hm^2、2.15Mg C/hm^2 和 2.47Mg C/hm^2，总碳密度分别为 3.03Mg C/hm^2、3.16Mg C/hm^2、2.56Mg C/hm^2 和 2.94Mg C/hm^2。地上碳密度的波动形态与地下碳密度、总碳密度的波动形态基本一致。

不同草原类型的碳密度具有较大的差异（表 4-11）。地上碳密度、地下碳密度和总碳密度的最大值均为高寒草甸草原类，分别为 1.23Mg C/hm^2、9.72Mg C/hm^2 和 10.94Mg C/hm^2，最小值出现在温性荒漠草原类，分别为 0.27Mg C/hm^2、

表 4-10　EEST 草原碳密度监测结果

年份	地上碳密度（Mg C/hm^2）	地下碳密度（Mg C/hm^2）	总碳密度（Mg C/hm^2）
2000	0.51	2.70	3.21
2001	0.48	2.55	3.03
2002	0.63	3.27	3.89
2003	0.60	3.12	3.72
2004	0.50	2.65	3.16
2005	0.56	2.94	3.50
2006	0.56	2.92	3.48
2007	0.41	2.15	2.56
2008	0.61	3.18	3.79
2009	0.53	2.81	3.34
2010	0.47	2.47	2.94
2011	0.63	3.24	3.86
2012	0.83	4.24	5.07
2013	0.68	3.54	4.22
平均值	0.57	2.98	3.56

表 4-11　不同草原类型的碳密度

草原类型	地上碳密度（Mg C/hm^2）	地下碳密度（Mg C/hm^2）	总碳密度（Mg C/hm^2）
低地草甸类	0.45	2.81	3.26
高寒草甸草原类	1.23	9.72	10.94
暖性灌草丛类	0.85	3.75	4.60
山地草甸类	0.90	5.60	6.50
温性草甸草原类	0.84	5.10	5.94
温性草原化荒漠类	0.28	2.20	2.47
温性草原类	0.50	2.14	2.64
温性荒漠草原类	0.27	2.10	2.37
温性荒漠类	0.59	4.66	5.25
沼泽类	0.44	6.79	7.23

2.10Mg C/hm^2 和 2.37Mg C/hm^2。所有草原类型中，面积占比较大的草原类型为温性草原类、山地草甸类和温性草甸草原类，三种碳密度在以上三种草原类型上分别为 0.50Mg C/hm^2、2.14Mg C/hm^2 和 2.64Mg C/hm^2，0.90Mg C/hm^2、5.60Mg C/hm^2 和 6.50Mg C/hm^2，以及 0.84Mg C/hm^2、5.10Mg C/hm^2 和 5.94Mg C/hm^2。

本研究样带草地碳密度与来自马文红和方精云（2006）的地面实测结果接近，略大于方精云等（1996）和朴世龙等（2004）用草地清查资料或遥感数据估算的内蒙古草地的碳密度（表 4-12）。

表 4-12　EEST 草原碳密度监测结果

文献来源	区域面积（万 km^2）	地上碳密度（Mg C/hm^2）	地下碳密度（Mg C/hm^2）	总碳密度（Mg C/hm^2）
方精云等（1996）	87	0.45	2.70	3.15
朴世龙等（2004）	70.1	0.42	2.27	2.69
Ni（2002）	全球草地	12.5	—	—
马文红和方精云（2006）	58.5	0.51	2.96	3.44
本研究	19.13	0.57	2.98	3.56

注：—表示空值

5. 总碳密度空间格局

从总碳密度空间格局来看，样带 14 年间总碳密度呈现中南部低、北部高的特点，其分布特点与草原类型的空间分布密切相关。不同年份总碳密度空间上也具有一定的差异。2000 年，总碳密度在 0.3Mg C/hm^2 以下的区域主要分布在中国境内的阿巴嘎旗和正蓝旗、蒙古国南部草原；0.3～0.5Mg C/hm^2 的区域主要分布在中国锡林浩特市北部、蒙古国中北部、俄罗斯北部局部；0.5Mg C/hm^2 以上的区域包括中国境内的多伦和围场等地、蒙古国北部的山地草原地区，以及俄蒙交界地带。2001 年，总碳密度在 0.2Mg C/hm^2 以下的区域面积增加，主要增加区域为中国境内的阿巴嘎旗和苏尼特右旗、蒙古国中南部等地。2002 年，中国境内的锡林浩特市和蒙古国东南部区域碳密度增加。2003 年，中国境内的阿巴嘎旗东部和锡林浩特市北部碳密度增加，而蒙古国西南部碳密度减少，0.2Mg C/hm^2 以下的区域面积增加。2004 年，0.2Mg C/hm^2 以下的区域面积明显增加，主要增加区域为中国境内的阿巴嘎旗和蒙古国的南部。2005 年，0.2～0.3Mg C/hm^2 的区域面积增加，具体分布在中国境内的阿巴嘎旗东部、蒙古国的东南部。2006 年，0.2～0.5Mg C/hm^2 的区域面积继续增加，分别向中国境内的北部区域和蒙古国的中部区域扩展。2007 年，0.2Mg C/hm^2 以下的区域在蒙古国中部和南部大面积分布，中国境内中北部 0.5Mg C/hm^2 以下的区域增多。2008 年，碳密度明显增加，增加的区域主要为锡林浩特市北部、蒙古国中部和东南部。2009 年，0.2Mg C/hm^2 以下的区域在中国境内的阿巴嘎旗、正蓝旗明显增加，蒙古国南部也有局部增加。2010 年，0.2Mg C/hm² 以下的区域在中国境内北部、蒙古国南部扩展。2011 年，0.3～0.7Mg C/hm² 的区域明显增多，主要分布在中国境内的锡林浩特市、蒙古国中南部等区域。2012 年，整个样带绝大部分草原总碳密度都在 0.3Mg C/hm² 以上。2013 年，与上一年相比，位于样带中部的区域，包括中国境内的阿巴嘎旗、蒙古国西南部总碳密度在 0.3Mg C/hm² 以下的区域增加。

第四节　本章小结

本研究以欧亚温带草原东缘生态样带为研究对象，综合利用地面调查、模型模拟和遥感监测等方法，系统分析了 EEST 植被格局特征，草原植被物候、长势和生物量的动态变化，主要得到以下结论。

（1）根据研究区现状和 Holdridge 生命地带模型，把研究区植被类型图进行分类归并；利用现有气象数据和 Holdridge 生命地带模型模拟出研究区林地和草地，再把草地指标细化，分出温性草甸草原、温性典型草原、温性荒漠草原 3 种草原类型。对模拟结果与分类归并以后的植被类型图进行对比验证，结果表明模拟精度较高，各种类型精度均超过 70%，Holdridge 生命地带模型对研究区的模拟是可信的。

（2）根据 CIMP5 气候情景数据，利用 Holdridge 生命地带模型对研究区 2020 年植被格局进行模拟预测，得到不同气候情景下研究区植被格局的空间变化。结果表明，在 RCP 2.6 情景下，研究区气候向暖湿化发展，温性荒漠草原面积稍有增加，泰加林和温性草甸草原面积增加，温性典型草原面积减少；在 RCP 4.5 和 RCP 8.5 情景下，研究区气候向暖干方向发展，温性草甸草原和泰加林面积减少，温性荒漠草原和温性典型草原面积增加。

（3）样带内部 NDVI 分布格局从东南到西北沿样带呈现递增趋势，由西北到东南 NDVI 值先快速升高再缓慢降低，在样带西北到东南 2/3 处降到最低值后回升。

（4）4 月中下旬样带内草原牧草开始返青，5 月草原返青面积达到峰值，整个样带内返青期在 7 月上旬基本结束。9 月中旬牧草开始枯黄，9 月下旬、10 月上旬和 10 月中旬枯黄范围迅速扩展，10 月下旬开始枯黄面积迅速变小，到 11 月中旬左右基本全部枯黄。

（5）样带草原多年平均地上生物量鲜重为 7622 万 t，干重为 2426 万 t；平均单产为 1268kg/hm²。草原地上生物量鲜重和干重均呈增加态势，其中鲜重增加较为明显，而干重随时间波动变化幅度不大。

（6）样带内草原平均地上、地下碳密度为 0.57Mg C/hm² 和 2.98Mg C/hm²，样带草原生物量碳主要集中在地下，地下碳密度是地上的 5 倍多。样带草原地上和地下碳平均储量分别为 10.92Tg C 和 57.10Tg C，总碳储量为 68.01Tg C。三者随着时间的变化呈增加趋势，总碳储量年均增加约 1.3Tg C，表明近 14 年来样带草原碳汇功能明显。

总之，随着遥感技术的发展，高时间和高空间分辨率的遥感数据源可供选择的更多，加之信息化、智能化和大数据等现代技术的应用，欧亚温带草原东缘生态系统格局及变动规律研究会更加深入和系统。

第五章 管理措施对欧亚温带草原东缘
生态系统的影响*

本章导语：本章以欧亚温带草原东缘生态样带为研究区域，综合研究了温度梯度下放牧干扰、施肥管理及生长调节剂喷施对草原植被组成、土壤理化性质等的影响，为气候变化背景下草原适应性管理提供了理论依据。

第一节 研究背景和研究方法

地处中高纬度的欧亚温带草原是气候变化最为敏感和脆弱的区域之一，也是受人类活动影响系统功能退化最为严重的区域之一，尤其是欧亚温带草原东缘，在气候变化和人类活动双重影响下产生了一系列重大的全球性生态与环境问题，严重影响草原生态环境和畜牧业的可持续发展（侯向阳，2012）。

放牧是草原生态系统重要的利用方式之一，过度放牧是草原退化的重要因素之一（刘钟龄等，1998）。过度放牧干扰下草原将发生植被群落逆行演替，我国北方典型草原放牧退化过程是高大禾草（羊草、针茅等根茎或丛生禾草）在群落中的优势度随着放牧压力的增大逐渐被相对低矮的小半灌木（冷蒿等）、小禾草（糙隐子草、黄囊薹草）取代，最终均趋同于以匍匐生长植物（冷蒿或星毛委陵菜）建群的植物群落（刘钟龄等，1998）。在其他草原生态系统，过度放牧下物种更替的方向与上述规律基本类似，Díaz 等（2007）通过 197 个研究的 Meta 分析表明，过度放牧下物种的更替规律具有全球一致性，皆表现为由高大、直立、适口性好的物种向矮小、匍匐、适口性差的物种演替。对于特定物种，相对于未退化状态，退化发生后其所表现出的矮化、匍匐化现象是过度放牧干扰下草原退化的另一表现形式（王鑫厅等，2015）。在放牧生态系统中，植物矮化现象的诱导过程较为复杂，家畜既可以通过啃食、践踏直接导致植物的矮化，又可以通过改变植物的生长环境间接影响植物的生长，土壤环境的劣变、光竞争因子的消失、共生植物种类及多度的改变等都有可能是放牧干扰诱导植物矮化现象的途径。基于植物层面的放牧遗留效应是放牧干扰下植物矮化现象的另一可能原因，有研究表明在去除环境因子与放牧干扰影响后，相对于围封样地，退化样地植物的矮化现象依旧明

---

*本章作者：郭丰辉、张勇、郭彦军、韩文军

显（李西良等，2015）。土壤含水量、透气性是关系植物生长的重要环境因子，在放牧生态系统中，多数研究表明，放牧干扰通过践踏提高土壤容重与紧实度、降低土壤孔隙度，进而导致土壤渗透性能与持水能力的衰退，表现为土壤含水量、透气性降低，植物生长环境恶化（姚爱兴和王培，1993；吴启华等，2014）。相对于土壤物理性质，土壤养分状况对放牧干扰的响应规律存在更大争议，一种观点认为家畜通过粪便、践踏植物等途径提高了有机养分矿化速率，改善了草原生态系统中的养分循环，增加了土壤养分的可利用性；另一种观点认为放牧干扰会降低土壤有机质含量、加速养分流失，显著降低土壤的养分供给能力（胡静等，2015）。总结近几十年来国内外的研究结果，土壤养分状况对放牧干扰的响应可能不具备规律性，其不仅受到草地退化阶段、生态系统背景的影响，还受到气候波动、季节变化、养分类型等因素的影响（郭丰辉，2020）。

　　围封、施肥、喷施植物生长调节剂等是退化草原生态修复的重要措施。封育后退化草原在去除放牧干扰后，生物量、植物多样性、植被盖度、土壤肥力等均表现为一定程度的恢复，但是恢复速度与草原气候特征、草原退化状况等存在一定关系，因此围封对退化草原的恢复效果存在明显的空间变异性（李永宏，1995）。施肥影响植物群落生产力与群落多样性，一般而言，施肥可以提高草原生产力，但对草原植物多样性存在负向效应（Tilman et al.，2006）。杨倩等（2018）研究表明，施加氮肥可以提升乌兰布统退化草原区群落总地上生物量，其中禾草的相对生物量得到明显增加，而杂类草的相对生物量有明显下降，但氮添加导致中度、重度退化草地中的物种丰富度及多样性有所下降。植物生长调节剂是人工合成的（或从微生物中提取的天然的）具有和天然植物激素相似生长发育调节作用的有机化合物，不仅可以有效调控植物的生长和发育，还可以影响植物抗逆性。水分是欧亚草原的主要限制因子，提高植物对干旱的适应性是提升欧亚草原生产力与稳定性的关键途径之一（邓慧平和祝廷成，1998）。利用植物生长调节剂提高草原植物抗逆性、提升草原生产力与稳定性是一种可能的简单可行的方法。同时，草原植物在过度放牧干扰下，也出现表观遗传修饰改变而导致的矮化现象，且这种矮化现象短时间内难以恢复。有研究表明，过度放牧干扰下的植物矮化现象与植物激素有关，因此，喷施植物生长调节剂也是植物破除矮化记忆的可能途径之一。

　　人为干扰对草原生态系统的影响与草原退化现状、草原所处区域气候特征有关。欧亚温带草原东缘生态样带横跨中、蒙、俄三国，是研究人为干扰下草原生态系统响应规律的理想平台，因为样带研究能够更好地揭示欧亚温带草原生态系统的变化规律和驱动因素，为管理草原提供科学依据和可行途径。本章内容依托欧亚温带草原东缘生态样带，研究了温度与放牧、围封条件下施肥、围封条件下喷施植物生长调节剂等对草原生态系统的影响，以期揭示草原生态系统对人为干扰的响应规律及空间变异，为该地区草原管理策略制定及应对气候变化提供理论依据。

第二节　温度和放牧对草原生态系统的影响

本研究通过变型增温试验设计，把欧亚温带草原东缘生态样带纬度梯度上的温度变化和放牧强度作为影响草地生态的两个关键因素，可以探究温度与放牧对草地生态影响的互作关系，可测大尺度长期生态效应，可以弥补一般增温试验相对短期的不足。通过沿纬度梯度温度与放牧强度对欧亚温带草原东缘生态环境不同组织层次上（生态系统、植物群落、植物个体）的植被群落结构、生物多样性、群落生产力、土壤营养成分等变化的影响及其二者互作影响关系的研究，增加我们对全球气候变化下温带草原响应和适应全球气候变化格局机制的理解，为温带草原生态系统的生物多样性保护、群落结构、初级生产力和碳密度的中长期动态模型预测和检验提供可靠的理论依据，也有助于我们从全新角度分析草原退化机理问题，加深气候变化和人为影响对草原生态系统的发生、发展、利用及演变规律影响的认识，增强对气候变化的适应能力和对气候变化减缓的能力，具有非常重要的意义。

一、研究方案及过程

（一）样地布设

以样带内收集到的多年气象数据为准用多年平均温度有差异的 5 条纬度带代表 5 个温度处理。放牧强度根据样带上调研的数据和样地实际情况而定，每个纬度带随机选取轻度放牧、中度放牧和重度放牧各 3 个样地，每个样地设 3 个 1m×1m 的监测样方，形成 45 个（5×3×3）样地的二因素完全随机试验设计，进行植被、土壤数据的监测。对每个测定样地做好标记，用以连续多年测定，以判定不同年份（如降水年型）对草原生态环境的影响（图 5-1，表 5-1）。

表 5-1　放牧与温度二因素完全随机试验设计示意表

温度带	样地放牧梯度									
T_5	M_5	H_5	M_5	L_5	H_5	H_5	L_5	L_5	M_5	CK_5
T_4	L_4	M_4	M_4	H_4	L_4	L_4	H_4	M_4	H_4	CK_4
T_3	M_3	H_3	H_3	L_3	M_3	H_3	L_3	L_3	M_3	CK_3
T_2	L_2	M_2	M_2	H_2	L_2	L_2	H_2	H_2	M_2	CK_2
T_1	M_1	L_1	M_1	H_1	H_1	L_1	L_1	H_1	M_1	CK_1

注：T 代表纬度温度带；L 代表轻度放牧样地；M 代表中度放牧样地；H 代表重度放牧样地；CK 为未处理

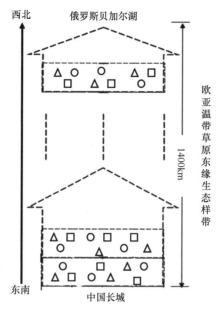

图 5-1 样带放牧梯度布置示意图

△. 重度放牧；○. 轻度放牧；□. 中度放牧

（二）放牧样地选择

放牧样地选择，以 2012 年和 2013 年在样带上收集到的气象站点多年数据为准，以多年日平均温度有差异的 6 条纬度带上的调查点为中心点，代表 6 个温度处理（–1.6～2.7℃），在每个中心点附近选择调查放牧强度有差异的 9 户家庭牧场作为放牧强度样地（图 5-2，图 5-3）。

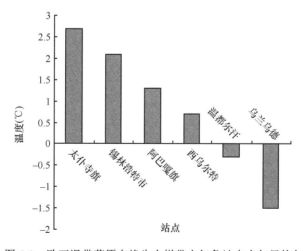

图 5-2 欧亚温带草原东缘生态样带内气象站点多年日均气温

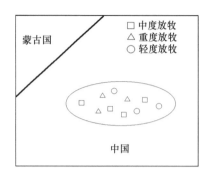

图 5-3　放牧强度样地中心点及放牧强度样地选择示意图

依据白永飞在中国科学院锡林郭勒草原生态系统定位研究站长期研究结果以及中国农业科学院草原研究所在太仆寺旗和锡林浩特设置的长期放牧梯度试验平台，放牧强度分别选择 230 标准羊单位·d/(hm²·a)、460 标准羊单位·d/(hm²·a)和 690 标准羊单位·d/(hm²·a)，分别代表轻度放牧、中度放牧和重度放牧，并推演出典型草原轻度放牧、中度放牧和重度放牧的上下限值（轻度：115～345；中度：345～575；重度：575～805）。以此为依据，调查纬度带上牧户草场面积和家畜头数，用计算得出的载畜率来确定其放牧强度，每个纬度带上选择不同放牧强度牧户各 3 户，以这 9 户家庭牧场作为研究的重复样地，整个样带共设 6 个纬度梯度带，共选择 54 个牧户的家庭牧场。同时在每个中心点附近，选择一块围封多年的样地，作为无放牧对照处理。

（三）数据采集与分析

1. 群落特征调查方法

在牧草生长盛期的 8 月，在每个调查样地内设置 3 个调查样方，测定样方内群落的分种投影盖度（目测法）、分种平均高度和密度。测定完毕后，将样方内植物群落齐地面剪下分别装入布袋，测定地上现存生物量并带回实验室分析。

2. 土壤样品采集方法

地上生物量取样完毕后，在观测样方内，用内径 5cm 土钻分 0～10cm、10～20cm、20～30cm 共 3 层依次取样，每个样方钻取 3 钻，然后将每个样方内同层土样均匀混合，置于自封袋中，标记后带回室内分析。

3. 样品室内分析方法

土壤样品粉碎后进行全碳（TC）、全氮（TN）、全磷（TP）和有效磷（AP）等成分测定；植物样品测定 C 含量、N 含量和 P 含量。其中，土壤和植物样品 N 含量和 P 含量的测定方法相同，分别采用半微量凯氏定氮法和钼锑抗比色法测定。

土壤 AP 含量用碳酸氢钠浸提-钼锑抗比色法测定。以每个样方表层（0～30cm）土壤的 P 含量和 AP 含量的平均值作为表层土壤 P 含量与 AP 含量，以 3 个样方的土壤 P 含量和 AP 含量的平均值代表该样地的土壤 P 元素水平。

4. 数据处理与分析方法

所测得的各项数据前期处理采用 Microsoft Excel 2007 进行整理，求和、平均值，作图。然后，采用 SAS 9.0 软件对数据进行相关检验和统计分析。

二、温度和放牧对草地植被特征的影响

由图 5-4 可知，轻度放牧区群落地上生物量均高于重牧区（$P<0.05$）。

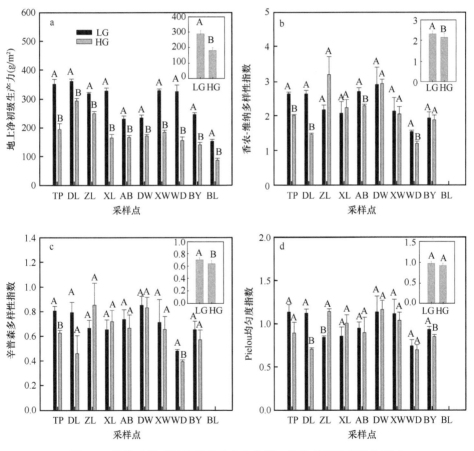

图 5-4　放牧干扰对植被群落地上生物量、物种多样性指数的影响

TP. 太仆寺旗；DL. 多伦县；ZL. 正蓝旗；XL. 锡林浩特市；AB. 阿巴嘎旗；DW. 东乌珠穆沁旗；XW. 西乌珠穆沁旗；WD. 温都尔汗；BY. 巴彦高勒；BL. 巴特瑞劳布；LG. 轻度放牧区；HG. 重度放牧区。图中不同大写字母表示差异显著

香农-维纳多样性指数的变化趋势与群落地上生物量类似。Pielou 均匀度指数在重度放牧区和轻度放牧区之间无显著差异。相比于轻度放牧区，10 个抽样区中仅 2 个抽样区重度放牧降低了群落的辛普森多样性指数。

三、温度和放牧对草地植物群落营养元素的影响

通过对 2012~2014 年国内 3 条纬度带上的轻度放牧样地与重度放牧样地的群落营养元素含量数据分析得出（表 5-2），温度与放牧影响下植物群落 C、N、P 含量存在年际间变化。2012 年，温度对植物群落 C、P 含量无显著影响，T3 温度带的温度下 N 含量最高，显著高于 T1 温度带；轻度放牧 C 含量显著高于重度放牧，而 P 含量显著低于重度放牧；温度与放牧对 C、N、P 含量皆存在显著交互作用。2013 年，T3 温度带的温度下植被群落 C 含量显著高于 T1、T2 温度带，而 N、P 含量 T2 温度带的温度下显著高于 T1、T3 温度带；放牧对植被群落 C、P 含量无显著影响，轻度放牧 N 含量显著高于重度放牧；温度与放牧对植被群落 C 含量存在显著交互作用，对 N、P 含量无交互作用。2014 年，温度对 C、P 含量存在显著影响，对 N 含量影响不显著；放牧处理对 C、N、P 含量皆无显著影响；温度与放牧对植被群落 N 含量存在显著交互作用，对 C、P 含量无交互作用。

表 5-2　温度和放牧对植物群落营养元素含量影响的二因素方差分析

		2012 年			2013 年			2014 年		
		C	N	P	C	N	P	C	N	P
温度	T1	441.12	8.76B	1.31	456.71B	12.13B	2.86B	423.0B	17.4A	3.6AB
	T2	440.79	9.85AB	1.44	458.65B	15.58A	4.09A	438.5A	15.0A	4.2A
	T3	435.16	10.55A	1.54	481.59A	12.51B	2.76B	437.5AB	16.4A	3.0B
放牧	轻度	445.12A	9.17B	1.32	471.48	14.67A	3.17	438.0	14.5	3.4
	重度	432.93B	10.27A	1.53	459.82	12.14B	3.29	433.2	15.4	3.5
T		0.321	0.002	0.306	0.004	<0.001	<0.0001	<0.01	<0.0001	0.004
G		0.001	0.006	0.078	0.071	<0.001	0.492	0.515	0.1625	0.312
T×G		0.027	0.008	0.028	0.026	0.286	0.982	0.156	0.0002	0.308

注：表中不同大写字母表示温度梯度或放牧梯度上各指标在 0.05 水平上差异显著；T 表示温度，G 表示放牧，下同

四、温度和放牧对草地土壤的影响

温度和放牧对土壤 C、N、P 含量的影响存在年际间差异（表 5-3）。2012 年，温度对土壤 C 含量存在显著影响，T2 温度下土壤 C 含量最大，对土壤 N、P 含量影响不显著；放牧对土壤 C、N、P 含量的影响未达到显著水平；温度与放牧对土

壤 C、N、P 含量皆存在显著交互作用。2013 年，温度对土壤 C、N 含量存在显著影响，对 P 含量影响不显著，放牧对土壤 C、N、P 含量影响均不显著；温度与放牧对土壤 C、N、P 含量皆存在显著交互作用。2014 年，温度、放牧对土壤 C、N、P 含量皆存在显著影响，但是温度与放牧对土壤 C、N、P 含量的交互作用皆未达到显著水平。

表 5-3　温度和放牧影响下土壤营养元素含量年份间方差分析

		2012 年			2013 年			2014 年		
		C	N	P	C	N	P	C	N	P
温度	T1	10.62AB	1.08	0.23	12.12B	1.1A	0.24	16.98A	1.74A	0.78A
	T2	11.96A	1.15	0.29	12.60A	1.1A	0.25	10.14B	1.08B	0.65B
	T3	10.09B	1.09	0.28	11.38C	0.8B	0.23	8.75C	1.03B	0.64B
放牧	轻度	10.64	1.09	0.25	12.14	1.1	0.25	10.20B	1.11B	0.61B
	重度	11.13	1.12	0.28	11.92	1.0	0.23	13.72A	1.46A	0.76A
土壤深度	0～10cm	13.19A	1.32A	0.29A	12.00	0.13A	0.28A	14.45A	1.52A	0.77A
	10～20cm	10.88B	1.06B	0.27AB	12.26	0.10B	0.24B	11.76B	1.27B	0.67B
	20～30cm	8.60C	0.94B	0.23B	11.85	0.08C	0.20C	9.66C	1.06C	0.62B
温度		0.06	0.703	0.014	<0.0001	<0.001	0.591	<0.0001	<0.0001	0.0002
放牧		0.455	0.673	0.204	0.25	0.114	0.052	<0.0001	<0.0001	<0.0001
土壤深度		<0.0001	<0.0001	0.02	0.198	<0.0001	<0.0001	<0.0001	<0.0001	0.0002
T×G		0.004	0.007	0.014	0.017	0.04	<0.001	0.212	0.413	0.023
G×D		0.996	0.938	0.579	0.437	0.301	0.939	0.212	0.119	0.981
T×D		0.175	0.007	0.238	0.352	0.794	0.988	0.001	0.049	0.048
T×G×D		0.857	0.559	0.749	0.856	0.663	0.986	0.706	0.513	0.453

五、温度和放牧对草地植被与土壤的影响的互作关系

针茅地上生物量与温度的增加呈显著正相关，重度放牧较轻度放牧明显增大了其对温度的敏感性；羊草在重度放牧下，地上生物量与温度的升高呈显著正相关，轻度放牧下相关性不显著；地上净初级生产力及地上生物量在轻度和重度放牧区均随温度的升高而增加，两种放牧方式下其对温度的敏感性相对一致。

植被群落 N∶P、大针茅 N∶P 在重度放牧区和轻度放牧区均随着温度的增加而呈线性增加趋势，其中，大针茅 N∶P 随温度的增加趋势基本一致，轻度放牧区植被群落 N∶P 较重度放牧区更为敏感。羊草和糙隐子草的 N∶P 与温度在重度放牧区呈一元二次函数相关，在轻度放牧区无显著相关关系。

六、小结

全球性气候变暖在最近 10 多年中得到了广泛认同,全球地表气温的最新分析表明,在过去 100 年中全球地表气温平均上升了 0.6℃,一般而言,北半球中高纬度地区比低纬度地区增温快,这种气候的变化必将对该地区的植被产生广泛而深远的影响。一般认为,位于中高纬度的干旱、半干旱地区,增温与降水的波动将成为影响生物多样性、初级生产力及 N、P 循环的主要因素(许振柱等,2005)。而众多的中高纬度的干旱、半干旱地区植物种类经过长期的适应进化形成了独特的生命形式,形成的植物多样性在维系草原生态系统的稳定性中起到了重要作用。

事实上,气候变暖对草原生态系统物种组成和群落结构的改变,对植物多样性的维系存在正、负两方面的影响。

一方面,温度升高导致物种的迁移,从而在某种程度上增加了物种多样性(晁倩等,2019)。本研究中欧亚温带草原东缘生态样带内由南到北,随温度的降低,欧亚温带草原东缘生态样带内群落连续性强,群落的组成结构具有高度的一致性,但随纬度的升高 α 多样性指数及 β 多样性指数总体呈下降趋势,温度偏高的南部区植物物种的丰富度高于北部区,群落内物种空间上分布格局随纬度的变化不明显,在一定程度上支持了增温对物种多样性有正面作用的这一研究结果。

另一方面,气候变暖会导致植物种间关系发生改变,最终影响植物群落及生态系统(王襄,2018)。有学者认为,不同物种对气候变暖响应机制的异质性可能会打破经过长期进化的适应关系及群落的平衡和稳定(Sasaki et al.,2019)。欧亚温带草原东缘生态样带内由南到北,随纬度的升高上层优势植物针茅和羊草的优势度总体呈下降趋势,而下层优势植物糙隐子草和伴生种冰草的变化趋势不明显,下层优势植物在群落中的作用相对稳定,可以推测其对纬度梯度上的温度变化不敏感,在本研究中也表现出不同物种对气候变暖响应的种间及空间上的异质性,即随温度胁迫程度的增加,欧亚温带草原东缘生态系统物种间的关系是否由协作转变为中性以致竞争有待于进一步探讨。这种气候变暖引起的物种多样性及种间关系的变化势必影响草原生产力,有研究表明,气候变暖引起了全球范围内植物生物量的持续增加,数据显示,温度的小幅增加将导致 21 世纪前 50 年,温带及高纬度地区植物平均生产量增加,而半干旱和热带地区植物平均生物量则呈现减少的趋势,但 21 世纪下半叶温度的持续增加将会对上述所有区域的生物量产生负面影响。本研究中降水条件较为一致的欧亚温带草原东缘生态样带植被的生物量随纬度的升高而降低,生物量和纬度之间具有极显著的相关性,温度的增加对植被生产力产生正面影响,但未来持续的增温背景下欧亚温带草原东缘生态样带植被初级生产力的变化趋势有待于通过动态定位监测进一步了解。

土壤是植物生长发育所需养分的储存与供应场所,土壤养分状况直接关系到植物的生长状况。本研究中随着温度的升高，土壤 C、N、P 含量存在明显的增高趋势，因此，未来气候变暖背景下，土壤养分含量可能呈现上升趋势。同时，放牧干扰、年份、降水与温度对植被群落及土壤养分含量的影响存在显著交互作用，因此，气候变暖下的温度效应受放牧管理方式及降水等因素的影响，如何通过人为干扰来适应气候变暖及气候波动有待进一步研究。

第三节　施肥对草原生态系统的影响

土壤是植物赖以生存的场所，其理化性质及微生物群落组成直接影响了草原植被群落的生产力、组成结构及稳定性等。过度放牧下的退化草原不仅表现为生产力降低、群落组成逆行演替等植被退化特征，还表现为土壤紧实度增大、有机质含量减少、氮磷肥力降低、微生物多样性降低等土壤退化特征。退化草原生态修复过程中，土壤的修复较植被群落修复难度更大，时间更漫长，有研究表明，劣变土壤恢复到草原退化前状态大约需要 60 年。因此，通过施肥快速恢复退化土壤肥力是退化草原生态修复的重要手段之一。本节内容研究了施肥对欧亚温带草原东缘生态样带东南段内蒙古典型草原植被群落、土壤特征的影响，以期为退化草原生态修复提供理论依据。

一、样地概况与研究方法

本项研究地点位于内蒙古自治区锡林郭勒盟阿日嘎郎图（43°50′23″N，116°09′57″E），距锡林浩特市 15km。近 50 年年均降水量 350mm，年均气温 1.7℃，土壤类型为轻石竹（联合国粮食及农业组织土壤分类），0～20cm 土壤化学性质分别为有效氮 69.79mg/kg、有效磷（Olsen-P）3.32mg/kg、速效钾 133.07mg/kg、全氮 1.16g/kg、全磷 0.34g/kg、全钾 16.21g/kg、有机碳 17.75g/kg 和钙 4.21g/kg。土壤 pH 为 7.75（土∶水=1∶5）。植被群落以西北针茅为主，同时伴生有银灰旋花（*Convolvulus ammannii*）、砂韭（*Allium bidentatum*）、羊草（*Leymus chinensis*）、糙隐子草（*Cleistogenes squarrosa*）、猪毛菜（*Salsola collina*）、冰草（*Agropyron cristatum*）、黄囊薹草（*Carex korshinskyi*）等。2014 年之前，除冬季（12 月至次年 2 月）外，此处草原常年持续放牧，载畜量约为 2.0 羊单位/hm²。由于长期重度放牧，草原呈现严重退化现象（Schönbach et al.，2011），7 月连续放牧草原的地上生物量仅为放牧前草原的三分之一（Guo et al.，2015）。2014 年 6 月，为遏制草原退化形势，对此处 50km² 区域实行围封禁牧管理。

二、施肥对草地生产力的影响

施加氮肥对草地生产力的影响存在年际间差异。2015 年 7 月和 8 月草地生产力随着氮肥施加量的增加呈显著增加趋势。2014 年 8 月，2015 年 6 月，2016 年 6月、7 月、8 月，2017 年 8 月氮肥添加对草地生产力均无显著影响（图 5-5）。除2016 年 8 月外，其余测定时间，施加磷肥对草地生产力无显著影响（图 5-6）。连续 4 年施用有机肥对草地生产力没有产生显著影响（图 5-7）。

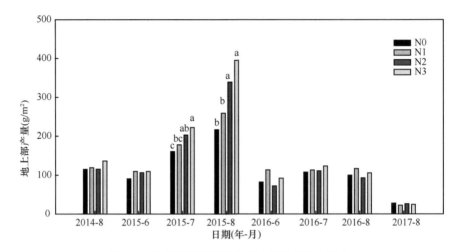

图 5-5　施用氮肥后草地生产力的季节变化动态

N0. 0kg N/hm²；N1. 50kg N/hm²；N2. 100kg N/hm²；N3. 150kg N/hm²；不同小写字母表示差异显著，下同

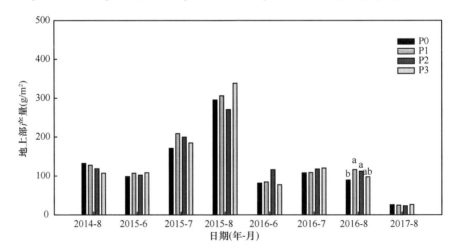

图 5-6　施用磷肥后草地生产力的季节变化动态

P0. 0kg P₂O₅/hm²；P1. 50kg P₂O₅/hm²；P2. 100kg P₂O₅/hm²；P3. 150kg P₂O₅/hm²；下同

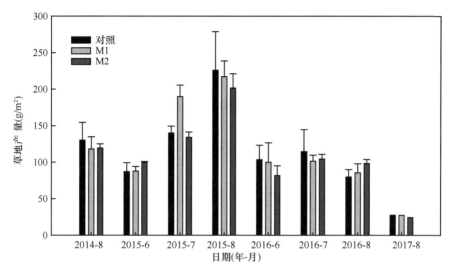

图 5-7 施有机肥对草地生产力的影响

M1 与 M2 分别为 2000kg 腐熟羊粪/hm² 和 4000kg 腐熟羊粪/hm²，下同

硼元素对西北针茅的生长具有显著促进作用，随着硼浓度的增加，地上生物量表现出先增后减的趋势。地下生物量、株高和根冠比均表现出先增后减再增的趋势。与对照相比，处理 B1，B2 和 B3 地上生物量分别增加 50 %、52 %和 48%（图 5-8）。

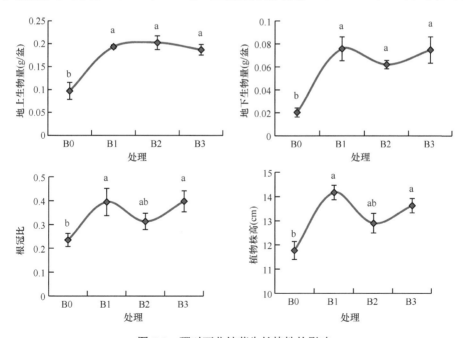

图 5-8 硼对西北针茅生长特性的影响

B0、B1、B2、B3 分别为 0kg 硼砂/hm²、8kg 硼砂/hm²、16kg 硼砂/hm² 和 24kg 硼砂/hm²，下同

铜元素对西北针茅的生物产量存在显著影响。随着铜浓度的增加，西北针茅地上与地下生物量、株高和根冠比整体呈现出先增后减的变化趋势。低浓度 Cu 水平时，各指标均达到最大值。与对照相比，处理 Cu1、Cu2 和 Cu3 地上生物量分别增加 65%、58% 和 62%（图 5-9）。

随着锌浓度的增加，西北针茅的地上与地下生物量、株高和根冠比整体呈现出先增后减的变化趋势（图 29）。在 Zn2 浓度条件下，地上生物量、地下生物量和根冠比均达到最大值。与对照相比，处理 Zn1，Zn2 和 Zn3 地上生物量分别增加 54%，56% 和 46%（图 5-10）。

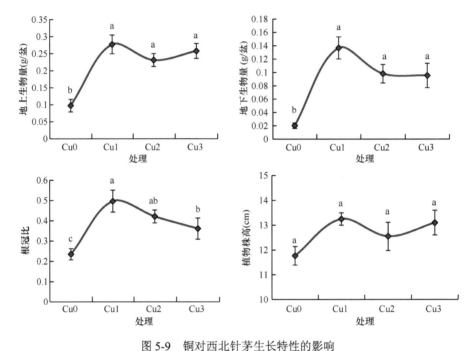

图 5-9　铜对西北针茅生长特性的影响

Cu0、Cu1、Cu2 和 Cu3 分别为 0kg CuSO$_4$/hm^2、6kg CuSO$_4$/hm^2、12kg CuSO$_4$/hm^2 和 18kg CuSO$_4$/hm^2，下同

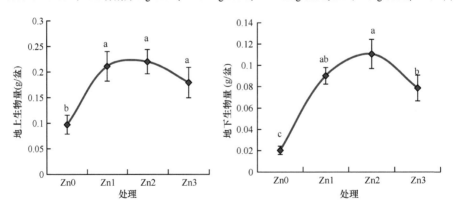

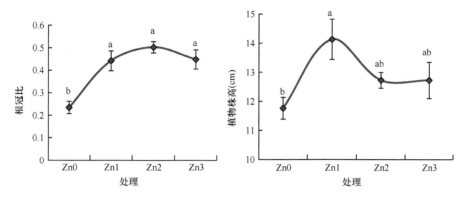

图 5-10　锌对西北针茅生长特性的影响（王党军，2018）

Zn0、Zn1、Zn2、Zn3 分别为 0kg ZnSO$_4$/hm^2、8kg ZnSO$_4$/hm^2、16kg ZnSO$_4$/hm^2 和 24kg ZnSO$_4$/hm^2，下同

三、施肥对西北针茅、羊草群落产量比的影响

西北针茅为该试验区草地的优势物种，其收获产量占该区植被总生物量的 70%以上。施用氮肥后，西北针茅比例整体呈增加趋势，但时间变异较大，整体无显著差异。施用磷肥对西北针茅比例无显著影响（图 5-11）。在前期植物种群背景分析时，羊草比重较低，只有 1%左右。经过 4 年的围栏和施肥后，羊草比重随着时间的推移逐渐增加，2017 年 8 月时，部分小区羊草产量比重已经超过 8%。总体而言，随氮肥水平的增加，羊草群落产量比呈下降趋势，随着磷肥水平的增加，羊草群落产量比呈现先增大后减小趋势（图 5-12）。

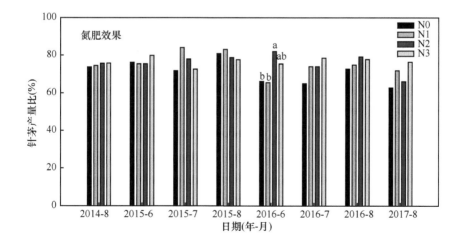

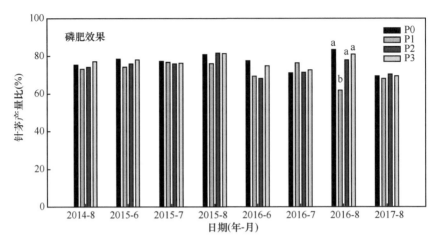

图 5-11　施无机肥对针茅产量比的影响

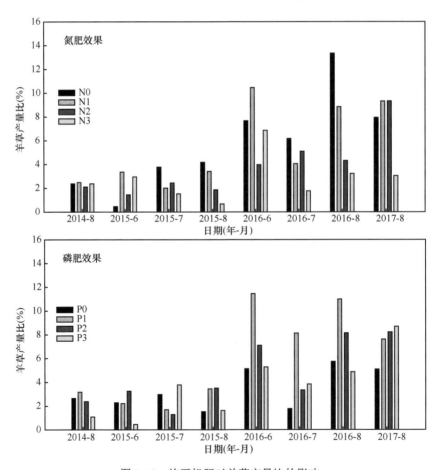

图 5-12　施无机肥对羊草产量比的影响

四、施肥对西北针茅含氮量的影响

尽管草地产量对施用氮肥的响应依赖于年降水量，施用氮肥后，优势植物（针茅）植株含氮量整体呈现先增加后降低趋势，但西北针茅氮含量峰值下的氮肥添加水平存在年际间差异，P0 的所有年份及 P1 下的 2014 年与 2016 年，峰值均出现在 N2 施肥梯度下，而 P1 下 2015 年的氮含量峰值出现在 N1 梯度下（图 5-13）。

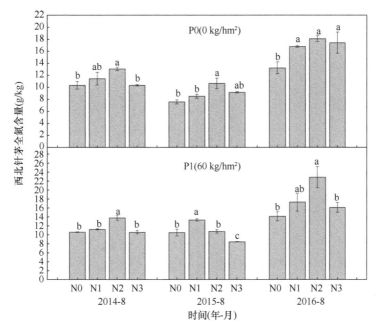

图 5-13　氮肥水平对西北针茅氮含量的影响

五、施肥对退化草地土壤肥力的影响

土壤有效磷含量存在明显的季节动态，0～10cm 和 10～20cm 土壤有效磷含量表现为 7 月明显高于 6 月和 8 月。施加磷肥显著提高了土壤有效磷含量，0～10cm 和 10～20cm 土壤有效磷含量随着磷肥施加量的增加而增大。无磷肥添加情况下，除了 6 月 10～20cm 土壤有效磷含量之外，氮肥添加对土壤有效磷含量无显著影响。单纯施用有机肥对 0～10cm 和 10～20cm 土壤有效磷含量无显著影响（图 5-14）。

对无机磷组分浓度的分析发现，施肥后无机磷各组分变化明显，如施肥后的 7 月各组分浓度显著增加，但 8 月时有效性较高组分，如 Ca_2-P、Ca_8-P、$Al-P$ 和 $Fe-P$ 浓度下降，至第二年 6 月时，基本接近施肥前水平。而有效性较低的 $Ca_{10}-P$

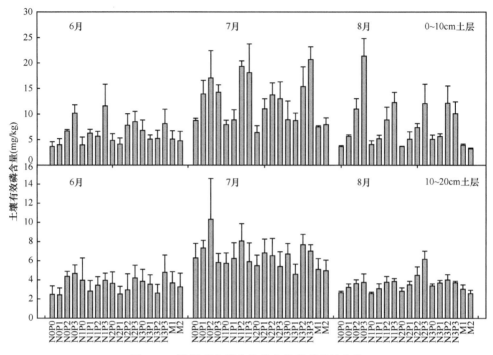

图 5-14　施肥后土壤有效磷含量的季节性变化

和 O-P 浓度施肥后逐月增加，表现出累加趋势。随着施肥量的增加，各组分浓度也在增加（图 5-15）。施肥后，有机磷组分变化较无机磷组分小（图 5-16）。其中活性有机磷（LOP）浓度施肥后显著增加，之后显著下降；而高稳性有机磷（HROP）浓度施肥后持续增加，呈累积趋势。

对 2014 年 8 月磷肥及有机肥处理小区土壤进行了磷素吸附与解析分析。结果表明，P2 施肥水平下的土壤磷素吸附能力最强，其次是 P0 水平，有机肥处理小区土壤磷素吸附能力最弱。磷肥与有机肥添加显著提高了土壤磷素解析能力，但是各施肥处理间差异不显著（图 5-17）。

施肥对 0～10cm 土层土壤碱解氮含量具有较大影响，对 10～20cm 土层影响较小。相同施肥处理下，0～10cm 土层土壤碱解氮含量显著高于 10～20cm 土层，6 月和 7 月土壤碱解氮含量整体高于 8 月。施氮肥的田间 0～10cm 和 10～20cm 土壤的碱解氮含量显著提高了，土壤碱解氮含量整体呈增加趋势，各施肥水平间无显著差异。有机肥添加对土壤碱解氮含量影响不显著。磷肥施加对 0～10cm 土壤碱解氮含量的影响较 10～20cm 土层大，且与氮处理有关。无氮添加情况下，磷肥施用降低了 0～10cm 土层碱解氮含量，氮添加处理下磷肥施用提高了 0～10cm 土层碱解氮含量（图 5-18）。

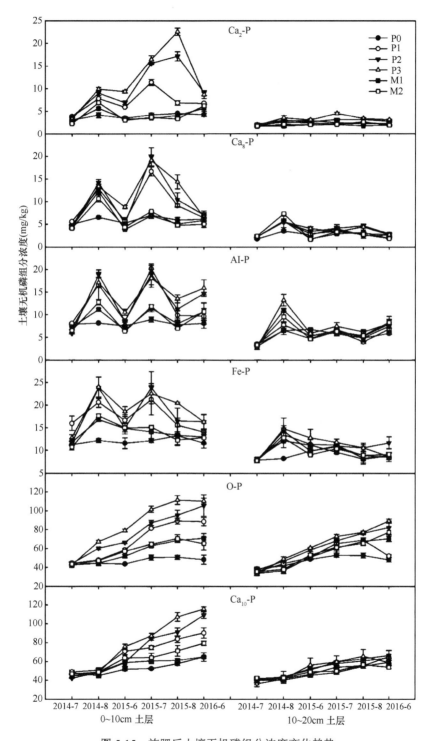

图 5-15　施肥后土壤无机磷组分浓度变化趋势

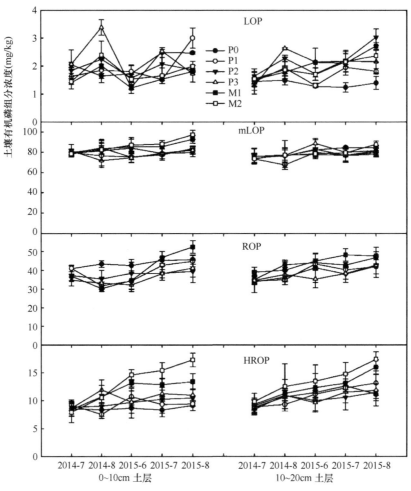

图 5-16 施肥后土壤有机磷组分浓度变化趋势

mLOP 表示中等活性有机磷，ROP 表示稳性有机磷

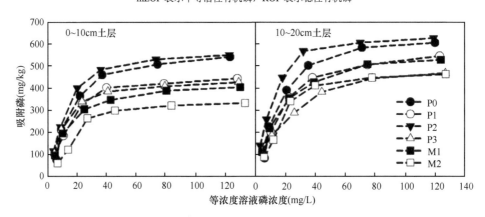

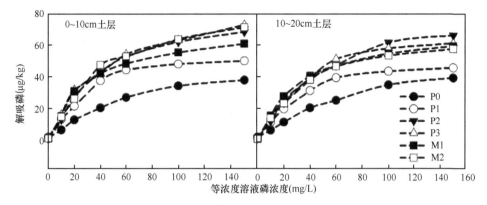

图 5-17　施肥对土壤磷素吸附与解析能力的影响

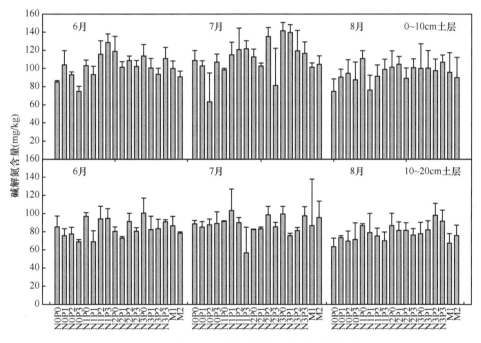

图 5-18　施肥后土壤碱解氮含量的季节性变化

施肥后尽管样地间土壤有机质含量有变动，但无规律性变化，施肥未能在短期内影响土壤有机质含量水平。不同季节间及不同土层之间，有机质含量也无明显变化（图 5-19）。整体而言，0～10cm 土层电导率高于 10～20cm，且 7 月电导率整体高于 6 月和 8 月。施肥显著改变了 0～10cm 和 10～20cm 土层电导率，土壤电导率随着磷肥及氮肥施加水平的增加存在明显的升高趋势，有机肥对土壤电导率影响较小（图 5-20）。土壤 pH 整体无较大变化，对施肥响应不显著，0～10cm 和 10～20cm 土层，土壤 pH 基本保持在 7.5～8.0（图 5-21）。

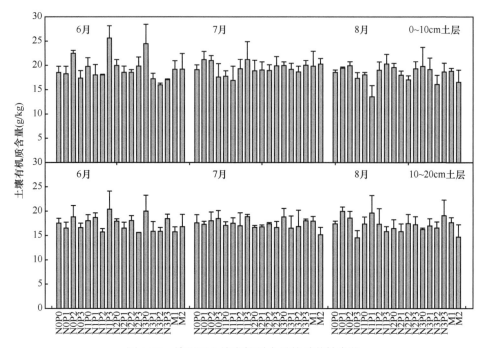

图 5-19 施肥后土壤有机质含量的季节性变化

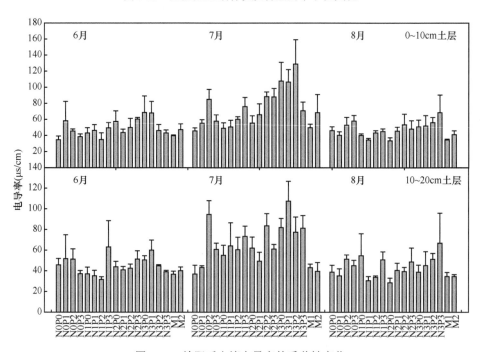

图 5-20 施肥后土壤电导率的季节性变化

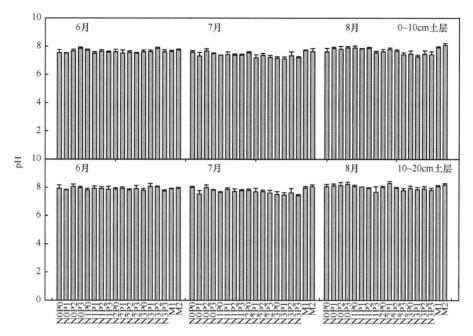

图 5-21　施肥后土壤 pH 的季节性变化

　　磷肥对土壤脲酶活性存在显著作用，在 N0 水平下，2014 年、2015 年、2016年 0～10cm 土壤脲酶活性均表现出随施磷量的增加而提高，而在 N1 和 N2 水平下的 0～10cm 与 10～20cm 土壤，及 N0 水平下的 10～20cm 土壤，施磷反而抑制了土壤脲酶活性。氮肥添加提高了 0～10cm 土壤脲酶活性，不同氮肥水平下，10～20cm 土壤脲酶活性无显著差异。整体上 0～10cm 土壤脲酶活性高于 10～20cm 土壤（图 5-22）。土壤磷酸酶活性在不同年份及不同施肥水平下无规律性变化。其中酸性磷酸酶活性整体高于中性和碱性磷酸酶活性，0～10cm 土壤磷酸酶活性高于10～20cm 土壤（图 5-23，图 5-24，图 5-25）。

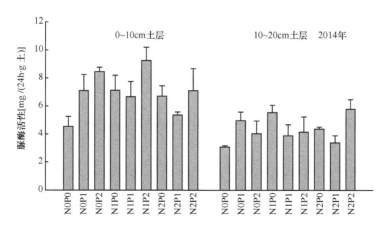

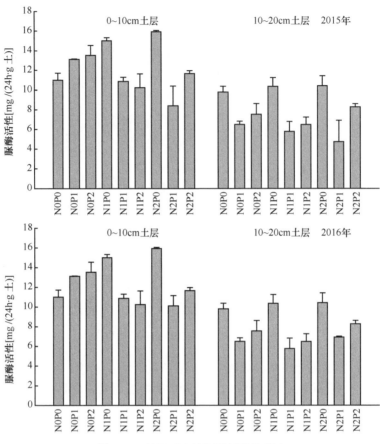

图 5-22　施肥对土壤脲酶活性的影响

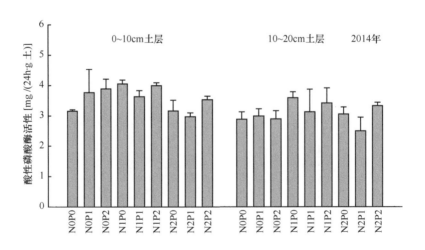

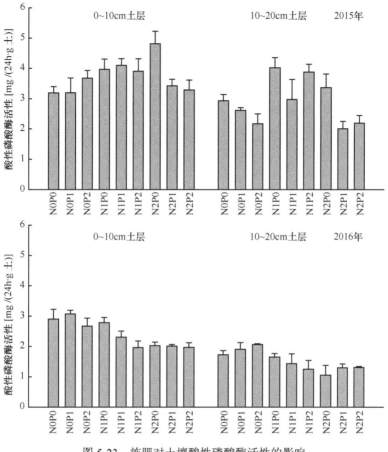

图 5-23　施肥对土壤酸性磷酸酶活性的影响

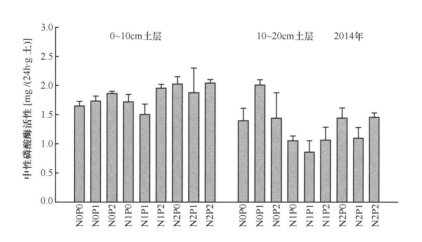

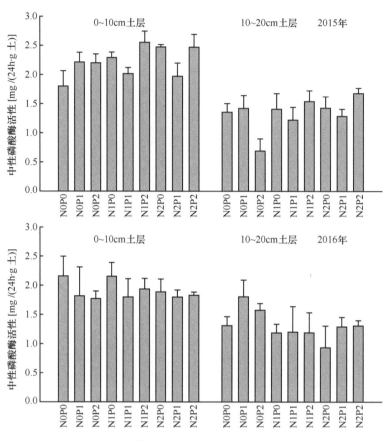

图 5-24 施肥对土壤中性磷酸酶活性的影响

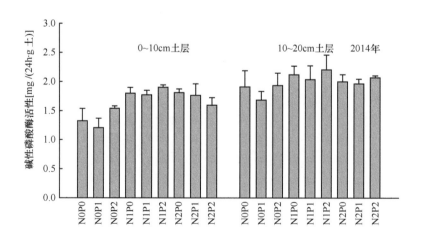

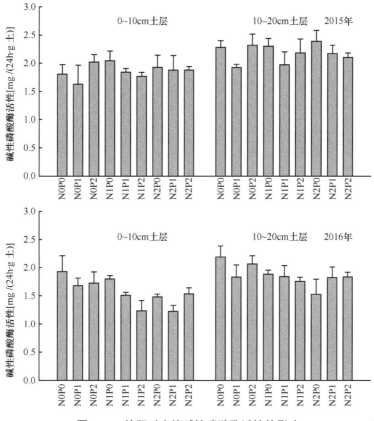

图 5-25　施肥对土壤碱性磷酸酶活性的影响

通过高通量 MiSeq 测序得到土壤细菌与真菌的双端序列数据,对样本优化信息统计得到 1 120 431 条细菌序列, 1 129 387 条真菌序列。对序列抽平后按 97% 的相似性聚类得到细菌 OUT 数 3907,真菌 OUT 数 453。细菌与真菌序列经 β 多样性比较得到样本距离矩阵,再进行聚类分析。结果表明,0～10cm 和 10～20cm 土壤中有机肥处理的细菌群落与其他处理明显分为两组;0～10cm 土壤中磷肥处理的真菌群落聚为一组,其他处理聚为一组,而 10～20cm 土壤中有机肥处理的真菌群落聚为一组,其他处理聚为一组。另外,不同处理间细菌群落差异大于真菌群落。整体上,施磷肥、有机肥使细菌与真菌的群落结构发生显著变化（图 5-26,图 5-27）。

在门水平上,施肥对部分土壤细菌与真菌的组成及丰度产生了显著影响,尤其是施用有机肥（图 5-22,图 5-23）。所有处理的细菌门水平优势组成是放线菌门（Actinobacteria）、变形菌门（Proteobacteria）、酸杆菌属（*Acidobacteria*）和绿弯菌门（Chloroflexi）,共约占细菌总量的 84.63%；真菌优势组成是子囊菌门（Ascomycota）（71.26%）和担子菌门（Basidiomycota）（13.50%）,约占真菌总量的 84.76%。0～10cm 土壤施用有机肥减少了土壤细菌中硝化螺旋菌门（Nitrospirae）

（1.11%）的丰度，显著增加了细菌中变形菌门（Proteobacteria）（19.54%）及真菌中纤毛亚门（Ciliophora）（1.83%）的丰度（图 5-28，图 5-29）。

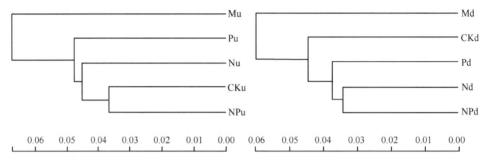

图 5-26　施肥对土壤细菌群落结构的影响

CK：空白；P：60kg P/hm²；N：100kg N/hm²；NP：60kg P/hm² 与 100kg N/hm² 混施；M：4000kg 羊粪/hm²。聚类基于 Unifrac 中的加权距离树。u 代表 0～10cm 土壤；d 代表 10～20cm 土壤。下同

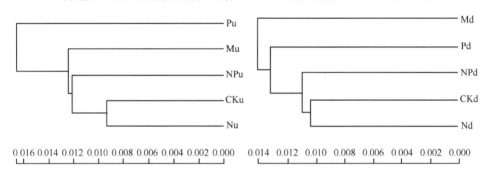

图 5-27　施肥对土壤真菌群落结构的影响

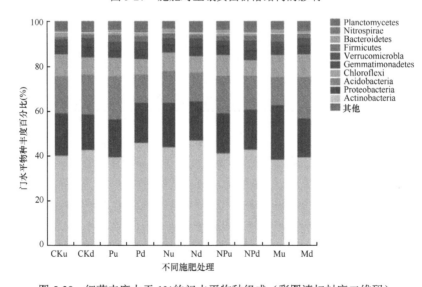

图 5-28　细菌丰度大于 1%的门水平物种组成（彩图请扫封底二维码）

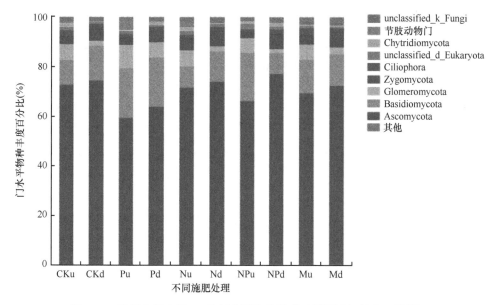

图 5-29　真菌丰度大于 1% 的门水平物种组成（彩图请扫封底二维码）

采用 RDP classifier 贝叶斯法对 97% 相似水平的 OUT 代表序列进行分类学分析，通过与真菌数据库 UNITE（置信度阈值 0.7）比对得到每个 OUT 对应的物种分类信息，获得 7 个丛枝菌根真菌（AMF）序列。之后通过 GenBank 数据库得到各自登录号进行亲缘聚类分析。其中，序列 MF693140 与隐类球囊霉（*Paraglomus occultum*）聚在一起，MF693141 与 *Ambispora fennica* 聚在一起，MF693144 与盾巨孢囊霉属（*Scutellospora*）聚在一起，MF693143 和 MF693138 与 *Rhizophagus* 聚在一起，MF693139 与多孢囊霉属（*Diversispora*）聚在一起，而 MF693142 与幼球球囊霉属（*Claroideglomus*）聚在一起。对 7 条序列在不同样本的丰度进行方差分析发现，MF693138 序列在磷肥处理丰度最高，且显著高于其他处理，而其他序列丰度在不同施肥处理间均无显著差异（图 5-30，图 5-31）。

六、小结

连续 4 年施肥后，土壤速效养分含量如碱解氮和有效磷等有增加趋势，但土壤总有机碳、全氮、全磷含量尚无显著变化。试验区土壤磷素吸附能力极显著高于解析能力，使得土壤有效磷素组分含量在施肥 2 个月后快速下降，至第二年 6 月时基本降至施肥前水平，而缓效磷组分含量整体增加。对天然草原添加无机肥或有机肥，土壤微生物种群发生改变，但短期内无法改变草地植物种群组成。施用氮肥在不同年份均有增加植物含氮量的趋势，说明施肥可以提高草地植物饲用价值。退化典型草原区水分为限制植物生产力的主要因素，干旱年份施肥对草地产量没有效果,不建议施肥;而湿润年份 100kg N /hm² 即可取得良好的增产效果。基于对年度降水量分布及草地产量变化的分析,将 1~6 月降水量≤150mm 认定为干旱年份,1~6 月降水量≥200mm 为湿润年份。

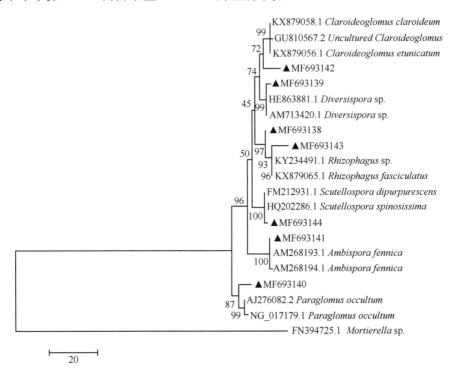

图 5-30 试验区土壤获得的 AMF 序列的亲缘关系分析

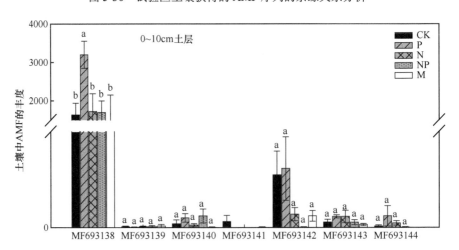

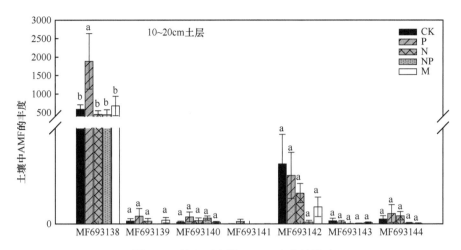

图 5-31　施肥对土壤 AMF 丰度的影响

CK: 对照; P: 60kg P/hm²; N: 100kg N/hm²; NP: 60kg P/hm² + 100kg N/hm²; M: 4000kg 腐熟羊粪/hm²; 不同小写字母表示处理间差异显著

　　基于围栏封育和草地施肥的试验结果, 综合分析认为, 内蒙古干旱/半干旱区退化草地恢复是一个长期过程, 需要采用综合的土壤保育措施恢复土壤、植被及土壤微生物群落结构, 以达到可持续提高草地生产力的效果。单纯围栏封育, 可以提高土壤肥力及地上部生物产量, 但退化草地土壤有效磷含量低的现状无法得到改善, 制约着草地生产力的进一步提高。单纯施肥, 尽管短期内可以改善土壤速效养分含量, 特别是土壤有效磷含量明显增加, 但其肥效受制于降水过程。在干旱年份, 施肥无法取得增产效果; 湿润年份也只有氮肥可以起到显著的增产效果。草地施肥改变了土壤微生物种群的组成及多样性, 如丛枝菌根真菌（共生真菌）不同种群对施肥有显著不同的响应特点, 但短期内植物群落结构未发生明显变化。退化典型草原土壤磷素变化是一个复杂的生物化学过程, 考虑到土壤磷素极强的吸附固定作用, 在集中施用磷肥时尽量减少用量或采取其他方法补充磷素不足, 如叶面喷施。草地施肥引发的土壤微生物群落结构及土壤理化性质的改变将逐渐影响草地植物群落的稳定性, 直至草地植物、土壤理化性状及土壤微生物形成新的动态平衡。因此, 在围栏封育基础上, 结合降水量分布采取合理的施肥措施, 既可全面改善土壤理化及生物学性状, 还可以提高地上生物量及饲用品质, 可有效解决退化草地生产力低下问题。

第四节　生长调节剂对不同类型草原生物量、盖度及多样性的影响

　　水分是欧亚草原的主要限制因子, 提高植物对干旱的适应性是提升欧亚草原

生产力与稳定性的关键途径之一。植物生长调节剂是人工合成的（或从微生物中提取的天然的）具有和天然植物激素相似的生长发育调节作用的有机化合物，不仅可以有效调控植物的生长和发育，还可以影响植物抗逆性。利用植物生长调节剂提高草原植物抗逆性、提升草原生产力与稳定性是一种可能的简单可行方法。本章所选研究区域为欧亚温带草原东缘生态样带中位于中国内蒙古和蒙古国的荒漠草原、典型草原、草甸草原三种草原类型，开展植物生长调节剂喷施试验，研究不同浓度萘乙酸（NAA）、苄基腺嘌呤（BA）、油菜素内酯（BL）、复硝酚钠（CSN）、氯吡脲（F）、赤霉素（GA）等调节剂对草原植被生产力、盖度及植物多样性的影响，以期为在生产实践中利用植物生长调节剂来提高草原生态系统功能及稳定性提供参考依据。

一、研究区域及试验设计

生长调节剂喷施试验选择中国内蒙古荒漠草原（赛罕塔拉）、典型草原（锡林浩特）、草甸草原（乌拉盖）及蒙古国荒漠草原（Deren）、典型草原（Bayantsagan）、草甸草原（Barsumber）6 个地区开展。

二、生长调节剂对荒漠草原的影响

（一）赛罕塔拉

由表 5-4 可知，萘乙酸（NAA）对植被盖度、植物多样性指数无显著影响。但降水少的年份（2017 年）对地上生物量具有显著抑制作用；降水增多的第二年（2018 年）6 月中浓度处理（100g/L）较对照及高、低浓度处理可显著增加地上生物量。喷施苄基腺嘌呤（BA）在 2017 年对地上生物量、盖度和多样性指数形成抑制，并且添加时间效应显著，7 月添加后的结果整体上显著低于 6 月，更易形成抑制；而 2018 年降水增多后，只有 7 月的 5mg/L 添加可增加植物多样性指数，而其他处理则对各项指标无显著影响。喷施油菜素内酯（BL）在 2017 年及 2018 年对地上生物量影响不显著。在降水少的年份，6 月低浓度（0.02mg/L）添加可以显著提高草地盖度，且添加时间有显著影响，而 6 月高浓度（2mg/L）BL 添加和 7 月添加易抑制植物多样性；所有这些作用在降水量高的年份均不显著。复硝酚钠（CSN）在 2017 年两个添加时间的 3 种浓度下，对草地地上生物量、草地盖度、植物多样性等均无显著影响；在 2018 年降水增加后，其对生物量和植物多样性形成抑制，特别是 6 月的中等浓度（50mg/L）下，抑制显著。氯吡脲（F）添加对地上生物量的影响没有达到显著水平，对植物多样性具有抑制作用。而在草地盖度方面，2017 年以 6 月低浓度（0.5mg/L）添加后促进效果显著，2018 年

表 5-4 中国内蒙古赛罕塔拉（荒漠草原）肥料与生长调节剂添加试验

生长调节剂	时间及处理水平	地上生物量（g/m²）		盖度（%）		辛普森多样性指数		香农-维纳多样性指数	
		2017 年	2018 年	2017 年	2018 年	2017 年	2018 年	2017 年	2018 年
NAA	6-I	a−	b	a	a	a	a	a	a
	6-II	a−	a+	a	a	a	a	a	a
	6-III	a−	b	a	a	a	a	a	a
	7-I	a−	a	a	a	a	a	a	a
	7-II	a−	a	a	a	a	a	a	a
	7-III	a−	a	a	a	a	a	a	a
BA	6-I	a	a	a	a	a	a	a	a
	6-II	a	a	a	a	a	a	a	a
	6-III	b−	a	a	a	a	a	a	a
	7-I	a−	a	a−	a	a	a+	a	a+
	7-II	a−	a	a	a	b	a	b	a
	7-III	a−	b−	a	a	b−	a	b−	a
BL	6-I	a	ab	a+	a	ab	a	b	a
	6-II	a	b	a	a	a	a	a	a
	6-III	a	a	b	a	b−	a	b−	a
	7-I	a	a	a	a	a−	a	a−	a
	7-II	aA	a	a	a	a−	ab	a−	b
	7-III	a	a	a	a	a	b	a	b
CSN	6-I	a	a	a	a	a	a	a	ab
	6-II	a	a−	a	a	a	a−	a	b−
	6-III	a	a	a	a	a	a	a	a
	7-I	a	a−	a	a	a	a	ab	a
	7-II	a	a	a	a	aA	a	aA	a
	7-III	a	a	a	a	a	a	b	a
F	6-I	a	a	a+	a	b−	a	b−	a
	6-II	a	a	aA	a	a−	a	ab	a
	6-III	a	a	b	a	a	b−	a	b−
	7-I	a	a	a−	a+	ab	a	a	a
	7-II	a	aA	a	aA+	b−	aA	a	aA
	7-III	a	a	a−	a	b−	a	a−	a
GA	6-I	a	a	a	a	a	b−	a	b−
	6-II	a	b−	a	b−	a	b−	a	b−
	6-III	a	a+	a	a−	a	a	a	a
	7-I	a	a+	a	a	a	a	a	a
	7-II	a−	a+	a	aA	a	a	ab	a
	7-III	a	a	a	a	a	a	b−	a

注：不同小写字母表示差异显著，$P<0.05$；不同大写字母表示差异极显著，$P<0.01$；+表示正相关，−表示负相关。下同

降水增多的情况下 7 月低浓度下促进效果显著，并且两年中的添加时间都有显著影响。赤霉素（GA）添加试验中，2017 年对生物量、盖度以及植物多样性等指标无显著影响，或有抑制作用。2018 年，GA 的 6 月高浓度（100mg/L）添加和 7 月低（10mg/L）、中浓度（50mg/L）添加可以促进地上生物量的增长。但 6 月添加容易对草原盖度（50mg/L，100mg/L）和植物多样性（10mg/L，50mg/L）产生抑制作用。

（二）Deren

2017 年、2018 年，萘乙酸（NAA）添加对 Deren 草地地上生物量皆无显著影响。2017 年，对植被盖度无显著影响，2018 年 6 月显著增加了植被盖度，且 6 月低浓度（20mg/L）添加对盖度的促进作用最大。对植物多样性指数的影响在降水少的 2017 年达到显著水平，6 月中浓度（100mg/L）添加对辛普森多样性指数，6 月低（20mg/L）、中浓度，7 月中浓度（100mg/L）添加对香农-维纳多样性指数具有显著影响，其中添加浓度对香农-维纳多样性指数具有显著影响，6 月中浓度下增加效果最明显。但在降水增多的第二年（2018 年）继续添加后各处理对植物多样性的影响未达到显著水平。苄基腺嘌呤（BA）对草地地上生物量无显著影响。2017 年，6 月、7 月高浓度处理下 BA 对草地盖度存在显著促进作用，7 月低浓度存在显著抑制作用，2018 年对植被盖度无显著影响。2017 年，BA 对植物多样性存在抑制作用，2018 年无显著影响。油菜素内酯（BL）、复硝酚钠（CSN）添加的各处理下，Deren 草地的地上生物量、盖度、植物多样性均与对照无显著差异。氯吡脲（F）添加试验中，2017 年对地上生物量、盖度和植物多样性无显著影响；2018 年添加 F 后，对地上生物量（7 月中浓度）、盖度（6 月中浓度）和植物多样性（6 月低浓度）产生显著影响。赤霉素（GA）的添加试验中，2017 年各处理下地上生物量、盖度、植物多样性均与对照无显著差异。2018 年继续添加后，对地上生物量（7 月中浓度）和盖度（6 月、7 月低浓度）的增加表现为显著促进作用，对植物多样性无显著作用（表 5-5）。

表 5-5　蒙古国 Deren（荒漠草原）肥料与生长调节剂添加试验

生长调节剂	时间及处理水平	地上生物量（g/m²）		盖度（%）		辛普森多样性指数		香农-维纳多样性指数	
		2017 年	2018 年	2017 年	2018 年	2017 年	2018 年	2017 年	2018 年
NAA	6- I	a	a	a	a+	a	a	ab+	a
	6- II	a	a	a	b+	a+	a	a+	a
	6- III	a	a	a	c	a	a	b	a
	7- I	a	a	a	a	a	a	a	a
	7- II	a	a	a	a	a	a	a+	a
	7- III	a	a	a	a+	a	a	a	a

续表

生长调节剂	时间及处理水平	地上生物量（g/m²）		盖度（%）		辛普森多样性指数		香农-维纳多样性指数	
		2017年	2018年	2017年	2018年	2017年	2018年	2017年	2018年
BA	6-I	a	a	a	a	a	a	a	a
	6-II	a	b	a	ab	a-	a	a	a
	6-III	a	b	a+	b	a	a	a	a
	7-I	a	a	a-	a	a-	a	a-	ab
	7-II	a	a	a	a	a	a	a	a
	7-III	a	a	a*	a	a*	a	a*	b
BL	6-I	a	a	a	a	a	b	a	b
	6-II	a	a	a	a	a	a	a	a
	6-III	a	a	a	a	a	ab	a	a
	7-I	a	a	a	a	a	a	a	a
	7-II	a	a	a	a	b	a	b	a
	7-III	a	a	a	a	b	a	b	a
CSN	6-I	ab	a	b	a	a	a	a	a
	6-II	a	a	ab	a	a	a	a	a
	6-III	b	a	a	a	a	a	a	a
	7-I	a	a	a	a	a	a	a	a
	7-II	a	a	a	a	ab	a	ab	a
	7-III	a	a	a	a	b	a	b	a
F	6-I	a	a	a	ab	a	a+	a	a+
	6-II	a	a	a	a+	a	b	a	b
	6-III	a	a	a	b	a	b	a	ab
	7-I	a	b	a	a	a	a	a	a
	7-II	a	a+	a	a	a	a	a	a
	7-III	a	b	a	a	a	a	a	a
GA	6-I	a	a	a	a+	a	a	a	a
	6-II	a	a	b	ab	a	a	a	b
	6-III	a	a	ab	b	a	a	a	ab
	7-I	a	a	a	a+	a	a	a	a
	7-II	a	a+	a	b	a	a	a	a
	7-III	a	a	a	b	a	a	a	a

注：*表示在0.01水平下极显著，下同

三、生长调节剂对典型草原的影响

（一）锡林浩特

2017年7月添加低浓度萘乙酸（NAA）可以提高地上生物量，其他处理对地上生物量无显著影响，2018 年 NAA 对地上生物量均无显著影响。2017 年 NAA 显著增加了植被盖度，但是 2018 年 7 月 NAA 对植被盖度存在显著抑制作用，6 月无显著影响。高浓度 NAA 降低了 2017 年 6 月植被群落辛普森多样性指数，提高了 2018 年 7 月香农-维纳多样性指数。除了 2018 年低浓度苄基腺嘌呤（BA）添加提高 6 月地上生物量外，其他情况下 BA 对草地地上生物量无显著作用。BA 对植被盖度存在增加趋势，而对植被多样性存在抑制趋势。油菜素内酯（BL）显著降低了 2017 年、2018 年 7 月地上生物量，对两年 6 月地上生物量无显著影响。BL 对典型草原植被盖度无显著影响。总体而言，BL 降低了 7 月典型草原辛普森多样性指数，增加了香农-维纳多样性指数。复硝酚钠（CSN）对典型草原地上生物量和植物多样性具有抑制作用，且降低了 2017 年、2018 年 7 月植被盖度，而增加了这两年 6 月植被盖度。典型草原添加氯吡脲（F）在降水少的 2017 年，6 月添加可以显著增加地上生物量、盖度，而对植物多样性无显著影响。在降水较多的 2018 年，对生物量和盖度无显著影响，7 月添加可显著提高香农-维纳多样性指数。典型草原添加赤霉素（GA）可促进地上生物量，并且浓度的影响显著，2017 年以 6 月中浓度（50mg/L），2018 年以低浓度（10mg/L）下的地上生物量最高。对盖度及植物多样性，则在不同年度表现不同，2017 年 6 月低浓度（10mg/L）对盖度有促进作用，对植物多样性无显著影响；2018 年 6 月高浓度（100mg/L）添加和 7 月低（10mg/L）、中浓度（50mg/L）添加对植物多样性表现为促进作用，其中，6 月的添加浓度有显著影响（表 5-6）。

表 5-6　内蒙古锡林浩特（典型草原）肥料与生长调节剂添加试验

生长调节剂	时间及处理水平	地上生物量（g/m²）		盖度（%）		辛普森多样性指数		香农-维纳多样性指数	
		2017 年	2018 年	2017 年	2018 年	2017 年	2018 年	2017 年	2018 年
NAA	6-Ⅰ	a	b	a+	a	a	a	a	ab
	6-Ⅱ	a	a	a+	a	a	a	b	a
	6-Ⅲ	a	b	a+	a	a−	a	b	b
	7-Ⅰ	a+	a	a	a−	a+	b	a+	a
	7-Ⅱ	a	a	a+	a−	a	ab	a	a
	7-Ⅲ	a	a	a+	a−	a	a	a+	a+
BA	6-Ⅰ	a	b−	b	b+	a	a	a	a−
	6-Ⅱ	a	ab	b	b+	a−	a	a−	a
	6-Ⅲ	a	a	a+	a+	a−	a	a	a
	7-Ⅰ	a	a	b	b	a	a	a	a
	7-Ⅱ	a	a	b	b	a	a	a	a
	7-Ⅲ	a	a	a	a+	a−	b	a	b

续表

生长调节剂	时间及处理水平	地上生物量（g/m²）		盖度（%）		辛普森多样性指数		香农-维纳多样性指数	
		2017年	2018年	2017年	2018年	2017年	2018年	2017年	2018年
BL	6-Ⅰ	a	a	a	a	a	a+	a	a+
	6-Ⅱ	a	b	a	a	a	a	a	a
	6-Ⅲ	a	ab	a	a	a	a+	a	a+
	7-Ⅰ	a−	a	a	a	b−	a	b−	a
	7-Ⅱ	a−	a−	a	a	b−	a	b−	a
	7-Ⅲ	b−	a−	a	a	a	a+	a	a+
CSN	6-Ⅰ	a	a	a	b	a−	a	a−	a
	6-Ⅱ	a	a−	a	ab	a−	a	a−	ab
	6-Ⅲ	a	a	a+	a+	a−	a	a−	b
	7-Ⅰ	a	a	a	a	a	a	a	a
	7-Ⅱ	ab	a	a	a	a	a	a	a
	7-Ⅲ	b−	a	b−	a−	a	a	a	a
F	6-Ⅰ	a+	a	a+	a	a	a	a	a
	6-Ⅱ	a+	a	a+	a	a	ab	a	a
	6-Ⅲ	a+	a−	a+	a	a	b	a	a
	7-Ⅰ	ab	a	a	a	a	a	a	a+
	7-Ⅱ	a	a	a	a	a	a	a	a+
	7-Ⅲ	b	a	a	a	a	a	a	a
GA	6-Ⅰ	b	a+	a+	a−	a	a	ab	ab
	6-Ⅱ	a+	ab+	a	a	a	a	b	b
	6-Ⅲ	b	b+	a	a	a	a+	a	a+
	7-Ⅰ	a	a+	a	b−	a	a	a	a+
	7-Ⅱ	a	a	a	b−	a	a	a	a+
	7-Ⅲ	a	a	a	a−	a	a	a	a

（二）Bayantsagan

于 Bayantsagan 的典型草原上施加萘乙酸（NAA），各处理下地上生物量与对照无显著差异。在草地盖度方面，2017 年各处理下的盖度与对照无显著差异，2018年继续添加后各处理下的盖度均显著高于对照。植物多样性方面仅 2018 年 7 月的高浓度（200mg/L）添加下促进草地群落香农-维纳多样性指数，其他情况下无显著影响。苄基腺嘌呤（BA）添加对草地地上生物量、植物多样性无显著影响。对盖度而言，2017 年无显著影响，2018 年继续添加后，6 月（低、中浓度）以及 7

月（中、高浓度）添加表现为显著增加。油菜素内酯（BL）添加试验结果显示，添加 BL 对植被地上生物量（7 月中浓度）、盖度（2017 年 7 月低、中浓度添加；2018 年 6 月添加）具有显著促进作用；在盖度方面，2017 年 BL 添加时间和添加浓度均有显著影响，但在 2018 年只有添加时间有显著影响。而试验的两年中，BL 添加各处理对植物多样性无显著影响。复硝酚钠（CSN）添加试验中，2017 年对地上生物量（6 月中浓度）和盖度（7 月中浓度）具有显著促进作用，7 月高浓度添加会抑制植物多样性；2018 年继续 CSN 添加后，各处理对盖度的促进作用显著，并且 7 月的添加处理下，CSN 浓度的影响显著，低浓度添加促进效果最大。氯吡脲（F）添加试验结果表明，添加 F 对地上生物量和植物多样性均无显著影响。对于草地盖度，2017 年无显著影响，在 2018 年继续添加 F 后，7 月各处理下的盖度均显著高于对照，并且添加时间的效应达到显著水平。赤霉素（GA）添加试验表明，添加 GA 对地上生物量、辛普森多样性指数无显著影响。2017 年低浓度添加后盖度显著提高；2018 年则是高浓度添加下的盖度显著高于对照。另外，在 2018 年 GA 添加对香农-维纳多样性指数有显著影响，表现为 6 月低浓度（10mg/L）添加后的结果显著高于对照，并且添加时间的影响达到显著水平（表 5-7）。

表 5-7　蒙古国 Bayantsagan（典型草原）肥料与生长调节剂添加试验

生长调节剂	时间及处理水平	地上生物量（g/m²）		盖度（%）		辛普森多样性指数		香农-维纳多样性指数	
		2017 年	2018 年	2017 年	2018 年	2017 年	2018 年	2017 年	2018 年
NAA	6-I	a	a	a	a+	a	a	a	a
	6-II	a	a	a	a+	a	a	a	a
	6-III	a	a	a	a+	a	a	a	a
	7-I	a	a	a	a+	a	a	a	a
	7-II	a	a	a	a+	a	a	a	a
	7-III	a	a	a	a+	a	a	a	a+
BA	6-I	a	a	a	a+	a	a	a	a
	6-II	a	a	a	a+	a−	a	a	a
	6-III	a	a	a	a	a	a	a	a
	7-I	a	a	a	a	a	a	a	a
	7-II	a	a	a	a+	ab	a	a	b
	7-III	a	a	a	a+	b	a	b−	ab
BL	6-I	a	a	a	a+	b	a	b	a
	6-II	a	b	a	a+	b	a	b	a
	6-III	a	ab	a	a+	a	a	a	a
	7-I	a	a	a+	a	a	a	a	a
	7-II	a+	a+	ab+	a	a	a	a	a
	7-III	a	a	b	a	a	a	a	a

续表

生长调节剂	时间及处理水平	地上生物量（g/m²）		盖度（%）		辛普森多样性指数		香农-维纳多样性指数	
		2017 年	2018 年	2017 年	2018 年	2017 年	2018 年	2017 年	2018 年
CSN	6-I	b	a	a	a+	a	a	a	a
	6-II	a+	a	a	a	a	a	a	a
	6-III	ab	a	a	a+	a	a	a	a
	7-I	a	a	a	a+	a	a	ab	a
	7-II	a	a	a+	ab+	a	a	a	a
	7-III	a	a	a	b+	b–	b	b–	b
F	6-I	a	a	a	a	a	a	a	a
	6-II	a	b	a	a	a	a	a	a
	6-III	a	ab	a	a	a	a	a	a
	7-I	a	a	a	a+	a	a	a	a
	7-II	a	a	a	a+	a	a	a	a
	7-III	a	a	a	a+	a	a	a	a
GA	6-I	a	a	a+	a	a	a	a	a+
	6-II	a	a	a	a	a	a	a	a
	6-III	a	a	a	a+	a	a	a	a
	7-I	a	a	a+	a	a	a	a	ab
	7-II	a	a	a	a	a	a	a	a
	7-III	a	a	a	a+	a	b	a	b

四、生长调节剂对草甸草原的影响

（一）乌拉盖

2017 年各萘乙酸（NAA）添加浓度均可以显著增加草甸草原地上生物量，2018 年 7 月各萘乙酸（NAA）添加浓度可以显著提高草甸草原地上生物量，6 月无显著影响。除了高浓度下降低了 2017 年辛普森多样性指数外，NAA 添加对草甸草原盖度和植物多样性无显著影响。苄基腺嘌呤（BA）显著提高了 2017 年地上生物量，2018 年仅 7 月低浓度添加对地上生物量存在显著促进作用。低浓度添加 BA 显著降低了 2017 年 7 月草甸草原植被盖度，但显著增加了 2018 年 7 月植被盖度，其他情况下，BA 添加对乌拉盖草甸草原植被盖度无显著影响。对植物多样性来说，6 月添加浓度影响显著，2017 年和 2018 年均为高浓度（50mg/L）下效果最好。2017 年，油菜素内酯（BL）添加对植物地上生物量具有显著促进作用，2018 年仅 6 月存在显著促进作用。BL 添加显著降低了 2017 年草甸草原的植被盖度，对 2018 年植被盖度存在促进作用。低浓度 BL 添加可以提高 2017 年植物多样性指数，其他情况下对草甸草原植物多样性无显著影响。2017 年各复硝酚钠（CSN）添加处理下地上生物量均表现为显著增加，而 2018 年 CSN 添加对地上生物量均无显著影响。2017 年 7 月中浓度添加下可以促进辛普森多样性指数，其他情况下各处理均不会对植物多样性指数产生显著影响。2017 年，低浓度 CSN 添加降低了 6 月植被盖度，2018 年低浓度 CSN 添加提高了 6 月、7 月植被盖度，高浓度添加提高了 6 月植被盖度，其他情况下，CSN 添加对植被盖度无显著影响。氯吡脲（F）添加试验在草甸草原上的表现为，在年降水量较低的第一年（2017年），不同添加时间和浓度处理对生物量[7 月，中浓度（2.5mg/L）、高浓度（5mg/L）]和植物多样性 [6 月，高浓度（5mg/L）] 具有显著促进作用，但对草地盖度存在抑制作用。而 2018 年降水增加后继续添加 F，这些作用消除，并抑制香农-维纳多样性指数 [7 月，中浓度（2.5mg/L）]。赤霉素（GA）草甸草原添加试验结果表明，GA 添加显著增加了 2017 年 7 月、2018 年 6 月地上生物量。2017 年 6 月低浓度添加 GA 显著增加植被盖度，GA 添加对 2018 年植被盖度无显著响应。GA 添加对植物多样性存在抑制作用（表 5-8）。

表 5-8　内蒙古乌拉盖（草甸草原）肥料与生长调节剂添加试验

生长调节剂	时间及处理水平	地上生物量（g/m²）		盖度（%）		辛普森多样性指数		香农-维纳多样性指数	
		2017 年	2018 年	2017 年	2018 年	2017 年	2018 年	2017 年	2018 年
NAA	6-I	a+	a	a	a	a	a	a	a
	6-II	a+	a	a	a	a	a	a	a
	6-III	a+	a	a	a	a–	a	a	a
	7-I	a+	a+	a	a	a	a	a	a
	7-II	a+	a+	a	a	a	a	a	a
	7-III	a+	a+	a	a	a	a	a	a
BA	6-I	a+	a	a	a	ab+	a	b	a
	6-II	a+	a	a	a	b	a	b	a
	6-III	a+	a	a	a	a+	a	a+	a
	7-I	a+	a+	b–	a+	a	ab	a	a
	7-II	a+	b	ab	a	a	a	a	a
	7-III	a+	b	a	a	a	b–	a	a–
BL	6-I	b+	a+	a	a	a	a	a	a
	6-II	a+	a+	a–	a+	a	a	a	a
	6-III	ab+	a	a–	a	a	a	a	a
	7-I	b	a	a–	ab+	a+	a	a+	a

续表

生长调节剂	时间及处理水平	地上生物量（g/m²）		盖度（%）		辛普森多样性指数		香农-维纳多样性指数	
		2017年	2018年	2017年	2018年	2017年	2018年	2017年	2018年
BL	7-II	a+	a	a-	ba	ab	a	ab	a
	7-III	a+	a	a-	a+	b	a	b	a
CSN	6-I	a+	a	b-	a+	a	a	a	a
	6-II	a+	a	ab	b	a	a	a	a
	6-III	a+	a	a	a+	a	a	a	a
	7-I	a+	a	a	a+	a	a	a	a
	7-II	a+	a	a	a	a+	a	a	a
	7-III	a+	a	a	a	a	a	a	a
F	6-I	a	a	a	a	b	a	a	a
	6-II	a	a	b-	a	ab	a	a	a
	6-III	a	a	ab-	a	a+	a	a+	a
	7-I	a	a	b-	a	a	a	a	a
	7-II	a+	a	a	a	a	a	a	a-
	7-III	a+	a	a	a	a	a	a	a
GA	6-I	a	a	a+	a	a	a	a	a
	6-II	a	a	b-	a	a-	a-	a-	a-
	6-III	a	a+	b-	a	a	a	a	a
	7-I	a+	b	b-	a	a	a	a	a
	7-II	a+	ab	a	a	a	a	a	a-
	7-III	a+	a	a-	a	a	a	a	a

（二）Barsumber

除了低浓度油菜素内酯（BL）添加对 2017 年 7 月地上生物量存在抑制作用之外，所有植物生长调节剂处理均对地上生物量无显著作用。所有植物生长调节剂处理对 2018 年植被盖度均无显著影响，萘乙酸（NAA）、苄基腺嘌呤（BA）添加显著降低了 2017 年植被盖度，低浓度、中浓度复硝酚钠（CSN）添加分别降低、提高了 Barsumber 草甸草原植被盖度，油菜素内酯（BL）、氯吡脲（F）及赤霉素（GA）对 2017 年植被盖度无显著影响。NAA、BA 添加对 2017 年 Barsumber 草甸草原辛普森多样性指数具有显著促进作用，中浓度 F 添加对 2017 年 6 月辛普森多样性指数具有促进作用，而低浓度 F 添加对 2017 年 7 月辛普森多样性指数具有抑制作用，其他情况下，植物生长调节剂对植物多样性指数无显著影响（表 5-9）。

表 5-9 蒙古国 Barsumber（草甸草原）肥料与生长调节剂添加试验

生长调节剂	时间及处理水平	地上生物量（g/m²）		盖度（%）		辛普森多样性指数		香农-维纳多样性指数	
		2017 年	2018 年	2017 年	2018 年	2017 年	2018 年	2017 年	2018 年
NAA	6-Ⅰ	a	a	a	a	a	a	a	a
	6-Ⅱ	a	a	a–	a	a+	a	a	a
	6-Ⅲ	a	a	a–	a	a+	a	a	a
	7-Ⅰ	a	a	a–	a	a	a	a	a
	7-Ⅱ	a	a	a–	a	a	a	a	b
	7-Ⅲ	a	a	a	a	a	a	a	ab
BA	6-Ⅰ	a	a	a–	a	a+	b	a	b
	6-Ⅱ	a	a	a–	a	a	ab	a	ab
	6-Ⅲ	a	a	a–	a	a+	a	a	a
	7-Ⅰ	a	a	a	a	a	a	a	a
	7-Ⅱ	a	a	b–	a	a+	a	a+	a
	7-Ⅲ	a	a	b–	a	a	a	a	a
BL	6-Ⅰ	a	a	a	a	a	a	a	a
	6-Ⅱ	a	a	a	b	a	a	a	a
	6-Ⅲ	a	a	a	ab	a	a	a	a
	7-Ⅰ	a–	b	a	a	a	a	a	a
	7-Ⅱ	a	ab	a	a	a	a	a	a
	7-Ⅲ	a	a	a	a	a	a	a	a
CSN	6-Ⅰ	a	a	b–	a	a	a	a	a
	6-Ⅱ	a	a	a	a	a	a	b	a
	6-Ⅲ	a	a	a	a	b–	a	b–	a
	7-Ⅰ	a	a	a	a	a	a	a	a
	7-Ⅱ	a	a	a+	a	a	a	a	a
	7-Ⅲ	a	a	a	a	a	a	a	a
F	6-Ⅰ	a	a	a	a	a	a	a	a
	6-Ⅱ	a	a	a	a	a+	a	a	a
	6-Ⅲ	a	a	a	a	a	a	a	a
	7-Ⅰ	a	a	a	a	a–	a	a–	a
	7-Ⅱ	a	a	a	a	a	a	a	a
	7-Ⅲ	a	a	a	a	a	a	a	a
GA	6-Ⅰ	a	b	a	a	a	a	a	a
	6-Ⅱ	a	b	a	a	a	a	a	a
	6-Ⅲ	a	a	a	a	a	a	a	a
	7-Ⅰ	a	a	a	a	a	a	a	a
	7-Ⅱ	a	a	a	a	a	a	a	a
	7-Ⅲ	a	a	a	a	a	a	a	a

第六章　羊草生理生态特性研究*

本章导语:本章以采自中国和蒙古国不同地区的近60份羊草资源为对象,开展抗旱性、根茎繁殖特性、叶角质层蜡质特性等同质园控制实验研究,开展羊草生理生态特性与原生境地理和气候因素的关联分析和羊草资源的聚类分析,对羊草资源遗传特性、生态地理分布和可利用价值进行了系统评价。

第一节　羊草研究概述

一、羊草特性

羊草(*Leymus chinensis*)是禾本科小麦族赖草属多年生根茎型草本植物,是欧亚大陆东部草原的建群种和优势种,也是根茎型禾草中分布最广泛、利用价值最高的优良牧草资源。

羊草是欧亚大陆草原带特有种,主要分布在中国、俄罗斯、朝鲜、蒙古、哈萨克斯坦等国家,分布范围大致跨越东经 87°~130°、北纬 40°~62°,由我国向北延伸至俄罗斯外贝加尔草原区、向西扩展到蒙古国东部省草原区,形成了一个连续、完整的羊草草原区域。全球羊草草原总面积达 42 万 km²,在我国境内的约占总分布面积的 50%,集中分布于东北平原和内蒙古高原东部(武自念等,2018)。

羊草是广幅旱生及中生草原的建群种、盐生草甸的优势种,具有耐盐、耐旱、耐寒、耐贫瘠等抗逆特性。可在 pH 为 5.5~9.4 的土壤中正常生长,喜偏碱性的生长条件;可在贫瘠的土壤中较好地生存,适应于沙壤质和轻黏壤质的黑钙土、栗钙土、碱化草甸土和柱状碱土生境,能在排水不良的轻度盐化草甸土和苏打盐土上良好生长,也能在排水较差的黑土和碳酸盐黑钙土上正常生长;可在寒冷、干燥地区生长良好,可在−40.5℃安全越冬,在年降水量 250mm 的地区生长良好,是我国温带草原地带的优势种。

羊草能适应多种复杂生长条件,可与多种丛生禾草、杂类草等组成各种草原和草甸类型。羊草是根茎型禾草,根茎密织,种类单一,其他物种很难侵入,因此常形成大面积的纯羊草群落;也可以多个生态型生存于多种生境,与各地区各

---

* 本章作者:侯向阳、武自念、白乌云、郭彦军、李怡

类型的伴生种，形成我国及周边国家草原上种类组成最复杂的一个群系，也是草原植被中经济价值最高的一类。羊草在维持欧亚草原东缘生态系统稳定、生物多样性、草地生产力等方面扮演着重要角色。

二、羊草在我国草牧业发展中的意义

羊草作为优质禾草类牧草，在推动我国草地畜牧业健康发展上起着重要作用。羊草具有返青早、休眠晚、生长快、生长年限长、再生力强、持绿期长、叶量多、产量高、蛋白质含量高、营养好、适口性好等优良特性，饲用价值高，是牛、马、羊等草食家畜重要的放牧采食牧草和冬春储备饲料，被称作牲畜的"细粮"。羊草春季返青早，秋季枯黄晚，能够在较长时间内为草食家畜提供较多的青饲料。据统计，我国目前较大规模的奶牛场每年对羊草干草的需求量为2000 万～3000 万 t。2013 年我国商品草总共生产量约 400 万 t，其中羊草 200多万 t（占我国商品草总量的 50%以上），远远不能满足市场的需求。羊草是我国唯一可供出口的天然牧草，中国也是国际市场唯一的羊草出口国。近年来，国际上对羊草的需求量逐年递增，仅东南亚地区每年的需求量就达 500 万 t。因此，羊草的国际和国内市场需求空间均巨大。

三、羊草研究现状

鉴于羊草的独有特性，其已成为草学及生态学等领域的研究热点之一。不同的科技研发团队正在对羊草开展多方面的系统研究，主要包括羊草资源的收集、农艺和品质评价、抗逆性评价、全基因组测序、核心种质构建、抗逆优质品种选育、稳定性混播群落构建研究等。这些研究将对解决欧亚草原退化与草地畜牧业发展问题发挥重要作用。

欧亚温带草原东缘生态样带群落主要是以羊草和大针茅或西北针茅建群的典型草原。研究羊草的建群稳定作用及羊草的抗逆维持作用，对于揭示草地生态系统对气候变化及人类活动的响应规律并提出适应性管理对策具有重要价值。

与之伴随的正在开展的一项工作是羊草全基因组测序，这是填补草原植物全基因组研究空白的一项工作。其开辟了从微观领域研究大草原的新思路，对于解决草原退化与草地畜牧业发展等问题具有特殊意义。将有力推动草原植物系统进化关系研究、遗传多样性及种质资源评价鉴定、重要功能性状基因挖掘、牧草分子辅助设计育种、生态基因组学、草原生物（动物-植物-微生物）间关系、草原退化机理和恢复调控机制等创新研究工作。由于羊草是小麦近缘种，是向小麦转移抗旱、耐盐、抗病基因的主要目标植物，通过全基因组测序还可以挖掘大量优良性状基因，并成为麦类作物和牧草遗传改良的重要基因资源，对确保国家和人类粮食安全具有重要意义。

第二节　羊草种质资源抗旱性研究

一、植物种质资源抗旱性概述

干旱是世界范围内农业所面临的最严重的环境压力，也是我国主要的自然灾害之一。近年来，随着人类活动范围的不断扩大，温室气体过度排放使得温室效应进一步加强，全球性气候变暖，降水格局也发生了改变，我国北方大部分地区尤其是北方草原地区干旱程度加剧（王维强和葛全胜，1993），已成为我国当前所面临的重大环境问题。目前，研究干旱胁迫下植物生理机制的变化，选育耐旱种质，提高植物自身水分利用率已成为研究的热点问题之一。

（一）干旱胁迫下植物形态指标的变化

植物可以通过适当调节自身生理反应及形态结构变化来适应干旱胁迫，如气孔关闭、渗透调节物质的积累等，以减轻干旱胁迫造成的损伤。目前研究认为，植物主要通过避旱（drought escape）、耐旱（drought tolerance）和御旱（drought avoidance）（Levitt，1980）三种方式适应干旱胁迫。

鉴定植物抗旱性比较常用的形态指标包括干旱存活率、株高、茎粗、叶长、叶宽、分蘖数、地上部鲜重、地上部干重、根鲜重、根干重、根长、根粗、根冠比等。在干旱条件下，细胞膨压降低，抑制细胞伸长，使叶片无法正常延伸，叶片萎蔫。Hsico 等研究指出，植株在遭受旱害时，茎、叶和节间生长受到抑制，其中叶片扩展生长受到抑制的现象最为明显（山仑和陈培元，1998）。导致有效叶面积降低，同时引起气孔闭合，摄入 CO_2 量减少，光合效率降低，植物生长发育迟缓，植株矮小。此外，一些禾本科分蘖植物的分蘖数也会减少，产量降低。汪灿等（2017）研究干旱对于 50 份薏苡（*Coxi lacryma-jobi*）种质的幼苗存活率、株高、茎粗、叶长、叶宽、地上部鲜重、地上部干重、根长、根粗、根鲜重和根干重的影响，认为幼苗存活率、株高、叶宽、根长和根鲜重可以作为评价薏苡种质资源抗旱性的形态指标。

（二）干旱胁迫下植物生理生化指标的变化

干旱胁迫会打破细胞中原有的自由基代谢平衡，产生的大量自由基导致膜脂发生过氧化反应，同时丙二醛（MDA）含量积累引起植物细胞伤害（Zhou et al.，2014）。丙二醛可以作为判定膜伤害的指标之一，丙二醛的积累量与植物的生长量呈负相关，其在干旱胁迫下的增加量与植物抗旱能力的强弱有关。植物在长期进化过程中形成了保护酶系统，可以除去过多的自由基，减轻干旱对膜系统的损伤。有研究表明，在干旱胁迫下，随着处理时间的延长，植物叶片中丙二醛的含量及过氧化氢酶（CAT）、过氧化物酶（POD）的酶活性逐渐升高，而超氧化物歧化酶（SOD）的酶活性先升高后降低，并认为这几种物质相互调节交叉作用才能发挥保护酶系统的功能（李明和王根轩，2002）。

脯氨酸（Pro）被认为是在水分胁迫下植物积累的一种调节溶质浓度的关键物质。许多研究表明，干旱胁迫导致脯氨酸的积累量可以作为鉴定植物抗旱能力的生理生化指标之一，可以为选育干旱品种提供参考。Wang 等（2004）研究了阿拉善地区旱生植物体内的 Na^+、K^+ 和脯氨酸的分布特征，旱生植物中 K^+ 和脯氨酸的含量较高，其中游离脯氨酸的含量是中生植物的 $6\sim16$ 倍，是肉质旱生植物的 $1.8\sim25$ 倍，表明游离脯氨酸的积累量对旱生植物抗旱能力起到了重要的作用。但是也有部分实验指出，缺水条件下脯氨酸的大量积累并不是所有植物的共性，因此脯氨酸含量变化与抗旱能力强弱没有必然联系，不宜作为评价植物抗旱能力的指标（Tan and Halloran，1982）。综合以上两种不同观点，如果将脯氨酸的积累量作为评价植物抗旱能力的指标有一定的片面性，但把它作为部分植物在干旱条件下变化幅度较大的敏感指标具有一定参考价值（李昆等，1999）。

二、研究思路、材料和方法

1. 研究思路

研究选取来自不同地理分布的 54 份羊草野生种质资源，利用盆栽沙培实验，采用相关分析、主成分分析、灰色关联分析和隶属函数法等方法，对不同羊草种质资源进行抗旱性综合评价，筛选出极端抗旱材料，以期为羊草野生种质资源的深入挖掘和优良抗旱新品种选育提供支持，同时为干旱地区大面积推广种植高产、优质牧草提供一定科学依据。

2. 实验材料

供试的 54 份羊草种质材料由中国农业科学院草原研究所农业农村部沙尔沁牧草资源重点野外科学观测试验站羊草种质资源圃提供，具体信息见表 6-1。

表 6-1　供试 54 份羊草种质材料的来源（李怡，2019）

编号	东经	北纬	编号	东经	北纬	编号	东经	北纬
LC1	120°10′	49°35′	LC19	124°14′	47°33′	LC37	115°37′	43°38′
LC2	119°41′	48°32′	LC20	122°37′	48°20′	LC38	113°35′	41°39′
LC3	117°36′	48°44′	LC21	112°22′	38°37′	LC39	112°14′	41°54′
LC4	117°12′	49°29′	LC22	116°37′	43°38′	LC40	121°14′	49°21′
LC5	118°41′	49°47′	LC23	118°37′	44°51′	LC41	109°47′	41°37′
LC6	111°34′	47°22′	LC24	117°41′	44°41′	LC42	115°22′	41°47′
LC7	111°35′	48°24′	LC25	118°41′	45°56′	LC43	114°48′	44°20′
LC8	112°17′	48°39′	LC26	117°17′	45°38′	LC44	113°15′	44°34′
LC9	113°29′	48°35′	LC27	106°45′	47°40′	LC45	112°46′	42°32′
LC10	114°38′	47°52′	LC28	106°35′	46°54′	LC46	113°48′	42°33′
LC11	115°24′	47°30′	LC29	107°48′	47°38′	LC47	116°15′	42°27′
LC12	115°22′	46°36′	LC30	108°48′	47°45′	LC48	115°42′	42°33′
LC13	121°26′	46°35′	LC31	109°33′	47°35′	LC49	103°50′	46°39′
LC14	120°27′	45°50′	LC32	110°42′	47°24′	LC50	104°34′	47°35′
LC15	121°15′	44°45′	LC33	110°41′	46°51′	LC51	106°21′	48°29′
LC16	117°49′	43°17′	LC34	111°47′	46°27′	LC52	102°45′	46°51′
LC17	118°23′	43°55′	LC35	113°27′	46°47′	LC53	105°26′	47°53′
LC18	124°31′	46°48′	LC36	116°51′	44°51′	LC54	102°47′	47°50′

3. 实验方法

实验于 2017 年 4 月至 11 月在中国农业科学院草原研究所农业农村部沙尔沁牧草资源重点野外科学观测试验站温室内完成。选取羊草种质资源圃中生长状况基本相同、发育时期相近的羊草幼苗移栽至花盆中（内径 23cm，高 25cm）。培养基质为蛭石和石英砂（蛭石∶石英砂=1∶1，每盆 5kg）。每盆种植 5 个单株，每份材料设置 2 个处理，每个处理设置 3 个重复，每份材料移栽 6 盆。移栽在温室条件下进行缓苗培养，定苗期间以 1/2 霍格兰溶液（侯建华等，2004）进行营养补充，补充水分到土壤最大持水量。缓苗结束后，采用苗期二次干旱胁迫-复水法进行干旱胁迫：正常灌水对照（CK），维持土壤最大持水量的 80%～100%；干旱胁迫处理（T），整个胁迫期间不浇水。干旱胁迫期间通过称重法进行水分补充。

干旱胁迫处理前 1 日，每盆随机选 3 株编号，并在从上面数的第二片叶子上绑绳做标记，统计初始成活率、叶片数、分蘖数，测量株高、叶长、叶宽等作为基础数据。胁迫处理 3 周后，再次对以上性状指标进行测量统计。

第 1 次干旱复水处理：当干旱处理土壤持水量降至 20%时，测定干旱处理和对照的叶绿素含量（采用 SPAD-502 叶绿素仪）后，将干旱处理复水至土壤最大持水量的 80%~100%。复水 3d 后，进行成活率统计，以幼苗叶片转为鲜绿色为存活。

第 2 次干旱复水处理：第 1 次复水后不再供水，当干旱处理土壤持水量再次降至 20%时，取干旱处理和对照鲜叶存于超低温冰箱中待测生理指标。将干旱处理复水至土壤最大持水量的 80%~100%。复水 3d 后，进行存活率统计。复水 7d 后，统计生物量。

4. 抗旱能力综合评价

参照王曙光等（2008）、李忠旺等（2017）的计算方法，存活率（SR）计算公式如式（6-1）。

$$SR=(SR1+SR2)\div 2=(XSR1/XTT\times 100+XSR2/XTT\times 100)\div 2 \tag{6-1}$$

式中，SR1 为第 1 次干旱后植株存活率；SR2 为第 2 次干旱后植株存活率；XSR1 为在第 1 次复水后 3 个重复植株存活率的平均值；XSR2 为第 2 次复水后 3 个重复植株存活率的平均值；XTT 为初始条件下前 3 次重复存活总植株的平均值。

干旱变异指数（CVD）计算公式如（6-2）。

$$CVD=|CVT-CVC|/(CVT+CVC)/2 \tag{6-2}$$

式中，CVT 为所有供试材料某一指标在干旱处理后的变异系数；CVC 为所有供试材料同一指标在正常灌水下的变异系数。

单项抗旱系数（DC）计算公式如式（6-3）。

$$DC=X_i/CK_i \tag{6-3}$$

式中，i 为指标性状；X_i 和 CK_i 分别代表干旱处理组和正常供水对照组的指标测量值。

隶属函数值 $\mu(x)$ 计算公式如式（6-4）。

$$\mu(x)=(X_i-X_{i\min})/(X_{i\max}-X_{i\min}) \tag{6-4}$$

式中，i 为指标性状；X_i 为第 i 个指标的值；$X_{i\max}$、$X_{i\min}$ 分别为第 i 个指标的最大值、最小值。

抗旱性度量值（D）的计算公式如式（6-5）。

$$D = \sum_{i=1}^{n}\left[\mu(x)\times\left(|P_i|\div\sum_{i=1}^{n}|P_i|\right)\right] \tag{6-5}$$

式中，i 为指标性状；n 为指标性状的数量；P_i 为第 i 个综合指标贡献率，$P_i=X_i/CK_i$。

关联系数见式（6-6）。

$$L_{0i}(k) = \frac{\Delta_{\min} + \rho\Delta_{\max}}{\Delta_{0i}(k) + \rho\Delta_{\max}} \tag{6-6}$$

式中，$\Delta_{0i}(k)=|x_0(k)-x_i(k)|$，$\Delta_{0i}(k)$ 表示 k 时刻参考序列 x_0 和比较序列 x_i 的绝对差值；Δ_{max} 和 Δ_{min} 分别表示所有比较序列各个时刻绝对差中的最大值与最小值；$\Delta_{min}=0$，分辨系数 $\rho=0.5$。

关联度见式（6-7）。

$$\gamma_i = \frac{1}{n}\sum_{k=1}^{n} L_{0i}(k) \qquad (6-7)$$

式中，i 为指标性状；n 为指标性状的数量。

权重系数见式（6-8）。

$$\omega_i(\gamma) = \gamma_i \div \sum_{i=1}^{n} \gamma_i \qquad (6-8)$$

式中，i 为指标性状；n 为指标性状的数量。

三、羊草种质资源抗旱性分析

（一）羊草资源不同性状指标对干旱胁迫的响应

实验对 54 份野生羊草种质资源进行干旱处理，与对照相比，各供试羊草种质资源所选性状对干旱胁迫皆有不同程度的响应（表 6-2），除对照的叶片数外，其余性状指标测定值的变异系数均在 10% 以上。在干旱胁迫下，羊草叶片中脯氨酸和丙二醛的含量呈上升趋势，其余指标平均值均小于对照。干旱处理和对照差值对比中，除株高和分蘖数外，其余指标的干旱变异指数均大于 10%，说明选取的绝大部分指标具有较强的代表性，对干旱胁迫敏感度较高。

（二）羊草种质资源各性状指标抗旱系数相关性分析

计算 54 份羊草种质材料各性状指标的抗旱系数，通过相关性分析表明，部分性状指标之间的相关性达到了显著水平（表 6-3）。其中，株高与叶长呈极显著正相关（$P<0.01$）；叶宽与叶片数呈极显著相关（$P<0.01$）；丙二醛含量与叶绿素含量呈显著相关（$P<0.05$）；脯氨酸含量与丙二醛含量呈极显著相关（$P<0.01$）；地上部鲜重与地上部干重呈极显著相关（$P<0.01$），与叶宽、叶绿素含量、地下部鲜重呈显著相关（$P<0.05$）；地下部鲜重与地上部鲜重、地上部干重呈极显著相关（$P<0.01$）；地下部干重与地下部鲜重、地上部鲜重、地上部干重呈极显著相关（$P<0.01$）；干旱存活率与地上部干重、地下部鲜重、地下部干重呈极显著相关（$P<0.01$），与地上部鲜重呈显著相关（$P<0.05$）。结果表明，所有指标之间都存在着大小不一的相关性，使得不同性状之间反映的信息有所重叠，因此需要进行主成分分析进一步找出变化规律。

表 6-2 供试羊草种质各处理的性状指标相关数据（李怡，2019）

处理	参数	株高(cm)	叶长(cm)	叶宽(cm)	叶片数(个)	分蘖数(个)	叶绿素含量(%)	丙二醛(%)	脯氨酸(%)	地上部鲜重(g)	地上部干重(g)	地下部鲜重(g)	地下部干重(g)	存活率(%)
对照 (CK)	最大值	49.444	27.089	0.622	7.667	24.667	51.611	40.876	196.179	29.810	8.667	82.013	14.213	100.000
	最小值	24.389	16.456	0.322	4.778	1.500	28.400	11.851	25.229	11.717	4.580	24.737	3.700	18.182
	均值	32.500	21.936	0.477	6.183	11.744	43.879	23.686	67.041	21.071	6.727	50.513	9.925	65.152
	标准差 (SD)	4.795	2.338	0.076	0.540	4.720	4.909	6.055	37.635	3.934	1.045	10.123	2.376	25.296
	变异系数 (CV)(%)	14.8	10.7	15.9	8.7	40.2	11.2	25.6	56.1	18.7	15.5	20.0	23.9	38.826
处理 (T)	最大值	43.056	27.533	0.544	7.111	21.000	52.489	46.449	433.210	22.340	6.233	49.390	13.037	100.000
	最小值	19.863	15.289	0.256	3.889	3.667	28.567	6.364	31.014	3.583	0.887	4.783	0.997	18.182
	均值	30.048	21.433	0.406	5.142	9.586	41.243	27.186	198.166	9.093	2.825	16.357	3.079	65.152
	标准差 (SD)	4.402	2.656	0.057	0.692	3.756	5.355	7.765	119.295	3.937	1.126	9.292	1.917	25.296
	变异系数 (CV)(%)	14.6	12.4	13.9	13.5	39.2	13.0	28.6	60.2	43.3	39.8	56.8	62.3	38.826
处理与对照差值	干旱变异指数	0.014	0.148	0.134	0.432	0.025	0.149	0.111	0.171	0.794	0.879	0.958	0.891	
	均值	-2.452	-0.504	-0.071	-1.041	-2.157	-2.636	3.499	131.125	-11.977	-3.901	-34.156	-6.846	
	变异系数 (CV)(%)	-0.1	1.7	-2.0	4.7	-1.0	1.8	3.0	4.1	24.6	24.3	36.8	38.3	

表 6-3　供试羊草种质各指标抗旱系数的相关性（李怡，2019）

指标	株高	叶长	叶宽	叶片数	分蘖数	叶绿素含量	丙二醛含量	脯氨酸含量	地上部鲜重	地上部干重	地下部鲜重	地下部干重	存活率
株高	1.000												
叶长	0.498**												
叶宽	−0.005	−0.020											
叶片数	−0.115	−0.245	0.289*										
分蘖数	0.185	0.007	0.071	−0.080									
叶绿素含量	−0.019	−0.001	0.047	−0.176	0.102								
丙二醛含量	0.057	−0.064	−0.037	0.148	−0.157	0.303*							
脯氨酸含量	0.055	−0.277*	−0.058	0.196	−0.160	0.000	0.481**						
地上部鲜重	−0.270*	−0.026	−0.130	−0.112	−0.117	0.127	0.071	0.198					
地上部干重	−0.173	−0.074	0.269*	−0.077	−0.009	0.286*	0.277*	0.266	0.686**				
地下部鲜重	−0.208	−0.001	−0.066	−0.193	−0.005	0.078	0.068	0.147	0.674**	0.634**			
地下部干重	−0.140	−0.090	0.247	−0.092	0.029	0.107	−0.026	−0.013	0.399**	0.682**	0.627**		
存活率	−0.432**	−0.267	0.251	0.111	−0.019	−0.021	−0.104	−0.015	0.341*	0.392**	0.531**	0.457**	1.000

注：*为 $P<0.05$，**为 $P<0.01$，下同

（三）羊草资源抗旱性主成分分析

对各性状指标进行主成分分析，由表 6-4 可知，前 8 个因子的累计贡献率可达到 88.836%，其余贡献率较小的性状指标可以忽略不计。前 6 项综合评价指标贡献率均大于 5%，表明提取的主成分均可以解释至少 5% 的数据变异。因此，将原来 13 个指标转换成 8 个全新的独立的综合指标，集中了原来所有指标的绝大部分数据信息。F1 的特征根 $\lambda_1=3.468$，贡献率为 26.677%，F1 中地上部鲜重、地上部干重、地下部鲜重和地下部干重有较强的载荷量；F2 的特征根 $\lambda_2=1.820$，贡献率为 14.003%，F2 中叶长、叶片数和脯氨酸有较强的载荷量；F3 的特征根 $\lambda_3=1.735$，贡献率为 13.345%，F3 中脯氨酸和丙二醛有较强的载荷量；F4 的特征根 $\lambda_4=1.372$，贡献率为 10.555%，F4 中叶宽有较强的载荷量；F5 的特征根 $\lambda_5=1.096$，贡献率为 8.430%，F5 中叶长和叶绿素含量有较强的载荷量；F6 的特征根 $\lambda_6=0.916$，贡献率为 7.045%，F6 中分蘖数有较强的载荷量；F7 的特征根 $\lambda_7=0.619$，贡献率为 4.760%，F7 中叶片数有较强的载荷量；F8 的特征根 $\lambda_8=0.523$，贡献率为 4.022%，F8 中丙二醛、地上部鲜重和存活率有较强的载荷量（表 6-4）。

表 6-4　供试羊草种质各指标主成分分析（李怡，2019）

性状	主成分								共同度（%）
	F1	F2	F3	F4	F5	F6	F7	F8	
株高	−0.226	0.273	0.343	0.320	0.333	0.241	−0.133	0.098	0.849
叶长	−0.134	0.478	0.212	0.125	0.403	−0.263	0.385	0.124	0.919
叶宽	0.090	−0.100	−0.245	0.680	0.137	−0.241	−0.182	−0.220	0.903
叶片数	−0.023	−0.510	−0.156	0.275	0.240	0.052	0.590	−0.046	0.903
分蘖数	−0.044	0.250	−0.099	0.335	−0.386	0.721	0.259	0.000	0.971
叶绿素含量	0.119	0.093	0.307	0.236	−0.651	−0.351	0.146	−0.024	0.896
丙二醛含量	0.096	−0.314	0.540	0.143	−0.081	−0.098	0.088	0.455	0.873
脯氨酸含量	0.133	−0.412	0.411	−0.023	0.174	0.365	−0.243	−0.115	0.863
地上部鲜重	0.411	0.105	0.131	−0.248	0.101	0.029	0.380	−0.476	0.939
地上部干重	0.467	0.061	0.165	0.195	0.038	−0.024	−0.048	−0.282	0.909
地下部鲜重	0.446	0.194	0.042	−0.143	0.135	0.155	0.095	0.270	0.874
地下部干重	0.406	0.179	−0.106	0.192	0.098	0.018	−0.360	0.090	0.794
存活率	0.359	−0.062	−0.363	0.020	0.025	0.001	0.108	0.564	0.857
特征根	3.468	1.820	1.735	1.372	1.096	0.916	0.619	0.523	—
贡献率（%）	26.677	14.003	13.345	10.555	8.430	7.045	4.760	4.022	—
累计贡献率（%）	26.677	40.680	54.025	64.580	73.010	80.054	84.814	88.836	—
因子权重	0.300	0.158	0.150	0.119	0.095	0.079	0.054	0.045	—

注：—表示数据组内没有共同度

（四）羊草资源抗旱性评价和灰色关联度分析

1. 抗旱性综合评价

本研究运用隶属函数法对供试羊草种质资源进行抗旱性评价。分别求出各性状指标的隶属函数值，将各个指标的隶属函数值累加求平均值（D 值），根据 D 值大小进行排序，抗旱性越强的羊草资源 D 值越大，并进行聚类分析，划分抗旱等级。54 份供试羊草种质资源的 D 值介于 0.289～0.684（表 6-5），其中抗旱能力较强的有 LC24 和 LC34，抗旱能力较弱的有 LC40 和 LC43。采用欧式距离法，对供试 54 份野生羊草种质资源的 D 值进行聚类分析，在欧式距离 3.17 的水平距离上，根据 D 值大小将其分成 5 类：Ⅰ类为高抗旱，Ⅱ类为抗旱，Ⅲ类为中等抗旱，Ⅳ类为干旱敏感，Ⅴ类为干旱高敏感。第Ⅰ类为高抗旱材料，占总数的 7.4%，平均 D 值 0.660，包括材料：LC1、LC34、LC24、LC46；第Ⅱ类为抗旱材料，占总数的 22.2%，平均 D 值 0.531，包括材料：LC8、

LC9、LC10、LC11、LC15、LC19、LC20、LC21、LC22、LC30、LC35、LC36；第Ⅲ类为中等抗旱材料，占总数的 7.4%，平均 D 值 0.461，包括材料：LC23、LC29、LC49、LC50；第Ⅳ类为干旱敏感材料，占总数的 55.6%，平均 D 值 0.388，包括材料：LC2、LC3、LC5、LC6、LC7、LC12、LC13、LC14、LC17、LC18、LC25、LC26、LC27、LC28、LC31、LC32、LC33、LC37、LC38、LC39、LC41、LC42、LC44、LC45、LC47、LC48、LC51、LC52、LC53、LC54；第Ⅴ类为干旱高敏感材料，占总数的 7.5%，平均 D 值 0.304，包括材料：LC4、LC16、LC40、LC43。

表 6-5 供试羊草种质抗旱性评价隶属函数 D 值及耐旱等级（李怡，2019）

编号	隶属函数								D 值	排序	耐旱等级
	μ1	μ2	μ3	μ4	μ5	μ6	μ7	μ8			
LC1	0.927	0.633	0.481	0.591	0.600	0.258	0.739	0.140	0.644	3	Ⅰ
LC2	0.423	0.385	0.733	0.222	0.287	0.279	0.515	0.091	0.405	27	Ⅳ
LC3	0.201	0.391	0.538	0.568	0.498	0.275	0.614	0.329	0.387	38	Ⅳ
LC4	0.152	0.327	0.698	0.034	0.437	0.350	0.490	0.446	0.322	51	Ⅴ
LC5	0.259	0.581	0.450	0.039	0.300	0.309	0.594	0.278	0.339	49	Ⅳ
LC6	0.171	0.687	0.540	0.292	0.248	0.151	0.426	0.663	0.364	45	Ⅳ
LC7	0.000	0.674	0.594	0.473	0.678	0.326	0.706	0.505	0.403	30	Ⅳ
LC8	0.199	0.949	0.835	0.140	0.690	0.317	0.629	0.839	0.514	13	Ⅱ
LC9	0.712	0.788	0.580	0.285	0.664	0.290	0.743	0.196	0.594	5	Ⅱ
LC10	0.866	0.464	0.498	0.059	0.507	0.428	0.646	0.260	0.543	9	Ⅱ
LC11	0.929	0.097	0.636	0.561	0.397	0.317	0.553	0.522	0.572	7	Ⅱ
LC12	0.317	0.214	0.184	0.858	0.756	0.088	0.766	0.184	0.386	39	Ⅳ
LC13	0.191	0.450	0.394	0.510	0.403	0.044	0.792	0.396	0.350	47	Ⅳ
LC14	0.456	0.505	0.209	0.244	0.503	0.338	0.361	0.411	0.389	35	Ⅳ
LC15	0.541	0.677	0.229	0.314	0.496	0.215	0.686	0.089	0.446	20	Ⅱ
LC16	0.133	0.540	0.317	0.266	0.579	0.233	0.334	0.320	0.310	52	Ⅴ
LC17	0.172	0.249	0.711	0.660	0.396	0.128	0.529	0.471	0.374	42	Ⅳ
LC18	0.402	0.294	0.617	0.286	0.521	0.539	0.265	0.424	0.419	23	Ⅳ
LC19	0.503	0.306	0.457	0.682	0.697	0.256	1.000	0.000	0.489	15	Ⅱ
LC20	0.424	0.570	0.849	0.551	0.578	0.313	0.497	0.542	0.541	10	Ⅱ
LC21	0.682	0.557	0.410	0.305	0.363	0.293	0.629	0.462	0.503	14	Ⅱ
LC22	0.558	0.859	0.542	0.389	0.479	0.182	0.733	0.482	0.552	8	Ⅱ
LC23	0.326	0.005	1.000	0.880	0.250	0.154	0.747	0.625	0.458	18	Ⅲ
LC24	0.776	0.612	0.814	0.566	0.671	0.325	0.623	0.941	0.684	1	Ⅰ

编号	隶属函数								D 值	排序	耐旱等级
	μ1	μ2	μ3	μ4	μ5	μ6	μ7	μ8			
LC25	0.130	0.906	0.542	0.489	0.430	0.115	0.243	0.301	0.398	31	IV
LC26	0.417	0.723	0.276	0.000	0.559	0.290	0.841	0.283	0.414	24	IV
LC27	0.119	0.661	0.530	0.444	0.501	0.199	0.402	0.338	0.372	43	IV
LC28	0.339	0.662	0.229	0.221	0.439	0.262	0.702	0.606	0.394	33	IV
LC29	0.306	0.873	0.447	0.438	0.440	0.131	0.538	0.744	0.463	17	III
LC30	0.713	0.492	0.405	0.489	0.547	0.297	0.104	0.558	0.517	12	II
LC31	0.287	0.644	0.228	0.605	0.614	0.121	0.315	0.209	0.388	37	IV
LC32	0.253	0.770	0.375	0.607	0.450	0.000	0.446	0.449	0.413	25	IV
LC33	0.327	0.498	0.465	0.594	0.529	0.202	0.570	0.427	0.433	21	IV
LC34	0.708	0.768	0.759	0.352	0.796	0.238	0.906	0.898	0.673	2	I
LC35	0.582	0.721	0.367	0.601	0.575	0.214	0.463	0.373	0.528	11	II
LC36	0.704	0.682	0.386	0.764	0.421	0.131	0.636	0.570	0.578	6	II
LC37	0.281	0.245	0.463	0.354	0.781	0.325	0.750	0.314	0.389	36	IV
LC38	0.384	0.438	0.379	0.465	0.496	0.190	0.272	0.287	0.386	40	IV
LC39	0.317	0.000	0.367	0.408	0.683	0.613	0.189	0.583	0.349	48	IV
LC40	0.264	0.128	0.000	0.267	0.540	0.282	0.725	1.000	0.289	54	V
LC41	0.377	0.450	0.181	0.213	0.307	0.169	0.416	0.787	0.337	50	IV
LC42	0.535	0.523	0.077	0.333	0.339	0.036	0.798	0.709	0.404	28	IV
LC43	0.401	0.000	0.062	0.305	0.419	0.319	0.625	0.663	0.294	53	V
LC44	0.462	0.406	0.054	0.443	0.685	0.200	0.772	0.772	0.421	22	IV
LC45	0.511	0.627	0.157	0.215	0.594	0.279	0.509	0.065	0.410	26	IV
LC46	1.000	0.759	0.087	0.772	0.575	0.425	0.000	0.548	0.638	4	I
LC47	0.423	0.429	0.200	0.386	0.504	0.092	0.916	0.469	0.396	32	IV
LC48	0.191	0.639	0.132	0.609	0.764	0.222	0.459	0.412	0.384	41	IV
LC49	0.069	1.000	0.139	1.000	0.000	1.000	0.983	0.439	0.470	16	III
LC50	0.291	0.809	0.039	0.546	0.804	0.280	0.602	0.792	0.452	19	III
LC51	0.516	0.268	0.217	0.203	0.496	0.357	0.865	0.404	0.394	34	IV
LC52	0.550	0.356	0.186	0.522	0.043	0.059	0.458	0.369	0.361	46	IV
LC53	0.027	0.409	0.445	0.511	1.000	0.381	0.569	0.220	0.366	44	IV
LC54	0.277	0.327	0.311	0.601	0.740	0.295	0.459	0.726	0.404	29	IV

2. 灰色关联度分析

分析表明，分蘖数的权重系数最大，叶长的权重系数最小，表明分蘖数对于抗旱性的影响程度较大，而叶长对于抗旱性的影响程度较小。本实验以各指标的 DC 值为比较数列（表 6-6），得出各性状抗旱性关联度排序为分蘖数>丙二醛>脯氨酸>地上部干重>存活率=叶宽=地下部鲜重>叶片数>地上部鲜重>叶绿色含量>地下部干重>株高=叶长。因此，分蘖数与羊草抗旱性关系最为密切。

表 6-6 供试种质各指标 DC 值与 *D* 值的关联度及各指标权重（李怡，2019）

指标	关联度	排序	权重系数
株高	0.061	12	0.501
叶长	0.061	13	0.499
叶宽	0.076	6	0.626
叶片数	0.075	8	0.615
分蘖数	0.114	1	0.939
叶绿素含量	0.069	10	0.572
丙二醛含量	0.094	2	0.777
脯氨酸含量	0.083	3	0.684
地上部鲜重	0.074	9	0.606
地上部干重	0.080	4	0.661
地下部鲜重	0.076	7	0.624
地下部干重	0.062	11	0.507
存活率	0.076	5	0.626

第三节　羊草根茎繁殖特性及影响因素研究

一、羊草无性繁殖生态学研究概述

羊草是中、旱生草原植物，适应性强，具有耐旱、耐寒、耐盐碱等多重耐逆性，且返青早、适口性好、耐牧，被誉为"禾本科牧草之王"。羊草同时营有性和无性两种繁殖方式，在野外生境中，羊草有性繁殖存在抽穗率低、发芽率低、结实率低的"三低"现象，但无性繁殖能力强。

羊草的根茎节和分蘖节为多年生，根茎节和分蘖节均可形成营养芽，是重要的无性繁殖材料。羊草的分蘖节呈合轴分支型，每繁殖一个世代，分蘖节伸长一段，分蘖节最多可繁殖 4 次。羊草根茎可存活 4 年，在适宜的生境中，羊草根茎发育旺盛，一昼夜可生长 1~2cm。羊草的根茎通常呈直线型伸长，根茎顶端芽具有很强的穿透能力，可以穿透其他植物的活根系。羊草根茎具有多向性分生特征。羊草根茎无处不分枝，无处不生根，故羊草被称为"可以通过根茎行走"的游击型克隆植物。

羊草的芽有两种，一种是分蘖节芽（B3），另一种是根茎节芽（B2）。分蘖节芽有两个生长方向，一是直接向上生长形成新一代分蘖节子株（DS3），另一个是横向生长形成根茎（YR）。根茎上有很多根茎节，根茎节上形成根茎节芽（B2）。根茎节芽或休眠，或向上生长为根茎节子株（DS2），或横向生长为新的根茎（YR）（图 6-1）。张继涛等（2009）研究认为，羊草子株种群由根茎节子株（DS2）、根茎顶子株（DS1）和分蘖节子株（DS3）构成，它们对子株种群的贡献率有所不同。根茎节子株（DS2）对子株种群的贡献率最小，占 5%；根茎顶子株（DS1）对子株种群的贡献率中等，达到 16%。DS2 和 DS1 均为根茎子株，属游击型分株，对子株种群的贡献率合计为 21%（近二成）。子株种群密度的维持主要靠分蘖节子株（DS3）的输出。分蘖节子株属于密集型分株，对子株种群的贡献率最大，达到 79%（近八成）。基于此，张继涛等（2009）提出了羊草子株种群维持的"二八定律"。羊草采取"密集型"分蘖和"游击型"根茎两种克隆繁殖方式，羊草的这种繁殖策略又被称为"克隆区隔避险策略"。

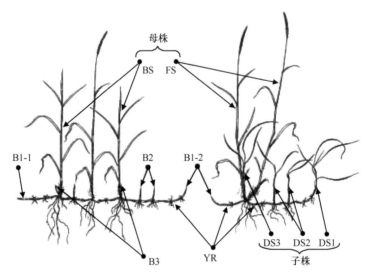

图 6-1　羊草形态图（张继涛等，2015）

B1-1. 水平生长根茎顶芽；B1-2. 向上生长根茎顶芽；B2. 根茎节芽；B3. 分蘖节芽；DS1. 根茎顶子株；DS2. 根茎节子株；DS3. 分蘖节子株；YR. 新根茎；FS. 抽穗母株；BS. 营养母株

Liu 等（2016）对不同克隆植物的研究表明，母株与子株之间、不同类型子株之间存在复杂的克隆整合作用，这对克隆植物种群增长非常有利。王昱生和李景信（1992）用碳同位素技术研究了羊草分株之间光合同化物的转移问题，认为羊草克隆株内同源分株之间、不同世代分株间的资源转移存在既独立又相互联系的三种格局，即向顶性转移、向基性转移和水平性转移。由此看来，羊草的生长和繁殖之间、不同类型繁殖方式之间的相互作用关系是相当复杂的。

羊草种群采取不同的繁殖策略，无不与适应及进化相联系，如果能够透过这些现象，揭示这些现象与作用因子间的因果关系，就可以解释种群调节的生态学机理，并根据规律性的变化，进行相应的预测研究。有关羊草繁殖能力的影响因素研究方面，多为环境因素对羊草有性繁殖能力的影响，环境因素对羊草无性繁殖能力的影响方面尚缺乏系统研究。目前关于羊草不同地理种群变异的研究多为野外原位观测，无法区分遗传分化和表型可塑性的贡献。同质园实验已成为研究遗传与环境因素对植物生长和繁殖影响的一种直接有效的方法。

二、研究思路、材料和方法

（一）研究思路

不同地理来源的羊草在同质园中仍表现出显著差异，且与原生境地理、气候存在显著相关性，这表明羊草种群间发生了遗传分化。分析研究原生境地理和气候因素对羊草性状分化的影响作用，有助于预测气候变化背景下羊草和以羊草为优势种的草地生态系统的变化趋势。植物地上和地下部往往存在紧密联系与相互作用。分析研究羊草地上部性状对地下根茎克隆繁殖能力的影响，可帮助育种学家根据地上部性状快速识别根茎克隆繁殖能力强的羊草种质，加快优良牧草种质创新。

采用同质园实验方法，将不同地理来源的羊草移栽至试验地中，观察并记录表型和繁殖相关性状与指标，分析相关性状和指标是否发生了分化，进一步分析原生境地理和气候因子对羊草性状分化的影响，地上部性状对地下根茎克隆繁殖能力的影响（图 6-2），探究不同因素对羊草根茎克隆繁殖能力的影响。

（二）研究材料

2014～2015 年中国农业科学院草原研究所对野生羊草分布区进行考察，采集了活体羊草，并栽植于农业农村部牧草资源重点野外科学观测试验站，建立了羊草种质资源圃（武自念等，2018）。本实验从该羊草种质资源圃中选取不同地理来源的 66 份羊草作为实验材料，采样范围：北纬 35°31′～49°47′，东经 120°45′～124°31′，海拔 9～2000m（表 6-7）。66 份羊草材料包括中来自蒙古国 6 个省份的羊草 22 份，来自中国 7 个省、自治区的羊草 44 份（表 6-8）。羊草采样点年平均气温-2.1～13.3℃，年平均降水量 166.6～695.6mm。不同采样点之间最短距离为 29.80km（LC19 和 LC22），最远距离为 1967.58km（LC12 和 LC42），平均距离为 621.02km。

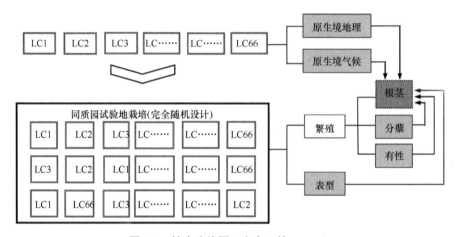

图 6-2　技术路线图（白乌云等，2019）

表 6-7　实验羊草材料原生境信息（白乌云等，2019）

样点序号	北纬	东经	海拔（m）	行政隶属	年平均气温（℃）	年平均降水量（mm）
LC1	49°35′	120°10′	767	内蒙古自治区呼伦贝尔市陈巴尔虎旗	-1.4	344.7
LC2	48°32′	119°41′	778	内蒙古自治区呼伦贝尔市鄂温克族自治旗	-1.2	334.4
LC3	48°44′	117°36′	589	内蒙古自治区呼伦贝尔市新巴尔虎右旗	-0.2	270.9
LC4	49°29′	117°12′	725	内蒙古自治区呼伦贝尔市新巴尔虎右旗	0.0	266.8
LC5	49°47′	118°41′	613	内蒙古自治区呼伦贝尔市陈巴尔虎旗	-0.8	312.0
LC6	47°22′	111°34′	1076	蒙古国肯特（Hentiy）省	0.1	241.1
LC7	48°24′	111°35′	1336	蒙古国肯特（Hentiy）省	0.0	247.6
LC8	48°39′	112°17′	1195	蒙古国肯特（Hentiy）省	0.2	250.2
LC9	48°35′	113°29′	890	蒙古国东方（Dornod）省	0.4	241.2
LC10	47°52′	114°38′	830	蒙古国东方（Dornod）省	0.7	209.6
LC11	47°30′	115°24′	678	蒙古国东方（Dornod）省	0.7	198.6
LC12	46°36′	115°22′	762	蒙古国东方（Dornod）省	0.7	201.4

样点序号	北纬	东经	海拔（m）	行政隶属	年平均气温（℃）	年平均降水量（mm）
LC13	46°35′	121°26′	577	内蒙古自治区兴安盟科尔沁右翼前旗	1.7	365.1
LC14	45°50′	120°27′	934	内蒙古自治区兴安盟科尔沁右翼中旗	1.3	335.3
LC15	44°45′	121°15′	288	内蒙古自治区通辽市扎鲁特旗	3.3	416.6
LC16	43°17′	117°49′	1167	内蒙古自治区赤峰市克什克腾旗	3.2	317.7
LC17	43°55′	118°23′	1073	内蒙古自治区赤峰市巴林右旗	2.6	316.4
LC18	46°48′	124°31′	144	黑龙江省杜尔伯特蒙古族自治县	3.5	420.3
LC19	47°33′	124°14′	152	黑龙江省齐齐哈尔市富裕县	3.5	419.0
LC20	48°20′	122°37′	619	内蒙古自治区呼伦贝尔市扎兰屯市	2.2	386.2
LC21	38°37′	112°22′	1879	山西省忻州市静乐县	9.3	444.6
LC22	43°38′	116°37′	1237	内蒙古自治区锡林郭勒盟锡林浩特市	2.5	256.4
LC23	44°51′	118°37′	1016	内蒙古自治区锡林郭勒盟西乌珠穆沁旗	1.7	301.1
LC24	44°41′	117°41′	1047	内蒙古自治区锡林郭勒盟西乌珠穆沁旗	1.7	278.0
LC25	45°56′	118°41′	1000	内蒙古自治区锡林郭勒盟东乌珠穆沁旗	0.6	293.4
LC26	45°38′	117°17′	1045	内蒙古自治区锡林郭勒盟东乌珠穆沁旗	0.8	244.9
LC27	47°40′	106°45′	1349	蒙古国中央（Tov）省	−2.1	213.6
LC28	46°54′	106°35′	1433	蒙古国中央（Tov）省	−1.1	198.7
LC29	40°49′	113°17′	1262	内蒙古自治区乌兰察布市察哈尔右翼前旗	5.5	292.6
LC30	47°38′	107°48′	1706	蒙古国中央（Tov）省	−1.7	199.2
LC31	47°45′	108°48′	1701	蒙古国肯特（Hentiy）省	−0.5	196.3
LC32	47°35′	109°33′	1335	蒙古国肯特（Hentiy）省	−0.1	204.2
LC33	47°24′	110°42′	1043	蒙古国肯特（Hentiy）省	−0.6	223.3
LC34	46°51′	110°41′	1170	蒙古国肯特（Hentiy）省	−0.2	217.3
LC35	46°27′	111°47′	997	蒙古国苏赫巴托尔（Suhbaatar）省	0.9	205.8
LC36	46°47′	113°27′	1050	蒙古国苏赫巴托尔（Suhbaatar）省	0.5	205.4
LC37	44°51′	116°51′	1021	内蒙古自治区锡林郭勒盟西乌珠穆沁旗	1.3	243.3
LC38	45°48′	117°35′	967	内蒙古自治区锡林郭勒盟东乌珠穆沁旗	0.7	257.5
LC39	43°38′	115°37′	1145	内蒙古自治区锡林郭勒盟阿巴嘎旗	2.5	231.9
LC40	41°39′	113°35′	1445	内蒙古自治区乌兰察布市商都县	4.6	247.0
LC41	41°54′	112°14′	1668	内蒙古自治区乌兰察布市四子王旗	3.6	182.6
LC42	49°21′	121°14′	874	内蒙古自治区呼伦贝尔市牙克石市	−0.2	345.1
LC43	41°31′	111°15′	1643	内蒙古自治区包头市达尔罕茂明安联合旗	3.8	191.9
LC44	41°37′	109°47′	1590	内蒙古自治区包头市达尔罕茂明安联合旗	3.5	166.6

续表

样点序号	北纬	东经	海拔（m）	行政隶属	年平均气温（℃）	年平均降水量（mm）
LC45	40°53′	110°19′	1535	内蒙古自治区包头市固阳县	4.5	201.6
LC46	44°29′	120°29′	640	内蒙古自治区通辽市扎鲁特旗	2.9	384.4
LC47	41°47′	115°22′	1504	内蒙古自治区锡林郭勒盟太仆寺旗	5.6	324.4
LC48	44°20′	114°48′	1100	内蒙古自治区锡林郭勒盟阿巴嘎旗	2.0	207.5
LC49	44°34′	113°15′	1245	内蒙古自治区锡林郭勒盟苏尼特左旗	2.2	178.1
LC50	42°32′	112°46′	1145	内蒙古自治区锡林郭勒盟苏尼特右旗	3.4	168.4
LC51	42°33′	113°48′	1140	内蒙古自治区锡林郭勒盟苏尼特右旗	3.5	203.7
LC52	42°27′	116°15′	1420	内蒙古自治区锡林郭勒盟正蓝旗	5.1	326.3
LC53	42°33′	115°42′	1415	内蒙古自治区锡林郭勒盟正蓝旗	4.4	286.2
LC54	44°26′	116°25′	1019	内蒙古自治区锡林郭勒盟西乌珠穆沁旗	1.8	237.8
LC55	46°39′	103°50′	2000	蒙古国前杭爱（Ovorhangay）省	0.2	210.5
LC56	47°35′	104°34′	1165	蒙古国中央（Tov）省	−0.5	235.3
LC57	48°29′	106°21′	1205	蒙古国中央（Tov）省	−1.3	242.6
LC58	46°51′	102°45′	1696	蒙古国前杭爱（Ovorhangay）省	−1.8	257.7
LC59	47°53′	105°26′	1032	蒙古国中央（Tov）省	−0.9	229.3
LC60	47°50′	102°47′	1541	蒙古国后杭爱（Arhangay）省	−0.9	268.1
LC61	39°49′	118°18′	81	河北省唐山市开平区	9.5	516.0
LC62	35°31′	113°11′	1215	山西省晋城市陵川县	13.3	634.0
LC63	37°13′	113°22′	1461	山西省晋中市左权县	10.0	485.7
LC64	36°01′	106°08′	1835	宁夏回族自治区固原市	8.8	336.8
LC65	38°34′	110°29′	1265	陕西省榆林市神木市	8.2	368.5
LC66	36°52′	118°57′	9	山东省寿光市留吕乡	11.8	695.6

表 6-8　实验羊草材料分布情况（白乌云等，2019）

国家	省、自治区	材料数量（份）
中国	内蒙古	35
中国	黑龙江	2
中国	山西	3
中国	陕西	1
中国	河北	1
中国	宁夏	1
中国	山东	1
蒙古国	中央（Tov）省	6
蒙古国	前杭爱（Ovorhangay）省	2

国家	省、自治区	材料数量（份）
蒙古国	后杭爱（Arhangay）省	1
蒙古国	苏赫巴托尔（Suhbaatar）省	2
蒙古国	肯特（Hentiy）省	7
蒙古国	东方（Dornod）省	4
	合计	66

（三）研究方法

选择地势平坦、土壤条件均匀的长方形试验地（88m×100m），秋翻过冬，春季再翻、人工耙平耙细，分隔成若干个 5m×5m 的生长小区（充分的生长空间、无种间竞争的统一管理的栽培条件）。试验地四边各留 5m 空地，以消除边缘效应。2018 年 4 月 21 日待羊草返青展叶后，用直径为 7.5cm 的不锈钢移苗器挖取羊草，每个羊草种质三个重复，挖取深度为 25cm，精心挑选长势接近的均有 5 片叶子、须根完整、带一节短根茎、无抽穗迹象的羊草母株，按完全随机设计带土移栽至各小区的中心位置，覆土压实，立即浇水，之后每周浇一次水，共浇 4 次，确保成活。成活后，不浇水灌溉，适时锄杂草，统一管理。

移栽一周后，记录成活母株数，记录第一个根茎子株出土日期，抽穗期记录抽穗的母株数，计算母株抽穗率（heading rate，HR）。2018 年 8 月初从每个母株丛中选取株高较大的 5 个单株，选中部健康完整叶片记录叶宽（leaf width，LW）和叶长（leaf length，LL），记录茎长（stem length，SL）和株高（plant height，PH），计算叶长宽比（LL/LW）和叶片大小（叶宽×叶长，LW×LL）。第一个生长季末（2018 年 9 月末），记录根茎子株数（number of extravaginal ramet，NER）和母株丛中的分蘖子株数，计算克隆生长率（clonal growth rate，CGR）、母株分蘖增加倍数（multiple of genets through tillering，MT）和母株根茎克隆增加倍数（multiple of genets through rhizome expansion，MR）。同时记录根茎扩展方向数（number of rhizome extension direction，NED）、各方向上的扩展距离、单向最大扩展距离（maximum one-direction expended distance，MED），并计算累积扩展距离（accumulated extended distance，AED）、扩展距离（extended distance，ED）和扩展面积（extended area，EA）。2019 年 4 月末（移栽一年时）待羊草返青展叶后再次记录根茎株数，计算根茎株跨年增加倍数（multiple of NER after a dormancy period，MRD）。羊草性状指标的测量方法详见表 6-9。

表 6-9　羊草性状指标及其测量方法（白乌云等，2019）

性状序号	性状名称	性状缩写	单位	测量方法
1	叶宽	LW	mm	中部健康完整叶片，测量最宽处的宽度
2	叶长	LL	cm	中部健康完整叶片，从叶颈至叶尖的长度
3	叶长宽比	LL/LW	无	叶长/叶宽
4	叶片大小	LW×LL	cm²	叶宽×叶长
5	茎长	SL	cm	茎基端到茎尖的长度
6	株高	PH	cm	地面到植株最高点（叶片竖直后）的高度
7	根茎子株数	NER	株	母株丛以外的子株数
8	根茎扩展方向数	NED	个	根茎扩展的方向数
9	单向最大扩展距离	MED	cm	母株丛到最远的根茎子株的距离
10	累积扩展距离	AED	cm	各扩展方向上扩展距离之和
11	母株根茎克隆增加倍数	MR	无	根茎子株数/移栽成活的母株数
12	母株抽穗率	HR	%	抽穗的母株数/成活的母株数×100%
13	母株分蘖增加倍数	MT	无	母株丛中的分蘖株数/移栽时的母株数
14	扩展距离	ED	cm	单向扩展距离最长的 3 个距离的平均值
15	扩展面积	EA	cm²	$\pi \cdot (ED/2)^2$
16	克隆生长率	CGR	株/d	根茎子株数/克隆生长天数
17	根茎株跨年增加倍数	MRD	无	第一个生长季末根茎子株数/第二个生长季返青后根茎株数

　　用 Microsoft Excel 2016 整理数据，计算平均值和标准偏差（standard deviation，SD）。对于性状指标 LW、LL、LL/LW、LW×LL、SL 和 PH 而言 $n=15$，对于其他性状指标则 $n=3$。利用 SPSS Statistics 22.0 软件对羊草性状数据进行描述统计、单因素方差分析（One-way ANOVA），计算各性状的变异系数（coefficient of variation，CV）。

　　对羊草性状数据进行标准差评分（Z score）标准化，用因子分析法，从羊草根茎扩展相关的 9 个指标（NER、MR、NED、AED、MED、ED、EA、CGR 和 MRD）中提取特征值大于 1 的主成分，计算根茎扩展无性繁殖能力综合指标（Y）[式（6-9）]。

$$Y = (a_1 Y_1 + a_2 Y_2 + \cdots + a_n Y_n) / \sum_1^n a_n \qquad (6\text{-}9)$$

式中，Y 为根茎扩展无性繁殖能力综合指标，$Y_1, Y_2, \cdots, Y_n$ 为特征值大于 1 的各主成分的分值，$a_1, a_2, \cdots, a_n$ 分别为主成分 $Y_1, Y_2, \cdots, Y_n$ 解释的总方差的百分数，n 为提取的主成分数。

　　羊草野外采样时 GPS 定位获得羊草采样点的经度（longitude）、纬度（latitude）和海拔（altitude）信息。从世界气候（WorldClim，www.worldclim.org）环境数据库（Bioclimate）中选取当前气候（current condition，1970～2000 年），空间分辨率为 2.5 弧分，获取与 66 个羊草采样点气温和降水量相关的 19 个生物气候因子（BC1～BC19）（表 6-10）数据。

表 6-10　生物气候因子（白乌云等，2019）

气候因子类型	因子编号	因子名称	单位
气温	BC1	年均温	℃
	BC2	昼夜温差月均值	℃
	BC3	昼夜温差/年温差	
	BC4	温度变化方差	℃
	BC5	最热月最高温度	℃
	BC6	最冷月最低温度	℃
	BC7	年温变化范围	℃
	BC8	最湿润季度平均温度	℃
	BC9	最干旱季度平均温度	℃
	BC10	最热季度平均温度	℃
	BC11	最冷季度平均温度	℃
降水量	BC12	年降水量	mm
	BC13	最湿润月降水量	mm
	BC14	最干旱月降水量	mm
	BC15	降水量变化方差	
	BC16	最湿润季度降水量	mm
	BC17	最干旱季度降水量	mm
	BC18	最热季度降水量	mm
	BC19	最冷季度降水量	mm

对羊草性状指标（LW、LL、LW×LL、LL/LW、SL、PH、HR、MT）和根茎无性繁殖能力综合指标（Y）与经度、纬度、海拔三个地理因子及各气候因子进行一元线性回归分析，根据回归方程的 P 值和标准化回归系数（β）绝对值大小，判断各因子对羊草性状影响的大小，根据 $\beta<0$ 或 $\beta>0$ 判断抑制或促进作用。用 R 语言 gplots 制作韦恩图，用统计工具（http://bioinformatics.psb.ugent.be/cgi-bin/liste/Venn/calculate_venn.htpl）进行显著因子的统计。

利用 SPSS Statistics 22.0 软件对羊草根茎无性繁殖能力综合指标（Y）与标准化的 8 个变量性状（LW、LL、LW×LL、LL/LW、SL、PH、HR 和 MT）进行一元线性回归分析，获得回归方程的 F 值、P 值和标准化回归系数（β）。根据回归方程的 P 值和标准化回归系数（β）绝对值大小，判断变量性状对羊草根茎无性繁殖能力综合指标（Y）的影响大小，根据 $\beta<0$ 或 $\beta>0$ 判断变量性状的作用方向。以羊草根茎无性繁殖能力综合指标（Y）为因变量，以 8 个变量性状为自变量，进行偏最小二乘回归分析（partial least-square regression，PLSR），确定各性状的变量投影重要值（Variable Importance in Projection，VIP），VIP 大于 1 的变量性状对 *Y* 的解释作用更强。

三、羊草地上部性状和根茎无性繁殖性状分析

（一）羊草性状分化情况

羊草性状描述统计和方差分析结果（表 6-11）表明，66 份不同地理来源羊草的 17 个性状均存在显著差异（*P*<0.001）。羊草不同性状的变异程度不同（图 6-3）。表型性状中，叶片性状的变异相对较小，其中叶长（LL）变异最小。株高（PH）和茎长（SL）的变异大于叶片性状，且茎长变异（CV=68%）远大于株高的变异（CV=27%）。根茎克隆繁殖相关性状中，空间扩展相关性状（MED、ED、NED、AED 和 EA）的变异（CV=24%～52%）小于子株相关性状（CGR、MRD、NER 和 MR）的变异（CV=61%～91%）。根茎空间克隆相关性状中，单向最大扩展距离（MED）的变异最小，扩展面积（EA）的变异最大。子株相关性状中，克隆生长率（CGR）的变异最小，母株根茎克隆增加倍数（MR）的变异最大。有性繁殖相关性状（母株抽穗率，HR）的变异相对较大。分蘖节的无性繁殖相关性状（母株分蘖增加倍数，MT）的变异小于根茎子株相关性状的变异。

表 6-11　羊草性状描述统计和方差分析（白乌云等，2019）

羊草性状	最小值	最大值	平均值	SD	*F*	*P*	CV（%）
LW（mm）	5.2	13.3	8.505	1.6869	16.92	0.001	20
LL（cm）	17.7	36.1	26.3	3.7	6.76	0.001	14
LW×LL（cm²）	12.1	37.3	22.4	5.63	12.22	0.001	25
LL/LW	16.9	49.4	32.27	7.52	9.50	0.001	23
SL（cm）	4.8	56.8	20.7	14.1	20.97	0.001	68
PH（cm）	27.5	79.0	45.6	12.3	13.42	0.001	27
HR（%）	0	47.0	15.6	12.8	3.79	0.001	82
MT	0	19.2	6.7	4.1	3.42	0.001	61
NER（株）	29.5	991.7	226.6	147.2	3.59	0.001	65
MR	4.9	281.6	44.9	40.8	3.86	0.001	91
NED（个）	3.0	16.0	8.1	3.2	2.49	0.001	40
AED（cm）	1.64	14.677	5.65	2.952	3.13	0.001	52
MED（cm）	0.63	1.96	1.171	0.285	2.14	0.001	24
ED（cm）	0.443	1.672	0.943	0.276	2.93	0.001	29
EA（cm²）	0.258	2.2052	0.8043	0.4191	3.39	0.001	52
CGR（株/d）	0.44	11.4	2.76	1.69	3.59	0.001	61
MRD	1.38	12.21	2.91	1.79	4.35	0.001	61

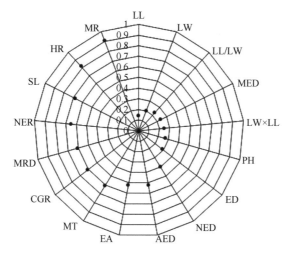

图 6-3　羊草性状的变异比较（白乌云等，2019）

（二）地上部性状对羊草根茎无性繁殖的影响

一元线性回归分析结果（表 6-12）表明，羊草根茎无性繁殖能力综合指标（Y）与茎长（SL）、株高（PH）和母株分蘖增加倍数（MT）呈极显著正相关（$P \leq 0.001$），与叶宽（LW）和叶片大小（LW×LL）呈极显著正相关（$P < 0.01$），与叶长宽比（LL/LW）呈显著正相关（$P < 0.05$），与叶长（LL）和母株抽穗率（HR）未达到显著相关（$P > 0.05$）。可见茎长、株高和母株分蘖增加倍数是影响羊草根茎无性繁殖能力的重要性状，且从标准化回归系数来判断，均具有促进作用，表现为羊草茎长越长、植株越高大、母株分蘖能力越强，羊草根茎无性繁殖能力越强。叶宽和叶片大小也是影响羊草根茎无性繁殖能力的重要性状，且均具有促进作用，表现为叶宽、叶片大的羊草其根茎无性繁殖能力强。羊草叶长和母株抽穗率对羊草根茎无性繁殖能力均无显著影响，但值得注意的是母株抽穗率对羊草根茎无性繁殖能力具有负向作用，即母株抽穗率越高，根茎无性繁殖能力越弱，但影响不显著。

表 6-12　Y 与变量性状的一元线性回归分析结果（白乌云等，2019）

变量性状	β	F	P	显著性
LW	0.362	9.65	0.003	**
LL	0.094	0.58	0.451	ns
LW×LL	0.340	8.35	0.005	**
LL/LW	−0.251	4.30	0.042	*
SL	0.455	16.67	<0.0001	***
PH	0.407	12.68	0.001	***
HR	−0.102	0.68	0.414	ns
MT	0.391	11.561	0.001	***

注：β 为标准化回归系数，ns 表示 $P > 0.05$，*表示 $P \leq 0.05$，**表示 $P \leq 0.01$，***表示 $P \leq 0.001$（双尾检验），下同

从偏最小二乘回归分析结果（图 6-4a）来看，茎长（SL）、母株分蘖增加倍数（MT）、株高（PH）、叶宽（LW）和叶片大小（LW×LL）的 VIP>1，表明 SL、MT、PH、LW 和 LW×LL 对羊草根茎无性繁殖能力的解释作用较大，是影响羊草根茎无性繁殖能力的主要性状指标，对羊草根茎无性繁殖能力的解释能力分别为18.2%、17.5%、16.0%、15.0%和13.7%（图 6-4b）。

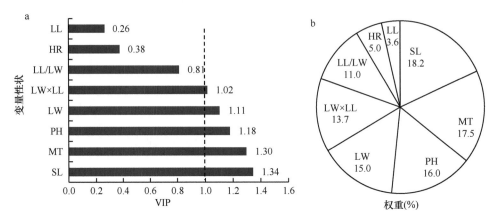

图 6-4　变量性状的 VIP（a）值和权重（b）（白乌云等，2019）

四、羊草产量和根茎繁殖指标与地理气候因子的回归分析

以 66 份羊草材料为研究对象的羊草性状与 19 个气候因子的单因素线性回归分析结果（表 6-13）表明，较繁殖相关性状指标，表型相关性状（除 LL 以外）受更多气候因子的显著影响。表型相关性状中，株高（PH）受全部 19 个气候因子的显著影响；茎长（SL）受 18 个气候因子的显著影响；叶宽（LW）、叶片大小（LW×LL）和叶长宽比（LL/LW）受 17 个气候因子的显著影响。只有叶长（LL）不受任何气候因子的显著影响。繁殖相关性状指标中，根茎克隆繁殖综合指标（Y）受最多气候因子的显著影响，共计 16 个；母株抽穗率（HR）次之，受 8 个气候因子的显著影响，母株分蘖增加倍数（MT）最少，仅受 4 个气候因子的显著影响。

所选用的 19 个气候因子至少对 1 个羊草性状指标具有显著影响。气温相关因子 BC7、BC6、BC11、BC9、BC1 和降水量相关因子 BC17、BC19、BC18、BC12、BC13、BC16 对所研究的 9 个羊草性状指标的 7 个具有显著影响，气温相关因子 BC10、BC5、BC2、BC8、BC4 和降水量相关因子 BC14 对 6 个羊草性状指标具有显著影响（图 6-5，表 6-14）。

表 6-13　羊草性状与地理气候因子的单因素线性回归分析结果（白乌云等，2019）

气候因子	LW		LL		LW×LL		LL/LW		SL		PH		HR		MT		Y	
	P	β	P	β	P	β	P	β	P	β	P	β	P	β	P	β	P	β
BC1	***	0.65	ns	0.10	***	0.57	***	−0.50	***	0.81	***	0.78	*	0.26	ns	−0.03	**	0.35
BC2	***	−0.49	ns	−0.03	***	−0.41	***	0.42	***	−0.62	***	−0.60	ns	−0.19	ns	0.02	**	−0.34
BC3	ns	0.13	ns	0.13	ns	0.18	ns	0.01	*	0.28	**	0.33	ns	0.17	ns	−0.10	ns	0.02
BC4	***	−0.41	ns	−0.11	***	−0.39	*	0.25	***	−0.61	***	−0.63	*	−0.26	ns	0.12	ns	−0.24
BC5	***	0.50	ns	0.02	***	0.41	***	−0.45	***	0.52	***	0.46	ns	0.10	ns	0.06	*	0.25
BC6	***	0.57	ns	0.10	***	0.52	***	−0.42	***	0.77	***	0.75	*	0.28	ns	−0.07	**	0.32
BC7	***	−0.44	ns	−0.10	***	−0.41	*	0.29	***	−0.64	***	−0.66	*	−0.27	ns	0.10	*	−0.26
BC8	***	0.53	ns	0.02	***	0.43	***	−0.47	***	0.54	***	0.48	ns	0.11	ns	0.07	*	0.27
BC9	***	0.58	ns	0.14	***	0.54	***	−0.41	***	0.76	***	0.76	*	0.29	ns	−0.06	*	0.30
BC10	***	0.58	ns	0.03	***	0.48	***	−0.51	***	0.63	***	0.57	ns	0.14	ns	0.05	*	0.30
BC11	***	0.58	ns	0.10	***	0.53	***	−0.43	***	0.78	***	0.76	*	0.28	ns	−0.07	*	0.32
BC12	***	0.49	ns	0.13	***	0.48	**	−0.33	***	0.63	***	0.60	ns	0.10	*	0.27	**	0.36
BC13	***	0.50	ns	0.10	***	0.46	**	−0.35	***	0.59	***	0.55	ns	0.06	*	0.33	**	0.36
BC14	***	0.41	ns	0.13	***	0.41	*	−0.28	***	0.50	***	0.50	ns	0.24	ns	0.15	*	0.35
BC15	ns	−0.09	ns	−0.01	ns	−0.07	ns	0.10	ns	−0.24	*	−0.25	ns	−0.23	ns	0.15	ns	−0.10
BC16	***	0.48	ns	0.13	***	0.46	**	−0.32	***	0.58	***	0.56	ns	0.06	*	0.31	**	0.34
BC17	***	0.41	ns	0.09	**	0.38	*	−0.29	***	0.50	***	0.49	ns	0.28	ns	0.12	**	0.33
BC18	***	0.47	ns	0.12	***	0.45	**	−0.32	***	0.56	***	0.54	ns	0.06	*	0.31	**	0.34
BC19	***	0.40	ns	0.08	**	0.37	*	−0.29	***	0.48	***	0.46	ns	0.29	ns	0.15	*	0.31
经度	***	0.39	ns	−0.02	*	0.28	***	−0.38	*	0.30	***	0.25	ns	−0.09	*	0.32	ns	0.22
纬度	***	−0.49	ns	−0.06	***	−0.42	***	0.39	***	−0.66	***	−0.66	*	−0.36	ns	0.14	*	−0.24
海拔	*	−0.30	ns	−0.11	*	−0.31	ns	0.23	ns	−0.24	ns	−0.20	ns	0.20	**	−0.32	ns	−0.21
显著因子数	20		0		20		19		20		21		9		6		17	

　　由标准化回归系数的正负判断气候因子影响的方向可以看出（表 6-13），温差相关因子 BC7（年温变化范围）、BC2（昼夜温差月均值）和 BC4（温度变化方差）对羊草表型和部分繁殖性状具有显著抑制作用，但对母株分蘖无显著影响，表现为温差增大则叶片小型化、茎长变短和植株矮化。低温相关因子 BC6（最冷月最低温度）、BC11（最冷季度平均温度），高温相关因子 BC5（最热月最高温度）、BC10（最热季度平均温度）和均温相关因子 BC1（年均温）、BC8（最湿润季度平均温度）、BC9（最干旱季度平均温度）的升高显著促进羊草生长和根茎扩展克隆繁殖，但对母株抽穗和分蘖的影响不显著。降水量增加显著促进羊草生长和根茎扩展克隆繁殖，但对母株抽穗和分蘖未出现一致的显著影响。降水量相关因子

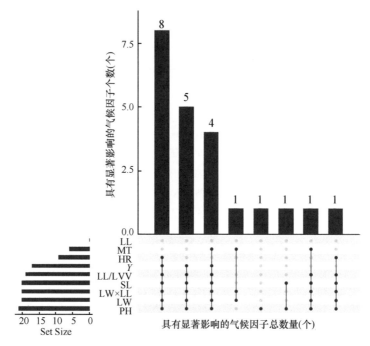

图 6-5　对羊草性状具有显著影响的气候因子韦恩图（白乌云等，2019）

表 6-14　对羊草性状具有显著影响的因子统计（白乌云等，2019）

羊草性状指标	显著影响因子	因子总数
HR，LL/LW，LW，LW×LL，PH，SL，*Y*	BC7，BC17，BC19，BC6，BC11，纬度，BC9，BC1	8
LL/LW，LW，LW×LL，MT，PH，SL，*Y*	BC18，BC12，BC13，BC16	4
LL/LW，LW，LW×LL，PH，SL，*Y*	BC10，BC5，BC2，BC14，BC8	5
HR，LL/LW，LW，LW×LL，PH，SL	BC4	1
LL/LW，LW，LW×LL，MT，PH，SL	经度	1
LW，W×LL，MT	海拔	1
PH，SL	BC3	1
PH	BC15	1

中只有 BC17（最干旱季度降水量）和 BC19（最冷季度降水量）对母株抽穗率具有显著影响，只有 CB12（年降水量）、BC13（最湿润月降水量）、BC16（最湿润季度降水量）和 BC18（最热季度降水量）对母株分蘖具有显著影响，而除 BC15（降水量变化方差）以外的其他降水相关因子均对根茎扩展克隆繁殖具有显著影响。总体而言，降水量增加、气温升高、温差降低显著促进羊草生长和根茎扩展克隆繁殖，有利于羊草产量的提高。

三个地理因子中，相较于海拔，纬度和经度对更多的羊草性状指标具有显著影响。纬度对羊草 9 个性状指标中的 7 个（除 LL 和 MT 外）具有显著影响，经度对 6 个性状（除 LL、HR 和 Y 外）具有显著影响，而海拔仅对 3 个性状（LW、LW×LL 和 MT）具有显著影响。纬度增加显著抑制羊草生长、母株抽穗率和根茎扩展克隆繁殖，母株分蘖倍数虽有增加，但不显著。经度增加，显著促进羊草生长和母株分蘖，虽促进根茎扩展克隆繁殖，但不显著，母株抽穗率虽有降低，但不显著。海拔升高，显著抑制叶相关性状和母株分蘖，虽抑制根茎扩展克隆繁殖，但不显著，对表型相关性状茎长和株高虽有抑制作用，但不显著。

五、小结

同质园中，不同地理来源的 66 份羊草的表型和繁殖相关的 17 个性状均存在显著差异。羊草不同性状的变异程度不同。表型性状中，叶片性状的变异相对最小，其中叶长（LL）变异最小，茎长（SL）的变异最大。根茎克隆繁殖相关性状中，空间扩展相关性状的变异小于子株相关性状的变异。根茎空间扩展相关性状中，单向最大扩展距离的变异最小，扩展面积的变异最大。子株相关性状中，克隆生长率的变异最小，母株根茎克隆增加倍数的变异最大。有性繁殖相关性状的变异相对较大。分蘖节的无性繁殖相关性状的变异小于根茎子株相关性状的变异。

原生境地理和气候因素对羊草不同性状指标的影响有所不同。较繁殖相关性状指标，表型相关性状（除叶长和叶长宽比）受更多地理和气候因子的显著影响。表型相关性状中，茎长和株高受原生境气候因子影响较大，其次为叶宽和叶片大小，再次为叶长宽比，所研究的表型相关性状中，叶长受原生境地理和气候因子影响最小，叶长是较稳定的性状。繁殖相关性状指标中，较母株分蘖能力和母株抽穗率，根茎克隆繁殖能力受原生境气候因子的影响更大。气候因子对羊草性状的影响中，除对羊草性状具有显著正向影响的平均气温和平均降水量以外，低温、温差和最多/少降水量对繁殖相关性状具有显著影响。低温和较大的日温差显著抑制羊草根茎克隆无性繁殖。地理因素对表型相关性状的影响中，纬度的影响最显著，经度也有显著影响，不仅显著影响叶片相关性状，且显著影响茎长和株高；海拔仅对叶片相关性状具有显著影响。随纬度增加、经度减小、海拔升高，羊草叶片呈小型化趋势，茎长和株高降低。地理因素对繁殖相关性状的影响中，纬度增加对母株抽穗率和根茎克隆繁殖具有显著抑制作用；经度增加虽显著促进母株分蘖，但显著抑制母株抽穗；海拔升高显著抑制母株分蘖。

羊草营养生长和根茎克隆繁殖之间、母株分蘖和根茎克隆繁殖之间可能存在正反馈调节关系，母株有性繁殖和根茎克隆生长之间可能存在权衡。个体发育相关表型性状如株高、叶片大小、茎长和叶宽是影响羊草根茎克隆生长能力的主要性状。叶宽大、茎长和株高方面有优势、分蘖能力强的羊草根茎克隆繁殖能力也相应强。

第四节　羊草叶角质层蜡质特征的种群多样性分析

一、植物叶片蜡质研究概述

在进化过程中，植物功能性状的可塑性使得植物能够在不同的生长环境中存活，并表现出遗传变异性（van Kleunen and Fischer，2005）。覆盖在植物叶片表面的角质层在保护植物抵御生物和非生物胁迫中起着至关重要的作用（Yeats and Rose，2013）。植物角质层蜡质为一系列疏水性化合物，包含覆盖在植物角质层表面的表皮蜡和角质层内部的蜡质。尽管蜡质的种类和数量因植物种类、植物器官、生长时期及生长环境而异，但大多数植物都有着相似的蜡质合成途径（Samuels et al.，2008）。植物中发现的蜡质的主要化学物质是长链脂肪酸以及它们的衍生物，如醛类、初级醇、烷烃、烷基酯、酮类、次级醇和萜类化合物（Jetter et al.，2006）。研究表明，在生长环境变化时，植物通过改变蜡质组分和含量来提升其环境适应力（Hatterman-Valenti et al.，2011；Mackova et al.，2013；Shepherd and Griffiths，2006），如多种植物通过提高烷烃含量应对干旱胁迫（Gefen et al.，2015）。Dodd等（1998）也认为年降水量是影响短链烃最显著的因素，而年平均温度对长链烃的影响最显著。在青藏高原东侧，基于海拔梯度，Guo等（2015）发现年平均温度和干旱指数与叶蜡平均量、叶蜡组成和叶总角质层蜡含量显著相关。许多研究也证实了叶片角质层蜡的种内变异可以用来区分不同环境下生长的植物种群（Bojovic et al.，2012）。因此，在区域层面上理解叶片角质层蜡质的种内特征变化可以说明植物种群对当地条件的潜在适应能力。

二、研究思路、材料与方法

羊草广泛分布于欧亚草原的东部，包括朝鲜西部，蒙古国和俄罗斯西伯利亚的西北部，中国东北部（Yuan et al.，2016）。在中国，它生长在不同的土壤和气候条件下，如松辽平原、内蒙古高原和黄土高原，多样的生长环境使其拥有广泛的遗传多样性（Liu et al.，2007）。为了确定羊草角质层蜡在其分布中是否表现出相似或不同的局部适应模式，在本研究中，我们选取了分布在不同环境中的 59个种群，基于同质园实验，探讨了气象因素和蜡质成分及含量之间的关系，旨在证明羊草叶片蜡质含量和蜡质化合物链长分布的种内变异可能是植物叶片角质层蜡的遗传分化所致。

（一）采样地

同质园实验于内蒙古呼和浩特市中国农业科学院草原研究所沙尔沁试验基地（北纬 40°34′，东经 111°56′）进行。实验地海拔 1065m，近 30 年平均气温为 6.3℃，年均降水量 440mm。其土壤 pH 为 8.3，土壤总有机碳、总氮、有效氮、有效磷、速效钾含量分别为 16.7g/kg、1.09g/kg、69.45mg/kg、20.5mg/kg 和 124mg/kg。59 个羊草种群来自不同生态区，于 2013 年通过根茎移栽方式种植在试验样地，每个地区材料种植在 3m×3m 的小区。从 2014 年开始，在羊草成熟期地上部每年收获两次。

（二）取样

2016 年 7 月，当植物处于抽穗期时，从每个植物种群中分别取叶片（顶部第三片叶片）。每个群体没有严格的生物学重复，因此每个种群 10 个植物的叶片混合在一起作为一个重复，每个群体共有 3 个重复。为了避免不同植物发育阶段蜡质沉积的差异，我们只在抽穗期取样。叶片在水中轻轻清洗，除去叶子表面的灰尘，并保存在吸水纸上。吸水纸每隔一天更换一次，保证叶片在不发霉的前提下完全干燥。

（三）角质层蜡质提取与色谱、质谱分析

首先将干叶片用 50ml 氯仿（含有 25μg 二十四烷，内标）提取 1min，然后将提取物在 40℃下利用氮气吹干，用 50μl 的 BSTFA［N,O-双（三甲基硅烷基）三氟乙酰胺］和 50μl 吡啶在 70℃下衍生 45min，将剩余液体经氮气吹干后，溶解到 200μl 氯仿中用于色谱分析。蜡质组分利用 GC9790 气相色谱仪分析（福立，中国），毛细管柱为 DM-5（30m×0.32mm×0.25μm），载气为氮气。程序升温方式为：80℃保持 10min，然后以每分钟 5℃升温至 260℃，维持 10min；再以每分钟 2℃升至 290℃，以每分钟 5℃升温至 320℃，保持 10min。基于 FID 峰面积进行蜡质定量，蜡质含量用 μg/cm^2 表示。同时，使用 GCMS-QP2010 质谱仪鉴定化合物，毛细管柱为 HP-5（30m×0.32mm×0.25μm）；载气为氦气。

（四）数据分析

为评估沙尔沁地区的气象是否会影响羊草适应当地环境，我们从国家气象科学数据中心（http://data.cma.cn/）收集当地历史气候数据。所有地区的经、纬度均来自 https://www.latlong.net/。干旱指数（I）的计算公式为：$I = P/(T + 10)$，其中 P 为年降水量，单位是 mm，T 是年平均气温，单位是摄氏度（Dodd and Poveda，2003）。采用单因素方差分析（SPSS 18.0）对蜡质总量进行分析，以评价不同群体间的化学成分是否存在显著差异。根据总蜡含量和蜡质组成及蜡质组分的相对丰度等，采用最远聚类法进行聚类分析（SPSS 18.0）。利用 R 软件（3.6.1）的 vegan 和 ggplot2 软件包，进行冗余分析。

三、羊草角质层蜡质在生态型间的变异

59 个羊草种群中共鉴定出 8 个蜡质组分，分别为脂肪酸，醛类，初级醇，烷烃，次级醇，酮类，β-二酮以及烷基间苯二酚（表 6-15）。其中，β-二酮为优势蜡质组分，占蜡质总量的 21.36%～84.64%，其次为初级醇（平均 10.63%）、醛类化合物（5.22%）和烷烃（4.53%）。蜡质总量范围为 5.55～40.14μg/cm²，变异系数为 49.59%。方差分析结果表明，在同质园实验中，群体间蜡质成分的数量和相对丰度差异很大，种内特征变化较明显（表 6-16）。

表 6-15　59 个羊草种群叶蜡质组分含量与相对含量（Li et al.，2020）

组分	含量				相对含量（%）			
	最小（μg/cm²）	最大（μg/cm²）	平均（μg/cm²）	CV（%）	最小	最大	平均	CV
脂肪酸	0.00	1.67	0.09	268.19	0.00	4.03	0.41	171.65
醛类	0.12	2.64	0.93	63.03	0.76	12.71	5.22	44.79
初级醇	0.18	6.13	1.90	71.60	2.74	30.25	10.63	54.80
烷烃	0.13	7.20	0.82	135.80	1.43	28.04	4.53	110.40
次级醇	0.00	3.93	0.40	160.28	0.00	26.73	2.32	170.55
酮类	0.00	0.15	0.04	85.88	0.00	0.78	0.21	79.82
β-二酮	2.23	32.74	12.39	52.15	21.36	84.64	67.36	22.16
烷基间苯二酚	0.00	0.39	0.03	273.65	0.00	1.55	0.15	263.48
未知成分	0.05	12.71	1.68	123.43	0.69	34.72	9.18	84.85
蜡质总量	5.55	40.14	17.90	49.59				

表 6-16　59 个羊草种群蜡质含量与相对含量的方差分析（Li et al.，2020）

组分	含量			相对含量		
	df	F 值	P	df	F 值	P
脂肪酸	58	2.262	<0.0001	58	4.056	<0.0001
醛类	58	6.011	<0.0001	58	4.075	<0.0001
初级醇	58	11.712	<0.0001	58	7.271	<0.0001
烷烃	58	1.490	0.035	58	2.813	<0.0001
次级醇	58	10.064	<0.0001	58	6.943	<0.0001
酮类	58	4.058	<0.0001	58	6.02	<0.0001
β-二酮	58	9.503	<0.0001	58	12.517	<0.0001
烷基间苯二酚	58	19.409	<0.0001	58	36.163	<0.0001
未知成分	58	5.727	<0.0001	58	16.992	<0.0001

　　羊草蜡质组分由一系列链长不同的化合物组成（表 6-17）。脂肪酸、初级醇类和醛类都含有偶碳，而烷烃既有偶碳又有奇碳。这些同系物的数量和相对丰度在不同地区材料间也表现出较大差异，如脂肪酸链长从 24 到 30 不等，醛类链长在26～32，烷烃链长在 25～33，初级醇链长在 26～34。通过观察烷基间苯二酚的两个同系物，其烷烃链长在 21～23。羊草中观察到的 β-二酮由 C29 和 C31 同系物组成，种群间变异系数从 17.96% 到 90.74% 不等。基于蜡质成分总含量、蜡质成分相对含量及蜡质同系物相对含量进行聚类分析，将 59 个种群分成两大类（图6-6）。但整体上，大多数品种聚集在一起，不能根据他们的地理分布把他们分开。

表 6-17　59 个羊草品种蜡质成分相对含量差异表（Li et al., 2020）

蜡质成分	最小（$\mu g/cm^2$）	最大（$\mu g/cm^2$）	平均（$\mu g/cm^2$）	CV（%）	df	F 值	P
二十六酸	0.00	100.00	60.24	82.22	58	145.871	<0.0001
二十八酸	0.00	61.30	6.01	279.07	58	233.659	<0.0001
三十酸	0.00	37.85	2.61	315.16	58	52.761	<0.0001
十六醛	0.00	4.21	0.26	327.41	58	28.517	<0.0001
二十八醛	17.08	100.00	61.95	26.42	58	29.156	<0.0001
三十醛	0.00	73.36	15.41	60.46	58	25.291	<0.0001
三十二醛	0.00	57.52	21.18	60.23	58	22.378	<0.0001
二十六醇	0.00	25.88	2.93	123.21	58	206.077	<0.0001
二十八醇	54.57	100.00	91.48	21.06	58	30.567	<0.0001
三十醇	0.00	43.83	4.87	204.68	58	2.075	0.0004
三十二醇	0.00	11.48	0.88	207.76	58	119.919	<0.0001
三十四醇	0.00	1.42	0.03	531.66	58	63.524	<0.0001
二十五烷	0.00	29.22	4.11	101.71	58	4.010	<0.0001
二十六烷	0.00	51.35	4.34	162.02	58	3.624	<0.0001
二十七烷	0.00	25.71	7.65	66.00	58	17.300	<0.0001
二十八烷	0.00	85.93	5.15	231.24	58	12.111	<0.0001
二十九烷	0.00	50.65	20.92	48.65	58	4.324	<0.0001
三十烷	0.00	63.98	7.01	174.03	58	39.129	<0.0001
三十一烷	0.00	88.41	37.00	41.80	58	22.476	<0.0001
三十三烷	0.00	28.58	13.97	46.79	58	36.778	<0.0001
14-二十九次级醇	0.00	100.00	3.37	527.53	58	15 105.065	<0.0001
6-三十三次级醇	0.00	78.80	4.06	343.32	58	118.289	<0.0001
7-三十三次级醇	0.00	100.00	81.32	48.64	58	55.348	<0.0001
21-烷基间苯二酚	0.00	100.00	6.16	310.79	58	257.983	<0.0001
23-烷基间苯二酚	0.00	100.00	8.59	278.67	58	421.316	<0.0001
二十九 β-二酮	0.00	10.90	1.83	90.74	58	165.69	<0.0001
三十一 β-二酮	0.00	70.01	34.24	32.59	58	9.72	<0.0001
三十一 β-二酮醇	19.08	97.76	64.04	17.96	58	8.09	<0.0001

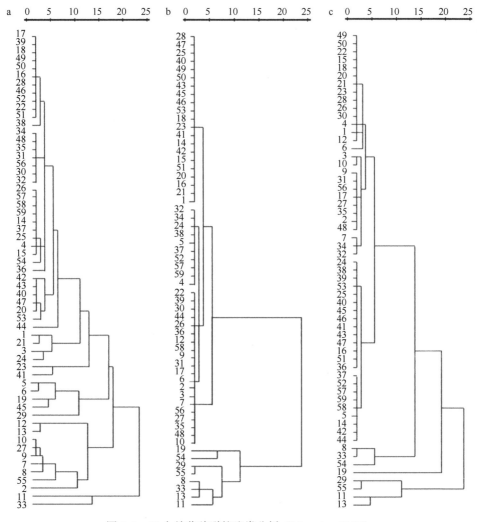

图 6-6　59 个羊草种群的聚类分析（Li et al.，2020）

a. 基于蜡质总含量和各成分含量；b. 基于蜡质成分相对含量；c. 基于蜡质同系物相对含量

四、羊草角质层蜡质的冗余分析

冗余分析（redundant analysis，RDA）揭示了气候因素对蜡质特征的影响。RDA1 和 RDA2 分别解释了 64.78% 与 19.91% 的蜡质总含量和蜡质成分含量的变化（图 6-7a），解释了蜡质相对含量变化的 64.06% 和 19.46%（图 6-7b），蜡质同系物相对含量变化的 35.43% 和 24.15%（图 6-7c）。RDA1 与经度、年平均气温呈正相关，与纬度、年均降水量、干旱指数呈负相关关系。RDA2 与年平均气温呈正相关关系，与其他各因素呈负相关关系，RDA 与蜡质总量、蜡质成分含量呈正

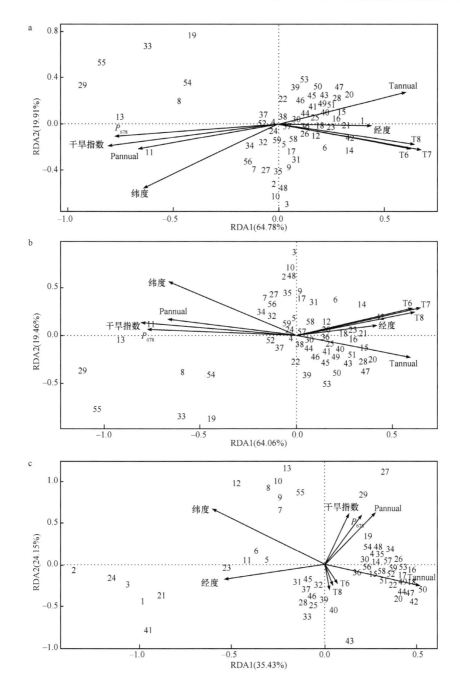

图 6-7　蜡质数据和环境因子的冗余分析（RDA）（Li et al.，2020）

a. 蜡质总含量和蜡质成分含量；b. 蜡质成分相对含量；c. 以及蜡质同系物相对含量。Tannual 为年平均气温（Ta）；
T6、T7、T8 分别代表 6 月、7 月、8 月平均气温；Pannual 为年均降水量（Pa）；P_{678} 为 6～8 月降水量；图中数字
表示羊草种群；下同

相关关系,RDA 与蜡质组分相对含量呈负相关关系,与其他各因素呈正相关关系。RDA 分析还表明,纬度、干旱指数和 6～8 月的降水量是影响蜡质总量、组分和相对丰度的重要因子(表 6-18)。

表 6-18　图 6-7 中环境因素冗余分析的蜡质特征总变异率(Li et al.,2020)

	经度	纬度	Ta	T6	T7	T8	Pa	P_{678}	干旱指数
a	3.78	8.05[*]	5.32	5.94	7.07	6.23	6.96	9.53[*]	10.64[*]
b	3.58	8.10[*]	4.89	5.31	6.38	5.62	6.74	9.16[*]	10.29[*]
c	1.34	3.22[*]	1.49	0.53	0.40	0.36	1.73[*]	1.49	1.41

五、羊草角质层蜡质总量与气候因子的关系

采用 Pearson 相关分析进一步检验气候因素对蜡质组成的影响(表 6-19)。结果表明,蜡质总量与环境因素无显著关系。各蜡质组分的相对含量和蜡质同系物的相对含量与环境因素呈正相关或负相关。例如,经度和次级醇及间苯二酚的相对含量呈正相关,而纬度与酮类的相对含量、初级醇与 β-二酮的相对含量呈正相关。年平均温度与烷烃的相对含量呈正相关而和初级醇与 β-二酮呈负相关。6～8 月降水量与次级醇的相对含量和 β-二酮呈正相关。干旱指数与烷烃、初级醇的相对含量呈正相关,与烷基间苯二酚呈负相关,蜡质同系物的相对含量与环境因素的相关性不同。

表 6-19　蜡质数据与气候因子的相关性分析(Li et al.,2020)

	经度	纬度	Ta	T6	T7	T8	Pa	P_{678}	干旱指数
总量	−0.013	0.171	−0.069	0.023	0.015	0.007	−0.166	−0.167	−0.144
脂肪酸	0.137	0.137	−0.053	0.074	0.075	0.086	−0.042	0.005	0.071
醛类	−0.245	0.290[*]	−0.171	−0.116	−0.145	−0.161	−0.231	−0.197	−0.044
初级醇	0.141	0.251	−0.258[*]	−0.224	−0.200	−0.189	0.145	0.173	0.315[*]
烷烃	0.496[**]	−0.058	0.110	0.225	0.223	0.255	0.419[**]	0.437[**]	0.330[*]
次级醇	0.106	0.333[*]	−0.078	−0.019	−0.055	−0.044	0.190	0.242	0.234
酮类	−0.152	0.543[**]	−0.465[**]	−0.207	−0.196	−0.251	−0.433[**]	−0.350[**]	−0.067
β-二酮	0.451[**]	0.184	−0.098	0.099	0.095	0.114	0.227	0.252	0.264[*]
烷基间苯二酚	0.178	−0.532[**]	0.471[**]	0.302[*]	0.292[*]	0.329[*]	0.307[*]	0.244	−0.069
二十六酸	−0.030	−0.153	0.215	0.127	0.154	0.202	−0.048	−0.070	−0.098
二十八酸	0.237	0.166	−0.181	0.007	0.005	0.015	−0.007	0.023	0.127
三十酸	0.224	0.226	−0.220	0.026	0.014	−0.009	−0.035	0.002	0.120
十六醛	−0.091	0.306[*]	−0.247	−0.228	−0.239	−0.262[*]	−0.161	−0.146	0.006
二十八醛	−0.003	0.247	−0.195	−0.086	−0.077	−0.082	−0.089	−0.029	0.015

续表

	经度	纬度	Ta	T6	T7	T8	Pa	P_{678}	干旱指数
三十醛	-0.061	-0.112	0.141	0.080	0.098	0.088	-0.240	-0.258*	-0.228
三十二醛	-0.001	-0.307*	0.296*	0.163	0.119	0.145	0.240	0.198	0.053
二十六醇	0.326*	-0.233	0.152	0.061	0.048	0.087	0.414**	0.391**	0.343**
二十八醇	-0.406**	-0.049	-0.025	-0.065	-0.037	-0.059	-0.505**	-0.491**	-0.468**
三十醇	0.236	-0.077	0.159	0.186	0.191	0.198	0.385**	0.362**	0.229
三十二醇	0.325*	0.275*	-0.160	0.063	0.036	0.007	0.062	0.118	0.151
三十四醇	0.181	0.176	-0.181	0.026	-0.009	-0.062	0.101	0.119	0.225
二十五烷	0.102	0.094	-0.095	0.097	0.081	0.051	-0.097	-0.089	-0.116
二十六烷	-0.070	-0.069	-0.125	-0.167	-0.161	-0.175	-0.145	-0.181	-0.036
二十七烷	0.170	0.095	-0.077	0.054	0.048	0.043	-0.054	-0.049	-0.027
二十八烷	0.011	-0.223	0.173	0.017	0.008	0.045	0.268*	0.209	0.118
二十九烷	0.015	0.248	-0.141	-0.143	-0.165	-0.133	0.072	0.115	0.139
三十烷	0.130	-0.474**	0.429**	0.212	0.230	0.264	0.279*	0.212	-0.030
三十一烷	-0.060	-0.010	0.123	0.073	0.079	0.084	-0.074	-0.077	-0.051
三十三烷	0.096	0.027	0.066	0.085	0.063	0.071	0.118	0.147	0.078
14-二十九次级醇	0.323*	0.161	0.043	0.205	0.184	0.172	0.188	0.219	0.135
6-三十三次级醇	0.262*	0.234	-0.331*	-0.094	-0.086	-0.085	0.043	0.066	0.274**
7-三十三次级醇	-0.138	-0.372**	0.298*	0.119	0.121	0.136	-0.003	-0.031	-0.191
21-烷基间苯二酚	0.401**	0.155	-0.031	0.173	0.157	0.155	0.190	0.235	0.205
23-烷基间苯二酚	0.414**	0.212	-0.190	0.008	0.005	0.027	0.202	0.211	0.309*
二十九 β-二酮	-0.007	-0.102	0.122	-0.029	-0.039	-0.003	0.042	0.089	0.031
三十一 β-二酮	-0.317*	0.205	-0.257*	-0.125	-0.124	-0.148	-0.401**	-0.353**	-0.251
三十一 β-二酮醇	0.305*	-0.176	0.241	0.127	0.123	0.143	0.387**	0.336**	0.247

第七章 欧亚温带草原东缘生态样带雪灾事件及应对研究*

本章导语：雪灾是草原牧区冬春季常见的主要气象灾害，具有成灾范围广、危害程度大、影响人数多的特点。以往雪灾研究主要集中在基于"3S"技术的雪灾风险、孕灾环境及灾情评估评价模型等方面，但对雪灾事件进行综合性研究尚属空白。本章以 2012～2013 年冬春季在中国内蒙古和蒙古国发生的重大雪灾事件为研究对象，以在两国入户调研的牧户受灾和应对雪灾数据为基础，分析总结了沿样带雪灾致灾特征、致灾影响因素、中蒙两国牧民适用的防灾抗灾对策。

第一节 研究背景和研究区概况

一、研究背景

雪灾是冬春季牧区常见的主要气象灾害，其危害程度大、范围广，易造成巨大的经济损失，严重制约着牧区草地畜牧业经济的发展，威胁着牧民群众的生命财产安全。据统计，由于雪灾的影响，我国牧区年均家畜死亡率在 5% 以上，重灾年份可达 25% 以上，年均家畜掉膘损失为死亡损失的 3～4 倍，年畜牧业直接和间接经济损失可达 50 亿元以上，严重制约着草原牧区草地畜牧业经济的持续稳定发展。2010 年冬锡林郭勒草原遭受了有气象记录以来最严重的雪灾，给内蒙古铁路交通造成的损失之大，伤亡人员之多是历史之最。2012 年冬季雪灾总降雪量突破历史极值，使锡林郭勒草原又一次严重受灾。导致内蒙古 43 个旗县的 204.7 万人受灾，造成直接经济损失 6 亿元；对牧民的生产生活和当地的畜牧业造成了严重的经济损失（王国柱等，2012）。

雪灾研究涵盖雪灾积雪检测、雪灾致灾机制、雪灾预警、雪灾灾情分等区划及雪灾减灾对策等方面。目前，对雪灾的研究主要集中在从积雪深度、积雪掩埋牧草程度、积雪持续日数和积雪面积等气象学角度研究雪灾时空分布和雪灾原因、雪灾灾情分等、区划和预警等方面。以往牧区雪灾研究在其孕灾环境、雪灾遥感监测、雪灾预测与预警、雪灾时空特征、雪灾防灾减灾等方面取得了较大进展（刘

---

* 本章作者：白海花、侯向阳、尹燕亭

兴元等，2008；梁天刚等，2006；Liang et al.，2008），经历了由野外观测到"3S"技术与野外观测相结合、从历史与现状分析向风险与预测研究相结合转变、从定性分析趋向定量研究、由单项要素分析趋向综合要素评价、由传统的成因机理分析和统计分析趋向多种评价方法相结合的发展历程，为雪灾综合风险评估与管理研究奠定了坚实的理论基础（王世金等，2014）。雪灾的发生与孕灾环境的稳定性、致灾因子的变异性、承灾体的易损性及防灾抗灾措施密切相关，不同雪灾系统的灾损程度有显著差异。

自 20 世纪 80 年代以来，气象部门及有关科研机构应用卫星遥感监测和气象台站的资料进行统计分析，对雪灾的时空变化特征做过较多的研究工作，揭示了高原与山区积雪地理分布、季节变化与年际波动特征。事件记录缺少以县域为单元的雪灾信息；大多数学者侧重于雪灾气候学特征、雪灾致灾机制、雪灾预报学方面的分析，而将雪灾致灾与承灾体和孕灾环境结合起来探讨雪灾格局形成机制的综合研究很少。

研究不同管理制度、不同社会经济发展水平、不同自然禀赋对草原雪灾的影响，阐明欧亚温带草原东缘生态样带不同放牧方式地区雪灾成灾机制，可以为该区域雪灾防灾、减灾及应对极端降温、降雪气候变化带来的影响提供科学依据。利用牧户调查数据、气象数据和遥感数据系统分析样带雪灾系统特征，进而了解孕灾环境、致灾因子和承灾体的地域差异，阐述不同管理制度和经济发展水平地区应对雪灾的差异性。

二、研究区概况

欧亚温带草原东缘生态样带是一条经向生态样带（105°32′E～117°10′E，41°33′N～52°38′N），主要包括蒙古高原大部、中国东北松辽平原和俄罗斯外贝加尔地区在内的草原地区（侯向阳，2012）。研究区位于欧亚温带草原东缘生态样带腹地，地理坐标 106°21′E～119°31′E、41°36′N～49°11′N，气候属温带大陆性气候，冬季寒冷漫长，夏季温凉短促，年均气温–1.5～3.5℃，7 月平均气温 17～24℃，1 月平均气温–25～–17.6℃，极端最低气温–40～–35.7℃；年均降水量 160～431mm，冬季年均降水量 20～49mm。

地势自西北向东南倾斜，平均海拔 800～1600m。南部以高平原为主体，兼有多种地貌，北部多低山丘陵，盆地错落其间；地形以平原、低山丘陵、山地和河谷平原组成。北部有克鲁伦河、鄂嫩河、乌勒兹河等十余条河流，发源于肯特山脉的克鲁伦河的三分之二在蒙古国肯特省境内；南部有上都音高勒、锡林高勒、巴拉嘎尔高、滦河勒等河流穿梭在研究区境内。中部（蒙古国苏赫巴托省南部和中国阿巴嘎旗及锡林浩特市北部）水域面积较少，没有常年流水河流，微型湖泊有二十余个。

牧户调查地区土地利用方式自南向北依次为南部农牧交错的半农半牧区（中国内蒙古自治区多伦县、太仆寺旗）、中南部定居放牧区（中国内蒙古自治区锡林郭勒盟正蓝旗、阿巴嘎旗、锡林浩特市、西乌珠穆沁旗）、中北部和西北部的传统游牧区（蒙古国苏赫巴托省巴彦德勒格尔苏木、苏赫巴托苏木，肯特省温都尔汗、巴特瑙劳布苏木，中央省巴彦苏木，色楞格省巴彦高勒苏木）。农牧交错的半农半牧区与定居放牧区实施围封禁牧和以草定畜的草畜平衡政策，传统游牧区实施在允许范围内春、夏、秋、冬季分别选择不同的草场进行放牧的四季游牧政策。

蒙古国典型牧区以经营畜牧业为主，是畜肉、绒毛等畜产品的主产区，是重要的畜产品基地。放牧方式以游牧为主，按照一定的牧道和牧界，一年四季在春营盘、夏营盘、秋营盘、冬营盘进行季节性的游牧，包含着游牧、轮牧、休牧和禁牧习惯和规范。当牧户在春营盘放牧时，夏营盘牧场为待轮牧状态，秋营盘牧场则处于休牧状态，冬营盘牧场事实上是处于禁牧状态。而冬营盘牧场往往选择避风、温暖而且有水井等设施的地方，只有到了冬天大寒时分，牧民才能赶着牲畜进入冬营盘牧场（吉尔嘎拉，2008）。

中国典型牧区实施草场承包到户政策和以草定畜的草畜平衡政策，牧户在自己所辖草场范围内放牧养殖牲畜，放牧方式以在自家草场范围内定居放牧和舍饲圈养为主；并按草场面积大小确定饲养牲畜数量。正蓝旗、锡林浩特市、阿巴嘎旗和西乌珠穆沁旗实施春季休牧政策，休牧期一般为期20天。牧户一年四季在自家承包的草场内放牧；草场面积大（或租赁其他牧户的草场）或草场长势好的牧户在自家草场内划区轮牧。太仆寺旗贡宝拉格苏木实施春季休牧季节性休牧政策，在牧草返青期对牲畜进行禁牧舍饲，一般4月5日至5月20日为休牧阶段。休牧结束后，牧区牛可组群在禁牧区外指定的草场范围内放牧，严禁进入禁牧区。贡宝拉格苏木对山羊实行全年禁牧，其他畜种实行季节性休牧。多伦县全县范围内实行全年禁牧，2011年1月1日起，县内马、驴、骡、育肥公牛、羊实行舍饲圈养、全年禁牧。奶牛、优质肉牛实行季节性禁牧，禁牧时间为每年3月10日至6月10日。

欧亚温带草原东缘生态样带跨越中蒙俄三国，其独特的地理位置，从南向北涵盖了农牧交错区的半农半牧区、实行草场承包责任制的定居和传统游牧区。具有畜牧业放牧方式多样，草场类型多样等特点，使其雪灾灾害系统具有多样性和典型性。草场类型主要为典型草原，少部分属于荒漠草原和草甸草原。地貌由低山丘陵、固定和半固定沙丘、山地和河谷平原组成，多低山丘陵，盆地错落其间，地形有丘陵区、丘间沟谷盆地、河谷平原区，使其雪灾灾害系统具有多样性和典型性。

第二节　理论基础和研究方法

一、理论基础

（一）理论依据

国内外大量文献比较深入地研究了灾害的理论问题，归纳为以下 4 种理论，即致灾因子论、孕灾环境论、承灾体论以及区域灾害系统论（万庆，1999；张继权和李宁，2007），认为致灾因子、孕灾环境与承灾体的相互作用都对最终灾情的时空分布、程度大小造成影响。自然灾害是一个特殊的变异系统，它由孕灾环境、致灾因子、承灾体和灾情 4 部分组成。孕灾环境是指能孕育产生致灾因子的自然环境，包括孕育产生灾害的自然环境与人文环境；不同的致灾因子产生于不同的环境系统，研究不同孕灾环境下灾害类型、频度、强度、灾害组合类型等，建立孕灾环境与致灾因子之间的关系，利用环境演变趋势分析致灾因子的时空强度特征，预测灾害的演变趋势。致灾因子包括自然致灾因子和人为致灾因子，如地震、火山喷发、滑坡、泥石流、台风、暴风雨、风暴潮、龙卷风、尘暴、洪水、海啸、战争、动乱、核事故等；没有致灾因子就不会形成灾害；致灾程度因致灾因子强度和致灾过程的不同而不同（董芳蕾，2008）。承灾体是各种致灾因子作用的对象，是人类及其活动所在的社会与各种资源的集合，人类既是承灾体，又是致灾因子；灾情主要是承灾体与致灾因子相互作用的结果。

本研究运用史培军（1996）提出的区域灾害系统论的理论观点，灾情即灾害损失，是由孕灾环境、致灾因子、承灾体之间相互作用形成的；任何一个特定地区的灾害，都是孕灾环境、致灾因子、承灾体综合作用的结果。灾害轻重程度取决于孕灾环境的稳定性、致灾因子的危险性以及承灾体的暴露性和脆弱性。

（二）基于灾害系统理论的草原雪灾灾害形成理论

史培军（1996）在综合国内外相关研究成果的基础上提出了区域灾害系统的理论观点，认为灾害系统是由孕灾环境、承灾体、致灾因子与灾情共同组成的具有复杂特性的地球表层系统，灾情即灾害损失（D），是由孕灾环境（E）、致灾因子（H）、承灾体（S）之间相互作用形成的，即 $D=E \cap H \cap S$。

其中，H 是灾害产生的充分条件，S 是放大或缩小灾害的必要条件，E 是影响 H 和 S 的背景。任何一个特定地区的灾害，都是 H、E、S 综合作用的结果。其轻重程度取决于 E 的稳定性、H 的危险性以及 S 的脆弱性，是由上述三个因素相互作用共同决定的。灾害损失是由于致灾因子在一定的孕灾环境下作用于承灾体后而形成的。

雪灾是自然界的降雪作用于人类社会的产物，是人与自然关系的一种表现。牧区雪灾是指依靠草场放牧的畜牧业地区，由于降雪量过多和积雪过厚，积雪持续时间长，积雪掩盖草场，影响畜牧正常放牧，牲畜因饿、冻而出现死亡、流产、仔畜成活率低或使牧户严重增加过冬草料，导致牧户牲畜过冬成本显著增加的一种灾害。基于灾害系统理论的观点，牧区雪灾灾害系统具备了诱发雪灾的降雪因素（致灾因子），形成雪灾的环境（孕灾环境），降雪影响的区域有人类、社会集合体和财产（承灾体），降雪导致的生命财产损失（灾情）4 个部分。草原雪灾的致灾因子、孕灾环境、承灾体、灾情之间相互作用、相互影响，形成了草原雪灾灾害系统。

二、雪灾等级标准

依据国家标准《牧区雪灾等级》（GB/T 20482—2006）、刘兴元等（2006）在雪灾遥感监测中的牧区雪灾分级标准和《内蒙古自治区畜牧气象灾害标准》（DB 15/T255—1997），制定本书雪灾等级标准（表 7-1）。

表 7-1　牧区雪灾分级标准（白海花等，2016）

雪灾等级	主导指标（积雪状态）		参考指标	牲畜受害情况
	积雪深度（cm）	牧草被掩盖的高度（%）	冬春降雪量相当于历年同期降雪量的百分数（%）	
无灾	<10	<30	≤100	基本不受害，死亡率<3%
轻灾	10～20	30～50	101～140	牛受影响，死亡率 3%～10%
中灾	21～30	51～99	141～160	牛、羊采食困难，死亡率 10%～15%
重灾	>30	>99	>160	马、牛、羊受害，死亡率>15%

三、研究方法

（一）社会调查方法

运用科学的方法，将调查的原始资料按调查目的进行审核、汇总与初步加工，使之系统化和条理化，并以集中、简明的方式反映调查对象总体情况。本研究设计统一问卷，用结构式访谈方法，实地走访牧户，对 2012～2013 年冬春季雪灾受灾情况进行了社会调查。

1. 问卷设计原则

在问卷设计中，按照目的明确性原则、题项的适当性原则、语句理解的一致性原则、调查对象的合适性原则，设计问卷内容、结构和问题形式，再遵从客观性、必要性原则和可能性原则选择问题，使问卷具有科学性和可行性。

2. 问卷调查内容

问卷调查内容包括：①牧户基本信息，牧户姓名、年龄、文化程度、家庭人口、牧户所在位置坐标（冬、春、夏季营地坐标）；②雪灾发生情况，降雪时间、次数、积雪深度及积雪造成的影响；③牧户雪灾灾损情况，调查雪灾中受损的牲畜头数和其他经济受损情况及极端降雪致灾原因；④牧户抗雪灾能力方面包括牧户主要收支情况，牧户出售牲畜、畜产品及花费情况和应对雪灾资金来源等；⑤防灾、抗灾、救灾情况，调查牧户草料储备、基础设施改造、优化牲畜结构情况，以及应对雪灾采取了哪些自救措施和其他抗灾措施及其效果。

3. 调查地点选择和牧户的选择

在遵照分层抽样原则、代表性和可行性原则的基础上综合考虑，所选牧户地理位置与自然环境条件要尽可能地满足覆盖县域内不同的地域特点。采取随机分层典型抽样方法，考虑经济状况要覆盖经济状况较好、一般和较差等不同经济收入群体的同时根据调查范围的大小，选择牧户及数量。每个旗县（苏木）调查了27~46 户，共调查 408 户（蒙古国 200 户、中国内蒙古锡林郭勒 208 户），获得了 405 份有效问卷。通过调查获得了牧户基本信息、畜牧生产经营方式及收入支出、雪灾防灾抗灾措施、灾情损失等关于承灾体和灾害损失的第一手数据资料。

4. 调查地点和日程

2013 年 4 月 16 日至 5 月 8 日，在中国典型地区进行了牧户调查；2013 年 7 月 2 日至 8 月 5 日，在蒙古国典型地区进行了牧户调查，具体调查日程见表 7-2。

表 7-2　调查地区和调查时间（白海花，2016）

调查地区	调查日期	调查地区	调查日期
锡林郭勒盟锡林浩特市	4 月 17 日至 19 日	中央省巴彦苏木	7 月 4 日至 6 日
锡林郭勒盟西乌珠穆沁旗	4 月 20 日至 23 日	色楞格省巴彦高勒苏木	7 月 7 日至 9 日
锡林郭勒盟阿嘎旗	4 月 24 日至 27 日	肯特省温都尔汗（穆仁苏木，克尔伦苏木、巴彦呼塔格苏木）	7 月 13 日至 17 日
锡林郭勒盟正蓝旗	4 月 28 日至 5 月 1 日	苏赫巴托省苏赫巴特苏木	7 月 18 日至 21 日
锡林郭勒盟多伦县	5 月 2 日至 3 日	苏赫巴托省巴彦德勒格尔苏木	7 月 22 日至 25 日
锡林郭勒盟太仆寺旗	5 月 4 日至 7 日	肯特省巴特瑙劳布	7 月 26 日至 31 日

（二）"3S" 方法

利用气象台站坐标和气温、降水数据，运用 GIS 插值分析方法，分析研究区域气温、降水分布特征，绘制气温、降水分布图。利用 MODIS 积雪产品、归一化植被指数（normalized difference vegetation index，NDVI，又称标准化植被指数）、DEM 数据和加拿大气象中心（CMC）处理的雪深数据集，运用 GIS 提取分析方法提取了牧户有雪天数、积雪深度、NDVI 指数和坡度、坡向等数据，分析了牧户不同放牧方式的防御和抵抗雪灾效能，绘制了相应的研究图。

（三）统计分析方法

利用社会调查数据和遥感数据，运用回归分析方法，分析雪灾影响因子间的相关性和依赖性；将雪灾影响因子和雪灾损失结果进行拟合，明确各影响因子对雪灾损失的贡献率，确定雪灾致灾的主要因子，揭示雪灾致灾原因。

（四）数据来源

调查到的 2012～2013 年冬春季雪灾牧户基本信息、牲畜数量、畜牧收入、应灾支出、应灾措施、雪灾灾损特征等数据。

研究区 30 个气象站点（蒙古国 19 个、中国内蒙古锡林郭勒 11 个）的 1961～2013 年（蒙古国 1970～2010 年）气温、降水月观测值；2012 年 10 月至 2013 年 4 月的气温、降水、雪深日观测值等气象数据。

2002 年 10 月 15 日至 2013 年 4 月 15 日的 MODIS/Terra 的积雪分类产品 MOD10A1 数据和研究区 NDVI、DEM 数据，加拿大气象中心（CMC）处理的雪深数据集是北半球日变化积雪深度分析数据等遥感数据。书中将每年 10 月中旬至翌年 4 月中旬作为积雪季节（如 2002 年 10 月 15 日至 2003 年 4 月 15 日的积雪季为 2003 年的积雪季，剩下年份的积雪季以此类推）。

各旗县和苏木的面积、人口、牲畜数量等社会经济统计数据。

（五）研究技术路线

1. 影响因子的选择

雪灾灾情是雪灾孕灾环境、致灾因子和承灾体共同作用的结果，组成雪灾系统的各因子对雪灾的致灾有着不同的影响。根据影响因子的典型性和数据的可获取性，对雪灾系统每个组成因素选择了若干个影响因子进行分析。

孕灾环境中选择了降水量、气温、坡度和海拔；降水量包括年均降水量和冬季降水量两个因子；气温包括年均气温和冬季气温两个因子。致灾因子中选择了冬春季降雪量、积雪深度和积雪天数等因子；承灾体因子中选择了放牧方式、草料储备、畜均暖棚面积、人均牲畜数量、畜均草场面积和草场植被指数（NDVI）等；灾情因子中选择了牲畜死亡率、牲畜掉羔率和过冬草料费用等。

2. 技术路线

搜集调查有关 2012～2013 年冬春季的雪灾灾情数据和防灾、抗灾模式等第一手资料；在此基础上搜集研究区气象数据资料、遥感数据资料和社会经济数据资料。利用 Excel 软件对各项调查数据进行统计处理，绘制研究区降水、气温图；用 Arcgis 软件叠加分析、插值分析和提取分析方法处理遥感数据和气象数据，绘制各类图件，提取有雪天数、积雪深度、气温、坡度和 NDVI 数据；再用 SPSS 软件进行回归分析，研究雪灾致灾机制。具体研究技术路线见图 7-1。

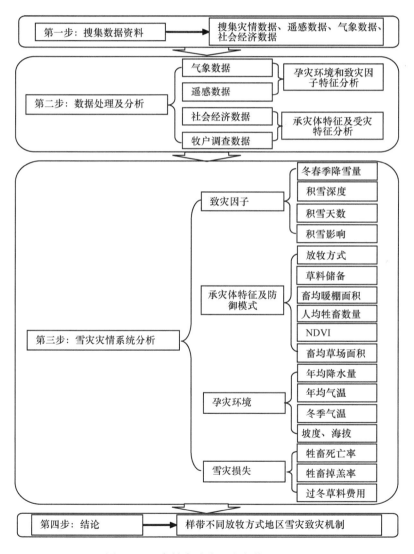

图 7-1　研究技术路线（白海花，2016）

第三节　雪灾灾害系统分析

一、雪灾孕灾环境特征分析

（一）降水特征

根据欧亚温带草原东缘生态样带（以下简称样带）30 个气象台站年均降水量空间插值得出的降水量分布。年降水量最大的区域分布在太仆寺旗、多伦县和正蓝旗南部；其次西乌珠穆沁旗和巴特瑙劳布苏木的年降水量也很高；巴彦德勒格尔苏木地区的年降水量最低；阿巴嘎旗北部和温都尔汗年降水量也较低。可见，研究区年降水量以巴彦德勒格尔苏木为中心，往南北方向呈增加趋势。

由图 7-2 可知，中国典型地区降水量大于蒙古国典型地区降水量，两国降水量呈波动性下降趋势。中国典型地区年平均降水量倾向率仅为–6.979mm/10a，通过 0.01 水平显著性检验；蒙古国典型地区年平均降水量倾向率为–24.994mm/10a，通过 0.01 水平显著性检验；中国典型地区降水量变化幅度低于蒙古国典型地区；表明降水量变化稳定性中国典型地区强于蒙古国典型地区。

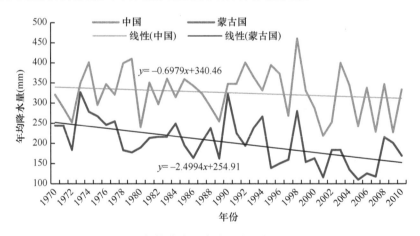

图 7-2　年均降水量变化（白海花，2016）

典型地区年均降水量和冬季年均降水量见表 7-3，太仆寺旗年均降水量最多，达到了 381.78mm；其次是多伦县，达到了 375.95mm；正蓝旗和西乌珠穆沁旗年均降水量也都在 300mm 以上，分别是 365.36mm 和 324.27mm。降水量最少的是巴彦德勒格尔苏木，年均降水量仅有 184.03mm；苏赫巴托苏木年均降水量也只有199.68mm，未达到 200mm；阿巴嘎旗与温都尔汗和巴彦苏木降水量相近，均在220～250mm；锡林浩特与巴特瑙劳布和巴彦高勒降水量相近，均在 270～291mm。

年均降水量由大到小依次为太仆寺、多伦、正蓝、西乌珠穆沁、巴彦高勒、巴特瑙劳布、锡林浩特、温都尔汗、阿巴嘎、巴彦、苏赫巴托、巴彦德勒格尔。典型地区冬季年均降水量特征是：正蓝旗冬季年均降水量最多，达到了 53.42mm；其次是太仆寺旗和多伦县，分别达到了 48.88mm 和 48.86mm；西乌珠穆沁和巴特瑙劳布的冬季年均降水量也较多，分别达到了 44.90mm 和 42.81mm。巴彦苏木和苏赫巴托苏木冬季年均降水量较少，分别是 20.03mm 和 20.45mm；锡林浩特与巴彦高勒苏木冬季年均降水量相近，分别是 36.02mm 和 37.18mm（表 7-3）。冬季年均降水量由大到小依次为正蓝、太仆寺、多伦、西乌珠穆沁、巴特瑙劳布、巴彦高勒、锡林浩特、阿巴嘎、温都尔汗、巴彦德勒格尔、苏赫巴托、巴彦。

表 7-3　调查地区年均降水量和冬季年均降水量（白海花，2016）

国家	调查地区	年均降水量（mm）	冬季年均降水量（mm）
中国	太仆寺	381.78	48.88
	多伦	375.95	48.86
	正蓝	365.36	53.42
	锡林浩特	271.42	36.02
	阿巴嘎	237.74	31.67
	西乌珠穆沁	324.27	44.90
蒙古国	巴彦德勒格尔	184.03	22.85
	苏赫巴托	199.68	20.45
	温都尔汗	246.20	30.23
	巴彦	224.06	20.03
	巴特瑙劳布	288.09	42.81
	巴彦高勒	290.98	37.18

（二）气温特征

根据样带气温变化空间分布特征，年均气温在 -1.54～2.61℃，温差为 4.15℃。太仆寺、多伦、正蓝到阿巴嘎南端、锡林浩特中南部和巴彦德勒格尔苏木的气温较高，属于气温较高地区，其次是苏赫巴托苏木和阿巴嘎旗北端；巴彦苏木气温最低，其次是巴彦高勒苏木。样带年平均气温由南向北有波动性下降趋势，即南部气温较北部偏高，且冷暖区域交错，带有波动性。

根据样带冬季气温插值图可知，样带冬季气温分布特征与年平均气温分布特征相似，由南向北呈波动性下降趋势，冬季气温最低为 -14.19℃、最高为 -7.55℃，温差为 6.64℃。太仆寺、多伦、正蓝旗中南大部地区和巴彦德勒格尔冬季气温较高，其次为锡林浩特；巴彦苏木冬季气温最低，其次是巴特瑙劳布、温都尔汗和巴彦高勒，苏赫巴托苏木冬季气温与阿巴嘎和西乌珠穆沁冬季气温相近。

由图 7-3 可知，年均气温中国典型地区明显高于蒙古国典型地区，两国典型地区年均气温呈波动性上升趋势。中国典型地区年均气温变化倾向率为 0.51℃/10a，并通过 0.01 水平显著性检验；蒙古国典型地区年均气温变化倾向率为 0.39℃/10a，并通过 0.01 水平显著性检验；中国典型地区气温变化幅度大于蒙古国典型地区。

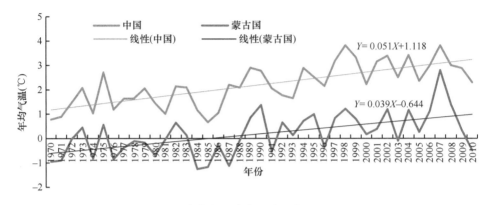

图 7-3　年均气温变化（白海花，2016）

由表 7-4 可知，太仆寺和锡林浩特年均气温较高，分别为 2.61℃和 2.60℃，冬季年均气温分别为-8.22℃和-9.28℃；多伦和正蓝的年均气温分别为 2.36℃和 2.07℃，冬季年均气温分别为-7.54℃和-7.95℃，是冬季气温较高地区；巴彦德勒格尔年均气温为 2.01℃，冬季年均气温为-8.23℃，是蒙古国调查地区气温最高地区。巴彦气温最低，年均气温和冬季年均气温分别为-1.55℃和-11.71℃；年均气温低于零下的还有温都尔汗和巴彦高勒，分别为-0.28℃和-0.21℃，冬季年均气温

表 7-4　调查地区年均气温和冬季年均气温（白海花，2016）

国家	调查地区	年均气温（℃）	冬季年均气温（℃）
中国	太仆寺	2.61	-8.22
	多伦	2.36	-7.54
	正蓝	2.07	-7.95
	锡林浩特	2.60	-9.28
	阿巴嘎	1.53	-10.40
	西乌珠穆沁	1.66	-10.25
蒙古国	巴彦德勒格尔	2.01	-8.23
	苏赫巴托	1.15	-9.43
	温都尔汗	-0.28	-11.35
	巴彦	-1.55	-11.71
	巴特瑙劳布	0.49	-10.11
	巴彦高勒	-0.21	-10.77

分别为–11.35℃和–10.77℃。冬季气温由高到低依次为多伦、正蓝、太仆寺、巴彦德勒格尔、锡林浩特、苏赫巴托、巴特瑙劳布、西乌珠穆沁、阿巴嘎、巴彦高勒、温都尔汗、巴彦。

综上所述，中国典型地区降水量变化幅度大于蒙古国典型地区降水量变化，表明了中国典型地区降水量变化稳定性低于蒙古国典型地区降水量变化；由此可知，中国典型地区孕灾环境稳定性低于蒙古国典型地区孕灾环境。

（三）2012～2013 年冬春季气温特征

温度对雪灾影响很大，冬春季温度低，使坐冬雪形成早、融化晚，积雪持续时间长；低温使牲畜体能消耗增大，抵抗雪灾能力降低，持续低温会使灾情加重。

由表 7-5 可知，冬春季平均气温巴彦最低，为–14.20℃，多伦最高，为–7.54℃。12 月、1 月和 2 月平均最低气温巴彦、温都尔汗和巴彦高勒都在–32.61～–29.93℃，多伦、太仆寺和正蓝在–22.77～–19.15℃；巴彦平均最低气温为–22.05℃，多伦平均最低气温为–13.15℃，平均最低气温温差 8.9℃。研究区冬春季平均气温由低到高依次为巴彦、温都尔汗、巴彦高勒、巴特瑙劳布、苏赫巴托、西乌珠穆沁、阿巴嘎、锡林浩特、巴彦德勒格尔、太仆寺、正蓝和多伦。2012～2013 年冬春季气温自东南向西北呈波动性下降趋势。

表 7-5　调查地区 2012～2013 年冬春季气温比较（白海花，2016）

国家	调查地区	平均气温（℃）	月平均最低气温（℃）							冬春季平均
			2012/10	2012/11	2012/12	2013/1	2013/2	2013/3	2013/4	
中国	太仆寺	–8.22	–2.35	–14.13	–22.00	–21.08	–19.54	–9.52	–4.39	–13.29
	多伦	–7.54	–2.38	–12.81	–22.62	–22.71	–19.15	–8.78	–3.60	–13.15
	正蓝	–7.95	–1.03	–13.88	–22.77	–21.79	–20.39	–8.61	–3.85	–13.19
	锡林浩特	–9.28	–2.04	–14.17	–25.65	–25.58	–22.71	–11.04	–4.24	–15.06
	阿巴嘎	–10.40	–2.49	–15.94	–26.48	–26.73	–24.34	–11.45	–4.36	–15.97
	西乌珠穆沁	–10.25	–3.70	–14.87	–26.78	–27.07	–22.74	–13.09	–5.60	–16.26
蒙古国	巴彦德勒格尔	–9.90	–2.30	–14.60	–25.20	–23.98	–23.23	–11.17	–4.38	–14.98
	苏赫巴托	–11.19	–3.44	–15.06	–27.00	–25.88	–26.10	–13.78	–4.66	–16.56
	巴彦	–14.20	–10.11	–23.31	–32.61	–31.40	–32.56	–16.11	–8.23	–22.05
	温都尔汗	–12.88	–6.33	–18.77	–31.23	–30.51	–30.26	–14.75	–6.60	–19.78
	巴特瑙劳布	–12.90	–6.64	–5.49	–29.35	–28.15	–27.75	–15.93	–6.94	–17.18
	巴彦高勒	–13.23	–5.69	–15.06	–32.37	–30.17	–29.93	–13.01	–3.46	–18.53

冬季气温低在延长冬春季积雪时间的同时增加了牲畜体能消耗，降低了牲畜的抗灾能力；降雪量相同地区的气温越低其雪灾致灾性越强。而巴特瑙劳布、西乌珠穆沁、锡林浩特和正蓝旗相比，巴特瑙劳布冬春季气温最低、西乌珠穆沁次

之、正蓝的最高；表明，巴特瑙劳布所处的环境致灾性最强，正蓝的致灾性最弱。

（四）积雪特征

1. 有雪天数

研究结果表明，蒙古国地区年均有雪天数多于中国地区。其中巴彦高勒苏木的有雪天数最多，平均有雪天数最多值可达 61.55～72.85；其次是巴特瑙劳布苏木、温都尔汗和苏赫巴托苏木，平均有雪天数最多值可达 52.35～61.54；多伦的有雪天数最少，平均有雪天数最多值可达 17.69～25.11；其次是太仆寺，平均有雪天数最多值可达 25.12～32.18。

研究结果表明，平均最高持续积雪天数由南向北呈现增加趋势。太仆寺旗、多伦县和正蓝旗持续积雪天数最短，阿巴嘎旗中部积雪持续天数相对较长，巴彦高勒苏木积雪持续时间最长，其次是巴彦苏木东部、巴特瑙劳布苏木中部、巴彦德勒格尔东部和北部、苏赫巴托苏木中部和西北部。蒙古国地区的积雪持续天数比中国地区的多，积雪持续时间长。

2. 积雪深度

研究结果表明，2 月、1 月、3 月和 12 月的积雪深度较大；巴特瑙劳布苏木、温都尔汗和巴彦高勒积雪深度相对于其他地区深得多；多伦、太仆寺地区积雪深度较小。蒙古国地区的年均积雪深度大于中国地区的积雪深度。

二、致灾因子特征分析

（一）2012～2013 年冬春季降雪特征

冬季降雪是雪灾的主要致灾因子，积雪深度和积雪日数是成灾必要条件。雪灾往往是突然出现的大暴雪天气，气温较低，形成较深的积雪造成的。图 7-4 是调查地区冬春季降水量及月分布特征图，降水量由大到小依次为西乌珠穆沁、太仆寺、正蓝、锡林浩特、巴特瑙劳布、阿巴嘎、多伦、巴彦高勒、温都尔汗、巴彦德勒格尔、苏赫巴托、巴彦。降水量月分布特征中国典型地区和蒙古国巴彦高勒地区 11 月降水量最多，多于 12 月、1 月、2 月、3 月和 4 月降水量总和，占整个冬春季降雪量的绝大部分（图 7-4）。

据气象资料，中国典型地区与巴彦德勒格尔地区 10 月和 4 月降水未能积雪。降雪主要集中在 11 月，11 月初的强降雪后积雪深度达到了最大值，形成了坐冬雪，积雪过程主要集中在初冬，具有降雪早、降雪量大、积雪深等特点。蒙古国不同典型地区的降雪量月分布特征也不同，巴彦和巴特瑙劳布 10 月降水量大，蒙古国气象数据显示，其积雪深度达到了 2012～2013 年冬春季最大值；巴彦高勒

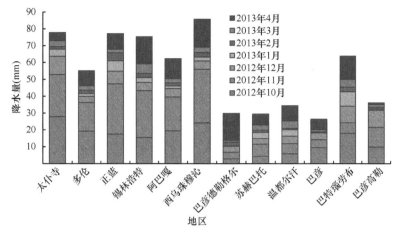

图 7-4　调查地区 2012～2013 年冬春季降水量及月分布特征（白海花，2016）
（彩图请扫封底二维码）

苏木和苏赫巴托苏木 11 月降水量大于其他月份；巴彦德勒格尔苏木和温都尔汗 4 月降水量大于其他月份；蒙古国典型地区降水量主要集中在 10 月、11 月、12 月和 4 月（图 7-4）；据气象资料，蒙古国典型地区 11 月中旬降雪后形成坐冬雪。蒙古国典型地区降雪量月分布比较均匀，降雪量较少。降雪量相近地区降雪过程不同，降雪致灾性也不同，据降雪过程将雪灾类型分为前冬突发型、持续加重型和后冬型雪灾；其中前冬突发型危害最大，后冬型雪灾危害最小。中国典型地区和蒙古国巴特瑙劳布雪灾属于前冬突发型雪灾，蒙古国其他典型地区雪灾属于持续加重型和后冬型雪灾。

　　由图 7-5 可知，巴特瑙劳布、西乌珠穆沁、锡林浩特和正蓝旗 2012～2013 年冬季平均降雪量较大，均达到了 60mm 以上，其中巴特瑙劳布降雪量最大。巴彦、

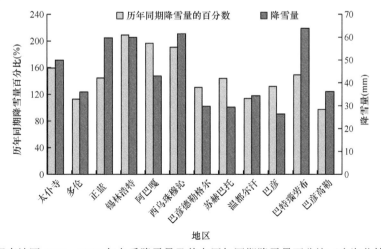

图 7-5　调查地区 2012～2013 年冬季降雪量及其占历年同期降雪量百分比（白海花等，2016）

苏赫巴托、巴彦德勒格尔、温都尔汗、巴彦高勒和多伦降雪量较小，低于 40mm；且占历年同期降雪量百分比不同，雪灾等级也不同。依据本书雪灾等级标准降雪量参考指标，多伦县、温都尔汗和巴彦高勒属无灾区；巴彦德勒格尔和巴彦属轻灾区；太仆寺、正蓝、苏赫巴托和巴特瑙劳布属中灾区；锡林浩特、阿巴嘎和西乌珠穆沁属重灾区。

（二）2012～2013 年冬春季积雪特征

1. 积雪深度

提取卫星影像信息数据获得的 2012～2013 年冬春季积雪深度。整个研究区域 2 月积雪最深，其次依次为 1 月、12 月、3 月、11 月、4 月、10 月；10 月巴特瑙劳布和巴彦高勒地区积雪深度较大，其他月份太仆寺旗和多伦县的积雪较深，其次是西乌珠穆沁旗和锡林浩特；11 月、12 月、1 月和 2 月，中国典型地区积雪深度大于蒙古国典型地区；中国地区降雪致灾性强于蒙古国地区。其中，太仆寺、多伦、西乌珠穆沁和正蓝积雪深度较大，是调查地区降雪致灾性较强的地区。

2. 有雪天数

利用 MODIS 积雪产品提取到的 2012～2013 年冬春季有雪天数图和最高连续有雪天数图。可知，太仆寺、多伦和正蓝旗有雪天数较少；锡林浩特北部、阿巴嘎中部和巴彦德勒格尔苏木、巴彦苏木有雪天数较多。典型地区中锡林浩特北部、阿巴嘎中部和巴彦德勒格尔苏木雪灾持续时间较长。

初春或初冬，雪夹着雨，随着温度下降结冰，冰上又覆盖了雪，这时形成的灾害叫"铁灾"。连续有雪天数长，使雪层变硬或融化的雪结冰，容易形成"铁灾"。形成"铁灾"时牲畜基本上无草可吃，牲畜出牧或用蹄刨雪吃草易使牲畜受伤，消耗牲畜体能，降低其抵御灾害的能力。本研究结果表明，2012～2013 年冬春季巴彦德勒格尔苏木最高连续有雪天数最多，其次是巴彦苏木南部；多伦县和太仆寺旗的较少。

三、雪灾灾损特征

（一）牲畜死亡率

由表 7-6 可知，中国典型地区平均小畜死亡率为 8.78%，太仆寺小畜死亡率（17.19%）最高，阿巴嘎小畜死亡率（6.05%）最低，太仆寺和多伦小畜死亡率与阿巴嘎、西乌珠穆沁、锡林浩特和正蓝小畜死亡率有显著差异（$P<0.05$）；平均大畜死亡率为 2.41%，正蓝大畜死亡率（4.76%）最高，锡林浩特大畜死亡率（0.12%）最低；正蓝和多伦大畜死亡率与锡林浩特大畜死亡率有显著差异（$P<0.05$）；中国

平均牲畜死亡率为 7.30%，太仆寺牲畜死亡率（11.10%）最高，阿巴嘎牲畜死亡率（5.05%）最低，太仆寺和阿巴嘎牲畜死亡率有显著差异（$P<0.05$）。蒙古国典型地区平均小畜死亡率为 3.67%，平均大畜死亡率为 0.57%，平均牲畜死亡率为 1.80%；温都尔汗小畜死亡率（5.88%）、大畜死亡率（2.15%）和牲畜死亡率（3.53%）均最高，巴彦高勒小畜死亡率（0.71%）、大畜死亡率（0.00%）和牲畜死亡率（0.41%）均最低；各典型地区小畜死亡率差异不显著（$P>0.05$），温都尔汗大畜死亡率与其他典型地区调查死亡率有显著差异（$P<0.05$），温都尔汗牲畜死亡率与巴彦高勒、巴特瑙劳布和巴彦德勒格尔牲畜死亡率有显著差异（$P<0.05$）。中国典型地区和蒙古国典型地区牲畜死亡率、小畜死亡率和大畜死亡率有显著差异（$P<0.05$），中国典型地区牲畜死亡率、小畜死亡率和大畜死亡率均高于蒙古国典型地区。

表 7-6　2012～2013 年冬春季牲畜死亡率（白海花，2016）

国家	地区	小畜死亡率（%）	大畜死亡率（%）	牲畜死亡率（%）
中国	太仆寺	17.19±5.036 a	2.35±1.703 ab	11.10±2.369 a
	多伦	11.12±3.929 ab	4.27±1.332 a	8.74±2.070 ab
	正蓝	8.02±1.947 b	4.76±1.820 a	8.17±2.118 ab
	锡林浩特	7.96±1.595 b	0.12±0.118 b	7.39±1.496 ab
	阿巴嘎	6.05±1.429 b	1.65±0.816 ab	5.05±1.145 b
	西乌珠穆沁	7.01±1.616 b	1.57±0.889 ab	5.78±1.317 ab
	平均	8.78±0.989 A	2.41±0.521 A	7.30±0.728 A
蒙古国	巴彦德勒格尔	1.76±0.641 a	0.77±0.576 ab	1.37±0.558 b
	苏赫巴托	4.36±1.483 a	0.00±0.000 b	1.90±0.590 ab
	温都尔汗	5.88±2.388 a	2.15±1.317 a	3.53±1.303 a
	巴彦	5.80±2.892 a	0.41±0.290 b	2.13±.7623 ab
	巴特瑙劳布	3.26±1.185 a	0.18±0.126 b	1.43±0.423 b
	巴彦高勒	0.71±0.508 a	0.00±0.000 b	0.41±0.288 b
	平均	3.67±0.727 B	0.57±0.236 B	1.80±0.296 B

注：小畜指绵羊和山羊，大畜指牛、马和骆驼；不同大写字母表示中国和蒙古国牲畜死亡率在 0.05 显著水平上有差异，不同小写字母表示各地区牲畜死亡率在 0.05 显著水平上有差异，下同

由表 7-7 可知，太仆寺牲畜死亡牧户比例最高，达 77.78%，大部分牧户有牲畜死亡损失。锡林浩特冬季降雪量最大、多伦较小，按降雪量分别属重灾区和无灾区，但牲畜死亡户数多伦大于锡林浩特，分别为 59.26%和 20.59%；锡林浩特牲畜死亡损失程度最大，达 330.00 羊单位；多伦牲畜死亡损失程度最小，为 60.50 羊单位。苏赫巴托和巴特瑙劳布牲畜死亡牧户比例较大，分别为 56.67%和 53.33%，但牲畜死亡损失程度小，分别为 32.00 羊单位和 26.00 羊单位。牲畜死亡率相似的不同草地利用地区，受灾范围和牲畜死亡数量也不同。巴彦牲畜死亡户数比例较大，为 46.67%，牲畜死亡损失程度在蒙古国典型地区中最

大，为 120.00 羊单位；蒙古国气温严寒地区牲畜损失程度较大。中国典型地区
受灾程度重于蒙古国典型地区。依据本书雪灾等级标准，巴彦高勒和巴特瑙劳
布牲畜死亡牧户灾情属无灾，巴彦德勒格尔、巴彦、苏赫巴托、温都尔汗、阿
巴嘎、西乌珠穆沁和锡林浩特牲畜死亡牧户灾情属轻灾，正蓝、太仆寺和多伦
牲畜死亡牧户灾情属中灾。

表 7-7　各典型地区牲畜死亡户数比例及牲畜死亡情况（白海花等，2016）

国家	地区	牲畜死亡户数比例（%）	牲畜死亡率（%）	牲畜死亡损失程度（羊单位）
中国	太仆寺	77.78	14.06	53.50
	多伦	59.26	12.10	60.50
	正蓝	58.00	13.90	119.00
	锡林浩特	20.59	10.00	330.00
	阿巴嘎	54.35	8.31	118.00
	西乌珠穆沁	63.64	9.32	128.60
	平均	55.60	11.28	134.93
蒙古国	巴彦德勒格尔	33.33	3.96	74.20
	苏赫巴托	56.67	3.52	32.00
	温都尔汗	30.00	6.53	77.00
	巴彦	46.67	4.58	120.00
	巴特瑙劳布	53.33	2.26	26.00
	巴彦高勒	16.67	2.13	28.00
	平均	39.45	3.83	59.53

　　由图 7-6 可知，中国典型地区多伦牲畜死亡牧户小畜死亡率最高，平均达
25.78%；其次是太仆寺旗，为 21.78%；锡林浩特小畜死亡率最低，为 10.89%。
蒙古国典型地区巴彦牲畜死亡牧户小畜死亡率最高，为 12.49%；巴彦高勒小畜死
亡率最低，为 3.75%。中国典型地区正蓝和多伦大畜死亡率较高，分别为 8.10%
和 5.91%；蒙古国典型地区中温都尔汗大畜死亡率较高，为 3.97%；大畜死亡率
低于小畜死亡率。

　　由图 7-7 可知，蒙古国牲畜病死、饿死或冻死的牧户占牲畜损失牧户的 50%
以上，饿死和冻死两种牲畜死亡原因的牧户占牲畜损失牧户的 30% 以上；中国
牧户单一死亡原因造成牲畜损失的牧户比重不足 50%，50% 以上牲畜死亡牧户
的牲畜死亡原因有两三种。相对而言研究区中国地区的牧户牲畜死亡原因多样
复杂，研究区蒙古国地区牧户牲畜死亡原因较单一。蒙古国牧户牲畜死亡原因
单一的占 50% 以上，两种死亡原因造成损失的占 30% 以上；没有三种原因并存
的。而中国地区两三种死亡原因导致牲畜损失的牧户占 50% 以上。表明雪灾致

灾方式因不同放牧方式、基础设施条件和牲畜品种以及畜群结构等的不同而有所不同。

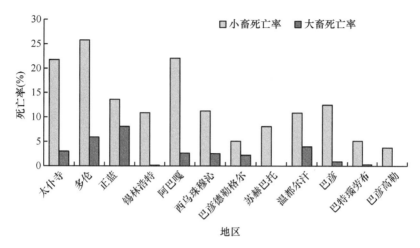

图 7-6 各典型地区牲畜死亡牧户大畜、小畜死亡率（白海花，2016）

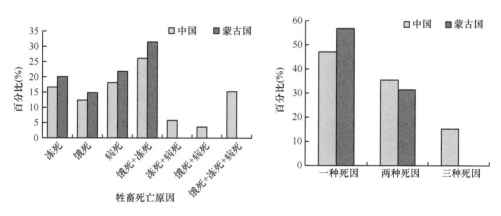

图 7-7 牧户牲畜死亡原因及各死因占比（白海花，2016）

（二）牲畜掉羔率

由表 7-8 可知，中国和蒙古国典型地区牲畜掉羔率和小畜掉羔率有显著差异（$P<0.05$），大畜掉羔率无显著差异（$P>0.05$）；中国典型地区牲畜掉羔率、小畜掉羔率均大于蒙古国典型地区。中国典型地区平均牲畜掉羔率为 4.48%，正蓝牲畜掉羔率（6.27%）最高，西乌珠穆沁牲畜掉羔率（2.86%）最低，各地区牲畜掉羔率差异不显著（$P>0.05$）；平均小畜掉羔率为 4.64%，锡林浩特小畜掉羔率（7.02%）最高，西乌珠穆沁小畜掉羔率（2.85%）最低，各地区小畜掉羔率差异不显著（$P>0.05$）；平均大畜掉羔率 2.35%，正蓝大畜掉羔率（5.71%）最高，锡林浩特大畜掉羔率（0.00%）最低，锡林浩特、阿巴嘎大畜掉羔率与正蓝大畜掉羔率有显著差异（$P<0.05$）。蒙古国典型地区平均牲畜掉羔率 2.71%，巴特瑙劳布牲畜掉羔率（5.20%）最高，巴彦德勒格尔牲畜掉羔率（0.92%）最低，巴彦德勒格尔和温都尔汗牲畜掉羔率与巴特瑙劳布牲畜掉羔率有显著差异（$P<0.05$）；平均小畜掉羔率为 2.12%，巴彦小畜掉羔率（3.68%）最高，巴彦德勒格尔小畜掉羔率（0.45%）最低，巴彦及苏赫巴托小畜掉羔率与巴彦德勒格尔和巴特瑙劳布小畜掉羔率有显著差异（$P<0.05$）；平均大畜掉羔率为 2.30%，巴特瑙劳布大畜掉羔率（7.47%）最高，苏赫巴托大畜掉羔率（0.00%）最低，巴特瑙劳布大畜掉羔率与其他地区（巴彦德勒格尔苏木除外）大畜掉羔率有显著差异（$P<0.05$）。

表 7-8　2012～2013 年冬春季牲畜掉羔率（白海花，2016）

国家	地区	牲畜掉羔率（%）	小畜掉羔率（%）	大畜掉羔率（%）
中国	锡林浩特	4.45±1.199 a	7.02±2.675 a	0.00±0.00 b
	西乌珠穆沁	2.86±0.930 a	2.85±0.953 a	1.38±.846 ab
	阿巴嘎	4.35±1.429 a	4.95±1.542 a	0.11±0.114 b
	正蓝	6.27±2.190 a	5.59±1.847 a	5.71±2.618 a
	多伦	4.41±2.819 a	3.14±1.625 a	5.61±4.458 ab
	太仆寺	4.08±1.794 a	3.24±1.661 a	2.46±2.456 ab
	平均	4.48±0.714 A	4.64±0.741 A	2.35±0.806 A
蒙古国	巴彦德勒格尔	0.92±0.346 b	0.45±0.211 b	2.97±1.849 ab
	苏赫巴托	3.07±1.431 ab	3.42±1.199 a	0.00±0.000 b
	温都尔汗	1.40±0.569 b	1.82±0.700 ab	0.11±0.113 b
	巴特瑙劳布	5.20±2.013 a	0.81±0.441 b	7.47±3.228 a
	巴彦高勒	2.73±1.039 ab	2.94±1.194 ab	1.64±1.313 b
	巴彦	2.69±1.112 ab	3.68±1.529 a	0.60±0.595 b
	平均	2.71±0.525 B	2.12±0.403 B	2.30±0.751 A

　　由图 7-8 可知，锡林浩特牲畜掉羔牧户比例最大，达 71.43%，掉羔率为 9.66%；其次是阿巴嘎旗，达 47.83%，掉羔率为 12.87%；西乌珠穆沁旗、巴彦高勒、太仆寺旗和苏赫巴托掉羔牧户比例相近，分别为 42.42%、40.00%、37.04%和 37.00%，掉羔率分别为 7.29%、6.93%、9.57%和 8.08%；正蓝旗、巴彦苏木、温都尔汗和巴彦德勒格尔苏木牧户牲畜羔率分别为 16.83%、6.35%、4.11%和 7.43%；其中正蓝旗牲畜掉羔率最高，温都尔汗牲畜掉羔率最低。巴特瑙劳布苏木和多伦县掉羔牧户比例较低，分别为 23.33%和 22.22%。

　　由图 7-9 可知，大畜、小畜掉羔率分布特征自南向北呈波动性下降趋势。小畜掉羔率最高的是正蓝旗，达到了 18.24%，其次是阿巴嘎旗和苏赫巴托，分别为 14.66%和 14.03%；多伦县小畜掉羔率为 12.09%。温都尔汗小畜掉羔率最低，为

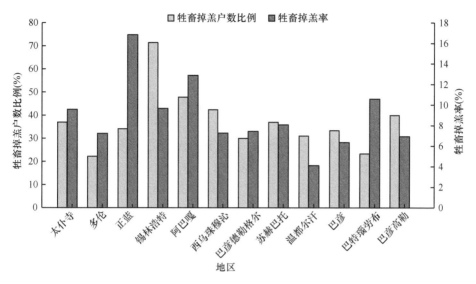

图 7-8　各典型地区牲畜掉羔户数比例及牲畜掉羔率（白海花等，2016）

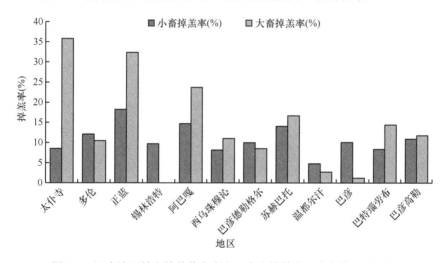

图 7-9　调查地区牲畜掉羔牧户大畜、小畜掉羔率（白海花，2016）

4.80%；太仆寺旗、西乌珠穆沁旗和巴特瑙劳布小畜掉羔率相近，分别为 8.55%、8.18%和 8.35%；锡林浩特、巴彦德勒格尔、巴彦和巴彦高勒小畜掉羔率相近，分别是 9.70%、10.02%、10.05%和 10.93%。大畜掉羔率波动性大，太仆寺旗、正蓝旗和阿巴嘎旗大畜掉羔率分别为 35.83%、32.345 和 23.70，而多伦县、锡林浩特和西乌珠穆沁旗大畜掉羔率分别下降到 10.48%、0.00%和 11.03%，大畜掉羔率最大值和最小值都在锡林郭勒，分别是太仆寺旗和锡林浩特。研究区蒙古国苏赫巴托、巴特瑙劳布和巴彦高勒大畜掉羔率相对较高，分别为 16.67%、14.39%和

11.76%；巴彦和温都尔汗的大畜掉羔率较低，仅分别为 1.20%和 2.73%；大畜掉羔率差异较小。

（三）过冬草料费用

调查牧户过冬草料费用如表 7-9 所示，多伦平均过冬草料费用占畜牧收入比例最高，为 52.26%，巴特瑙劳布的最低，为 1.48%；研究区平均过冬草料费用占收入比例自南向北呈波动性下降趋势。蒙古国典型地区冬季草料费用很低，平均过冬草料费除了巴彦德勒格尔和巴彦高勒的 3144 元和 1568 元以外，其他地区牧户冬季平均草料费用均不足千元；草料费用支出占畜牧收入比例<5%的户数比例很大，最小值也达 42.31%；过冬草料费用占畜牧收入比重>20%的户数比例很小，最大值也只有 19.23%，表明过冬草料费用方面的经济损失很小，几乎没有损失。中国典型地区平均过冬草料费用很高，其中多伦的最低、阿巴嘎的最高，分别为 15 802 元和 49 145 元；过冬草料费用占畜牧收入比重<5%的户数比例很低，最大值也只有 12.50%（西乌珠穆沁）；过冬草料费用占畜牧收入比重>20%的户数比例很大，最小的也达 43.75%（西乌珠穆沁）；中国典型地区中西乌珠穆沁过冬草料费用占收入比例最低。

表 7-9　调查地区 2012～2013 年冬春季牧户过冬草料费用占畜牧收入
比例及牧户草料支出占比（白海花等，2016）

国家	调查地区	平均过冬草料费用（元）	平均草料费用占畜牧收入比例（%）	牧户草料支出占比情况（%）			
				<5	5～10	10～20	>20
中国	太仆寺	21 037	48.72	0.00	11.11	33.33	55.56
	多伦	15 802	52.26	0.00	15.00	30.00	55.00
	正蓝	38 490	34.73	2.78	2.78	47.22	47.22
	锡林浩特	44 329	30.75	0.00	8.82	23.53	67.65
	阿巴嘎	49 145	26.81	2.22	22.22	31.11	44.44
	西乌珠穆沁	31 687	23.66	12.50	12.50	31.25	43.75
	平均	33 415	36.16	2.92	12.07	32.74	52.27
蒙古国	巴彦德勒格尔	3 144	11.23	42.31	26.92	11.54	19.23
	苏赫巴托	783	4.78	75.00	17.86	3.57	3.57
	温都尔汗	778	2.78	88.46	7.69	3.85	0.00
	巴彦	749	4.95	74.07	22.22	0.00	3.70
	巴特瑙劳布	262	1.48	92.00	8.00	0.00	0.00
	巴彦高勒	1 568	7.21	57.69	26.92	7.69	7.69
	平均	1 214	5.41	71.59	18.27	4.44	5.70

蒙古国典型地区牧户冬季草料费用仅占畜牧收入的 5.41%；71.59%牧户的草料费用占畜牧收入的比重低于 5%；草料费用占畜牧收入 20%以上的牧户仅占

5.70%。中国典型地区牧户冬季草料费用占畜牧收入的 36.15%，占畜牧收入的 1/3 以上；草料费用占畜牧收入比重大于 20%的牧户占 52.27%，一半以上牧户草料费用在 20%以上。多伦牧户草料费用占畜牧收入比重最大，达到了 52.26%；巴特瑙劳布牧户草料费用占畜牧收入比重最小，仅为 1.48%（表 7-9）。牧户草料费用与畜牧收入比重中国典型地区远大于蒙古国典型地区。

由表 7-10 可知，太仆寺和锡林浩特草料费用增加户数比例较大，分别为 84.00%和 82.14%；阿巴嘎和西乌珠穆沁草料费用增加户数比例较小，分别为 53.13%和 63.64%；表明大部分牧户有草料费用增加的经济损失，太仆寺和锡林浩特受灾后草料费用支出增加的幅度较大。西乌珠穆沁草料费用增加幅度最大，草料费用增加幅度<10%的户数比例为 24.00%、草料费用增加幅度>100%的户数比例为 56.00%，多伦草料费用增加幅度最小，草料费用增加幅度<10%的户数比例为 51.61%、草料费用增加幅度>100%的户数比例为 19.35%。表明西乌珠穆沁雪灾导致的草料费用增加的经济损失最严重。

表 7-10 中国典型地区调查牧户草料费用增加情况（白海花等，2016）

调查地区	草料费用增加牧户比例（%）	草料费用增加幅度（%）			
		<10	10～50	50～100	>100
太仆寺	84.00	31.25	28.13	15.63	25.00
多伦	69.23	51.61	25.81	3.23	19.35
正蓝	75.68	40.91	22.73	13.64	22.73
锡林浩特	82.14	29.73	27.03	10.81	32.43
阿巴嘎	53.13	38.10	14.29	14.29	33.33
西乌珠穆沁	63.64	24.00	12.00	8.00	56.00

游牧地区受灾形式以牲畜死亡和掉羔为主；定居放牧地区受灾形式有牲畜死亡、掉羔和草料费用增加三种，以草料费用增加为主。降雪量相近，雪灾等级低于中灾等级时，游牧地区受灾程度低于定居放牧地区受灾程度。牲畜损失灾情等级相似的不同放牧方式地区，受灾范围和牲畜损失数量也不同。草料费用增加的损失：游牧放牧条件下过冬草料使用量少，草料方面损失很小，几乎没有；而定居放牧地区草料费用占畜牧收入的 1/4～1/2。定居放牧条件下 50%以上牧户的草料费用增加，草料费用增加损失户数比例最大的达 84.00%；近 20%以上的牧户草料费用增加幅度>100%，可见草料费用增加导致了灾害损失范围广和受灾程度严重。

（四）承灾体特征

1. 承灾体暴露性

由表 7-11 可知，太仆寺的人口密度（61.70 人/km²）最大，巴彦德勒格尔苏木的人口密度（0.06 人/km²）最小。阿巴嘎旗人口密度（1.64 人/km²）在锡林郭勒地区最小，巴彦高勒苏木人口密度（2.85 人/km²）在蒙古国典型地区中最大；样带中国地区的人口密度远大于蒙古国地区。温都尔汗人均牲畜数量（66.00 羊单位/人）最多，其次是巴彦德勒格尔（64.10 羊单位/人）和苏赫巴托（58.80 羊单位/人）的人均牲畜数量，在蒙古国典型地区中巴彦高勒人均牲畜数量最少；在锡林郭勒典型地区的人均牲畜数量阿巴嘎旗（33.44 羊单位/人）最多，太仆寺旗（2.16 羊单位/人）和锡林浩特市（5.29 羊单位/人）相对较少；人均牲畜数量和畜均草场面积蒙古国典型地区的大于中国典型地区。苏赫巴托苏木畜均草场面积（6.96hm²/羊单位）最大，其次是巴彦德勒格尔苏木畜均草场面积（2.48hm²/羊单位），巴彦高勒苏木畜均草场面积（0.96hm²/羊单位）在蒙古国典型地区中最小。多伦县（0.15hm²/羊单位）和太仆寺（0.34hm²/羊单位）畜均草场面积较小，锡林郭勒地区阿巴嘎旗畜均草场面积（1.79hm²/羊单位）最大。蒙古国典型地区的棚圈设施以木质结构、石木结构和羊粪砖砌成的较多，以敞篷为主；封闭性差，保暖性能差。而中国典型地区棚圈设施以砖瓦结构或土木结构为主，封闭性和保暖性能强。中国典型地区畜均棚圈面积太仆寺旗（0.81m²/羊单位）最大，其次是正蓝旗（0.77m²/羊单位）和多伦县（0.73m²/羊单位），阿巴嘎旗（0.22m²/羊单位）最小；蒙古国典型地区的畜均棚圈面积巴彦苏木（0.44m²/羊单位）的最大，其次是巴彦高勒苏木（0.31m²/羊单位），巴彦德勒格尔苏木（0.02m²/羊单位）的最小。承载体暴露性和脆弱性有明显的地域差异，蒙古国地区暴露性强，基础设施防灾抗灾能力低于中国典型地区，脆弱性高于中国典型地区；中国北部地区承载体暴露性强于南部地区。

表 7-11　各地区人口及畜牧设施概况（白海花，2016）

国家	地区	人口密度（人/km²）	人均牲畜数量（羊单位/人）	畜均草场面积（hm²/羊单位）	畜均棚圈面积（m²/羊单位）	棚圈设施结构
中国	太仆寺	61.70	2.16	0.34	0.81	砖瓦
	多伦	28.21	8.84	0.15	0.73	砖瓦、土木
	正蓝	8.33	13.61	0.74	0.77	砖瓦
	锡林浩特	12.04	5.29	1.50	0.25	砖瓦
	阿巴嘎	1.64	33.44	1.79	0.22	砖瓦
	西乌珠穆沁	3.92	16.70	1.31	0.39	砖瓦、土木
蒙古国	巴彦德勒格尔	0.06	64.10	2.40	0.02	粪砖、石木
	苏赫巴托	0.24	58.80	6.96	0.08	粪砖、木草
	温都尔汗	0.82	66.00	2.41	0.13	石木、粪砖、木草
	巴彦	0.69	58.60	2.48	0.44	粪砖、木草
	巴特瑙劳布	1.21	40.80	2.03	0.14	石木、粪砖、木草
	巴彦高勒	2.85	36.40	0.96	0.31	石木、粪砖、木草

2. 放牧方式与防御措施

典型地区人均牲畜数量由多至少依次为温都尔汗、巴彦德勒格尔、苏赫巴托、巴彦、巴特瑙劳布、巴彦高勒、阿巴嘎、西乌珠穆沁、正蓝、多伦、锡林浩特、太仆寺，畜均棚圈面积由大至小依次为太仆寺、正蓝、多伦、巴彦、西乌珠穆沁、巴彦高勒、锡林浩特、阿巴嘎、巴特瑙劳布、温都尔汗、苏赫巴托、巴彦德勒格尔，表明巴彦德勒格尔、苏赫巴托和温都尔汗的承灾体暴露性较强，太仆寺、正蓝和多伦的承灾体暴露性较弱。从所处环境致灾性和承载体暴露性来看，巴彦德勒格尔、苏赫巴托和温都尔汗的受灾程度应较为严重，太仆寺、正蓝和多伦较轻。但巴彦德勒格尔、苏赫巴托和温都尔汗的牲畜死亡率远低于太仆寺、正蓝和多伦的牲畜死亡率；牲畜死亡户数比例由高至低为太仆寺、西乌珠穆沁、多伦、正蓝、苏赫巴托、阿巴嘎、巴特瑙劳布、巴彦、巴彦德勒格尔、温都尔汗、锡林浩特、巴彦高勒，巴彦德勒格尔、苏赫巴托和巴特瑙劳布的受灾范围小，太仆寺、正蓝和多伦的受灾范围大。表明游牧放牧地区受灾范围和受灾程度小于定居放牧地区。

根据研究结果，蒙古国典型地区牧户分布有一定的规律性，大部分牧户分布在低洼平坦地区周边的山坡地区，体现了传统游牧选择地势较高、背风温暖的地方过冬的特点。由于地势相对高，在风吹作用下，不易积雪，降的雪被吹散到低洼地区聚集，牧草被雪掩埋程度低；背靠山体或丘体而居，有天然的挡风屏障，降低了暴风雪灾害风险。可充分利用自然优势防范雪灾。也有一些离城镇近的牧户选择在城镇过冬。中国典型地区牧户冬季营地分布没有明显地形特征，一年四季均在同一个地方居住，只有分布在有利于过冬地形的牧户才能受到地形地貌的防范雪灾作用。

图 7-10 显示的是调查牧户 2012～2013 年冬春季草料使用量随牲畜数量的变化。蒙古国牧户草料使用量很少，大部分牧户草料使用量不足 3000kg，且随着羊

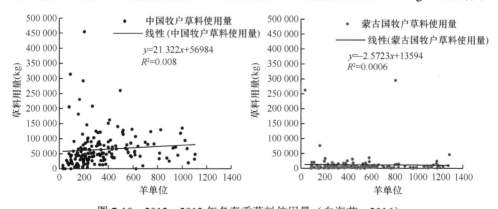

图 7-10　2012～2013 年冬春季草料使用量（白海花，2016）

单位的增加草料量变化不明显。中国牧户草料使用量较多，且随着羊单位的增加草料使用量呈增加趋势。中国调查地区储备草料量较多，舍饲圈养抗灾性能强于蒙古国调查地区。

各类牲畜的生理性能不同，积雪中采食能力也不同；畜群结构不同，抗御雪灾的能力也不同。草原被积雪覆盖后，牲畜采食难易程度不仅取决于积雪的深度和密度，也与不同畜种破雪采食能力的差异有关，当积雪达到一定的厚度和密度时，牲畜采食就会遇到困难，甚至被迫停止放牧。我国牧区调查表明，积雪对不同种类、不同年龄的牲畜影响程度不同。马的采食能力最强，骆驼次之，绵羊再次之，牛最差。各类牲畜破雪采食深度：马为 30cm 左右，骆驼为 25cm 左右，绵羊为 20cm 左右，牛啃食低草的能力要比羊、马差得多，其破雪吃草的深度低于10cm（王宗礼等，2009）。成年畜破雪采食能力较幼畜强。在草场积雪较深时马能刨雪吃草，通过放牧马群可使一些被轻度掩埋的草场的积雪被刨开，雪层松软，可放牧小畜，有利于小畜放牧。

不同牲畜适应雪灾能力的不同导致不同畜群结构的抗灾能力也不同。由图 7-11 可知，典型地区畜群结构差异很大，蒙古国大部分牧户五畜品种至少三种或以上。而中国牧户市场针对性强，多以专业养殖某一种为主，畜群结构单一；如养绵羊或牛（奶牛、肉牛）为主，马、山羊及骆驼数量占畜群比例极少。太仆寺、锡林浩特、阿巴嘎和西乌珠穆沁畜群结构以绵羊为主，多伦畜群结构以牛为主，正蓝的畜群结构虽以绵羊为主，但牛的数量也较多；马的数量较少，阿巴嘎和正蓝有少量骆驼。蒙古国典型地区畜群结构以绵羊和山羊为主，绵羊和山羊数量差距不大；牛和马的数量相近，马的数量多于牛的数量；骆驼数量较少，巴彦德勒格尔、苏赫巴托、温都尔汗和巴彦有少量骆驼。

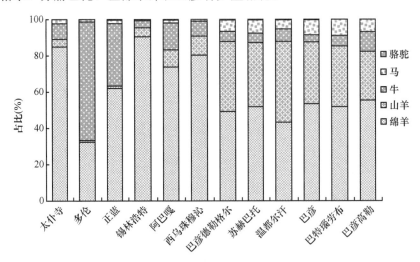

图 7-11　畜群五畜数量比例（白海花，2016）

　　表 7-12 为牧户牲畜品种改良情况。牲畜品种优良化是现代畜牧业发展的重要体现，是畜牧业能否实现高效益的关键所在，也是农牧民增收的重要途径。牲畜品种改良以奶牛、肉牛、肉羊、绒山羊改良为主。改良品种具有畜产品质量好、产量高或繁殖性能强等特点，改良方式的不同，其适应雪灾的能力也不同。多伦、太仆寺和正蓝牲畜改良户数比例达一半以上，以外来品种改良为主，其中多伦的外来品种改良牧户比例最大，达 55.56%。蒙古国典型地区牲畜改良牧户最多占调查牧户的 1/3，改良品种以本地品种为主，外地品种改良牧户较少，只有巴彦高勒和巴彦少部分牧户牲畜进行了外地品种改良，改良牧户比例仅分别为 16.67%和 6.67%。

表 7-12　牧户牲畜品种改良情况（白海花，2016）

国家	调查地区	改良户数比例（%）	本地品种改良户数比例（%）	外地品种改良户数比例（%）	改良品种
中国	太仆寺	51.85	18.52	40.74	西门塔尔牛、黑花牛、小尾羊、大尾羊、细毛羊、乌珠穆沁羊
	多伦	66.67	33.33	55.56	西门塔尔牛、黑花牛、黄花牛、夏洛莱、小尾羊
	正蓝	50.00	26.32	36.84	西门塔尔牛、黑花牛、黄花牛、草原红牛、细绒羊、细毛羊
	锡林浩特	20.59	0.00	20.59	西门塔尔牛
	阿巴嘎	28.26	6.52	15.22	西门塔尔牛
	西乌珠穆沁	33.33	12.12	21.21	西门塔尔牛、夏洛莱牛、夏洛莱羊
蒙古国	巴彦德勒格尔	23.33	23.33	0.00	额尔顿查干绵羊、呼伦贝尔马
	苏赫巴托	30.00	30.00	0.00	巴彦德勒格尔红山羊、额尔顿查干绵羊、乌珠穆沁羊、草原红牛
	温都尔汗	12.90	12.90	0.00	巴彦德勒格尔红山羊、额尔顿查干绵羊、嘎拉希拉马、苏赫巴托马
	巴彦	33.33	26.67	6.67	戈壁羊、巴彦查干羊、巴彦德勒格尔山羊、布里亚特奶牛、哈萨克斯坦牛
	巴特瑙劳布	33.33	33.33	0.00	呼伦贝尔羊、巴彦查干山羊、乌珠穆沁羊、嘎拉希拉马、苏赫巴托马、色楞格羊
	巴彦高勒	33.33	16.67	16.67	巴亚德羊、巴彦德勒格尔山羊、蒙古牛、哈萨克斯坦牛、西门塔尔牛

　　由表 7-13 可知，本地品种改良牧户的牲畜死亡率最低，掉羔率较高；引进品种改良牧户的牲畜掉羔率最低，牲畜死亡率最高；未改良牧户牲畜掉羔率和死亡率均较高。表明，牲畜改良有降低掉羔率作用，不同改良方式对死亡率影响不同。

表 7-13　牲畜改良情况与损失（白海花，2016）

改良品种	平均掉羔率（%）	平均死亡率（%）
未改良	12.68	10.47
本地品种	12.55	7.76
外地品种	8.69	13.85

3. 草场长势

NDVI 在使用遥感图像进行植被研究以及植物物候研究中得到广泛应用，它是植物生长状态以及植被空间分布密度的最佳指示因子，与植被分布密度呈线性相关，NDVI 越大，植物长势越好。由研究结果可知，研究区 NDVI 值在 0.00～0.95，草场长势差异很大，南部和北部地区草场植被长势很好，中南部草场植被长势相对较差；东部草场植被长势好于西部草场植被长势。

由表 7-14 可看出，巴彦高勒、巴特瑙劳布和太仆寺 NDVI 均值大于 0.60，草场长势很好，与其他地区有显著差异；其次是多伦、苏赫巴托和西乌珠穆沁，草场长势较好；巴彦德勒格尔和阿巴嘎 NDVI 均值分别只有 0.415 和 0.506，草场长势较差。中国典型地区标准偏差较大，草场长势不均匀，蒙古国典型地区标准偏差较小，草场长势均匀。中国典型地区和蒙古国典型地区的草场长势没有显著差异（$P>0.05$）。草场 NDVI 均值由大到小依次为巴彦高勒、巴特瑙劳布、太仆寺、多伦、苏赫巴托、西乌珠穆沁、巴彦、正蓝、锡林浩特、阿巴嘎、温都尔汗、巴彦德勒格尔。

表 7-14　调查地区归一化植被指数（NDVI）均值及标准偏差（白海花，2016）

调查地区	NDVI 均值	标准偏差	调查地区	NDVI 均值	标准偏差
太仆寺	0.625 ab	0.058	巴彦德勒格尔	0.415 f	0.050
多伦	0.597 abc	0.091	苏赫巴托	0.596 abc	0.040
正蓝	0.559 cd	0.079	温都尔汗	0.499 e	0.062
锡林浩特	0.555 d	0.079	巴彦	0.560 cd	0.054
阿巴嘎	0.506 e	0.078	巴特瑙劳布	0.628 a	0.034
西乌珠穆沁	0.588 bcd	0.053	巴彦高勒	0.628 a	0.064
中国平均	0.563 A	0.083	蒙古国平均	0.552 A	0.093

注：不同小写字母表示调查地区 NDVI 在 0.05 水平上差异显著，不同大写字母表示国与国之间在 0.05 水平上差异显著

表 7-15 显示的是不同 NDVI 地区的牧户平均牲畜掉羔率和死亡率变化，NDVI 值<0.3 时掉羔率和死亡率分别为 0.71% 和 1.26%，为最小；NDVI 值>0.7 时掉羔率和死亡率分别为 14.25% 和 8.67%，为最大；随着 NDVI 值的增加牲畜掉羔率和死

亡率增加，NDVI 值越大牲畜掉羔率和死亡率越大；表明 NDVI 值大的地区牲畜掉羔率和死亡率大于 NDVI 值小的地区。

表 7-15　NDVI 与牲畜损失（白海花，2016）

NDVI 值	平均牲畜掉羔率（%）	平均牲畜死亡率（%）
<0.3	0.71	1.26
0.4～0.5	4.19	3.27
0.5～0.6	4.84	5.64
0.6～0.7	6.04	4.43
>0.7	14.25	8.67

不同放牧地区的雪灾防御措施也不同。蒙古国调查地区为游牧放牧地区，中国调查地区是定居放牧。游牧放牧是一年四季在不同的草场轮牧，使用一个草场时其他草场处于休牧状态；依从牲畜的习性，选择避风、温暖而有水井等设施的地方作为冬营地，以草场放牧为主要的防御措施；草料储备较少，过冬草料费用低。定居放牧则有固定的居所，一年四季在一处草场上放牧，大量储备过冬饲草料，以舍饲圈养为主要防御措施，过冬草料费用高。

据牲畜死亡率蒙古国调查地区灾情分为无灾和轻灾，中国调查地区灾情分为无灾、轻灾和中灾。蒙古国调查地区受灾形式以牲畜死亡和掉羔为主；中国调查地区受灾形式有牲畜死亡、掉羔和草料费用增加三种，以草料费用增加损失为主。降雪量相近，雪灾等级低于中灾等级时，游牧地区受灾程度低于定居放牧地区受灾程度。牲畜损失灾情等级相似的不同放牧方式地区，受灾范围和牲畜损失数量也不同。蒙古国调查地区过冬草料使用量少，草料费用增加导致的损失很小，几乎没有。中国调查地区草料费用占畜牧收入的 1/4～1/2，草料费用增加导致灾害损失范围广、受灾程度严重。

蒙古国调查地区年降水量低于中国调查地区，年均气温远低于中国调查地区，年均积雪深度、有雪天数和最高连续有雪天数大于中国调查地区；但气温、降水变化稳定性强于中国调查地区。

蒙古国调查地区降雪量低于中国调查地区，中国调查地区雪灾灾情强于蒙古国调查地区。蒙古国调查地区雪灾属于持续加重型和后冬型雪灾。中国调查地区雪灾属于前冬突发型。蒙古国调查地区降雪量灾情分为无灾、轻灾和中灾；中国调查地区降雪量灾情分为无灾、轻灾、中灾和重灾。

蒙古国调查地区致灾性和承灾体暴露性强，基础设施防灾抗灾性能低；草料储备少，以游牧形式依靠草场放牧是主要防灾抗灾措施。中国典型地区承灾体暴露性低，基础设施防御性和抗灾性强；依靠基础设施，储备足够的草料，以舍饲圈养为主要防灾抗灾措施。利用自然地形条件优势，依从牲畜习性放牧和依靠棚圈设施、储备饲草料并用是最有效的防御雪灾措施。

第四节　不同放牧方式地区雪灾灾情比较分析

一、放牧方式及雪灾防御措施分析

（一）放牧方式

巴特瑙劳布和温都尔汗属于杭盖地区，草原自然环境较好，不需要长距离游走。放牧主要集中在夏营盘和冬营盘之间。夏营盘分布在开阔的湿地，地势平缓、草场面积大，域内有河流、湖泊；冬营盘多在地势较高的向阳坡或在丘陵、山谷地，朝阳、背风的坡地草场，以最大的可能性避免冷冽的冬季风雪；春季和秋季营地的选择主要取决于牲畜适应环境的生理习性和季节特征（敖仁其，2007）。缺乏劳动力或牲畜少的少数牧户一年四季在一个营地放牧或冬春季时转场到苏木或省附近地区放牧。

表 7-16 显示的是巴特瑙劳布地区调查牧户的冬、春、夏季营地的海拔差与牲畜损失情况，大部分牧户冬营地地势高于其他营地。表中海拔差为 0 的是调查的牧户在同一个营地，如冬季和春季海拔差为 0，牧户的冬季和春季营地在一处，一年四季都在一处的各营地海拔差为 0。据调查，年纪大的牧户或牲畜少的牧户一年四季在同一处营地放牧或冬春季在同一处营地放牧。有 12 家牧户牲畜有损失，其中 9 家牧户的冬春季营地在一处或春季营地海拔低于夏营地，表明，没有在冬营地过冬的牧户牲畜损失严重。

表 7-16　巴特瑙劳布牧户冬、春、夏季营地海拔差与牲畜损失（白海花，2016）

序号	冬-夏 (m)	冬-春 (m)	春-夏 (m)	死亡率 (%)	掉羔率 (%)	序号	冬-夏 (m)	冬-春 (m)	春-夏 (m)	死亡率 (%)	掉羔率 (%)
1	107	98	9	0	0	16	58	−23	81	0	0
2	37	0	37	0	0	17	49	78	−29	0	0
3	−6	17	−23	0	0	18	63	64	−1	0	0
4	36	26	10	2.93	25.99	19	20	18	2	3.36	0
5	11	0	11	4.82	20.00	20	0	0	0	0	0
6	0	0	0	0	0	21	36	58	−22	0	0
7	28	6	22	0	0	22	1	−31	32	0	0
8	66	0	66	0	0	23	102	0	102	2.65	11.30
9	76	16	60	0	0	24	15	0	15	8.61	31.80
10	33	0	33	0	0	25	53	129	−76	0	36.00
11	41	0	41	2.08	0	26	97	0	97	2.62	2.30
12	36	0	36	8.55	0	27	46	0	46	0	0
13	30	30	0	0	0	28	10	0	10	0	0
14	60	0	60	2.08	0	29	4	0	4	1.12	0
15	97	16	81	0	0	30	29	31	−2	0	28.65

　　本研究表明，巴特瑙劳布苏木牧户分布有一定的规律性，分布在低洼平坦地区周边的山坡，体现了传统游牧选择地势较高、背风温暖的地方过冬的特点。由于地势相对高，在风吹作用下，不易积雪，降的雪被吹散到低洼地区聚集，牧草被雪掩埋程度低；背靠山体或丘体而居，有天然的挡风屏障，降低了暴风雪灾害风险。可充分利用自然优势防范雪灾。阿巴嘎旗牧户分布没有明显地形特征，因为草场一年四季均在同一个地方，所以只有分布在有利于过冬地形的牧户才能受到地形地貌的防范雪灾作用。

　　五畜采食特征和生理习性的不同其抗雪灾性能也不同。当积雪达到一定的厚度和密度时，牲畜采食就会遇到困难，甚至被迫停止放牧。马的采食能力最强，骆驼次之，绵羊再次之，牛最差。当雪灾发生时，因马、骆驼善走，易于转场，所以受危害轻。阿巴嘎旗实施草畜平衡政策，以草定畜，加之市场需求的影响，养殖绵羊、牛的专业牧户居多，畜群结构以单一品种为主体，其他品种数量极少，甚至没有；而且改良品种多，母畜比例高，以繁殖年龄母畜为主。巴特瑙劳布苏木实施四季游牧，种群结构五畜比例相对均衡，牲畜以本地品种为主，母畜占比例不高。由图 7-12 可知，阿巴嘎畜群结构绵羊比重最大，占畜群 65.00%以上，其次是牛，占 18.00%左右；太仆寺畜群结构中绵羊的比重占 80%以上；多伦畜群结构中牛的比重最大，占 60%以上，羊的比重占 30%以上，畜群结构单一。巴特瑙劳布畜群结构中绵羊和马的比重较高，均占畜群 30%～35%，绵羊比重略大于马的比重；牛和山羊的比重相近，在 20%左右，牛的比重略大于山羊比重；温都尔汗畜群结构中绵羊和山羊的比重相似，占 40%以上，牛和马的比重相似，畜群结构相对均衡。

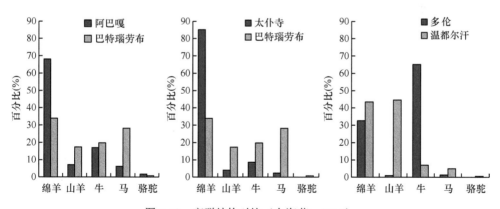

图 7-12　畜群结构对比（白海花，2016）

（二）防灾抗灾特征分析

　　由表 7-17 可知，据人均牲畜数量、棚圈结构和畜均棚圈面积来看，巴特瑙劳布和温都尔汗承灾体暴露性较强,太仆寺和多伦的承灾体暴露性较弱。依据畜均棚圈面积和棚圈结构,太仆寺和多伦的棚圈设施抗灾性能较强;巴特瑙劳布和温都尔汗基础设施抗灾性能较弱。据草场长势(NDVI)和畜均草场面积,巴特瑙劳布和温都尔汗的草场抗灾性能较强,多伦和太仆寺的较弱。

表 7-17　承载体抗灾能力基本概况(白海花等,2016)

调查地区	人均牲畜数量 (羊单位/人)	畜均草场面积 (hm²/羊单位)	NDVI	畜均棚圈面积 (m²/羊单位)	棚圈结构
阿巴嘎	33.44	1.79	0.514	0.22	砖瓦
巴特瑙劳布	40.80	2.03	0.628	0.14	石木、粪砖、木草
太仆寺	2.16	0.34	0.638	0.81	砖瓦
多伦	8.84	0.15	0.618	0.73	砖瓦、土木
温都尔汗	66.00	2.41	0.512	0.13	石木、粪砖、木草

二、雪灾灾情分析

(一)降雪量相近地区灾情对比

由图 7-13 可知,阿巴嘎和巴特瑙劳布牲畜死亡户数比例相近,均达到了45.00%以上,但死亡率差异明显,阿巴嘎旗高于巴特瑙劳布一倍以上;阿巴嘎旗牲畜掉羔户数比例远大于巴特瑙劳布,掉羔率是巴特瑙劳布的两倍多;草料费用增加户数比例和草料费用增加比例阿巴嘎旗远大于巴特瑙劳布苏木。虽然降雪量相近,阿巴嘎旗雪灾的牲畜死亡、牲畜掉羔和草料费用增加的损失非常严重,巴特瑙劳布的损失较轻。

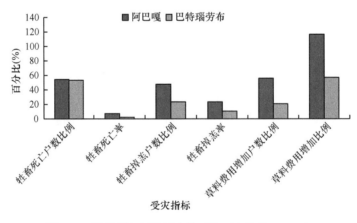

图 7-13　降雪量相同地区灾情对比(白海花,2016)

（二）雪灾等级相同地区灾情对比

太仆寺和巴特瑙劳布地形地貌特征相同，均以低山丘陵为主，年均冬季降雪量分别为 48.9mm 和 42.8mm。太仆寺 2012～2013 年冬春季降雪量为 77.9mm，是历年同期降雪量的 159.30%；巴特瑙劳布为 63.8mm，是历年同期降雪量的 149.07%；占历年同期降雪量的百分数均低于 160%，依据雪灾等级降雪量增加指标均属中灾。两地区受灾特征如图 7-14 所示，太仆寺的牲畜死亡户数比例、牲畜掉羔户数比例和草料费用增加户数比例均远大于巴特瑙劳布；太仆寺受灾范围大于巴特瑙劳布。太仆寺牲畜死亡率和草料费用增加比例也显著大于巴特瑙劳布；太仆寺牲畜死亡率达到了重灾标准，巴特瑙劳布牲畜死亡率未达到轻灾标准；牲畜掉羔率两地区相近，巴特瑙劳布牲畜掉羔率略低于太仆寺；太仆寺受灾程度重于巴特瑙劳布。

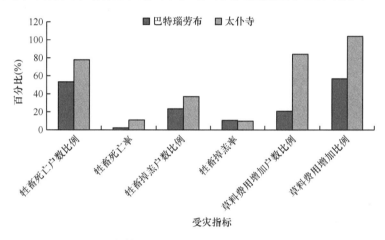

图 7-14　雪灾等级相同地区灾情对比（白海花，2016）

（三）无灾地区过冬损失对比

多伦和温都尔汗年均冬季降雪量分别为 48.9mm 和 30.2mm，2012～2013 年冬春季降雪量分别为 55.10mm 和 34.40mm，是历年同期降雪量的 112.68% 和 113.91%；降雪量增幅相近，占历年同期降雪量的百分数低于 120%，属无灾地区。过冬损失情况如图 7-15 所示，多伦牲畜死亡户数比例和草料费用增加户数比例均大于温都尔汗，牲畜掉羔户数比例略低于温都尔汗；多伦的过冬牲畜损失范围远大于温都尔汗。多伦牲畜死亡率>10%，温都尔汗牲畜死亡率<10%；多伦牲畜掉羔率和草料费用增加比例也远大于温都尔汗，表明雪量等级无灾时游牧放牧地区灾情低于定居放牧地区。

放牧方式不同地区雪灾受灾程度差异显著，游牧放牧地区承载体暴露性强，以草场放牧、少量补饲弱畜为主要抗灾方式；定居放牧地区，承灾体暴露性弱，以依靠棚圈设施储备足够饲草料为主要抗灾方式。降雪量相近，雪灾等级中灾时

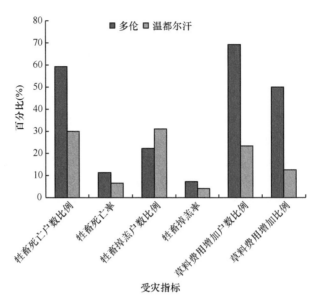

图 7-15　无灾区牲畜过冬损失对比（白海花，2016）

游牧放牧地区受灾程度低于定居放牧地区。雪灾等级无灾时，游牧放牧地区牲畜过冬损失低于定居放牧地区。

第五节　雪灾致灾机制分析

一、变量的选择

根据调查数据和从气象数据、遥感数据中提取的信息建立数据文件。通过牧户调查搜集的变量有放牧方式、掉羔率、死亡率、死亡原因、畜均棚圈面积（m^2/羊单位）、畜群结构、草料费用、牲畜品种改良、纬度和海拔；通过气象数据插值提取了最低气温变量；从遥感数据中提取的变量有坡度、坡向、草场长势（NDVI）、月（2012年 10 月、11 月、12 月以及 2013 年 1 月、2 月、3 月）平均积雪深度、有雪天数和最高连续有雪天数等。其中放牧方式、牲畜死亡原因和牲畜品种是定性变量。

为便于分析，通过对定性变量赋值的方法，将定性变量进行定量化。放牧方式变量中对游牧放牧经营赋值为 1，对定居放牧经营赋值为 2；牲畜品种变量中没有改良的牧户牲畜品种赋值为 1，附近品种改良的牧户牲畜品种赋值为 2，外来引进品种改良的牧户牲畜品种赋值为 3。

坡向值的范围在 0°～360°，0°～22.5°和 337.5°～360°为北，22.5°～67.5°为东北，67.5°～112.5°为东，112.5°～157.5°为东南，157.5°～202.5°为南，202.5°～247.5°为西南，247.5°～292.5°为西，292.5°～337.5°为西北；同一个方向取值不同，方向变化与

取值变化不一致;为使取值变化与方向变化一致,对每个方向进行赋值,北赋值为1,东北和西北赋值为2,东和西赋值为3,东南和西南赋值为4,南赋值为5。

畜群结构是指牧户畜群中小畜和大畜比例,不同牲畜抗雪灾能力不同,导致不同结构畜群的雪灾抗灾能力也不同;分析中使用大畜比例表示畜群结构。草料费用是指购买冬春季草料所需费用。

纬度变化对雪灾的影响以气温变化的影响为主,气温随着纬度有梯带性变化。本研究中纬度与最低气温相关系数为-0.830,呈显著负相关,因此纬度因子不设为自变量。

由于放牧方式的不同,蒙古国地区和中国地区草料费用与棚圈结构及畜均棚圈面积有显著差异;蒙古国地区和中国地区的气温条件差异悬殊,形成了游牧地区气温远低于定牧地区的局面;在整体分析中以放牧方式变量代替草料费用、畜均棚圈面积和最低气温变量。牲畜死亡原因是雪灾灾损的结果,不影响灾损程度,与牲畜死亡和掉羔没有因果关系,不能当作影响雪灾灾情的自变量。

积雪深度变量与牧户所处位置的雪深估计值和从遥感数据中提取的冬春季各月的月平均雪深值、积雪深度、牲畜死亡率、掉羔率和积雪影响的相关分析中2012年11月平均积雪深度与死亡率、掉羔率和积雪影响的相关系数最大,用2012年11月平均积雪深度代替积雪深度变量。

二、影响因子主成分分析

主成分分析方法在土地利用的应用:首先选取一些影响因子,按照主成分分析方法的相关系数矩阵,计算特征值与特征向量及主成分贡献率与累计贡献率的计算公式,计算特征值及各个主成分的贡献率与累计贡献率。然后根据主成分载荷计算公式得到主成分载荷矩阵,筛选出主要影响因子。根据主成分分析方法的思路和要求,将影响因子降水量、气温、蒸发量、人口、农用地面积、大牲畜头数、羊只数、GDP、第一产业比重和造林面积分别设为变量 X_1、X_2、X_3、……、X_{10},按照主成分分析方法中的相关系数矩阵、特征值与特征向量及主成分贡献率与累计贡献率的计算公式,利用 SPSS 软件绘制出特征值及各个主成分的贡献率与累计贡献率和主成分载荷矩阵(表 7-18)。

由表 7-18 可知,特征值大于 1 的主成分有 4 个,即第一主成分、第二主成分、第三主成分和第四主成分,累计贡献率达到了 63.331%,符合主成分分析要求;根据特征值提取了前 4 个主成分,因此确定第一、第二、第三和第四主成分为雪灾牲畜灾损的主要影响因素。

主成分载荷是主成分与变量之间的相关系数,由表 7-19 看出,变量 X_{11}、X_4、X_9 和 X_{13} 与第一主成分有很大的相关关系,相关系数分别为 0.912、0.907、0.785

表 7-18　主成分特征值及贡献率（白海花，2016）

主成分	初始特征值			提取平方和载入		
	特征值	贡献率（%）	累计贡献率（%）	合计	方差的%	累积%
1	3.753	28.866	28.866	3.753	28.866	28.866
2	1.868	14.371	43.237	1.868	14.371	43.237
3	1.511	11.622	54.859	1.511	11.622	54.859
4	1.101	8.471	63.331	1.101	8.471	63.331
5	0.952	7.324	70.654			
6	0.824	6.338	76.992			
7	0.717	5.515	82.508			
8	0.623	4.795	87.303			
9	0.558	4.289	91.591			
10	0.478	3.679	95.270			
11	0.389	2.995	98.265			
12	0.126	0.967	99.232			
13	0.100	0.768	100.000			

和 -0.663。X_2、X_{12}、X_3 和 X_5 与第二主成分相关性较大，相关系数分别为 0.645、-0.564、-0.512 和 0.512。X_6 和 X_7 与第三主成分相关性较大，相关系数分别为 0.748 和 -0.615。X_{10} 和 X_8 与第四主成分相关性较大，相关系数分别为 0.625 和 0.593。即积雪深度、放牧方式、最低气温、最高连续有雪天数、有雪天数、畜群结构、饲草料、牲畜改良方式、海拔、坡度、坡向和草场长势（NDVI）是雪灾牲畜灾损的主要影响因子。

表 7-19　主成分载荷矩阵（白海花，2016）

变量		主成分			
		1	2	3	4
畜均棚圈面积	X_1	0.397	0.285	0.390	0.281
畜群结构	X_2	-0.279	0.645	0.055	-0.512
饲草料	X_3	0.476	-0.512	-0.208	0.149
放牧方式	X_4	0.907	-0.276	0.012	0.048
牲畜改良方式	X_5	0.510	0.512	0.133	-0.165
海拔	X_6	0.271	0.173	0.748	0.069
坡度	X_7	-0.146	0.312	-0.615	0.133
坡向	X_8	-0.294	0.237	0.324	0.593
最低气温	X_9	0.785	-0.140	-0.043	-0.342
NDVI	X_{10}	0.196	0.440	-0.227	0.625
积雪深度	X_{11}	0.912	0.072	0.072	-0.055
有雪天数	X_{12}	-0.317	-0.564	0.310	0.109
最高连续有雪天数	X_{13}	-0.663	-0.224	0.311	-0.092

注：提取方法为主成分分析法；已提取了 4 个主成分

三、雪灾致灾因子多元线性回归分析

(一) 多元线性回归分析原理

多元线性回归是用于分析一个连续型因变量与多个自变量之间线性关系的统计学分析方法。现实生活中，一个被解释变量往往受到多个因素的影响，如果一个被解释变量 (因变量) y，有 p 个解释变量 (自变量)，分别为 X_1, X_2, $\cdots$, X_p。设有 n 例观察对象，第 i 例 ($i=1, 2, \cdots, n$) 的一组观察值为 $Y_i, X_{i1}, X_{i2}, \cdots, X_{ip}$。当因变量与自变量组之间存在多重线性关系时，应用多重线性回归模型可以很好地刻画它们之间的关系 [式 (7-1)]。

$$Y_i = \hat{Y}_1 + E_i = \left(B_0 + B_1 X_{i1} + B_2 X_{i2} + \cdots + B_p X_{ip}\right) + E_i \qquad (7\text{-}1)$$

由式 (7-1) 可知，实测值 (Y_i) 由两部分组成，第一部分为其估计值，用 $\hat{Y}$ 表示，即给定各自变量取值时，因变量 Y 的估计值，表示能由自变量决定的部分。E_i 为残差，是应变量实测值 (Y_i) 与其估计值 ($\hat{Y}$) 之间的误差值，表示不由自变量决定的部分。

式 (7-1) 中 B_0 为常数项，它表示当所有自变量取值均为零时因变量的估计值，B_i 为偏回归系数，表示当其他自变量取值固定时，自变量 X_i 每改变一个单位时，决定 $\hat{Y}$ 的变化量式。式 (7-1) 中共有 $n+1$ 个参数，假设从数轴的最左端 ($-\infty$) 开始，直至数轴最右端 ($+\infty$) 结束，如果任意地决定这 $n+1$ 个参数，将得到无穷多个回归模型。分别应用这无穷多个回归模型，对每一个自变量值求其因变量估计值与实测值之差的平方和 $(Y_i - \hat{Y}_i)^2$，将其累加，在无穷多个可能的回归模型中累加值 $E(Y_i - \hat{Y}_i)^2$ 最小的那个回归模型就是本书所需要的，这就是所谓的最小二乘法。即使得式 (7-2) 中指标达到最小。

$$Q = \sum_{i=1}^{n}(Y_1 - \hat{Y}_1)^2 = \sum_{i=1}^{n}\left[Y_i - \left(B_0 + B_1 X_{i1} + B_2 X_{i2} + \cdots + B_p X_{ip}\right)\right] \qquad (7\text{-}2)$$

进行多元线性回归也需要进行回归系数的检验，需要估计回归系数的置信区间，需要进行预测与假设检验等方面的讨论。所不同的是，由于多元回归涉及多个自变量，进行回归时就要考虑各个自变量之间的关系，如它们之间是否存在共线性的问题。

(二) 牲畜死亡率影响因子分析

雪灾中牲畜灾损主要以牲畜死亡和掉羔为主。调查地区分布的地理位置和放牧方式的不同，其气温分布特征和饲草料储备方式也不同，气温和饲草料储备差异悬殊，对牲畜灾损的影响也不同。故在对整个调查地区牲畜灾损线性回归分析中不单独考虑最低气温和饲草料因素。设牲畜死亡率为因变量 Y_1，分别设放牧方式、畜群结构、牲畜品种改良方式、海拔、坡度、坡向、NDVI、积雪深度、有雪天数和最高连续有雪天数为 X_1、X_2、X_3、X_4、X_5、X_6、X_7、X_8、X_9 和 X_{10}，运用 SPSS 软件将各项数据经过标准化和检验处理后分别对牲畜死亡率和掉羔率进行回归分析。

由表 7-20 可知，因变量 Y_1 与自变量 X_1、X_2、X_3、X_4、X_5、X_6、X_7、X_8、X_9 和 X_{10} 的回归模型是成立的，Sig.值为 0.0001，模型具有显著的统计学意义。

表 7-20　方差分析（白海花，2016）

模型		平方和	df	均方	F	Sig.
	回归	3237.642	10	323.764	6.373	0.0001a
1	残差	16 154.411	318	50.800		
	总计	19392.053	328			

由表 7-21 得出模型：$Y_1=-14.235+10.262 X_7+2.489 X_1+1.145 X_{10}-1.101 X_2+0.521 X_8-0.195 X_3-0.049 X_5+0.110 X_6+0.059 X_9+0.005 X_4$。从该模型可看出：①$X_2$、$X_3$ 和 X_5 的系数是负数，说明 X_2、X_3 和 X_5 的变化与 Y_1 的变化是相反的，是负相关，X_2、X_3 和 X_5 增加 Y_1 减少，相反 X_2、X_3 和 X_5 减少 Y_1 增加；X_2、X_3 和 X_5 的 Sig.值分别为 0.536、0.805 和 0.766，大于 0.05，影响不显著；即畜群结构、牲畜品种改良方式和坡度与死亡率呈负相关，畜群结构、牲畜品种改良方式、坡度值增加死亡率减少，相反畜群结构、牲畜品种改良方式、坡度值低的牧户牲畜死亡率增加，但影响不显著；②X_7、X_1、X_{10}、X_8、X_6、X_9 和 X_4 的系数是正数，说明 X_7、X_1、X_{10}、X_8、X_6、X_9 和 X_4 的变化与 Y_1 的变化一致，是正相关，X_7、X_1、X_{10}、X_8、X_6、X_9 和 X_4 增加 Y_1 也增加，X_7、X_1、X_{10}、X_8、X_6、X_9 和 X_4 减少 Y_1 也减少。即草场长势（NDVI）、放牧方式、最高连续有雪天数、积雪深度、坡向、有雪天数和海拔的变化与死亡率变化一致，是正相关，死亡率随着草场长势（NDVI）、放牧方式、积雪深度、坡向、海拔、最高连续有雪天数和有雪天数值的增加而增加，反之死亡率也减少。X_7、X_1、X_2 和 X_{10} 的系数较大，说明 X_7、X_1、X_{10} 和 X_2 对 Y_1 的影响较大，是主要因素；即草场长势（NDVI）、放牧方式、最高连续有雪天数和畜群结构是影响死亡率的主要因子；X_7 和 X_8 的 Sig.值分别为 0.031 和 0.044，表明草场长势（NDVI）和积雪深度对死亡率有显著影响。

由表 7-22 可知，最优模型为 $Y_1=-4.929+2.991 X_1+0.400 X_7+0.005 X_4$，该模型为以逐步引入因子和逐个剔除结合的方法将影响不显著的因子逐步剔除获得的模型，Sig.值为 0.000，表明回归极显著，模型有显著的统计学意义。由模型可知，

表 7-21　模型系数（白海花，2016）

模型		非标准化系数		标准系数		
		B	标准误差	试用版	t	Sig.
	（常量）	−14.235	4.932		−2.886	0.004
	X_2	−1.101	1.777	−0.040	−0.619	0.536
	X_1	2.489	1.679	0.162	1.483	0.139
	X_3	−0.195	0.791	−0.015	−0.247	0.805
	X_5	−0.049	0.164	−0.017	−0.298	0.766
1	X_7	10.262	4.729	0.118	2.170	0.031
	X_8	0.521	0.257	0.206	2.023	0.044
	X_9	0.059	0.046	0.078	1.263	0.207
	X_{10}	0.145	0.323	0.031	0.448	0.655
	X_6	0.110	0.317	0.019	0.348	0.728
	X_4	0.005	0.003	0.107	1.790	0.074

表 7-22　模型系数 [a]（白海花，2016）

模型		非标准化系数		标准系数		
		B	标准误差	试用版	t	Sig.
1	（常量）	−0.418	0.851		−0.492	0.623
	X_7	0.887	0.131	0.351	6.777	0.000
2	（常量）	0.311	0.916		0.339	0.735
	X_7	0.512	0.222	0.202	2.302	0.022
	X_1	2.814	1.350	0.183	2.084	0.038
3	（常量）	−4.929	2.674		−1.844	0.066
	X_7	0.400	0.228	0.158	1.758	0.080
	X_1	2.991	1.346	0.195	2.222	0.027
	X_4	0.005	0.002	0.113	2.085	0.038

注：a 表示因变量 Y_1

X_1、X_7 和 X_4 变量进入了最优模型，表明 X_1、X_7 和 X_4 是主要影响因子，系数均为正数，X_1、X_7 和 X_4 与 Y_1 正相关。模型中 X_1 的系数最大，是影响最大的影响因子；X_7 和 X_4 的系数较小，是次要的影响因子。即对死亡率有显著影响的因子中放牧方式是主要影响因子，草场长势（NDVI）和海拔是牲畜死亡率的次要影响因子。

（三）牲畜掉羔率回归分析

设牲畜掉羔率为因变量 Y_2，分别设放牧方式、畜群结构、牲畜品种、海拔、坡度、坡向、NDVI、积雪深度、有雪天数和最高连续有雪天数为 X_1、X_2、X_3、X_4、X_5、X_6、X_7、X_8、X_9 和 X_{10}，运用 SPSS 软件将各项数据经过标准化和检验处理后分别对牲畜死亡率和掉羔率进行回归分析。

由表 7-23 可知，X_{10}、X_4、X_2、X_6、X_7、X_5、X_3、X_9、X_8、X_1 与 Y_2 的模型成立，回归模型 Sig.值为 0.023，小于 0.05，有显著性统计学意义。

表 7-23　方差分析（白海花，2016）

模型		平方和	df	均方	F	Sig.
1	回归	3239.246	10	323.925	2.116	0.023[a]
	残差	48678.645	318	153.077		
	总计	51917.891	328			

注：a 表示因变量 Y_2，下同

由表 7-24 得出模型：$Y_2 = -19.271 + 23.927\,X_7 - 2.320\,X_3 + 2.234\,X_2 + 0.730\,X_6 + 0.707\,X_8 - 0.361\,X_5 + 0.328\,X_{10} + 0.182\,X_9 - 0.176\,X_1 - 0.004\,X_4$；模型中 X_7、X_2、X_6、X_8、X_{10}、X_9 的系数为正数，表明 X_7、X_2、X_6、X_8、X_{10}、X_9 与 Y_2 正相关，X_7、X_2、X_6、X_8、X_{10}、X_9 的变化与 Y_2 的变化一致，X_7、X_2、X_6、X_8、X_{10}、X_9 增加 Y_2 也增加，相反 X_7、X_2、X_6、X_8、X_{10}、X_9 减少 Y_2 也减少；其中，X_7 和 X_9 的 Sig.值分别为 0.004 和 0.025，小于 0.05，有显著影响；X_7 的系数最大，是对 Y_2 影响最大的影响因素。即草场长势（NDVI）、畜群结构、坡向、积雪深度、最高连续有雪天数和

表 7-24　模型系数 [a]（白海花，2016）

模型		非标准化系数		标准系数	t	Sig.	共线性统计量	
		B	标准误差	试用版			容差	VIF
1	（常量）	−19.271	8.562		−2.251	0.025		
	X_1	−0.176	2.914	−0.007	−0.060	0.952	0.219	4.561
	X_4	−0.004	0.005	−0.061	−0.964	0.336	0.739	1.354
	X_8	0.707	0.447	0.171	1.581	0.115	0.252	3.961
	X_3	−2.320	1.373	−0.110	−1.690	0.092	0.697	1.435
	X_5	−0.361	0.285	−0.078	−1.270	0.205	0.789	1.267
	X_6	0.730	0.549	0.076	1.329	0.185	0.908	1.101
	X_2	2.234	3.085	0.049	0.724	0.470	0.634	1.578
	X_7	23.927	8.210	0.168	2.914	0.004	0.883	1.133
	X_9	0.182	0.080	0.148	2.258	0.025	0.690	1.448
	X_{10}	0.328	0.561	0.043	0.585	0.559	0.534	1.872

注：a 表示因变量 Y_2，下同

有雪天数的变化与掉羔率的变化一致，草场长势越好、畜群中大畜比例越大、坡向值越大、积雪深度越深、最高连续有雪天数和有雪天数越多牲畜掉羔率越大；其中，草场长势和有雪天数对掉羔率有显著影响，草场长势是对掉羔率影响最大的因子。X_3、X_5、X_4 和 X_1 的系数为负数，表明 X_3、X_5、X_4 和 X_1 与 Y_2 负相关，X_3、X_5、X_4 和 X_1 的变化与 Y_2 的变化相反，X_3、X_5、X_4 和 X_1 增加 Y_2 减少，X_3、X_5、X_4 和 X_1 减少 Y_2 增加；X_3、X_5 和 X_1 的 Sig.值分别为 0.092、0.205 和 0.952，大于 0.05，没有显著影响，即牲畜品种、坡度和放牧方式的变化与掉羔率的变化相反，牲畜品种改良程度越高、坡度越大、放牧方式值越大掉羔率越低，但影响不显著。

由表 7-25 得出最优模型为：$Y_2=-13.679+15.425\ X_7-1.590\ X_3+0.605\ X_8+0.119\ X_9$；Sig.值为 0.000，小于 0.05，模型具有极显著的统计学意义。由此可知，X_7、X_3、X_8 和 X_9 是掉羔率的主要影响因子，X_7 的系数最大，是影响最大的因子；X_3、X_8 和 X_9 的是次要因子；且 X_7、X_8 和 X_9 与 Y_2 正相关，X_3 与 Y_2 负相关。即草场长势（NDVI）、牲畜品种、积雪深度和有雪天数对掉羔率有显著影响；其中，草场长势是掉羔率的主要影响因子，牲畜改良方式、积雪深度、有雪天数是掉羔率次要影响因子。表明，草场长势、积雪深度和有雪天数增加，掉羔率也增加；牲畜改良方式值（外地品种改良值最高）增加，掉羔率减少。即草场长势好、积雪深度深、有雪天数长的地区掉羔率高于其他地区。

表 7-25　模型系数 [a]（白海花，2016）

模型		非标准化系数		标准系数		
		B	标准误差	试用版	t	Sig.
1	（常量）	1.039	0.945		1.099	0.273
	X_8	0.445	0.145	0.170	3.077	0.002
2	（常量）	−4.793	2.592		−1.849	0.065
	X_8	0.528	0.148	0.201	3.578	0.000
	X_9	0.106	0.044	0.136	2.413	0.016
3	（常量）	−13.916	4.144		−3.358	0.001
	X_8	0.485	0.147	0.185	3.297	0.001
	X_9	0.133	0.045	0.170	2.987	0.003
	X_7	14.373	5.128	0.157	2.803	0.005
4	（常量）	−13.679	4.129		−3.313	0.001
	X_8	0.605	0.159	0.231	3.803	0.000
	X_9	0.119	0.045	0.152	2.645	0.009
	X_7	15.425	5.135	0.169	3.004	0.003
	X_3	−1.590	0.825	−0.118	−1.927	0.055

四、不同放牧方式地区牲畜损失影响因子分析

（一）定居放牧地区牲畜损失影响因素分析

由表 7-26 可知，牲畜掉羔率和死亡率模型 Sig.值分别为 0.002 和 0.019，小于 0.05，模型有显著的统计学意义。牲畜掉羔率模型中只有一个影响因子，系数为 0.633，牲畜掉羔率与有雪天数呈正相关关系。说明有雪天数是游牧地区牲畜掉羔率的主要影响因子，有雪天数越长牲畜掉羔率越高，有雪天数越短牲畜掉羔率越低。牲畜死亡率模型中有牲畜掉羔率、积雪深度和 NDVI 三个因子，说明牲畜掉羔率、积雪深度和 NDVI 是影响定居放牧地区牲畜死亡率的主要因子。NDVI 系数为−4.964，影响最大，呈负相关，NDVI 值越大死亡率越低，NDVI 值越小死亡率越高；积雪深度系数为 1.115，与死亡率呈正相关，积雪深度越大牲畜死亡率越高，积雪深度越小牲畜死亡率越低；牲畜掉羔率系数为 0.297，影响最小，与死亡率呈正相关，牲畜掉羔率越高死亡率越高，牲畜掉羔率低死亡率也低。

表 7-26　定居放牧地区牲畜损失影响因素分析模型（白海花，2016）

因变量	模型	R	R^2	Sig.
牲畜掉羔率	$Y_1=-33.583+0.633\,X_9$	0.606	0.369	0.002
牲畜死亡率	$Y_2=13.223+0.297\,Y_1+1.155\,X_7-4.964\,X_6$	0.598	0.357	0.019

（二）游牧放牧地区牲畜损失影响因素分析

由表 7-27 可知，牲畜掉羔率和死亡率模型的 Sig.值分别为 0.041 和 0.000，均小于 0.05，有显著的统计学意义。掉羔率模型中只有有雪天数一个影响因子，系数为 0.345，与掉羔率正相关；说明有雪天数越长，掉羔率越大，但系数很小，影响不大。牲畜死亡率模型中有牲畜掉羔率、最高连续有雪天数和暖棚面积三个因子，系数分别为 0.118、−0.973 和−7.821，牲畜掉羔率和最高连续有雪天数与死亡率负相关，暖棚面积与牲畜死亡率负相关，说明掉羔率和最高连续有雪天数值越大牲畜死亡率越高，掉羔率和最高连续有雪天数值越小牲畜死亡率越低；暖棚面积越大牲畜死亡率越低，暖棚面积越小，牲畜死亡率越高；但牲畜掉羔率和最高连续有雪天数系数很小，影响不大，暖棚面积系数较大，影响程度最大。

表 7-27　游牧放牧地区牲畜损失影响因素分析模型（白海花，2016）

因变量	模型	R	R^2	Sig.
牲畜掉羔率	$Y_1=-14.995+0.345\,X_9$	0.459	0.211	0.041
牲畜死亡率	$Y_2=7.975+0.118\,Y_1-0.973\,X_{10}-7.821\,X_1$	0.738	0.545	0.000

综上回归分析得出，放牧方式、草场长势和海拔是对牲畜死亡率有显著影响的因子，其中放牧方式是牲畜死亡率的主要影响因子，草场长势和海拔是牲畜死亡率的次要影响因子。草场长势、牲畜品种、积雪深度和有雪天数是对掉羔率有显著影响的因子，其中，草场长势是主要影响因子，其他因子是次要因子。放牧方式值增加牲畜死亡率也增加；反之，放牧方式值减小牲畜死亡率也减少；即游牧放牧地区牲畜死亡率低，定居放牧地区牲畜死亡率高。NDVI 值与牲畜死亡率和掉羔率正相关，NDVI 值增加牲畜死亡率和掉羔率也增加，反之减少；即雪灾中草场长势越好的地区牲畜死亡率和掉羔率比其他地区高。海拔高的地区死亡率较海拔低的地区死亡率高。雪灾中牲畜未改良品种掉羔率高于改良品种掉羔率。积雪深的地区和有雪天数多的地区牲畜掉羔率高。

影响定居放牧地区雪灾牲畜损失的主要影响因子是 NDVI、积雪深度和有雪天数；NDVI 值越高、有雪天数越短牲畜损失越小，反之牲畜损失越大。游牧放牧地区雪灾牲畜损失的主要影响因子是暖棚面积和最高连续有雪天数；暖棚面积足够大、最高连续有雪天数越短牲畜损失越小，反之牲畜损失越大。

第六节　雪灾事件特征总结和对加强区域防灾抗灾的启示

一、雪灾事件特征

（一）雪灾系统特征

孕灾环境稳定性自南向北呈下降趋势，降水以样带中蒙边境地区为中心向南北方向呈增加趋势；蒙古国调查地区孕灾环境稳定性强于中国调查地区。蒙古国调查地区中南部地区孕灾环境稳定性强于北部地区。依据致灾因子——降雪过程，样带雪灾类型有前冬突发型、后冬突发型和持续加重型雪灾；中国调查地区雪灾属于前冬突发型雪灾，蒙古国调查地区雪灾有后冬突发型和持续加重型雪灾。蒙古国调查地区承灾体暴露性强，基础设施防灾抗灾性能低；草料储备少，以游牧形式依靠草场放牧为主要防灾抗灾措施。中国调查地区承灾体暴露性低，基础设施防御性和抗灾性强；依靠基础设施，储备足够的草料，以舍饲圈养为主要防灾抗灾措施。

（二）灾情分布特征

依据降雪量多伦县、温都尔汗和巴彦高勒属无灾区；巴彦德勒格尔和巴彦属轻灾区；太仆寺、正蓝、苏赫巴托和巴特瑙劳布属于中灾区；锡林浩特、阿巴嘎和西乌珠穆沁属重灾区。依据牲畜死亡率巴彦高勒和巴特瑙劳布属无灾区，巴彦德勒格尔、巴彦、苏赫巴托、温都尔汗、阿巴嘎、西乌珠穆沁和锡林浩特属轻灾区，正蓝、太仆寺和多伦属中灾区。依据降雪量雪灾等级低于中灾时，游牧地区灾损程度低于定居放牧地区。

（三）雪灾致灾特征

雪灾致灾主要受放牧方式、草场长势、牲畜品种、积雪深度、有雪天数和海拔的影响。放牧方式、草场长势和海拔是对牲畜死亡率有显著影响的因子，其中放牧方式是牲畜死亡率的主要影响因子，草场长势和海拔是牲畜死亡率的次要影响因子；放牧方式值增加牲畜死亡率也增加；反之，放牧方式值减少牲畜死亡率也减少；即游牧放牧地区牲畜死亡率低，定居放牧地区牲畜死亡率高。NDVI 值与牲畜死亡率和掉羔率正相关，NDVI 值增加牲畜死亡率和掉羔率也增加，反之，NDVI 值低牲畜死亡率和掉羔率也低；即雪灾中草场长势越好的地区牲畜死亡率和掉羔率比其他地区高。海拔高的地区死亡率较海拔低的地区死亡率高。草场长势、牲畜品种、积雪深度和有雪天数是对掉羔率有显著影响的因子，其中，草场长势是主要影响因子，其他因子是次要因子；牲畜未改良品种掉羔率高于改良品种，积雪深的地区和有雪天数多的地区牲畜掉羔率高于其他地区。

（四）不同放牧方式地区雪灾受灾特征和致灾影响因子

不同放牧方式地区雪灾受灾特征和致灾影响因子也不同。游牧放牧地区雪灾受灾形式主要以牲畜死亡和掉羔为主；定居放牧地区雪灾受灾以饲草料费用增加和牲畜死亡、掉羔为主。降雪量雪灾等级低于中灾时游牧放牧地区受灾范围和程度低于定居放牧地区。定居放牧地区雪灾牲畜损失的主要影响因子是 NDVI、积雪深度和有雪天数；NDVI 值越高、有雪天数越短牲畜损失越小，反之牲畜损失越大。影响游牧放牧地区雪灾牲畜的主要影响因子是暖棚面积和有雪天数；暖棚面积足够大、有雪天数越短牲畜损失越小，反之牲畜损失越大。

二、对加强区域防灾抗灾的启示

雪灾灾情是自然因素和人文因素共同作用于承灾体的结果。利用自然规律抗灾和利用人为活动抗灾各有利弊。过于依靠自然和牲畜本能抗灾，很难抵御重特大灾害。过于依靠人为活动抗灾，磨灭了牲畜自身抗灾本性和自然地理环境对灾害的防御作用，不能规避灾害，遇到重大灾害时也难保证不受灾。不同牲畜采食习性和喜食牧草种类不同，长期放牧单一品种牲畜影响草场生态功能。应在严格执行以草定畜的基础上合理调整畜群结构，使畜群结构均衡，恢复草场生态功能，有助于提高畜群抵御雪灾的能力。依靠棚圈设施，储备大量饲草料不仅严重增加了牧户畜牧业生产成本，同时受牧户养殖经验技术的影响，对牲畜个体的抗灾本能产生了不同的影响。依据牧户或嘎查、苏木所处的自然地理位置，在嘎查、苏木或若干牧户草场范围内，将草场重新区划，分为三季或两季轮牧草场，实行轮牧管理措施，尽可能利用自然环境防御自然灾害。完善冬春季牧场的设施建设，按照天气预报信息决定每日放牧范围，合理搭配利用自然条件、牲畜本能规避雪灾的性能和人为措施预防雪灾的性能，制定双重防御雪灾策略，有效提升雪灾防御性能。

第八章　草原适应性生态管理研究*

本章导语：本章概述了中国草原管理研究和实践的发展历程与未来趋势，以牧户心理载畜率为核心概念，探讨了草畜平衡政策、草原生态补奖政策实施中面临的问题，提出了建立激励性草原生态补偿长效机制的政策建议，最后立足传承草原丝绸之路文化，探讨了联合开展跨国草原科技研发、草原治理、管理和可持续发展的模式与路径。

第一节　中国草原管理的发展过程和实践

一、草原管理内涵及研究动态

草原管理是相关草原主体（政府、牧户等）通过法律法规、技术、信息等手段，对草原资源进行合理利用和保护，以实现草原生产和生态功能可持续发展的活动过程。根据管理内容，可将草原管理分为草畜平衡管理、畜群管理、打草场管理等生产功能管理，野生动植物资源管理、非生物与生物灾害管理、水文与固碳管理等生态功能管理；根据管理手段，可将草原管理划分为法规管理、技术管理、信息管理等。

历史文献资料为梳理一项研究的轨迹与范式变迁提供了机会，通过对涉及草原管理的中文文献进行文献计量学分析（图 8-1），可以将中国草原管理的研究划分为萌芽、起步、发展三个阶段。

第一阶段（～1980 年），可称之为草原管理萌芽期，可以看到，在 1980 年以前，涉及草原管理的文献寥寥无几，仅出现了草原管理的萌芽，尚未形成关于草原管理的思路，这一时期，王栋教授于 1953 年编写的《草原管理学》一书，是我国第一部关于草原管理的专著，揭开了草原管理研究的序幕。

第二阶段（1981～2000 年），可称之为草原管理起步期，从图 8-1 中可以看出，在 1981 年至 2000 年的 20 年间，文献数量逐渐递增，关于草原管理的内涵、理念、方法等方面的认识日渐形成，草原管理的研究开始起步，这一时期，章祖同教授等 1981 年编写的《草原管理学》，完善了该学科的理论框架与技术体系，任继周院士于 1995 年出版的《草地农业生态学》，对草原管理的理论发展起了重要的推动作用。

* 本章作者：侯向阳、李西良、尹燕亭、侯煜庐、丁文强、高新磊、白海花、李元恒、杨正荣、Saheed O Jimoh、董海宾

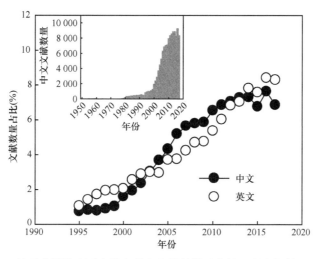

图 8-1　涉及草原管理研究的中英文文献数量及占比（侯向阳等，2019）

第三阶段（2001 年至今），可称之为草原管理发展期，在这一阶段，比之前两个时期，文献数量爆发式增长，大量的文献开始从各个方面综合讨论草原的管理问题，该阶段文献数量是第一阶段文献数量的 231 倍，草原管理研究快速发展，这一时期，汪诗平于 2003 年出版的《放牧生态系统管理》及张英俊于 2009 年出版的《草地与牧场管理学》等专著对放牧管理的发展起到了促进作用，侯向阳于 2013 年出版的《中国草原科学》，全面、系统地总结了草原管理的理论与方法进展。

分析 1995 年以来国内外关于草原管理的文献可以发现，国内对草原管理的研究热度的变化与国际学术界的表现大体一致，在众多研究机构的推动下（表 8-1），近年来均呈现显著的增长趋势，但存在一定的滞后性（图 8-1）。

表 8-1　我国涉及草原管理研究的研究机构及其发文数量（侯向阳等，2019）

研究机构	论文篇数	研究机构	论文篇数
兰州大学	556	北京师范大学	128
甘肃农业大学	477	四川农业大学	127
内蒙古农业大学	434	中国科学院西北高原生物研究所	127
中国农业科学院草原研究所	349	内蒙古师范大学	123
内蒙古大学	284	中国科学院大学	121
中国农业大学	280	东北师范大学	119
中国科学院地理科学与资源研究所	242	新疆维吾尔自治区草原总站	114
西北农林科技大学	167	中国科学院寒区旱区环境与工程研究所	113
北京林业大学	164	中国科学院研究生院	98
中国科学院植物研究所	163	新疆维吾尔自治区畜牧科学院草原研究所	97
新疆农业大学	152	宁夏大学	96
青海省草原总站	141	中国科学院水利部水土保持研究所	91
甘肃省草原生态研究所	129	青海省畜牧兽医科学院	90

二、草原管理的发展过程

（一）草畜平衡管理是草原管理的核心

尽管现代草原管理具有丰富的内涵，既包括草畜平衡管理、家畜管理、打草场管理等生产功能方面，也包括草原生物多样性、野生动植物资源管理、非生物与生物灾害管理、水文与固碳管理等生态功能方面，但草原管理不同内容之间具有不同程度的关系，总的来看，草畜平衡管理是草原管理的核心。这主要是两方面的原因：第一，过去的草原管理以草畜平衡管理为主要内容；第二，草原生态及生产管理均依赖于草畜平衡管理。

长期以来，草畜平衡管理是草原管理的主要内容。回顾人类对草原的管理过程，可以发现，对草原生产与生态功能的多元化、多尺度、多要素的管理是近年来的主要工作，而在长期的历史变迁与草原管理演化中，主要涉及对草畜关系的管理。王栋在 1955 年出版的《草原管理学》一书中指出，草原管理的对象是牲畜和牧草，目的在于"适当地利用草料，饲养较多的牲畜"。可见，在我国草原管理研究的早期，偏重于对草原畜牧生产功能的管理。随着经济社会的发展与生态环境的变化，近年来，草原管理的内容更加全面，逐渐从单一的草畜管理走向多元化的生态、生产功能的综合管理。

草畜平衡管理影响其他草原管理内容的状态和水平。不管是草原生产力、群落结构等与生产相关的管理对象，还是生物多样性、水文功能等与生态相关的管理对象，往往与草畜平衡有着千丝万缕的关系（图 8-2），决定着其状态与水平。例如，大量研究表明，长期过度放牧影响了草原植物、土壤动物等的多样性及群落稳定性，而在适度放牧条件下，草原群落多样性与稳定性会得到较高水平的维持。

图 8-2　现代草原管理不同内容之间的关系（引自侯向阳等，2019）

（二）游牧管理

20 世纪 50 年代之前，我国草原的利用方式以游牧为主。从部落时代到清朝之前，游而牧之，逐水草而居，是这个时期草原利用的主要特征。家畜数量极易受气候变化及草原生产力波动性的影响，牧人必须根据长期累积的草原物候经验进行定期转场放牧。从清朝至新中国成立之前，这种游牧的草原利用方式逐渐开始发生转变。清朝实行的盟旗制度规定各旗不能越旗游牧，牧民被迫改变原有的游牧方式，只能选择在特定季节特定牧场进行放牧以及冬季储存牧草等（图 8-3）。整体上，这个阶段的草畜关系处于一种自然动态平衡的状态之下（图 8-4a），对草原的管理属于一种被动的草畜平衡管理方式。

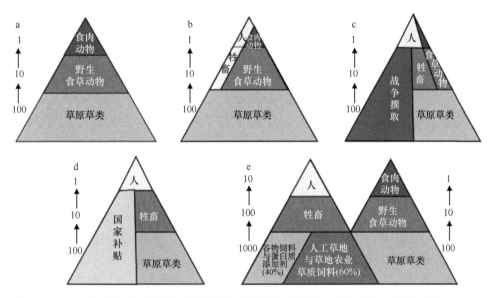

图 8-3 "人-草-畜关系"演变驱动下草原生态系统的营养级金字塔（引自张新时等，2016）
a. 史前时期原始自然草原；b. 新石器时期初始群牧的自然草原；c. 中世纪早期游牧的自然草原；d. 近代时期过牧退化的自然草原；e. 现代化工厂化饲养的人工草地和自然草原

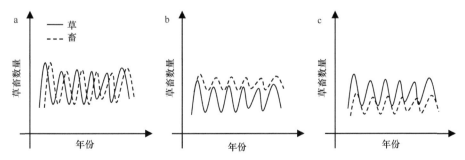

图 8-4 草地管理不同阶段草畜关系演变（引自侯向阳等，2019）
a. 游牧管理阶段；b. 草地粗放管理阶段；c. 草畜平衡刚性管理阶段

（三）草地粗放管理

20世纪50年代后期至90年代末期，我国草原的利用方式发生了根本改变，游牧基本上消失殆尽，连续放牧和固定放牧的方式占据了主体。新中国成立初期，我国生产力水平极为低下，政府号召大力促进生产，在草原牧区，这意味着大力增加家畜的饲养数量。由于当时缺乏对草地生态系统的了解，加之，传统的草原管理经验缺失，并没有意识到过度利用会导致草地生态系统的破坏。原有天然草原的生产力已经不能承载猛增的家畜数量，人们开始考虑通过其他途径（如外源草料输入和提升基础设施建设等）继续扩大化生产，家畜的数量仍然有增无减（图8-4b），但天然草原承受的放牧压力仍未得到缓解，这最终导致天然草原严重退化。改革开放之后，草原退化现象已经十分明显，政府和地方开始意识到这个问题，并采取了一定措施试图解决这一问题，如颁布《中华人民共和国草原法》限制草原的过度利用等。然而，这并没有有效遏制草原退化的势头。整体上，这一阶段的草畜关系处于一种长期失衡的状态，对草原的管理属于以大力促进畜牧业生产为主要目的的粗放型管理方式。

（四）草畜平衡刚性管理

21世纪以后，我国草原的利用方式开始逐渐转变，研究显示，这一时期我国大部分草原均出现了不同程度的退化，天然草原退化面积已经达到了90%以上。加之，频发的沙尘暴事件，给国民经济建设和人民生命财产安全造成严重的损失和极大的危害。相应的政策和管理计划方案陆续出台，如京津风沙源治理工程、天然草原植被恢复与建设、草原围栏项目、退牧还草工程、退耕还林还草、禁牧和轮牧政策、草原减畜方案、草原生态保护补助奖励政策等。2005年，以保护、建设和合理利用草原，维护和改善生态环境，促进畜牧业可持续发展为目的的《草畜平衡管理办法》开始施行，这标志着我国草原管理进入一个新阶段。整体上，在这一阶段草畜长期失衡的状态开始逐渐缓解（图8-4c），对草原的管理属于以草原生态保护建设为前提，政府政策为主导的草畜平衡刚性管理方式（表8-2）。

表8-2 草地管理的阶段性演进及其主要特征、科学问题与技术手段

草地管理阶段	主要特征	科学问题	技术手段
S1：游牧管理（20世纪40年代以前）	人口较少，社会不发达，家畜动态受气候及草产量波动性的显著调控，人类对于草畜关系的调整能力非常弱，逐水草而居，草畜种群处于动态平衡的状态，接近于自然生态系统状态 这一阶段可归结为"前草畜平衡"的时代	种群动态调节	游牧
S2：草地粗放管理（20世纪50年代～90年代）	人类通过外源草料输入、基础设施建设等方式，抵御气候波动与灾害的能力增强，打破了原有自然生态系统下气候、草畜对牲畜的动态调节与平衡，牲畜数量暴涨与人口增加相伴随，使得草畜关系失衡，草地退化程度增强 这一阶段可归结为"以草管畜"的时代	草地退化机理土草畜互作机制	打草储备饲草动物繁殖

续表

草地管理阶段	主要特征	科学问题	技术手段
S3：草畜平衡刚性管理（2000 年后）	以 1999 年前后的沙尘暴为拐点，草地退化状况处于空前状态，政府陆续出台退牧还草工程、草原生态补助奖励机制等生态工程，以实现减畜、达到草畜平衡，恢复退化草地生态系统这一阶段可归结为"以畜管草"的时代	适度放牧强度草地恢复演替	季节性休牧围栏封育轮牧舍饲
S4：弹性精准管理（目前正处于转型阶段）	草畜平衡刚性管理的实践中暴露了两个突出问题：其一，对降水波动性考虑不足，仅用固定的理论载畜量标准，难以对不同年份波动的草产量情况下的适宜载畜水平给予合理的指导，因此呼唤"弹性管理"；其二，传统管理考虑了减畜而忽视了增草对草畜平衡的关键作用，因此呼唤对土草畜系统全要素的"精准管理"。通过上述两个方面的突破，实现较高生产力的草畜平衡这一阶段可归结为"草畜共管"的时代	适度放牧阈值退化/恢复标识放牧与气候耦合草地土壤保育草地植物调节	放牧阈值管理、施肥、松土补播、切根植物调节剂储草
S5：生态系统适应性管理（未来阶段）	在以草畜弹性精准管理为主体的技术手段基础上，以人的主观能动性为突破口，并把人作为生态系统的一个要素，建立以适应性管理为核心的人地耦合系统，从而实现"人-草-畜复合生态系统"的自适应性与可持续性这一阶段可归结为"后草畜平衡"的时代	适应性管理生态-社会系统人地耦合机制	国家公园土壤保育植物调节

三、草畜弹性精准管理及其科学基础

（一）传统草畜平衡管理的弊端

20 世纪末以来，在几十年连续的超载过牧的影响下，草原退化达到空前状态，土地沙化乃至大范围的沙尘暴等生态问题也达到了前所未有的状态，生态治理迫在眉睫，在此背景下，草原管理的优先任务从生产功能管理转向了生态功能管理。作为对超载过牧的一种矫正，禁牧、季节性休牧等减畜手段不失为一种快速实现草畜平衡、加速退化草原恢复的有效方式，但随着实践的发展，这些刚性管理方式在实践中越来越暴露出一些问题，主要包括：其一，对降水波动性考虑不足，仅用固定的理论载畜量标准，难以对不同年份波动的草产量情况下的适宜载畜水平给予合理的指导，因此呼唤"弹性管理"；其二，传统管理考虑了减畜而忽视了增草对草畜平衡的关键作用，因此呼唤对土草畜系统全要素的"精准管理"。通过上述两个方面的突破，实现较高生产力水平的草畜平衡。

（二）草畜弹性精准管理的理论基础

草畜弹性精准管理实际上是对放牧草原生态系统时间与空间异质性的一种综合的应对策略。在时间维度上，草原生产力受年际降水波动的显著影响，必然导致草原群落相应的波动性反应，单一理论载畜量并不合适；在空间维度上，受土壤、植被本底及放牧史等的影响，放牧草原生态系统并不是均质退化，根据不同草场的情况，开展多元化的精准修复，实施针对性的生产力提高措施，显得十分重要。草畜弹性精准管理的理论基础主要有生态系统弹性理论、非平衡生态学、可持续性科学、草业系统耦合理论等。

生态系统弹性理论。国际恢复联盟项目主管 Brian Walker 和 David Salt 出版的《弹性思维》一书，推荐了弹性思维这一新的资源管理思维方式，被认为是可持续发展管理的理论基础。弹性是系统承受干扰并仍然保持其基本结构和功能的能力，它强调过度提高效率与优化结构会造成系统弹性的损伤，突出社会-生态系统各组分的自组织行为使系统具有非线性行为，管理社会-生态系统必须使人类的行为不超越系统的弹性，人类是社会-生态系统的一分子。

非平衡生态学。Ellis 提出降水量年际变异系数临界值≥33%时，家畜数量与初级生产量之间就不存在平衡关系。在干旱过后降水量适宜的年份，牧草产量恢复较快，但家畜数量恢复非常缓慢。由于频繁的干旱，家畜数量很难恢复到高水平。因为牧草生产与家畜数量变化之间缺少相关性，因而这类生态系统被认为是非平衡生态系统。

可持续性科学。可持续性科学是研究人与环境之间动态关系的整合型科学，关注耦合系统的脆弱性、抗干扰性、弹性和稳定性，其中景观和可持续性是可持续性科学的核心研究内容，聚焦于生态系统服务和人类福祉的相互关系。

草业系统耦合理论。系统耦合是指两个或两个以上的具有耦合潜力的系统，在人为调控下，通过能流、物流与信息流在系统中的输入和输出，形成新的、高一级的结构-功能体，即耦合系统。草地农业生态系统具有种间耦合、不同生产层之间的纵向耦合、不同草地农业生态系统之间的横向耦合、生物的时间地带性与系统耦合等特性。

（三）草畜系统的弹性管理

美国生态学家 Clements 于 1916 年提出生态演替理论，随后 Clements 将生态演替理论引入草原评价。基于经典演替理论的草原科学的基本内涵是：草原是用以生产畜产品的自然资源，草原群落的演替主要受家畜放牧的影响，草原植物群落的物种组成对放牧强度的响应是线性的、可逆的，减轻或停止放牧后草原群落具有向顶级群落演替的潜势，因此稳态管理是这一理论框架的核心。20 世纪中期以来，平衡生态学的观点在国际上日益受到质疑，研究发现，在降水稀少的干旱、半干旱区，牲畜数量与草原生产力之间不是简单的线性关系，由于降水年际波动性导致草原生产力的波动变化，使得牲畜数量难以维持在较高水平（图 8-4a），使得降水对植被的影响或许比牲畜的贡献更大。按照非平衡理论，家畜数量是由环境波动（降水量）调节的，因此草食动物对草原植被的影响很小。

尽管非平衡生态学是对 Clements 生态演替理论的一种补充，但后来的实践也逐渐发现了非平衡生态学的一些假设的漏洞。近几十年来，由于人们通过在极端干旱年份、非生长季节的外源饲草资源的输入，使得不至于因草原饲草"关键资源"的匮乏而导致牲畜规模的迅速减少，维持了牲畜数量的相对稳定（图 8-4b），这显然超越了非平衡生态学关于草畜关系的理论假设。

基于上述分析，放牧草原生态系统同时兼具"平衡"和"非平衡"特征，单一采用任何一种理论来指导草原草畜平衡管理都显得不合时宜。在此背景下，现代草原管理需要引入弹性管理的思路。根据"人-草-畜"关系特征，草原弹性管理包含标识与阈值管理、适应性动态管理等几个要素。根据不同的降水模式下草原植被特征，分析适度载畜强度下草原群落、种群、个体及土壤变化规律，形成不同降水情境下适度放牧的标识区间，在草原放牧管理实践中，可根据不同的降水年份给出合理的建议理论载畜率，这种放牧可称之为机会主义放牧，放牧率根据降水与草原生产力状况做出适应性调整，因此，单一的草地阈值并不等于弹性管理，而应该是在考虑了时空异质性和生态系统多平衡态基础上的阈值管理。

（四）草畜系统的精准管理

20 世纪 80 年代开始，草原科学家就开始了对一系列草原改良方式的研究，归结起来主要包括补播、切根、松土、施肥、浇水等，通过近 40 年的努力，技术的适用性及生产应用潜力在不同草原类型都开展了相应的研究，大量研究表明，通过草原改良方式，可以在不同程度上恢复草原生态、提高草原生产力。

迄今，如何修复退化的草原生态系统并快速地提高草原生产力，仍然是草原管理面临的关键问题。在近几十年来大量开展的草原改良试验的基础上，当今的技术障碍在于如何使一系列草原改良方式的作用得到有效发挥，这依赖于精准管理，即在适宜的地方、适宜的时间应用适合的技术。

四、草原生态系统管理的发展趋势预测

草畜平衡管理和草畜弹性精准管理是我国草原管理发展的必经之路，而实现草地生态系统管理则是草原管理发展的必然趋势。生态系统管理的理念较传统的管理理念更为复杂。早在 20 世纪 30 年代，美国一些空想生态学家便提出了许多现代生态学的问题，形成最初的生态系统管理概念，并逐渐发展应用到实际的管理之中。我国生态系统管理概念的引入则是在 20 世纪 90

年代后期。

(一)生态系统管理的概念和内涵

生态系统管理概念的提出最早见于《公园和野生地生态系统管理》一书中（Agee，1988），目前尚未形成统一的定义。许多研究者以及组织机构从多个角度对其进行概括总结。尽管对生态系统管理的定义都不尽相同，但都体现了其管理模式的复杂性和社会性，管理方法的综合性和适应性，以及管理目标的长期性和可持续性。归根结底，生态系统管理是对人与环境关系的系统化管理，以期实现人类社会的长期稳定发展。生态系统管理更加注重系统的完整性、效益的长期性、决策的全面性、参与的全民性，并以可持续性发展为最终目标。

(二)生态系统管理实践应用

目前，生态系统管理实践的应用比较广泛，主要包括对国家公园、流域、森林、城市等生态系统的管理。

在国际上，生态系统管理理念最早应用于国家公园的管理之中。美国黄石国家公园是世界上首个国家公园（毕艳玲和冯源，2017；Lynch et al.，2008），黄石国家公园和周边国家公园、国家森林地、国家野生动物保护区、原住民保护区以及州立土地、城镇组成了大黄石生态系统，政府对其实行统一的规划与生态系统管理。对流域生态系统的管理，莱茵河流域的生态系统管理取得的成效最为明显。工业发展导致的莱茵河流域水体污染问题日趋严重，欧盟针对此问题采取了一系列的生态系统管理措施，使水体环境得到了明显改善，曾经一度消失的三文鱼，又重新返回到河流之中。对森林生态系统的管理，美国西北森林计划、加拿大模式森林计划和德国近自然森林经营是三种比较有代表性的生态系统管理模式（林群等，2008）。三种管理模式均注重维持森林的全部价值，依据更翔实的数据和信息制定决策，开展连续的计划、监测、评价和调节等适应性管理策略，同时，重视多组织间的协调管理以及鼓励公众参与到森林的经营和管理之中。在城市生态系统管理方面，佛罗里达州生态系统管理可以视为是比较成功的城市生态系统管理模式的代表。早在 1993 年佛罗里达州便开始实施一系列生态系统管理措施，通过加强公用土地的征用、管制以及与规划方案的结合来保护佛罗里达州的整个生态系统功能（Pavlikakis and Tsihrintzis，2000）。

在国内，生态系统管理应用尚处于起步阶段，部分领域仍处于研究和探索之中。目前，国内对于国家公园的顶层设计、国家公园体制建立、试点建设、效果评价体系以及旅游资源开发及管理等多个方面进行了深入研究。针对流域生态系统管理的有关研究报道也很多，如邛海湖流域、香溪河流域、鄱阳湖流域、巢湖流域、黑河流域等。在森林生态系统管理的理论基础研究方面，我国也取得了一定进展，如生态系统工程（三北防护林体系和防沙治沙工程）等。在城市生态系统管理方面，最具代表性的是城市生态整合理论以及城市复合生态适应性管理模式，已经在部分城市开展实施，如天津、扬州、上海、广州等，并取得了一定成效。尽管如此，我国的生态系统管理实践应用仍需要长足的发展。

（三）生态系统管理对草原管理的启示

上述生态系统管理的措施都不尽相同，但是其基本理论和指导思想大体相同，也同样适用于草原管理。草原管理要想实现生态系统管理必须遵从其主要原则（Wei et al.，2012；李永宏，1992），即整体性原则、可持续性原则、社会性原则和适应性原则。确保草原生态系统的完整性，维持草原生态系统的所有价值，是实现草原生态系统管理的前提条件。在制定管理目标时，要充分考虑到管理过程中所能遇到的问题；在制定决策时，充分发挥政府部门以及其他相关组织机构的作用，鼓励公众参与到其中；在实施管理的过程中，仍然需要不断监测、搜集、分析相关数据信息，与预期的目标进行比较，发现问题，以及时改变、调整管理模式。

（四）草原生态系统管理的研究重点

目前，我国关于草原生态系统管理的研究处于滞后阶段，仍有许多问题需要进行深入研究探索。

一方面，全面实现草原生态系统服务价值将成为我国草原生态系统管理研究的首要问题。目前，我国国家公园建设已经提上日程，2017年9月中共中央办公厅、国务院办公厅印发《建立国家公园体制总体方案》，该方案是我国生态文明制度建设的重要内容，对于推进自然资源科学保护和合理利用，促进人与自然和谐共生，推进美丽中国建设，具有极其重要的意义。这对推动我国草原生态系统管理具有重大的指导意义。当前，我国草原管理仍处于草畜弹性精准管理研究发展阶段，该管理模式主要侧重于以放牧为主体的草地资源利用方式的研究，弹性精准管理能够更好地解决人-草-畜之间的关系问题，能够更好地实现草原生态系统的生产价值。然而，这种模式仍然不能达到全面实现草原生态系统服务价值的目的（图8-5）。草原生态系统不仅能够提供生产价值，还具有其他服务价值，如草原是巨大的种质资源库，丰富的野生动植物资源具有重大的科研价值，草原还具有净化空气、涵养水源、保持水土等生态服务价值以及其承载的文化价值等,而这些价值的实现必须以生态保护为前提。有资料显示,我国现在的各类保护区已经达到 2600 多个,但是草地自然生态保护区仅为 40 多个,而且草地自然生态保护区的面积仅占全国草地的 0.6%左右。显然,如此少量的保护区对草地生态的保护作用只能是杯水车薪。因此,有必要加强草地自然生态保护区管理和建设,逐渐增加保护区以及旅游区所占的比例,形成一个保护-旅游-放牧一体化的草原生态系统管理模式,以期全面实现草原生态系统服务价值。

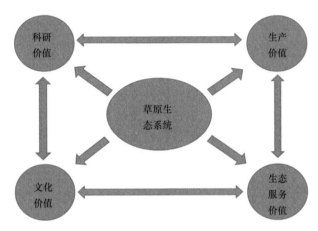

图 8-5　草原生态系统服务价值

另一方面,革新草原生态系统管理的技术手段将是我国草原生态系统管理研究发展的必然趋势。随着草原生态系统研究数据和信息日益增多以及对草原生态系统研究要求逐步提升,如从斑块尺度到景观尺度、从同质性到异质性、从线性到非线性等,传统技术手段已经不能应对这一局面。此外,通过对草原长期动态监测,做出正确的判断,并采取适当的管理措施,以期取得最佳生态经济效益是当前草原管理亟待解决的问题,而这一问题的解决需要应用更加先进的技术手段才能实现。"3S"技术(遥感技术、地理信息系统和全球定位系统)在草原管理中的应用使得人们对草原生态系统的研究尺度逐渐扩大,对草原的长期动态监测成为可能。而依托大数据技术,构建草原生态大数据平台,不仅能够更好地实现草原生态系统的智能化监管,还能在不同尺度进行决策分析管理。目前,我国结合"3S"技术构建草原生态大数据平台系统仍处于起步阶段,依托大数据平台对草原生态系统的管理尚未达到理想效果。今后,如何不断完善草原生态大数据平台系统也将成为草原生态系统管理重点研究之一。

第二节 基于牧户心理载畜率的草畜平衡生态管理

一、引言

中国草原资源丰富,天然草原面积占国土面积超过 40%,其中北方天然草原面积达 1.62 亿 hm^2,约占国土面积的 17%。但是由于长期以来自然因素和人为因素的共同作用(侯向阳等,2013;侯向阳,2010;Ren et al.,2008),尤其是近几十年来人为因素的影响(尹燕亭等,2011),北方草原退化日益严重,退化草原面积占 90%,严重退化草原达 50%以上,草原生产力和生物多样性严重下降,草畜矛盾日益突出。

草原退化问题已引起社会各界的普遍关注。中国政府从 2000 年开始启动实施了一系列工程和政策措施,试图遏制草原退化的趋势,如京津风沙源治理工程、退牧还草工程、草原生态保护补助奖励政策等,这些工程和政策措施中,以在天然草原减少载畜量为目的的禁牧、休牧、季节性休牧、舍饲养殖等措施是治理退化草原的核心手段(王如松和欧阳志云,2012),但越来越多研究发现,草畜平衡管理中的这种既要长期全面禁牧,又要不禁养和不减收的目标是很难实现的,草畜平衡政策并非一"减"就灵,草畜平衡政策在施行过程中,由于牧户的不理解、不配合或消极抵制,难以真正地贯彻落实(马世骏和王如松;1984)。为什么在目标上兼顾经济和生态效益的草畜平衡政策会出现失灵?分析认为,牧户作为牧区经济中最基本的决策单元,直接决定畜牧业活动如何开展(Grumbine,1994),牧户草畜平衡心理载畜率"标准"与政府制定的草畜平衡载畜率标准之间存在差距,且牧民固守"心理载畜率",导致牧户整体减畜困难,或者表面减畜但实际少减或不减。

牧户"心理载畜率"是笔者及研究团队提出的新概念,但纵观国内外研究,其实关于草畜平衡失效原因及牧户载畜率的研究有很多,如诸多学者认为,草畜平衡失效主要归因于草畜平衡政策制定中过度注重牲畜数量,草原生产力动态考察不够、标准制定不符合地方畜牧业发展要求等(Meffe et al.,2002;Xu et al.,2008;Folke,2006;Norton,2005);也有从牧户行为角度出发,认为牧户草畜平衡生产行为产生的因素首先是牧户对草场状况、放牧超载及效益的认知(Folke et al.,2005;李永宏,1998a,1993b,1992c),这种认知,或基于传统的本土知识,或基于惯性从众心理,与政府的政策要求常有偏离、违背或冲突,使得政府的草原生态保护和建设政策在牧区得不到真正的实施(Norton,2005;李永宏,1993);更有研究明确提出,牧民认为只是"适度超载",而不是任意的过度超载,许多牧户一方面坚持执行"自己的草畜平衡标准"(任海彦等,2009;王炜等,2000a,

2000b），另一方面在自我认知的驱动下，会通过租赁草场、走场等方式实现牧户的"草畜平衡"。

草畜平衡政策的核心目标就是降低载畜率，实现牧户心理载畜率向政府和学者倡导的生态优化载畜率的转移，而现行草畜平衡政策失灵的主要原因就在于牧户固守其心理载畜率。针对这一问题，本研究团队基于在内蒙古典型草原、草甸草原、荒漠草原典型旗县的深入调研，先后开展了以下几方面的研究工作：①牧户载畜率的分布及其趋同性问题；②心理载畜率模式（或称 B 模式）的惰性问题。牧户为什么会有一个心理载畜率？心理载畜率是如何形成的？形成的心理载畜率为什么会有比较稳定的惰性？③影响牧户心理载畜的因素有哪些？如何调控这些因素以调整和管理牧户心理载畜率？④从牧户心理载畜率向生态优化载畜率转移有无路径优化问题，转移的支撑条件是什么？ 通过研究，以期揭示牧户心理载畜率的特性、影响因素，并提出有效解决草原退化问题的对策建议。

二、研究地区和方法

（一）研究地区

研究数据主要来源于本研究团队先后在 2010 年、2015 年和 2018 年在内蒙古主要草原类型区开展的牧户调研和野外生态测定。从东到西包括草甸草原区、典型草原区、荒漠草原区、沙地草原区及荒漠区。每个草原生态类型区选择三个相邻旗县作为研究对象（表 8-3）。

表 8-3 牧户调研区域信息表

	1-草甸草原	2-典型草原	3-荒漠化草原	4-草原化荒漠	5-沙地草原
1	1-1 陈巴尔虎旗	2-1 镶黄旗	3-1 四子王旗	4-1 鄂托克旗	5-1 阿拉善右旗
2	1-2 新巴尔虎左旗	2-2 锡林浩特市	3-2 苏尼特右旗	4-2 杭锦旗	5-2 阿拉善左旗
3	1-3 鄂温克族自治旗	2-3 东乌珠穆沁旗	3-3 苏尼特左旗	4-3 乌审旗	5-3 乌拉特后旗

研究区属于温带大陆性气候，干旱少雨、蒸发量大。草甸草原年平均降水量 390mm，以羊草、贝加尔针茅等为优势植物；典型草原年平均降水量 330mm，以大针茅、西北针茅等为优势植物；荒漠草原区年平均降水量 220mm，以丛生小禾草西北针茅、短花针茅等为优势植物；荒漠区年平均降水量<180mm，以小灌木、蒙古冰草等为优势植物；沙地草原年平均降水量 366mm，以油蒿等为优势植物。

（二）研究方法

调研以问卷访谈调查法来收集数据，采用分层随机抽样的方法获取样本，从每个旗（县）抽取 2～3 个乡镇（苏木），每个乡镇抽取 2～3 个村（嘎查），从每个村抽取 10～15 户牧民，每个旗县抽取 60 个牧户。调研内容包括：牧户家庭属性、家畜养殖、家庭畜牧业收入及其结构、生产技术推广、牧户分步式减畜情况、生产合作形式及态度、草原生态补奖政策等草原保护政策实施情况等。

采用 Ecxel 2007 进行数据输入、初步处理和绘图，运用 Stata 11.0 进行多元线性回归模型、逐步多元线性回归模型、多项逻辑回归、方差分析、皮尔逊相关、描述性统计等计量分析研究。

三、主要研究结果

（一）牧户心理载畜率的概念及其分布趋同性

1. 牧户心理载畜率概念

根据草原载畜率与单位草地面积畜产品产量及单位头数畜产品产量的关系模型（图 8-6）（李博，1997），随着载畜率增加，单位草地面积畜产品产量呈抛物线形，单位头数畜产品产量呈直线下降型，形成经济上同效但生态上明显异效的 B 和 A 两点，B 点的载畜率远大于 A 点，模式 A 是理论生态优化载畜率模式，而模式 B 是牧户固守的心理载畜率模式。

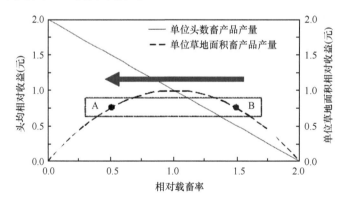

图 8-6　牧户心理载畜率（B）和理论生态优化载畜率（A）（侯向阳等，2013）

牧户心理载畜率是指牧户在基于过去（历史）信息的综合认知的基础上，判定自家草场在单位时间、单位面积上能实际承载的家畜头数，是牧户自己认为的合理"草畜平衡标准"，实际指导着牧户的畜牧业生产实践。理论生态优化载畜率是指在摸清牧户饲养牲畜所需营养和草地所能提供营养的平衡及缺口情况下，选择适宜饲养方式，并考虑未来气候变化背景下土壤、植被等的变化趋势，进行模型模拟的生态优化载畜率。

草畜平衡管理的核心正是要实现牧户的经营模式从模式 B 转变到模式 A，以最小的生态压力获得较高的经济收益，这是国内外学者和政府强调的主流策略，但事实上大部分牧户仍选择模式 B，亟需系统深刻剖析其原因所在。

2. 牧户心理载畜率概念模型

牧户实际载畜率如式（8-1）所示。

$$ASR = SR_t + SR_m + SR_p \qquad (8-1)$$

式中，ASR 表示牧户实际载畜率（actual stocking rate，ASR）；SR_t 表示某一县（旗）草地的理论载畜率；SR_m 表示基于利润最大化前提下，牧户受饲草料、畜产品价格等市场因素影响而变化的载畜率；SR_p 表示因政策因素影响而变化的载畜率。

由式（8-1）推导可知

$$SR_t + SR_m = ASR - SR_p \qquad (8-2)$$

牧户心理载畜率主要受牧户对草地生产力状况以及饲草料、畜产品价格等市场因素的判断影响，故由式（8-2）可进一步推断得式（7-3）。

$$DSR = ASR - SR_p \qquad (8-3)$$

式中，DSR 表示心理载畜率。

3. 牧户心理载畜率分布及其趋同性

通过对内蒙古不同草原类型区的牧户实际载畜率特征研究发现，牧户实际载畜率与其拥有的草地资源量有比较直接的关系，随牧户的资源量增大，载畜率呈指数下降，形成指数分布。在同一草原类型区内的相邻旗县间，牧户载畜率的分布存在趋同现象。

草原生态补奖政策的实施前、后，各旗县牧户载畜率分布特征依然存在趋同现象（图 8-7）。同时草原生态补奖政策实施后牧民草场载畜率并未降低，甚至还略有升高（图 8-8）。

按草原类型区统计，草甸草原、典型草原、荒漠草原的牧户心理载畜率均高于实际载畜率，荒漠草原区牧户心理载畜率超出实际载畜率达 120%；按地区统计，上述三个草原类型区的 6 个地区中，除锡林浩特市牧户心理载畜率低于实际载畜率外，其他 5 个地区均高于实际载畜率。

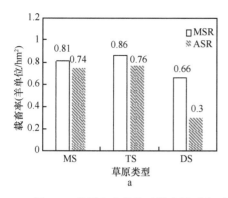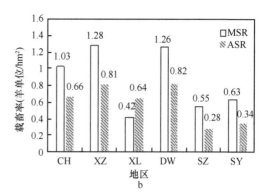

图 8-7　草原生态补奖政策实施后主要草原类型区牧户实际载畜率与心理载畜率比较
（董海宾等，2022）

MSR 表示牧户样本心理载畜率，ASR 表示实际载畜率；　MS 表示草甸草原区，TS 表示典型草原区，DS 表示荒漠草原区；CH 代表陈巴尔虎旗，XZ 代表新巴尔虎左旗，XL 代表锡林浩特市，DW 代表东乌珠穆沁旗，SZ 代表苏尼特左旗，SY 代表苏尼特右旗

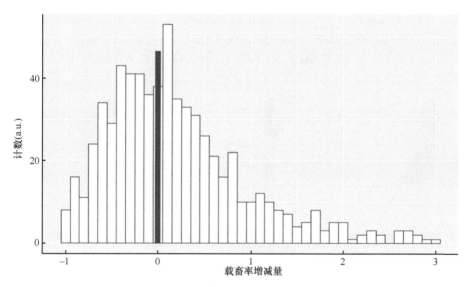

图 8-8　草原生态补奖政策实施后牧户草场载畜率
图中黑色柱表示不增不减，其他表示有变化

（二）牧户心理载畜率影响因素分析

1. 影响牧户心理载畜率的因素分析

基于 2010 年和 2015 年调研的牧户面板数据，采用固定效应线性模型，分析牧户风险因素与载畜率的相关关系。结果表明，第一轮草地生态补奖政策实施前，牧户家庭承包草地面积、生活成本和草地流转面积对草场载畜率具有显著影响；

政策实施后，牧户家庭承包草地面积和草地流转面积对草场载畜率有显著影响。无论补奖政策实施前和后，牧户草场均处于超载放牧状态，表明草原生态补奖政策并没有实现降低草场载畜率的政策设计目标。但政策的实施消除了生活成本对超载的驱动影响作用，反映了草原生态补奖政策的实施对牧民的生计福利是有积极影响的（图 8-9，图 8-10）。

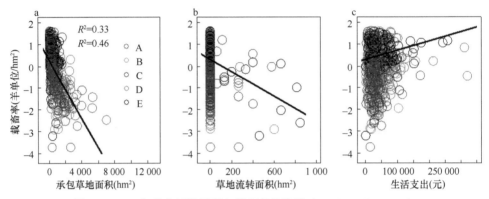

图 8-9　2010 年牧户风险因素与载畜率的关系（Jimoh et al.，2021）

A.荒漠区；B. 荒漠草原区；C. 草甸草原区；D. 沙地草原区；E. 典型草原区，下同

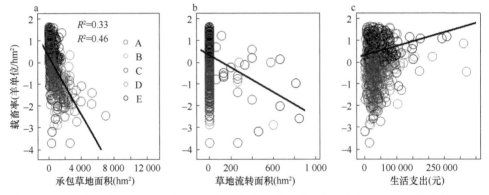

图 8-10　2015 年牧户风险因素与载畜率的关系（Jimoh et al.，2021）（彩图请扫封底二维码）

2. 草地流转的影响因素分析及其对牧户载畜率的影响

草地流转（入）与牧户家庭承包草地面积、户主年龄以及非牧生计时间呈负相关，而与生活成本、贷款金额和雪灾发生率呈正相关（表 8-4）。草地流入率高和中等的牧户比草地流入率较低的牧户其畜牧业收入高而且草场载畜率低，草地流入率较低的牧户其饲养牲畜的草地资源短缺。畜群结构多样化的牧户其牲畜产仔率较高。

畜牧业生产市场化对牧户选择纯牧业生计策略具有显著影响。具体为：草场流转、牲畜价格和草场载畜率与牧户选择纯牧业生计策略呈正相关关系。牧户感知的最大的市场风险是牲畜、干草和玉米价格的波动。较高的牲畜价格对牧户选择非牧户生计策略具有负面影响。

表 8-4 利用社会生态变量和牧民风险认知建立内蒙古草原租入面积的逐步
线性回归模型和 95% 置信区间

	值	标准误	P 值	t 值	2.5%	97.5%
截距	1.12	0.192	<0.001	5.83	7.44×10^{-1}	1.50
GC	−0.000 258	5.60×10^{-5}	<0.001	−4.61	$−3.68 \times 10^{-4}$	$−1.48 \times 10^{-4}$
Age	−0.013	3.49×10^{-3}	<0.001	−3.62	$−1.94 \times 10^{-2}$	$−5.76 \times 10^{-3}$
FLO	−0.011	6.87×10^{-3}	0.108	−1.61	$−2.45 \times 10^{-2}$	2.43×10^{-3}
LE	0.000 006 5	1.69×10^{-6}	<0.001	3.85	3.18×10^{-6}	9.82×10^{-6}
LI	0.000 001 3	4.83×10^{-7}	0.005	2.78	3.96×10^{-7}	2.29×10^{-6}
ME	0.000 002 9	1.82×10^{-6}	0.102	1.64	$−5.92 \times 10^{-7}$	6.57×10^{-6}
ODWT	−0.042	1.22×10^{-2}	<0.001	−3.44	$−6.60 \times 10^{-2}$	$−1.80 \times 10^{-2}$
SNOW	0.22	4.2×10^{-2}	<0.001	5.23	1.37×10^{-1}	3.022×10^{-1}
TNHI	−0.000 006 6	3.58×10^{-6}	0.066	−1.84	$−1.39 \times 10^{-5}$	4.49×10^{-7}

† 逐步线性回归模型使用 StepAIC（）拟合

GC. 草地缩水面积；Age. 年；FLO. 拥有草料地面积；LE. 生活费；LI. 贷款收入；ME. 医疗费用；ODWT. 其他日常工作时间；SNOW. 降雪量；TNHI. 非畜牧业总收入

3. 牧民对接冬羔等新技术的态度、行为决策及影响因素

本原研从推进畜牧业管理现代化角度，分析了牧民对接冬羔等新技术的态度、行为决策及影响因素，发现绝大多数牧民对新技术持有保守甚至消极态度，不愿意采用新技术，同时牧民的技术采纳行为受"邻居效应"影响；本研究还进行了开展牧民合作对载畜率的影响研究，研究指出有效的合作不仅能够帮助合作牧民节省劳动力、增强牧民抗灾害能力、有利于实现资源互补，更重要的是能够对扩大养畜行为形成有力的约束，可为实现有效减畜，控制超载过牧提供有效辅助。

4. 草原生态补奖政策对牧户减畜行为的影响

超载过牧是草原退化的首要原因，因此减少牲畜数量是遏制草原退化的关键。从 2011 年起我国政府在主要草原省（区）实施草原生态补奖政策，主要目标是通过实施补奖政策引导牧民减畜，维持草地生产力与家畜采食量的平衡，达到保护草原生态环境的目的。因此，牧户是否实施减畜是评估草原生态补奖政策生态绩效的主要指标。

本团队以内蒙古自治区 5 个草原类型的 15 个地区的 895 户牧户为研究样本，基于外部性理论、公共产品理论、可持续生计理论，农业补贴理论和社会实践理论，采用评定模型（logit model）、多元 Logit 回归模型、多元线性回归模型和

路径分析模型等计量经济学模型，研究草原生态补奖政策对牧户超载行为、减畜行为和减畜意愿的影响，评估草原生态补奖政策生态功能目标的实现程度。主要研究结论如下。

（1）草原生态补奖政策实施后草场超载率下降，但超载依然严重，且与牧户草地资源占有量呈负相关。草场超载率由 2010 年的 69.51%降低至 2015 年的 44.70%，降低了 24.81 个百分点，但超载仍然很严重；超载率与牧户对畜牧业生产的依赖程度呈正相关关系，与草地生产力和草场经营规模呈负相关关系；冬季家畜数量和固定资产数量对是否超载和超载程度有显著正向影响，草场经营面积对其呈显著负向影响。

（2）草原生态补奖政策对牧户减畜行为具有调节作用。内蒙古自治区调查区内 65.64%的牧户实施减畜行为，减畜率均值为 28.75%，减畜率与草原经营面积和牧户对畜牧业依赖程度呈负相关关系；草原生态补奖政策对牧户减畜行为和减畜程度起到了显著的调节作用，从影响系数分析，草原生态补奖资金投入每增加 1 个单位，牧户选择减畜行为的概率提高 124.2%，减畜率增加的概率提高 136.8%；草原生态补奖资金和牧户家庭与城市距离对牧户是否选择减畜行为有显著正向影响，民族类别、家庭收入、牲畜数量对其呈显著负向影响，草原生态补奖资金和牧户家庭非牧收入比例对牧户减畜率呈显著正向影响，生态条件偏好的草原类型区牧户减畜率相对较高。

（3）在现行草原生态补奖政策下牧户继续减畜的意愿不高。在现行草原生态补奖政策下，愿意继续减畜的牧户占比 11.51%，不愿意的为 88.49%，减畜意愿较低；草原生态补奖政策资金对牧户减畜意愿具有政策激励作用，从影响系数分析，草原生态补奖资金投入每增加 1 个单位，愿意减畜的概率增加 99.3%；在社会实践理论下，经济资本中的家庭总收入和家庭牲畜数量对牧户减畜意愿有促进作用，草场经营面积和家庭贷款总额对其有抑制作用；文化资本中的户主年龄有促进作用，民族类别和户主教育程度有抑制作用；社会资本中的户主职业类别有促进作用，牧户家庭成员在机关事业单位就业人数对其有抑制作用。

5. 预防性储蓄理论的验证

预防性储蓄是居民为应对未来不确定性的储蓄增强决策行为。预防性储蓄理论的思想源头可以追溯到1936年英国经济学家约翰·梅纳德·凯恩斯（John Maynard Keynes）的著作《就业、利息和货币通论》，其认为预防性储蓄的动机即为建立储备金以防止不可预料的可能费用。Fisher 和 Friedman 最先找到支持预防性储蓄的动机，Leland 对预防性储蓄动机的模型进行了分析。学者通过跨期选择的分析方法，研究表明在未来不确定性增加的情况下，消费者会谨慎地对自身的消费行为进行决策，并增加储蓄强度。以放牧为主要生计方式的牧民，为应对未来生产生活的不确定性，在选择多养牲畜方面表现出预防性储蓄的行为特征。本研究团队利用 2018 年对内蒙古三个草原生态类型区 6 个地区 450 户牧户的调研数据,研究了各地区牧户超载情况，建立生计风险评估体系，探寻生计风险因素和牧户载畜率之间的关系，验证了牧户在多养牲畜方面的预防性储蓄行为，揭示了风险影响牧户草场载畜率的内在机制，为国家及地区相关政策的制定以及前期草原生态保护补助奖励政策的优化提供参考依据。研究结果如下。

草甸草原、典型草原及荒漠草原区基于补饲干草核减后的载畜率分别为 0.74 羊单位/hm²、0.76 羊单位/hm²、0.30 羊单位/hm²，其中，草甸草原区载畜率在核减之后降低了 35.09%，典型草原区降低了 23.23%,荒漠草原区则降低了 31.82%；而且，根据第二轮草原生态补奖政策草畜平衡标准，荒漠草原区和典型草原区的牧户草场载畜率均表现为超载过牧，且超载程度表现为荒漠草原区>典型草原区。三种草原类型区牧户的心理载畜率平均分别为 0.81 羊单位/hm²、0.86 羊单位/hm²、0.66 羊单位/hm²，均高于牧户的实际载畜率值。

基于对不同资源量类型牧户载畜率的比较分析和从恩格尔系数视角出发对牧户载畜率的研究表明，牧户在生产生活中面临的不确定性越大，综合风险值越高，则牧户越倾向于保守性的多储备"财产性"牲畜，符合预防性储蓄理论。

基于各区域不同生计风险因素对牧户载畜率影响的预防性储蓄理论适用性的再验证合理。草原生态补奖政策补贴占牧户家庭总收入的比重在1%水平上显著地负向影响牧户草场载畜率变化；市场信息获取是否及时在1%水平上正向显著影响牧户草场载畜率的变化；牲畜年度损失程度和雪灾影响是否严重均对牧户草场载畜率变化有正向显著影响，且统计显著水平均为5%；家庭劳动力人数（$P<0.05$）以及人均医疗教育支出（$P<0.01$）对牧户载畜率变化均具有稳定的正向显著影响；是否存在还贷压力在10%统计水平上负向显著影响牧户草场载畜率变化。

四、基于心理载畜率的减畜路径选择及相关政策建议

（一）牧户减畜路径选择

1. 时间尺度上分段式实现减畜目标的路径选择

根据草畜平衡政策实际实施效果和牧户实地调研发现，笔者模拟出图 8-11，一步到位的草畜平衡政策在理论上是很理想的，可以尽快实现草场的恢复，但牧民对畜牧业生产现状的心理认知和扩大养畜的渴望，使得全面彻底减畜成为不可能。由图 8-11 可以看出从心理载畜率（B 点）到生态优化载畜率（A 点）的阻力是极大的，牧户倾向于扩大规模或争持现状，而政策要求在短时间内牲畜数量急剧减少，必然遭到牧户的反对，也导致牧民竭力寻求违反草畜平衡政策的措施和

途径。相反，如果不直接从 B 到 A，由一次性减畜转变为分段式减畜，如图中先从 B 到 A′，再到 A，可以减少一半阻力。

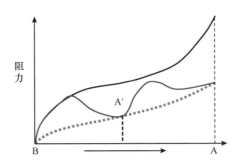

图 8-11　从 B 点到 A 点的分段式减畜模式与阻力的关系（侯向阳等，2013）

实践已经表明，一次性减畜不为牧民接受，几乎不可能，分段式减畜反而有其不可忽略的重要优势，而要实现分段式减畜则需要考虑时间尺度问题，即要实现草畜平衡，具体减畜要分为几个阶段，以及每阶段的具体减畜目标是多少，都是需要迫切考虑的首要问题。

2. 联合与合作取得规模收益和合作优势的路径

现代经济管理学中著名的"木桶定律"（或限制因子理论）强调限制因素或短板的作用，重点是如何克服或抵抗限制因素，而新木桶定律则强调通过联合或合作，合作方分别取得所需的限制性资源，得到更好的发展。通过建立合作社、协会等合作方式的优势已经得到业界普遍认可，如通过合作可获得限制性的草地资源或牲畜资源，并提升了抵御灾害和接受新事物的能力，寻找到节支增收的渠道。根据我们在草甸草原、典型草原、荒漠草原的调研，只有不到 5% 的牧户参加合作社，而部分参加合作社的牧户表示合作社并没有起到其真正的作用，合作社、协会等的具体运行的规章制度严重缺乏，绝大部分牧户之间的合作仍然主要建立在亲戚朋友之间的相互帮忙，合作社、协会的作用根本没有真正体现。

3. 辨识和选择心理载畜率影响因素及其影响牧户的路径

现实已经表明，强制式草畜平衡不仅行政成本高，而且遭到牧民的抵制，并没有得到有效的实施，而牧户心理载畜率正是引发牧户草畜平衡决策的根本所在，因此，要实现强制式草畜平衡向牧民自觉式草畜平衡转移，势必需要首先识别牧户心理载畜率和草畜平衡的具体影响因素，根据本团队研究结果，距离公路距离、民族属性、年龄、是否为干部等均显著影响牧户的心理载畜率，这也为调整牧户草畜平衡提供了理论依据。

而牧户具体在草畜平衡决策过程中，还受到哪些经济、生态、技术等因素影响，仍需深入研究，以从根本上彻底探明牧户草畜平衡决策行为，为阻止草原退化、实现草畜平衡和草原生态保护提供坚定的理论基础与现实依据。

由上述讨论可知，要实现牧户草畜平衡模式的转移，不仅需要考虑时间尺度、规模尺度问题，更亟需识别影响牧户草畜平衡决策的具体因素和牧户草畜平衡行为，因此需要政府和学界的共同努力，通过深入牧区一线，开展系统、细致的牧户调查，野外试验等科研工作，理解牧民的心理，理解牧民草畜平衡行为，辨识牧户草畜平衡决策的内在机制，并通过选择和建立示范，剖析心理载畜率向生态优化载畜率转移的具体时间尺度和规模尺度，探明实现草畜平衡模式转移的具体技术问题。

（二）相关政策的研究和建议

1. 研究和灵活运用草原管理的三大政策工具

研究表明，现有草原管理主要政策工具的有效性为自我管理>"棒子">"胡萝卜"。因此应对不同归属性质草场运用不同的政策工具，牧民自有承包草场实行自我管理更有效，对于流转草场和公共草场则要采用"棒子"政策和"胡萝卜"政策灵活组合使用。

2. 探索牧户自适应管理的有效模式

充分激发和调动牧民保护草原生态的积极性，探索对自有承包草地的适应性自我管理的模式、技术和支持政策，比如延长承包年限到 50 年、70 年甚至 100 年，以及其他有利于牧民主动保护草原的政策，比如草场确权、放牧权制度管理等。特别重视对租赁草地的行为经济学、制度经济学研究，并依据现代经济管理理论科学设计管理政策。对占 20%～30%的租赁流转草地进行严格审查和管理，将是一种事半功倍的策略。

3. 关注欠发达地区特殊群体，如资源紧缺型牧户的转型问题

在牧区或半牧区，草场资源是牧户最主要的生产资源。由于家庭背景、家庭演变、分家迁移等原因，一些牧户在草场资源的拥有量上是紧缺的。这类牧户可划为资源紧缺型牧户。据 2010 年和 2015 年在 5 个不同的生态类型区进行的 800 余户牧户的回访调研中发现，资源紧缺型牧户的草场载畜率一方面离散度高，存在较大分异，另一方面保持较高的平均载畜率。也就是说，资源越紧缺，超载率越高，该类型牧户是超载率最高的牧户类型。所以解决超载问题首先要从资源紧缺型牧户开始。

进一步研究资源紧缺型牧户的经济行为发现，资源紧缺型牧户与非紧缺型牧户相比，在租赁草场、外出打工等行为上没有显著区别。也就是说，资源紧缺型

牧户并未因其资源紧缺而改变自己的生产经营行为。因此，资源紧缺型牧户一般也是牧区或半牧区的重点帮扶对象。

对这部分牧户的转型，首先要从观念和技能培训上入手，使其树立主动转型的信心和决心，使其掌握增收的技能和本领。其次，通过资金、饲草料、基础设施等相关资源的支持，使其减少畜牧业经营的风险，从而有效地降低草场载畜率，提高牧户的生态和生产效率与效益。关注其行为、生计、风险、转型途径，实现草原保护和牧民增收双丰收。

4. 能人效应及职业牧民的培养

尽管有许多人发现，当前在牧区放牧的青壮年越来越少，甚至与农区一样，也是老人、妇女、儿童队伍在从事畜牧业生产。但我们在调查中发现，当前在牧区 40～60 岁的一批牧民仍是从事草原畜牧业的主力。他们一般年富力强，头脑比较灵活，接受新事物的能力强，经营算账比较清楚，对政策的理解和接受有自己的主见，他们是当前牧区现代化转型的突破点。因此，如何引导好这部分牧民的转型，是牧区草原畜牧业能否顺利实现现代化转型的关键。应在不同草原生态类型区深入研究典型牧户生产经营系统的结构、功能和效率，优化重组系统结构和组分，攻克优质高效可持续的草原畜牧业关键技术，提炼高效的示范模式；加强牧户经营能力、市场能力、草场管理能力等系统培训，加速职业牧民队伍的形成；建立政策保障体系，促进草场的有序公平合理流转、主动性的建设投入，而不是短期掠夺性利用；让能人效应最大限度地发挥作用。

5. 后备牧民的问题

一方面由于政策，另一方面由于教育、医疗资源配置和生活条件的差异，目前许多牧民迁移进城镇。年轻人不愿意守在牧区放羊，有经验、能吃苦的牧民越来越少了。那么，若干年后谁来放牧、谁来养羊？如何培养后备牧民就成了一个现实社会问题，必须提前考虑和布局。

要培养后备牧民，一要吸引年轻人留在牧区；二要教会年轻人放牧，可能需要新的放牧技术和模式；三要让年轻人在牧区能创业，有前途。培养后备牧民需要加强新型知识型牧民培养，加强专业技工培训，加强实用技术的培训；要依托现代高新技术，解决新牧民的信息交流、生活交流等问题；要提升牧民的收入水平和生活水平。

第三节　完善草原生态补偿长效激励机制加强草原保护

党的十八大报告把生态文明建设纳入"五位一体"的建设中国特色社会主义

的总体布局，是立足国情、面向全球、面向未来、长期永续的战略宏图。要实现这个战略宏图，首要任务是解决我国资源环境硬约束的问题，从源头上遏制和扭转生态环境恶化的趋势，建立资源节约、环境友好、绿色安全、高效和谐的自然资源保护和利用的制度体系。

生态补偿（ecological compensation）是目前国内外采用较多的生态环境保护和生态资源可持续开发利用的重要政策制度。草原生态补偿政策在我国已实施多年，投资规模和覆盖面均较大，在过去几年的实践过程中，已经对草原牧区生态经济及社会产生了比较深刻的影响。但是，与国内外其他不同资源环境领域的生态补偿相类似，其补偿的公平性、长效性及激励性问题，即长效激励机制问题，是关系着补偿政策的方向和重点、政策实施的效果和效率、生态文明建设和可持续发展的永续性的关键问题。

从 2011 年开始，国家已经实施了两轮草原生态保护补助奖励政策，覆盖 13 个省（区）和新疆生产建设兵团，每年投资经费近 200 亿元。政策设计的目标是通过补助和奖励促进牧民减畜，实现"两保一促进"，即"保护草原生态，保障牛羊肉等特色畜产品供给，促进牧民增收"。这是当前我国最重要的生态补偿机制，是新中国成立以来投资规模最大的草原生态治理措施，对于根本扭转草原生态退化趋势、实现草原生态环境质量总体改善、草原牧区经济可持续发展具有重要意义。政策实施以来，取得了良好成效，草原退化的趋势一定程度上得到遏制，牧民收入水平得到明显提升，生计得到改善，牧民在草地流转、购买和储备饲草料、补饲、接羔、出售牲畜等放牧饲养行为方面有了较大转变，草地畜牧业结构和功能持续向好。

随着两轮草原生态保护补助奖励政策即将到期，2019 年中央一号文件明确提出实施新一轮草原生态保护补助奖励政策。科学客观评价前两轮政策实施的成效和存在问题，提出长效的和更具有保护生态激励作用的政策调整建议，对于进一步加强草原生态保护、建设和利用，促进草原牧区可持续发展，是一项非常重要非常紧迫的任务。

因此，综合解析国内外生态补偿理论和实践发展过程与趋势，系统剖析当前草原生态补偿政策实施的效果及主要面临的挑战，探索进一步建立和完善符合我国国情的草原生态补偿长效激励机制的政策建议，对于加强我国脆弱性生态资源的科学保护和草原资源可持续开发利用以及生态文明建设具有重要理论和实践意义。

一、生态补偿概念、理论及长效激励机制

生态补偿作为生态环境保护、生态文明建设、生态资源可持续开发与利用的

重要环境经济政策，是最有效和公平地解决生态环境保护资金供求矛盾的重要手段。最早在 20 世纪 30 年代，由于美国遭受特大洪灾和严重的沙尘暴从而选择了保护性退耕。这种为了保护生态环境，由原先种地经营收入为主转为弃耕的机会成本，全部由政府提供财政支持的过程，就是生态补偿的最早尝试（中国 21 世纪议程管理中心可持续发展战略研究组，2007）。随着全球对生态补偿的进一步理论研究与实践探索，到目前为止，国内外众多学者从多个角度对生态补偿进行了定义和诠释，但仍存在分歧，没有形成对补偿理论的权威阐释（毛锋和曾香，2006；费世民等，2004；Cuperus et al.，1999）。相对较统一的定义是生态补偿是以保护生态环境，促进人与自然和谐发展为目的，根据生态系统服务价值、生态保护成本、发展机会成本，运用政府和市场手段，调节生态保护相关者之间利益关系的公共行为制度（万军等，2005）。国际上生态补偿相对通用的概念是"生态或环境服务付费"（payment for ecological/environmental service，PES），强调的是生态服务的经济补偿（Bennett，2008；Pagiola et al.，2005），这与我国的生态补偿概念具有通融性。

自 20 世纪 80 年代后，随着人类工业化进程的加速，人类活动对自然资源的干扰骤然倍增，牲畜数量快速增长，天然草原超载过牧，以及全球气候变化等影响，造成自然资源不断减少，进一步加剧了自然资源和生态环境可持续发展的矛盾（贾幼陵，2011）。政府决策者和学者基于生态环境价值论、外部性理论和公共物品理论等生态补偿的有关基础理论，试图在政策设计和发展战略上，通过应用生态补偿的手段协调自然资源的多重功能，实现生态、生产、生活"多赢"的目标。但时至 2006 年，我国生态补偿机制尚存在补偿范围不明确、补偿标准不科学、补偿模式比较单一、资金来源缺乏、政策法规体系建设滞后等问题，制约了生态补偿实施的效果和效率（孙新章等，2006）。

自然资源的保护和利用及其生态补偿是一个长期的过程，因此，如何在公平和效率相统一的前提下，实现生态补偿的公平性、长效性及激励性相结合的长效激励机制，是一个具有长期挑战性的课题。建立适合国情的生态补偿长效激励机制，就是要建立能长期保证生态补偿制度正常运行并发挥预期公平性、长效性和激励性保护功能的制度体系，即采用合理的运行方式和途径，研究和确立生态补偿过程中主客体相互作用的方式、过程和规律关系，通过科学的生态效益评估，制定合理的生态补偿标准和评价体系，使补偿的主客体相互协调长效发展。公平是取得效率的基础，长效是确保制度高效运行实现常态性和稳定性的关键，激励是取得高效率的手段。强调长效性，就是要保证补偿投入的长效性和获得效益的长效性，确保政策和实施的一贯性、不反弹，确保生态资源的保护和利用的可持续性。在我国现有市场经济条件下，生态补偿主要由中央和地方两级政府支持为主，对补偿对象进行合理和长期的补偿。受政府财政压力的影响，常常导致补偿标准偏低、补偿范围较小等欠缺和不足，具有短期性和政策延续性不强的风险，很难从根本上解决资源保护和农牧民持续增收的问题。当补偿政策期限过后，常有反弹式的更为严重的生态破坏。这种缺乏长效机制的补偿政策是不能从根本上解决生态环境改善和持续发展的问题的（刘兴元，2012）。因此，建立生态补偿长效机制是十分必要的。

二、我国草原生态补偿机制的实施效果及主要问题

（一）草原生态补偿机制及其实施效果的调研

从 2011 年开始，我国政府在内蒙古等 8 个主要草原牧区省份全面启动和实施草原生态保护补助奖励政策，2012 年扩展覆盖全国 268 个牧区半牧区县。这是新中国成立以来在我国草原牧区实施的投入规模最大、覆盖面最广、牧民受益最多的一项生态补偿政策，涉及草原面积 48 亿亩，占全国草原面积的 80% 以上。实施补偿政策几年来，取得了明显效果，草原生态、畜牧业生产和牧民生活均发生了可喜变化，项目区草原生态环境有所恢复，草原畜牧业生产方式加快转型，牧民收入加快增长。

据作者团队在 2014 年对内蒙古锡林郭勒盟 3 个苏木（宝力根苏木、朝克乌拉苏木、巴彦宝力格苏木）、8 个嘎查进行的 38 个牧户的入户问卷调查，得到了积极的调研结果。调研信息包括牧户基本信息、草场利用情况、家畜结构、数量及补奖政策落实前后的变化和牧户对草原生态补奖政策的认知等。调研结果如下。一是牧民收入稳步增加。锡林郭勒盟各地采取"放牧+补饲"和"龙头企业+合作社+牧户"等模式，探索少养精养品牌发展之路，按照"分户繁育、集中育肥"的原则，牧民收益不断提高。2013 年，全盟农牧民人均纯收入达到 10 109 元，较上年增加 1184 元。其中牧民人均纯收入 13 192 元，同比增长 14.2%。农牧民人均纯收入中来自非农非牧的收入达到 4787 元，同比增长 13.9%，占纯收入的 47.4%，较上年提高 0.3 个百分点。二是草原生态逐步改善。随着补奖政策的实施，严格落实禁牧和草畜平衡，草原生态恢复明显，2013 年全盟草群平均盖度为 45.3%，平均高度为 37.1cm，干草产量为 71.9kg/亩，与历年同期相比，草群高度提高了32.5%，植被盖度增加了 1.1%，干草产量提高 50.7%。三是畜牧业生产经营方式得到转变。借助补奖政策的实施，禁牧区以棚圈、高产饲料地等基础设施建设为重点，引导牧民舍饲育肥。草畜平衡区以建设家庭牧场为主，整合草地资源，提高综合利用率。全盟围栏草场面积达到 2.3 亿亩，节水灌溉高产饲料基地达到 42万亩，年均打贮草 20 亿 kg 以上，畜均棚圈面积达到 $1.53m^2$，有效减少了自然灾害对畜牧业的影响。四是畜产品产量基本稳定。随着补奖政策的顺利实施，牧民传统放牧观念逐步改变，出现了一些牛羊短期育肥、转产就业的典型，冬羔、早

春羔育肥出栏规模进一步扩大，实现了保障供给的目标。

（二）草原生态补偿的主要问题

草原生态环境得到显著改善，同时，草原畜牧业持续健康发展，牧民收入持续稳定增加，草原科技水平显著提升，草产业不断发展壮大。在看到成绩的同时，我国草原工作还面临着一些亟待解决的突出问题。在草原管理方面，存在着草原地类不清、边界不明、监管能力不强等问题；在草原牧区发展方面，还存在牧区经济结构单一、牧民增收渠道狭窄等问题；在草原科技方面，还存在创新能力不足、科研成果转化应用不够等问题；在草业发展方面，还存在草业企业不够大不够强、草业知名品牌不够多不够响等问题。此外，随着工业化、城镇化的推进，草原资源和环境承受的压力越来越大，巩固保护草原生态建设成果的任务依然艰巨（于康震，2017）。主要包括以下原因。

1. 长期欠账，草原生态治理难度巨大

受气候变化和人为不合理利用因素的长期影响，草原生态退化面积大、状况严重，草原基础建设底子薄，历史欠账多，尽管国家不断加大对草原建设的投入，但与草原保护建设的客观要求相比，差距仍然很大；从实施措施来看，目前用于草原保护建设的投入主要集中在草原围栏、禁牧、休牧补贴等方面，内容较为单一，与草地生产力恢复直接相关的建设投入少；与牧民息息相关的生产、生活建设投资少，已推行的舍饲、半舍饲方式面临着饲料短缺与成本增加问题，致使牧民抵触情绪较大。此外，受全球气候变暖影响，草原病、鼠、虫灾害频发，草原鼠害每年危害面积在 6 亿亩左右，虫害危害面积 3 亿亩左右，影响草原生态保护与恢复；人为破坏草原也是草原生态治理难的主要问题之一，开垦草原、非法征占用草原、非法采集草原野生植物等违法行为仍时有发生，对草原资源和生态环境造成了极大破坏。因此，草原生态保护是一个长期性的艰巨任务，试图通过短期的努力全面实现预想的减畜目标和保护恢复目标是不现实的，必须加大力度和长期坚持，才能取得成效和不断扩大成果。

2. 草原生态投入少、周期短，保护成果尚难以得到有效巩固

草原的很多重要生态功能是其他生态系统无法比拟的，更是无法替代的。草的防风固沙能力比森林高 3~4 倍，每 $25m^2$ 的良好草原可以吸收掉一个人呼出的二氧化碳。从对生态系统服务价值评估的研究来看，我国草原生态系统的生态经济价值估算为 1.4979×10^{11} 美元/a（谢高地等，2001），主要森林类型生态系统服务的总价值为 1.174×10^{10} 美元/a（王蕾等，2007），而国家对草原生态建设的投入虽然逐年增加，但仍远远低于同期对林业、流域等其他领域的投资，2007 年数据显示，国家对草原生态环境建设的平均投入为 25 元/hm²，而对林业的平均投入为 630 元/hm²，每公顷的投入是草原的 25.2 倍。而且我国虽然已实施了一些草原生态保护建设工程项目，但只是做到工程区的局部改善，并没有遏制全局退化的局面，并且有些工程已经结束，工程结束后草原保护建设的巩固和保障将面临巨大压力。究其原因，退牧还草、京津风沙源、退耕还林还草等生态工程和草原生态补奖政策缺乏长期性和稳定性，无法真正调动农牧民参与生态建设的积极性。而纵观国内外相关生态补偿实践，我国对森林生态效益的补偿在 20 世纪 90 年代就开始了尝试，2001 年开始在一些省份进行试点工作，目前我国对公益林建设、粮食生产等森林、农业生态系统已经实施了长期补贴、补偿制度，并取得了良好成效（崔君君，2012；孙新章等，2006）；德国对于退耕、退牧还林的生态补偿为每年 200～800 欧元/hm²，连续给予 20 年补助（唐仁健和黄守宏，2010）；美国在 20 世纪 30 年代为应对特大洪灾和严重沙尘暴，实施了保护性退耕政策，以合同制方式分阶段实施，合同期一般为 10～15 年，此后，一直不断拓展和增加在农地环境补偿方面的投入，在 2002 年的农业法案中，美国政府提出将每年 20 亿美元巨额资金投入到保护计划中（马爱慧等，2011）。因此，建立草原生态补偿长效机制，是给予草原长期休养生息、促进牧民转变生产方式、调动牧民参与保护的积极性与稳定性的金钥匙。

3. 牧民存在心理载畜率和超载惯性，对生态补偿减畜产生影响

以减少天然草原载畜量为目的的禁牧、休牧、季节性休牧、舍饲养殖等补偿政策是治理退化草原的核心手段（侯向阳，2010）。草原生态保护工程及生态补奖机制实施以来，牧区草原家畜超载过牧问题仍然非常突出，总体上超载率在 35% 左右，部分地区达到了 70%～80%。在政策施行过程中，多数地区存在牧户不理解、不配合甚至消极抵触行为。有研究指出，牧户草畜平衡行为主要决定于牧户对草场状况、放牧超载及效益的认知程度（Macdonald et al.，2011，2008；Victor et al.，2010；Kirychuk and Fritz，2010），而这种认知主要基于传统的本土知识和惯性的从众心理，与政府政策要求存在偏离、违背甚至冲突，使得草原生态保护政策得不到真正实施，保护效益的发挥不尽如人意，这也是我国草原生态"局部有所改善、整体继续恶化"局面形成的主要原因。

三、建立我国草原生态补偿长效激励机制的建议

（一）建立草原生态保护补助奖励长效机制

草原生态保护和恢复是一个长期性的艰巨任务，试图通过短期的补偿性项目全面实现预想的减畜目标和草原保护恢复目标是不现实的，必须长期坚持、持续

发力，才能取得成效、不断扩大和巩固成果。草原牧区的经济欠发达性和生态保护效益的外部性决定了由国家政府和相关省区进行生态补偿是一项长期的工作。

延长草原生态补奖政策期限。前期研究表明，草原牧民受当地生态环境、气候变化特征、市场及本土知识和从众心理影响，形成一定区域范围和时间尺度的相对"稳定"的心理载畜率，与政府核定的草畜平衡标准存在差距，并有一定的惯性，使得生态补奖政策实施过程中减畜难度较大。原有政策设计中设想在短时期内（如 3～5 年）减畜到位不仅阻力大，而且不现实，事实上减畜效果也不明显。但是，依据牧户心理载畜率的惯性和变化特征，将减畜任务分段实施，实施牧户分步式适应性减畜策略，可有事半功倍的效果。应采取牧户部分减畜（减少超载量的 30%）-适应-再减畜（再减少超载量的 30%）-再适应-再减畜（再减少超载量的 30%～40%），直至调减到生态优化载畜率的分步式适应性减畜策略，此减畜策略在使牧户形成一定适应性的基础上再进行减畜，可以有效提高牧户减畜的自发性，减弱牧户对减畜的心理阻力；上述每个过程均暂以 3～4 年为运作期限，预计完成这个过程需要 15～20 年。据此，建议草原生态补奖政策的实施应至少稳定持续 15～20 年，建议制定若干个以 3～4 年为期限的缓步实施的减畜目标，直到形成稳定的适应性减畜模式，从而建立草原生态补奖的长效机制。

增加草原生态补奖经费。根据实际需求合理匡算和增加补奖经费。如适当调整补奖面积结构，扩大草畜平衡面积，逐步减小禁牧面积，实现保护中利用、利用中保护；适当提高补偿标准，使生态补偿以激励性补偿为主、损失性补偿为辅；细化和完善补奖标准和政策，避免一刀切，根据脆弱程度、恢复难易程度、生产力情况分类制定补奖标准，提高生态补偿的区域和社群公平性。因此，建议尽快研究并确立我国草原生态补奖标准的核算方法，制定出合理的补偿标准；同时，还要加大财政投入力度，并利用多元化、市场化的手段多渠道筹集社会资金，保障补偿标准的兑现。

（二）积极开展重点草原地区草原国家公园试点工作

在青海三江源地区、内蒙古典型草原和草甸草原区，选择典型和代表区域开展草原国家公园试点工作。坚持生态保护优先、自然修复为主，突出保护修复生态。严格生态保护红线管控，实行最严格的保护。创新生态保护管理体制机制，建立资金保障长效机制。实现草原地区重要自然资源国家所有、全民共享、世代传承，促进自然资源的持久保育和永续利用，筑牢国家生态安全屏障。

（三）建立以有效激励牧民保护草原积极性为中心的草原生态补奖政策

牧民是草原生态保护和利用的直接相关人。牧户的参与、感知、态度和行为是决定草原生态补奖政策实施能否取得效果的关键。因此，要在深入开展牧民应对风险下放牧和生计行为研究、鼓励牧民积极参与生态保护的基础上，制定和实施可以有效调动牧民参与保护的积极性的生态补偿机制，坚持因地制宜，不搞一刀切，该补就补，应补才补，变普惠式补贴为激励性补助。利用"3S"、互联网、大数据等高新技术提高草原监测监管能力，将严格监管和牧民主动积极保护协调统一。发挥村级和乡级组织的基层组织作用，发挥乡规民约等的作用，变个体生态保护为社区或群体生态保护。

（四）探索"以保代补"的政策转变，推动实施草原畜牧业干旱指数保险

2019 年国家发布了《关于加快农业保险高质量发展的指导意见》，推动我国农业保险覆盖领域，市场规模和保障作用进一步扩大，2019 年农业保险保费收入达 680 亿元，"以保代补"成为政策转变的一种趋势（王子源等，2022）。草原畜牧业保险尤其是干旱指数保险在国际上已有较多实施，为应对世界各国农牧民面临的气象灾害风险和减少贫困发挥了重要作用，但是我国的草原畜牧业保险却发展缓慢，保险产品、规模、参保牧户数均非常有限，发展的空间巨大，任重道远。当前迫切需要加强草原畜牧业干旱指数保险基础数据库建设，加强不同草原区的适用保险产品设计和推广，加强牧民保险知识培训和购买意愿引导。建议将 20% 的草原生态补奖资金转为草原畜牧业干旱指数保险资金，建立市场化的草原生态保险制度。

（五）发展新型草原生态畜牧业经营模式

建立冬春季饲草料存储和保障体系，科学应用补饲技术，有效减缓气候风险对牧户生产经营的影响，提高牧户饲养水平和效率。发展天然草原节水灌溉和优质人工草地建植技术，提高饲草料生产能力；建立区域、县域和牧户多层级、"饲草＋互联网＋供应链金融＋连锁"的饲草料储存和运销服务体系，提高保障能力；建立草原旱灾和雪灾等灾害预警体系，提高灾害和饲草料短缺预警能力。

建立合理有序的草地流转市场和制度，逐步走向规模化现代化经营。研究表明，牧户系统的载畜率与草地面积（承包草地+流转草地）成反比，规模化不仅在经济上而且在生态上都有正效应。但承包草地的短周期问题，草地流转合同短期化问题，流转市场信息不透明、规范性差等问题，严重制约了草地经营管理的规模化。迫切需要建立系统的合理有序的草地流转市场和制度。

拓宽牧民生计渠道，提高牧民非牧就业能力，在不降低牧民生活水平的前提下，帮助牧民转变生产方式，鼓励和支持多元化生产经营。研究表明，在当前背景下，放牧是牧户主要倾向选择的生计方式，非牧和兼牧占比很少，这是与生态畜牧业发展模式相悖的。建议多措并举培训提高牧民非牧和兼牧生计能力，加强

牧民非牧经营基础设施平台建设，引导和帮助牧民进行多元化生计选择，实现牧区良性循环发展，推动牧区经济高质量发展。

（六）建立通畅的草原保护利益相关者信息反馈协调机制

建议重视和构建由研究人员、决策者、牧民等利益相关者组成的生态-经济-社会-政治反馈环的信息反馈机制，促进不同利益相关者在草原生态保护上的目标明确、信息通畅、决策准确、行动一致，以信息促保护。加强放牧生态等相关科研创新成果和知识的推广与培训，不断提高牧民对可持续放牧的生态效益和经济效益的感知与认识。加强草原气候风险和生态状况等的监测技术和系统的网络化建设，提升及时实时反馈支持决策部门服务农牧民的能力。加强对下一代牧民的科学放牧意愿的培养、知识和技术的培训，解决未来谁放牧的问题。

第四节　传承草原丝绸之路文化促进草原生态文明建设

草原丝绸之路作为陆上丝绸之路的重要组成部分，在历史发展中取得了显著成果，对于新时期"一带一路"建设和发展具有重要的生态文化价值和借鉴意义。本节拟重点分析草原丝绸之路的生态文化特质，剖析其对促进草原生态文明建设的借鉴和支撑作用，并提出传承草原丝绸之路文化、加速草原生态文明建设和发展的对策建议。

一、建设草原生态文明的重要性

"生态兴则文明兴，生态衰则文明衰。"这是习近平总书记关于生态文明的重要论断。党的十八大以来，以习近平同志为核心的党中央，深刻总结人类文明发展规律，将生态文明建设纳入中国特色社会主义"五位一体"总体布局和"四个全面"战略布局，以全新的理念指导和推动生态文明建设，推动中国走绿色发展道路。习近平总书记在党的十八届三中全会上作关于《中共中央关于全面深化改革若干重大问题的决定》的说明时提出"山水林田湖是一个生命共同体"的理念，2017 年 7 月，中央全面深化改革领导小组第三十七次会议将"草"纳入，成为"山水林田湖草是一个生命共同体"。

草原生态文明建设是国家生态文明建设的重要组成部分。草原在地理区域上定义为，以草本植物为主，可为家畜、野生动物提供生存场所的地区。在 1985 年制定的《中华人民共和国草原法》及 2002 年修订的《中华人民共和国草原法》中规定，草原包括天然草原，也包括人工草地。据第一次全国草地资源调查，我国天然草原面积近 4 亿 hm^2，约占国土面积的 41.7%。按地理区域一般将我国草原或草地划为五大区，即东北草原区、蒙宁甘草原区、新疆草原区、青藏草原区、南方草山草坡区。根据中国草地资源调查分类原则，将我国草原划分为 18 个大类，其中高寒草甸类、温性荒漠类、高寒草原类和温性草原类面积最大，4 类合计占全国草原的 48.78%（中华人民共和国农业部，1996）。

草原生态文明建设包括草原建设生态环境建设，广义地说指我国范围内的所有草原或草地，以及草原生态系统中生活的人、家畜与草的可持续发展。草原生态文明建设涵盖我国草原牧区发展的诸多方面，主要体现在草原牧区的经济、政治、文化和社会层面。经济层面指所有的经济活动都要符合人与自然和谐的要求，包括第一、第二、第三产业和其他经济活动的"绿色化"、无害化以及生态环境保护产业化。政治层面指党和政府要重视生态问题，把解决生态环境问题、建设生态文明作为贯彻落实科学发展观、构建和谐社会的重要内容。文化层面指草原人民所从事的一切文化活动包括指导我们进行生态环境创造的一切思想、方法、组织、规划等意识和行为都必须符合生态文明建设的要求。社会层面指重视和加快社会事业发展，推动草原人民生活方式的革新。其中草原生态文化建设是牧区最具特色的建设内容之一。

加强草原生态文明建设意义重大。一是，对强化国家生态安全屏障有重大意义。我国天然草地主要分布在降水量 400mm 以下的干旱、半干旱生态脆弱区，是我国第一大陆地生态屏障，是全国 90% 以上主要江河水系的水源涵养地，是我国"两屏三带"生态安全战略的主体部分。我国天然草地总碳密度为 45.51PgC，占全国主要生态系统碳密度的 40.79%，是森林生态系统的 1.53 倍（董云社和齐玉春，2006）。草原还是重要的生物多样性中心和基因资源库，饲用植物资源丰富，有 6704 种，分属 1545 属、246 科（洪绂曾，2003）。我国草原上繁衍的野生动物有 2000 多种，放牧家畜品种 250 多个。据估算，我国草地生态系统每年可提供生态服务价值达 1.23 万亿元。加强北方草原牧区生态建设，保护和建设祖国北疆靓丽风景线，直接关系着我国生态安全的全局。二是，对全国生态文明建设具有重要意义。我国有 268 个牧区和半牧区县，主要分布在中西部地区。草原牧区是我国主要的少数民族聚居区，生活着全国 70% 以上的少数民族。草原牧区拥有绵长的边境线，是维护边疆稳定的重要前沿阵地。牧区富，则全国富。因此，草原生态文明建设和发展关系着全国生态文明建设的质量和成效，关系着国家现代化发展的公平性和长效性。

二、草原丝绸之路的生态文化特质和发展

我国古代的丝绸之路有四条，即传统古丝绸之路，西南丝绸之路，海上丝绸

之路，以及草原丝绸之路。草原丝绸之路也称茶叶之路，在四条丝绸之路中出现最早，是指蒙古高原草原地带沟通欧亚大陆的商贸通道。草原丝绸之路的形成得益于其独特的自然生态环境。在整个欧亚大陆的地理环境中，在北纬 40°~50° 的中纬度地区，恰好是草原地带，东起蒙古高原，向西经过南西伯利亚和中亚北部，进入黑河北岸的俄罗斯南部草原，直达喀尔巴阡山脉。这条天然的草原文化大道，在历史上连接着东西和南北重要交通要道，为地区的经济繁荣、商贸交往和文化交流发挥了重要作用（李元恒等，2015）。

草原丝绸之路历史悠久。在公元 6 世纪突厥人统治北方草原之前，草原丝绸之路的首要任务是满足大宗商品交换的需求，中原地区以盛产粮食、麻、丝及手工制品为主，这种中原地区与草原地区在经济上互有需求、相依相生的关系，为草原丝绸之路的形成奠定了基础（陈永志，2011；孙永，2009；张景明，2006）。随着匈奴的逐渐衰落，匈奴族的南下与西迁，实际上将蒙古草原地带的丝绸之路进行了强有力的连缀与拓展，形成带状体系，唐朝对漠北的统一，使草原丝绸之路得到进一步发展，进入蒙元时期，草原丝绸之路达到鼎盛阶段（陈永志，2011；孙永，2009；张景明，2006；王大方，1998）。18~19 世纪，"茶叶之路"作为丝绸之路的继承和延续，成为历史上最著名的一条横跨东西的主要商道，也是以中国、蒙古国和俄罗斯三国为主，辐射欧洲的商业之路，直到 20 世纪，西伯利亚铁路开通，茶叶之路的重要性才慢慢降低（李红艳，2011）。《蒙古秘史》《马可波罗行记》《大清会典》等（内蒙古典章法学与社会学研究所，2007；杨选第，1998；佚名，1998；允禄，1995；熊梦祥，1983；额尔登泰，1980；马可波罗，1977）历史文献记叙了元清两朝草原丝绸之路沿线驿站、官碟、官文、制度等情况。进入 21 世纪，在经济全球化的推动下，跨地区跨边境的运输通道建设成为多国经济发展的中心，复兴草原丝绸之路又成为热潮（李红艳，2011）。草原丝绸之路在历史发展中经历众多考验，积淀了丰富的草原生态文化，对世界发展产生了比较深远的影响。

草原丝绸之路产生于草原，发展于草原。草原民族，特别是蒙古族，以游牧为主体的生活方式，与自然环境融合为一体，形成崇尚自然、保护自然的生态文化特质。草原文化与草原丝绸之路相互依存、相互发展，成为草原丝绸之路的精髓（宝音满达胡，2015）。由于草原丝绸之路的生态文化特质和理念，使得沿路草原资源得以较完整地保存，所覆盖的欧亚草原，成为世界上面积最大、保存较好的草原区，成为一直保持的活丝绸之路。相比较而言，从古长安开始，经沙漠，至中亚的古丝绸之路，由于人类活动的加剧，农业设施、绿洲、城镇的加速建设，生态环境遭到严重破坏，荒漠化、沙化和水土流失加剧，土地贫瘠化，灾害频生，许多一度繁荣的古城如楼兰、精绝、米兰等相继废弃，成为古丝绸之路具代表性的生态绝唱。

在综合部分学者已有的关于草原丝绸之路文化的相关研究成果（钟昌斌，2015）的基础上，通过思考和归纳，提出草原丝绸之路具有以下几方面的生态文化特质。

（一）与游牧相关的习俗性

游牧文化是草原文化的核心之一。早在成吉思汗建立大蒙古国后，建立封建领主分封制，指任千户长、百户长、十户长，实行层层管辖。每千户下辖若干阿寅勒游牧集团（勒内·格鲁塞，1987），从此将"夏漠北，东漠南"的水平钟摆式游牧，转变为领地范围内循环式的四季轮牧。清朝建立后，对蒙古地区实行盟旗制度，蒙古设旗近二百，牧民可以在自己所在的旗范围内进行游牧，规定不得越旗驻牧，除非经过两旗双方协商（兰云峰，2011）。这种制度化、法治化的牧业生产经营方式，使得游牧文化一直延续至今，在一定程度上反映了整体蒙古族文化在生态观念中的价值取向。

游牧虽然在历史上不同时期有不同的变形，但其逐水草而居、适应自然条件休养生息的习俗长期保持，而且代代相传，长期坚守（王立平和阿如娜，2015）。这种生态文化的习俗性体现在草原民族的日常生产和生活行为中，比如蒙古包是人类长久性居住建筑中用材最少、建筑方式对自然破坏最小的建筑；禁止砍伐树林；严禁在河水、湖水中洗涤污物。牧人用牛粪作燃料，一方面满足人们生活之需；另一方面，也避免了大量粪便覆压草场，影响草的生长；同时，也避免夏季雨水冲刷，把粪便冲入河流，污染水源（姜明和侯丽清，2007）。体现在草原牧区的歌声和音乐中，讴歌自然是蒙古族民歌的主题之一，充分表明对大自然的感激之情（王立平和阿如娜，2015）。体现在日常民族谚语中，体现了其对草原无比热爱，无比眷恋，割舍不断、挥之不去的情结，如搬家之前要看草场，安家之前要看环境；美丽的草原，也会长毒草；水草丰美的地方鸟儿多，心地善良的人们朋友多等。体现在对草原动植物的认知文化中，据陈山研究，在世界植物命名中，以蒙古文拉丁化命名的植物种类共有 300 种，其中种加词用"蒙古"一词的有 65 种，如蒙古早熟禾、蒙古针茅、蒙古短舌菊等；用蒙古旧部族名作种加词的植物有 26 种，如科尔沁杨、乌拉绣线菊、准噶尔落芒草等；用高原地区的山名河名做种加词的有 65 种，如兴安柳、赛汗罂粟、阿拉善苜蓿等。这种名称上的民族属性，正是一种特殊的具有习俗性的文化体现（陈山，1992）。

（二）崇尚自然的整体性

任继周先生认为，基于游牧草原民族构建了以草地-家畜-人为主线的人与自然和谐共存的生态伦理，形成了敬畏自然、天人感应、严法保护自然的生态文化及生态法则（任继周，2010）。刘钟龄先生认为，在游牧生活中，蒙古族人民热爱草原、热爱家畜、保护生命、维护环境的朴素感情是人与自然和谐相处的精神体现，是十分可贵的生态意识，是当今实施可持续发展模式的良好思想基础（刘钟龄，2010）。草原民族的生态思维具有自然朴素性和整体性，表现在对草原、河流、山体、天气、动植物等的整体崇尚和敬畏，表现在生态思维和文化教育体系的生而根植的整体性，表现在生产和生活中的自然仿生性。

（三）多元文化的交融性

草原丝绸之路的存续和发展促进了多种民族文化的流动与多元融合，多种民族互相汲取营养、汲取思想，在交融中不断认识和不断补充、不断发展。比如，游牧方式本身就是变化的，在不同地区有不同的游牧方式。农耕文化对草原文化也产生了巨大影响。

（四）与自然相容的适应性和多样性

就地取材、生生不息。具有两千多年历史的藏药，正是由于其生长在青藏高原海拔高、太阳辐射强、日照时间长、气温偏低、空气稀薄、日温差大的环境中，才形成了抗寒、抗旱、光合作用强的特点，藏药的出现惠及西藏地区的人民，并逐渐推广，对解决疑难杂症具有不可替代的疗效和医用价值。生长在内蒙古草原地区的蒙药亦是如此。

一方水土养一方人。草原牧民在适应草原独特的地理环境过程中，经过长期的发展和实践，逐渐形成自身特有的生产生活方式。广袤无垠的草原，造就了草原人民豪放的性格特质。标志性的蒙古包和以牛羊肉为主要食物更是牧民生活特征的最原始体现。

一个地区形成一个地区的地方畜种、养殖业类型。不同草原类型区资源禀赋各异，内蒙古东北部草甸草原土质肥沃，降水充裕，牧草种类繁多，具有优质高产特点，适合饲养牛等大畜；中部和南部地区牧草富有营养，适合马、牛、羊等牲畜，特别适宜养羊；阴山北部和鄂尔多斯高原是小畜的优良放牧地；西部的荒漠草原适合发展骆驼。著名的三河马、三河牛、乌珠穆沁肥尾羊、鄂尔多斯细毛羊、阿尔巴斯绒山羊等优良畜种闻名遐迩。

三、草原丝绸之路文化对草原生态文明建设的启示

草原丝绸之路文化是北方草原文化的重要组成部分。草原丝绸之路文化本质上是一种崇尚自然的生态型文化。草原丝绸之路文化在历史长河中不断积累，一些优秀的传统文化在不断继承和发展，深刻挖掘草原丝绸之路文化的内涵，发挥其对生态文明建设的启示和促进作用是非常重要的。

（一）草原丝绸之路与古丝绸之路历史经验教训比较的启示

如前所述，由于草原丝绸之路文化和古丝绸之路文化的不同，导致沿路生态和丝绸之路历史境况的明显不同，这对于未来"一带一路"的建设和发展具有非常深刻和有意义的启示。历史是镜子，也是词典。今天的草原状况，既是当前不合理利用的反映，又是历史上草原非生态因素作用的痕迹。无论在人类发展的任何阶段，发展必须始终注重与保护生态紧密结合，否则，古丝绸之路上楼兰、精绝、米兰等古城绝灭的悲剧会不断地重演，而且，随着人类改造和利用自然能力的急速增加，任何不合理的改造和利用都会置自然生态于更加严峻和危险的境地。

（二）树立尊重自然、崇尚自然的生态思维和生态意识的启示

将草原文化固有的生态思想融入经济可持续发展中去，全面统筹兼顾经济效益和生态效益协调发展，走出一条绿色发展道路是草原生态文明建设的必然要求。

立足本土生态文化，加强草原文化精髓的研究和弘扬宣传力度，发挥草原人民的文化自觉意识，加强自然保护意识。让良好的生态环境为经济社会的健康发展保驾护航。

（三）基于传统，向历史学习的启示

现代及未来的发展需要向既往的历史学习。传统的不一定是落后的，传统中包含着许多合理的内核。傅高义（2016）基于对亚洲主要国家现代化发展的历程的研究，提出基于传统的现代化转型是可行的现代化发展道路。日本近代现代化转型成功的根源在于转型的同时保持传统。中国建设有中国特色的社会主义，实现从站起来、富起来到强起来的根本性转变，也是基于传统的现代化转型发展的实践。草原地区的现代化发展有赖于挖掘和传承传统。重点是向源于历史的本土知识学习，向根植于传统的文化知识学习。取其精华，去其糟粕，科学挖掘，萃取升华。

（四）多元文化交融的启示

草原丝绸之路文化是流动的，是交融的，是多元包容的。包容精神就是能够做到求同存异和兼收并蓄。求同存异就是能够与其他民族文化和睦相处；兼收并蓄主要是能在文化交流中吸收、借鉴其他民族文化的积极成分。在全球化背景下，草原文化的包容精神，有利于与其他民族文化在和睦的关系中交流借鉴，增强对自身文化的认同和对其他民族文化的理解。当然，交融也有双面性，多元交融既有有益性，也有农耕文化冲击对草原造成破坏的经验

和教训。

（五）多样模式、适应性管理的启示

草原系统是复杂多样的系统，任何试图简单地以一个单一政策或措施就能治理和管理草原的想法都是不切实际的。所以，应摒弃一刀切政策，根据区域实际情况和草原经营管理主体建立多元化、多样化的草原适应性管理模式体系，有效提高草原管理效率和效益。具体措施如下：①对于牧户，实行以自我约束为主的管理，让牧民自己管自己。按放牧单元重新划分草牧场，组合牧户合作单元。延长草牧场承包时间（100年或更长）。吸取游牧的合理内核，实行划区轮牧，构建草原的合理利用与休闲，保持草原生态效益与生态安全。②对于公共地域草原实行严法监督和管理，不得随意破坏草原。要管放得当，该监管必须监管，该放权就得放权，否则，事倍功半。

四、传承草原丝绸之路文化，促进草原生态文明建设的思考

（一）深入研究挖掘，系统整理和传承

草原丝绸之路文化是一个很有价值的文化宝库。因此，需要组织多学科力量，深入研究草原丝绸之路文化，系统整理有价值的文化内涵，筛选优秀的文化元素，传承、创新，以支撑现实草原生态文明建设工作。

要加大对草原丝绸之路文化研究的投入，尤其要加强对草原文化精髓的研究。要加强草原丝绸之路研究队伍建设，组建一流的草原丝绸之路文化学术研究团队。积极借鉴当前其他学科的新方法，注重发挥交叉学科在草原丝绸之路文化研究中的优势。

（二）加强生态文明教育，重塑生态意识、树立危机意识、责任意识

在全社会中倡导对草原文化中崇尚自然、尊重自然、适应自然的生态意识与伦理的学习和领会。使这种理念不仅深入在牧民中，也要深入在不同利益相关者中，尤其是相关决策者中。使这种生态意识，不只是一种口号，而是渗透到思维和行动中的自觉。

当前草原退化严重，古诗中描绘的"天苍苍，野茫茫，风吹草低见牛羊"的大好风光多已只是诗画回忆。虽然草原文化中有特有的生态意识，但依然没有阻遏生态的恶化。因此必须树立危机意识、责任意识。如果继续不合理利用草原，肆意攫取草原资源，肆意破坏草原生态环境，必然招致草原自然的报复。而且草原一旦破坏，保护和恢复的代价是成倍增加的。草原保护人人有责，必须从我做起。

（三）基于传统，探索草原牧区的现代化转型发展

倡导尊重传统、汲取传统的草原现代化转型发展探索。这是被国际国内充分证明的成功之路。科学对待草原游牧文化，探索符合国情区情的现代放牧制度。不能不顾实情地试图全面恢复游牧制度，也不能以完全引入农区的方式搞种植畜牧业，完全禁牧舍饲。要科学地吸取游牧的合理内核，实行以放牧利用单元为主体的划区轮牧，实施不同模式的联户经营，构建草原的合理利用与休闲制度，提高草原科学利用和管理水平，确保草原生态效益与生态安全。在生态保护政策设计上，要重视本土文化，重视区情，不搞一刀切，不搞简单化。

（四）重视牧民心理及行为研究

牧民是草原牧区生产和生活活动的主体。我国草原牧区的生态和资源环境状况决定以牧为主发展草原畜牧业是牧区的主体产业方向。而牧民的思维和行为是决定草原的利用与保护效果的直接因素。牧民的心理及行为是一门科学，对其研究现在已有一些起步工作（侯向阳等，2015，2013；魏琦和侯向阳，2015），但未知的空白领域还很宽，需要加大力度开展研究并应用，必须在研究学习草原传统文化的基础上，进一步尊重牧民、理解牧民、包容牧民。通过科学地设计激励政策，让牧民自己管自己，探索生态和生产协调的有效模式，并大幅度降低完全依靠监管而实现草原生态恢复的巨额成本。

（五）制定计划，开展保护草原文化和资源科学研究工作

启动蒙古高原草原生物资源搜集、保护、利用行动计划。依托我国生物资源研究较为成熟的技术和经验，在内蒙古呼和浩特和蒙古国乌兰巴托平行建立动植物资源中长期保存库和多年生牧草资源圃，两国资源库与圃互为复份库和备份圃，既体现互利平等和提高资源保存的可靠性，又兼有比较研究的功能，同时开展深度挖掘研究，朝着开发利用的方向进行联合攻关。建立"两横一纵"的蒙古高原草原生态样带研究体系。"两横"即包括中国从东到西涵盖草甸草原、典型草原、荒漠草原、草原化荒漠以及荒漠的一条生态样带（NECT），另一条生态样带建在蒙古国，从东到西，包括森林草地地带、草地地带和荒漠地带（新建）。"一纵"即为从中国长城以北，经内蒙古锡林郭勒盟到蒙古国温都尔汗到其国境线的以典型草原为主的生态样带（EEST）。建立草原灾害监测防控体系。利用两国雪灾、旱灾、火灾以及生物灾害等发生的信息资源，从更大尺度上来研究灾害发生规律、灾害的迁移与防控等具有重要意义。建立草原保护恢复技术研究和应用体系。开展草原畜牧业模式转型和草原管理制度比较研究。

草原丝绸之路文化是草原丝绸之路沿线人民在数千年的游牧生产、生活实践中形成的文化，是崇尚自然、爱护自然，追求人与自然和谐共存的一种特色的生态文化。经历过农业文明与工业文明的洗礼，并赋予其新时代的内涵，草原丝绸之路文化历久弥新。我们在推动草原生态文明建设中，要加强对丝绸之路文化的传承，传承游牧民族生活习俗、宗教信仰和法律法规中蕴含的对生命和自然的认知和对大自然的敬畏以及对生态保护的觉悟。将草原民族文化中保护自然的生态观念，融入当代草原生态文明的建设中去。同时积极传承草原民族的文化基因，吸收其合理的成分，将传统知识体系与现代科学有机结合。挖掘草原民族保护生态的各种风俗习惯，在生态文明的教育和宣传中把它转化为普遍的意识和行为标准，充分发挥其启示作用。

第五节　加强中蒙草原科技合作
促进蒙古高原草原可持续管理

2014 年 8 月 21 日至 22 日，习近平主席应邀对蒙古国进行国事访问。双方按照 1994 年《中蒙友好合作关系条约》精神，致力于两国关系发展。2014 年发表的《中华人民共和国和蒙古国关于建立和发展全面战略伙伴关系的联合宣言》，开辟了中蒙关系发展新阶段，为两国关系未来发展指明了方向。中蒙两国共居蒙古高原，其自然地理生态的最大共同点在草原，其经济社会文化发展的关键基础在草原。加强中蒙草原科技合作，是加快发展中蒙全面战略伙伴关系的重要基础和有效推进器。

一、加强中蒙草原科技合作的重要意义

（一）加强中蒙草原科技合作是建立互利共赢、长期稳定、和谐地缘邻国关系的奠基之举

习近平主席将中蒙关系提升为全面战略伙伴关系，标示着发展中蒙关系的特殊重要性。加强中蒙草原科技合作，将恰如其时地突出草原在东北亚地缘政治经济文化中的重要意义。草原是中蒙两国蒙古族及其他草原民族文明发展和赖以生存的天然资源，保护和恢复草原的合作最能体察以草原为家的草原民族人民的心声，是最容易优先深入、最容易引起共鸣、最不容易产生争议、最能长久坚持下去的合作领域。因此加强中蒙草原科技合作有利于中蒙关系的顺利发展。中蒙两国共居草原，历史悠久，同族同文，相连邻邦，朝夕相处，许多认知和认同具有深厚的历史文化渊源，许多政治经济的主体活动离不开草原，科学认识和保护好

草原，是两国长期共同繁荣发展的基础，任何其他形式的发展都须以保护草原为优先前提。因此加强中蒙草原科技合作有利于两国的长远稳定合作。中蒙两国边境线绵长，以一望无际的草原为合作的优先切入点，最能体现守望相助、互利共赢的合作原则，聚同化异，共赢发展，可望成为亚洲及世界邻国相处之道的合作典范。

（二）加强中蒙草原科技合作具有重要的科学和技术发展意义

1. 蒙古高原是具有重要科学研究价值的天然实验室

中蒙两国共居面积辽阔的蒙古高原，面积达 260 万 km^2，东西绵延 4000 多 km，南北跨越 20 个纬度，是迄今保存最好、面积最大、集中连片、利用历史悠久的天然草原区域，体现了独特的自然生态系统的一体性、连续性和大尺度梯度变化性的特点，因此是大尺度气候变化研究的天然实验室，环境和生物进化研究的天然实验室，优质抗逆生物基因资源挖掘、创新、利用的天然实验室，同时由于其兼具自然生态条件连续性和管理利用方式差异性，也是不同草原管理制度和模式比较研究的天然实验室。由于气候变化和人为因素的影响，蒙古高原草原面临草原退化、生物多样性减少、生产力降低、草畜矛盾突出、畜牧业生产方式落后、生产效率低下等共同问题。因此，科学合理地利用这个天然实验室，开展以退化草原生态系统恢复重建、生物多样性保护、重要草原生物资源挖掘利用、现代草原畜牧业优化模式研究等为主要内容的中蒙草原科技合作研究，不仅对中蒙两国草原科技的发展具有重要促进作用，而且对世界草原科技和产业的发展将作出重大贡献。

2. 中蒙草原畜牧业历史悠久、内涵丰富、模式多样，面临许多共性和差异性的科技难题，急需进行系统的研究和攻关

蒙古高原是历史悠久的自然经济型草原畜牧业区域。不仅历史上数千年来养育繁衍了众多草原民族和文化与文明，而且迄今在中国仅内蒙古自治区仍有 130 多万户以放牧、半舍饲或舍饲的家庭畜牧业为生计的牧民，在蒙古国仍以自然经济型的传统畜牧业为主，在 150 万 km^2 草原上分布着 150 多万户牧民，季节性轮牧或四季游牧的畜牧业仍是当地牧民重要的经济支撑。在长期的放牧利用过程中，在不同草原区域，形成区域特色明显的草畜耦合模式、名扬海内外的名优家畜良种、丰富的家畜饲养和粗加工利用技术、应对灾害的本土知识和技能等。中蒙草原畜牧业是世界畜牧业格局中具有特殊价值的一类畜牧业。系统研究中蒙草原畜牧业的模式、技术和资源，挖掘优势并进行转型升级，将对区域乃至全球的食物安全作出重要贡献。

3. 蒙古国牧民家庭畜牧业生产及生活基础设施需求巨大，合作潜力巨大

中蒙两国草原管理方式不同，草原畜牧业的集约程度不同，但面临的气候变化特别是极端气候灾害以及草原退化等问题，是需要共同解决的难题。特别是蒙古国牧民的自然经济成分更加突出，有强烈的改善草地生态以及生产和生活的基础设施条件的愿望与需求，这为中蒙草原科技合作提供了一个广阔的空间。立足牧区生态-生产-生活共赢，直接面向牧民，发展以民间互利合作为主的合作模式，是体现互利共赢原则并且十分有效而且长效的模式。

4. 中蒙两国在资源开发和环境保护方面面临共同难题并形成巨大科技需求

蒙古高原地上生物资源丰富，地下矿产资源丰富。内蒙古地区煤炭探明储量达超 7000 亿 t，蒙古国煤炭远景地质储量估计为 152.0Gt，现已探明储量为 22.3Gt（郭婵好等，2019）。矿产资源开发是势在必行的一个发展路径。但矿产开发引发的环境污染、水资源短缺和生态环境破坏等问题，是必须直面的问题，如何统筹规划，协调开发与保护的关系，实现绿色低碳资源开发，为区域环境保护和可持续发展作贡献，是中蒙合作的重要课题。我国在矿产资源开发和环境保护方面既有先进的经验和技术积累，也有重开发轻保护、开发与保护失衡、生态赤字较大的教训。中蒙两国共同面临的挑战是如何科学地发展，如何实现对发展和环境保护的长期平衡，科技需求巨大。

（三）加强草原科技合作具有重要的文明、文化发展意义

经中国内蒙古地区和蒙古国的蒙古高原是草原丝绸之路的主体通道，不仅在古代和近代欧亚商贸发展和文化交流中发挥着重要作用，而且在现代商贸和文化交流中的作用与地位与日俱增。草原丝绸之路展现了丰富的历史文化内涵，通过研究、挖掘草原丝绸之路的资产，传承、探索和创新其蕴涵的科技价值，对于区域经济和文化文明的发展具有重要促进意义。近几年由中国农业科学院草原研究所科学家倡导并牵头组织，蒙古国和俄罗斯科学家积极参与的欧亚温带草原东缘生态样带，是延循草原丝绸之路的集生态、地理、社会经济文化于一体的研究和发展平台。因此，加强中蒙草原科技合作，挖掘草原丝绸之路的历史文化和科技资产，探寻现代草原丝绸之路和样带平台的经济、社会和生态发展规律，古今结合，掌握东北亚经贸合作的主动权和话语权，是建设走向世界的绿色生态文明道路的重要环节。

《中华人民共和国和蒙古国关于新时代推进全面战略伙伴关系的联合宣言》明确中蒙合作在中国生态文明建设、蒙古国绿色发展政策框架下开展合作。在此框架下，中蒙草原科技合作的发展战略应定位于，一要充分发挥蒙古高原的天然实验室的独特作用，推进草原科技的协同创新；二要推进以草原生态畜牧业、生态

保护和绿色低碳发展为主框架的草原科技合作；三要立足牧区生态-生产-生活共赢，发展以民间互利合作为主的合作模式。

二、中蒙草原科技合作的战略布局

（一）中蒙草原天然实验室的利用和开发

充分挖掘和利用中蒙草原幅员辽阔、起伏连绵、梯度变化明显的宝贵天然实验室的优势，开展草原资源、生态、灾害防控、畜牧业发展等研究，包括：①启动蒙古高原草原生物资源搜集、保护、利用行动计划。依托我国在生物资源研究方面较为成熟的技术和经验，联合蒙古国相关单位，搜集该地区的重要生物资源，分别在中国内蒙古呼和浩特市和蒙古国乌兰巴托市平行建立动植物资源中长期保存库和多年生牧草资源圃，同时开展深度挖掘研究，朝着开发利用的方向进行联合攻关。②建立"两横一纵"的蒙古高原草原生态样带研究体系。"两横"即包括中国从东到西涵盖草甸草原、典型草原、荒漠草原、草原化荒漠以及荒漠的一条生态样带（NECT），另一条建在蒙古国，从东到西包括森林草地地带、草地地带和荒漠地带（新建）。"一纵"即为从中国长城以北，经内蒙古锡林郭勒盟到蒙古国温都尔汗再到其国境线的以典型草原为主的生态样带（EEST）。③建立草原灾害监测防控体系。利用两国雪灾、旱灾、火灾以及生物灾害等发生的信息资源，建立中蒙两国草原灾害的监测和防控体系，从大尺度上研究灾害发生规律、灾害的迁移与防控。④建立草原保护恢复技术研究和应用体系。开展中蒙科技合作，加强草原保护与退化草原恢复技术研发与应用，是保证两国生态安全的重要举措，也是开展大规模经济合作的基础。⑤草原畜牧业模式转型和草原管理制度比较研究。蒙古国草原畜牧业在国民生产当中具有十分重要的地位，其未来发展模式与草原管理制度亟待借鉴我国的成功经验，并结合蒙古国国情构建起其未来发展与草原管理的预案。同时，我国草原畜牧业发展也遇到一系列瓶颈问题，也十分需要通过学习借鉴蒙古国的生产与管理模式不断创新机制。因此，中蒙在草原畜牧业发展模式转型与管理制度研究方面具有广阔的合作前景。

（二）民间合作与面向牧区的实用技术推广

蒙古国是以传统畜牧业为主的自然型经济，分布在 150 万 km^2 草原上的 150 多万牧民的生产和生活问题，是中蒙草原科技合作的重要切入点。迫切需要面向牧区牧户生产和生活实际问题，大力推进民间交流与合作，广泛应用现代科学技术成果，推动畜牧业生产方式转变，使畜牧业走向现代化。从目前民间牧区的合作实际需求考虑，主要着力实用技术推广，包括远离城市地区的风光互补发电技术、无水草场简易打井和取水技术、退化草地恢复技术、人工饲草地种植技术、冬季草料收获储存技术、地方良种保护和家畜良种繁育及扩繁技术、绿色畜产品加工增值技术等。立足牧区生态-生产-生活共赢，面向牧户，发展以民间互利合作为主的合作模式是十分有效的模式。

（三）矿产资源开发地区的生态重建与保护

中蒙两国合作，总结中国矿区开发的经验和教训，开展矿区开发生态保护研究和生态重建及恢复实践，对蒙古国矿产资源开发地区的生态重建和恢复以及整个蒙古高原的生态环境保护具有十分重要的意义。矿产资源开发地区的生态保护包括：一是要应用区域景观生态学理论，科学地规划矿产开发区，最大限度减少草原、生物多样性和水资源的生态毁损；二是应用生态学原理加强矿区生态修复，恢复其原始物种多样性、结构和功能。矿区生态环境的修复主要包括：被污染土壤的治理改良；被破坏的植被的复种、修复和保护；被破坏的原有景观的重建与恢复。我国作为一个煤炭资源大国，对于矿区生态修复技术的应用，已形成诸多系统理论和工程体系，包括土壤治理改良、矿区生态景观重建与恢复、植被及生态系统退化机制和矿区生态风险评价等理论和技术均可以应用到蒙古国的矿产资源开发区。

（四）草原绿色文明之路科技计划

为传承草原丝绸之路的文化和科技遗产，建议提出草原绿色文明之路科技计划，该计划将赋予古老的草原丝绸之路以崭新的生态内涵。草原绿色文明之路科技计划将沿着草原丝绸之路，开展跨中、蒙、俄三国草原具有民族特色的生态学、环境保护学、发展经济学、区域社会学等研究，为草原丝绸之路建设和发展提供理论和技术支撑，建设融合传统和现代之精华的绿色生态屏障。研究包括草原丝绸之路的生物地球化学过程、能量交换、植被结构动态、气候-植被、放牧-草地-牧草驯化、土地利用格局与管理、环境历史演变规律、牧民行为及感知、游牧经济及其演变、牧区发展驱动机制等。同时，建立草原绿色文明交流中心，架构中-蒙-俄以及其他国家联合研究和治理草原的平台、团队和机制，为草原科学管理和利用提供有力的科学依据和技术模式支撑，同时这也将是我国草原科技对外宣传与交流的窗口和平台。

参 考 文 献

安芷生, 符淙斌. 2001. 全球变化科学的进展. 地球科学进展, (5): 76-85.

敖仁其. 2007. 草原"五畜"与游牧文化. 北方经济, 8: 280-286.

白海花, 侯向阳, 毕力格, 等. 2016. 欧亚温带草原东缘牧区雪灾灾情分析: 以欧亚温带草原东缘生态样带典型地区为例. 中国草地学报, 38(3): 63-70.

白海花. 2016. 欧亚温带草原东缘生态样带2012—2013年冬春季雪灾研究. 博士后出站报告.

白乌云, 侯向阳, 武自念, 等. 2019. 羊草根茎克隆形态可塑性研究进展. 草业科学, 36(3): 821-834.

宝音都仍, 哈达巴特尔, 盖志毅. 2014. 蒙古牧户生产及生计分析. 世界农业, (1): 95-99.

宝音满达胡. 2015. 草原文化与草原丝路经济带的开发. 前沿, (7): 49-52.

鲍士旦. 2013. 土壤农化分析. 3版. 北京: 中国农业出版社: 30-48.

北京诺禾致源生物信息科技有限公司. 2020. 扩增子测序和分析方法流程: 1-6.

毕艳玲, 冯源. 2017. 生态系统管理的原则: 以美国黄石国家公园为例. 安徽农业科学, 45(8): 64-65, 68.

晁倩, 温静, 杨晓艳, 等. 2019. 云顶山亚高山草甸植物物种多样性对模拟增温的响应. 环境生态学, 1(4): 7.

陈懂懂, 孙大帅, 张世虎, 等. 2011. 青藏高原东缘高寒草甸土壤氮矿化初探. 草地学报, 19(3): 420-424.

陈灵芝, 钱迎倩. 1997. 生物多样性科学前沿. 生态学报, 17(6): 565-572.

陈山. 1992. 植物命名与蒙古文化. 内蒙古师范大学学报(自然科学汉文版), (3): 52-63.

陈宜瑜, 陈泮勤, 葛全胜, 等. 2002. 全球变化研究进展与展望. 地学前缘, 9(1): 11-18.

陈宜瑜, 丁永建, 佘之祥. 2005. 中国气候与环境演变评估(II): 气候与环境变化的影响与适应、减缓对策. 气候变化研究进展, 1(2): 51-57.

陈应武, 李新荣, 张景光, 等. 2006. 昆虫寄生对柠条种子命运的影响. 中国沙漠, 6: 1015-1019.

陈永志. 2011. 草原丝绸之路. 内蒙古画报, (6): 32-37.

崔君君. 2012. 中国森林生态效益补偿制度研究. 杨凌: 西北农林科技大学.

代景忠, 卫智军, 何念鹏, 等. 2012. 封育对羊草草地土壤碳矿化激发效应和温度敏感性的影响. 植物生态学报, 36(12): 1226-1236.

邓慧平, 祝廷成. 1998. 全球气候变化对松嫩草原土壤水分和生产力影响的研究. 草地学报, 6(2): 6.

丁一汇, 王会军, 罗勇, 等. 2006. 气候变化国家评估报告(I): 中国气候变化的历史和未来趋势. 气候变化研究进展, 2(1): 3-8.

董芳蕾. 2008. 内蒙古锡林郭勒盟草原雪灾灾情评价与等级区划研究. 长春: 东北师范大学硕士学位论文.

董海宾, 刘思博, 蒋奇申, 等. 2022. 外购干草对牧民载畜行为的影响研究. 草地学报: 1-10

[2022-12-20].

董云社, 齐玉春. 2006. "草地生态系统碳循环过程"研究进展. 地理研究, 25(1): 183.

额尔登泰, 乌云达. 1980. 蒙古秘史. 校勘本. 呼和浩特: 内蒙古人民出版社.

方精云, 刘国华, 徐嵩龄. 1996. 中国陆地生态系统的碳库. 现代生态学的热点问题研究. 北京: 中国环境科学出版社: 251-276.

费世民, 彭镇华, 周金星, 等. 2004. 关于森林生态效益补偿问题的探讨. 林业科学, 40(4): 171-179.

冯起, 苏永红, 司建华, 等. 2013. 黑河流域生态水文样带调查. 地球科学进展, 28(2): 187-196.

符淙斌. 2000. 全球变化科学的发展. 科学, 52(6): 3-5.

傅高义. 2016. 日本第一: 对美国的启示. 上海: 上海译文出版社.

高丽, 侯向阳, 王珍, 等. 2019. 重度放牧对欧亚温带草原东缘生态样带土壤氮矿化及其温度敏感性的影响. 生态学报, 39(14): 5095-5105.

高丽. 2020. 欧亚温带草原东缘生态样带土壤碳氮矿化作用及其对放牧的响应. 北京: 中国农业科学院硕士学位论文.

高英志, 韩兴国, 汪诗平. 2004. 放牧对草原土壤的影响. 生态学报, (4): 790-797.

关荫松. 1986. 土壤酶及其研究方法. 北京: 农业出版社.

郭婵好, 李华, 杨恺, 等. 2019. 蒙古国煤炭资源评价. 中国煤炭地质, 31(12): 25-29.

郭丰辉. 2020. 我国北方典型草原过度放牧下主要植物的遗留效应研究. 兰州: 甘肃农业大学博士学位论文.

郭剑, 陈实, 徐斌, 等. 2017. 基于 SPOT-VGT 数据的锡林郭勒盟草原返青期遥感监测. 地理研究, 36(1): 37-48.

郝朝德. 2000. 水利与环境//梁瑞驹. 中国水利学会 2000 学术年会论文集. 北京: 中国三峡出版社: 184-188.

何念鹏, 刘远, 徐丽, 等. 2018. 土壤有机质分解的温度敏感性: 培养与测定模式. 生态学报, 38(11): 4045-4051.

何云玲, 熊巧利, 余岚, 等. 2019. 基于 NDVI 云南地区植被生态系统对气候变化的适应性分析. 生态科学, 38(6): 165-172.

贺达汉, 长有德. 1999. 蚂蚁行为生态研究进展. 昆虫知识, 36(6): 370-372.

洪绂曾. 2003. 草地生态恢复和人工草地建植//中国国际科学技术合作协会. 中国-欧盟荒漠化综合治理研讨会论文集: 292-295.

侯建华, 云锦凤, 张东晖. 2004. 羊草(*Leymus chinensis*)与灰色赖草(*Leymus cinereus*)及其杂交种(F1)的抗旱生理特性比较. 干旱地区农业研究, 14(1): 131-134.

侯向阳, 李西良, 高新磊. 2019. 中国草原管理的发展过程与趋势. 中国农业资源与区划, 40(7): 1-10.

侯向阳, 尹燕亭, 王婷婷. 2015. 北方草原牧户心理载畜率与草畜平衡生态管理途径. 生态学报, 35(24): 8036-8045.

侯向阳, 尹燕亭, 运向军, 等. 2013. 北方草原牧户心理载畜率与草畜平衡模式转移研究. 中国草地学报, 35(1): 1-11.

侯向阳. 2010. 发展草原生态畜牧业是解决草原退化困境的有效途径. 中国草地学报, 32(4): 1-9.

侯向阳. 2012. 欧亚温带草原东缘生态样带研究探讨. 中国草地学报, 34(2): 108-112.

胡红. 2016. 温带草原 AM 真菌多样性及群落组成沿温度梯度变化研究. 北京: 北京林业大学硕士学位论文.

胡进. 2014. 林业技术推广在生态林业建设中的问题及其对策, 武汉: 华中师范大学硕士学位论文.

胡静, 侯向阳, 王珍, 等. 2015. 割草和放牧对大针茅根际与非根际土壤养分和微生物数量的影响. 应用生态学报, (11): 3482-3488.

黄锦学, 熊德成, 刘小飞, 等. 2017. 增温对土壤有机碳矿化的影响研究综述. 生态学报, 37(1): 12-24.

吉尔嘎拉. 2008. 游牧文明: 传统与变迁. 呼和浩特: 内蒙古大学博士学位论文.

贾晓妮, 程积民, 万惠娥. 2007. DCA、CCA 和 DCCA 三种排序方法在中国草地植被群落中的应用现状. 中国农学通报, 23(12): 391-391.

贾幼陵. 2011. 草原退化原因分析和草原保护长效机制的建立. 中国草地学报, 33(2): 1-6.

江学顶, 刘育, 夏北成. 2003. 全球气候变化及其对生态系统的影响. 逻辑学研究, 23(5): 258-262.

姜明, 侯丽清. 2007. 草原生态文化与内蒙古生态功能区建设. 阴山学刊, 20(4): 31-34.

鞠笑生, 邹旭恺, 张强. 1998. 气候旱涝指标方法及其分析. 自然灾害学报, (3): 52-58.

科学技术部基础研究司. 2010. 我国基础研究发展现状及当前国际科学前沿热点分析——全球气候变化中的关键科学问题. 中国基础科学, 12(4): 11-12.

兰云峰. 2011. 浅谈清朝在蒙古族居住地区建立的盟旗制度. 内蒙古统战理论研究, (5): 16-18.

勒内·格鲁塞. 1987. 马上皇帝. 谭发瑜译. 石家庄: 河北人民出版社.

雷钰. 以史为鉴 合作共赢. 光明日报, 2015-06-21. 05 版.

李博. 1997. 中国北方草地退化及其防治对策. 中国农业科学, (6): 2-10.

李海东, 高吉喜. 2020. 生物多样性保护适应气候变化的管理策略. 生态学报, 40(11): 3844-3850.

李红艳. 2011. 北部茶叶之路的兴起与衰落. 农业考古, (5): 325-326.

李杰, 魏学红, 柴华, 等. 2014. 土地利用类型对千烟洲森林土壤碳矿化及其温度敏感性的影响. 应用生态学报, 25(7): 1919-1926.

李昆, 曾觉民, 赵虹. 1999. 金沙江干热河谷造林树种游离脯氨酸含量与抗旱性关系. 林业科学研究, 12(1): 106-110.

李明, 王根轩. 2002. 干旱胁迫对甘草幼苗保护酶活性及脂质过氧化作用的影响. 生态学报, 22(4): 503-507.

李顺姬, 邱莉萍, 张兴昌. 2010. 黄土高原土壤有机碳矿化及其与土壤理化性质的关系. 生态学报, 30(5): 1217-1226.

李西良, 刘志英, 侯向阳, 等. 2015. 放牧对草原植物功能性状及其权衡关系的调控. 植物学报, 50(2): 159-170.

李香真, 陈佐忠. 1998. 不同放牧率对草原植物与土壤 C、N、P 含量的影响. 草地学报, (2): 90-98.

李怡. 2019. 羊草种质资源抗旱性综合评价及抗旱相关基因表达研究. 北京: 中国农业科学院硕士学位论文.

李永宏. 1988. 内蒙古锡林河流域羊草草原和大针茅草原在放牧影响下的分异和趋同. 植物生态学与地植物学学报, (3): 27-34.

李永宏. 1992. 放牧空间梯度上和恢复演替时间梯度上羊草草原的群落特征及其对应性. 草原生态研究, (4): 1-7.

李永宏. 1993. 内蒙古草原草场放牧退化模式研究及退化监测专家系统雏议. 植物学通报, (S1): 42.

李永宏. 1995. 内蒙古典型草原地带退化草原的恢复动态. 生物多样性, (3): 125-130.

李酉开等, 中国土壤学会农化专业委员会. 1983. 土壤农业化学常规分析方法. 北京: 科学出版社, 67-77.

李元恒, 侯向阳, 戴雅婷, 等. 2015. 生态环境视角下草原丝绸之路在"一带一路"经济带中发展作用与战略需求//第十一届中国软科学学术年会论文集(上). 北京: 中国软科学杂志社: 37-43, 32-38.

李忠佩, 张桃林, 陈碧云. 2004. 可溶性有机碳的含量动态及其与土壤有机碳矿化的关系. 土壤学报, (4): 544-552.

李忠旺, 陈玉梁, 罗俊杰, 等. 2017. 棉花抗旱品种筛选鉴定及抗旱性综合评价方法. 干旱地区农业研究, 35(1): 240-247.

梁天刚, 刘兴元, 郭正刚. 2006. 基于3S技术的牧区雪灾评价方法. 草业学报, 15(4): 1-3.

林春路. 2012. 浅谈全球气候变化及应对之策. 地理教育, (9): 21-22.

林群, 张守攻, 江泽平. 2008. 国外森林生态系统管理模式的经验与启示. 世界林业研究, 21(5): 1-6.

刘盟盟, 贾丽, 张洪芹, 等. 2015. 机械损伤对冷蒿叶片次生代谢产物的影响. 浙江农林大学学报, 32(6): 845-852.

刘新民, 陈海燕, 乌宁, 等. 2002. 腾格里沙漠生态系统不同固沙方式下昆虫群落的生态位分异研究. 中国沙漠, 6: 44-48.

刘新民, 刘永江, 郭砺, 等. 1999. 腾格里沙漠生态系统土壤动物多样性比较研究. 中国沙漠, 19(增刊): 180-184.

刘兴元, 陈全功, 梁天刚, 等. 2006. 新疆阿勒泰牧区雪灾遥感监测体系构建与灾害评价系统研究. 应用生态学报, 17(2): 215-220.

刘兴元, 梁天刚, 郭正刚, 等. 2008. 北疆牧区雪灾预警与风险评估方法. 应用生态学报, 1: 133-138.

刘兴元. 2012. 草地生态补偿研究进展. 草业科学, 29(2): 306-313.

刘颖慧, 于振良, 杜生明. 2012. 国家自然科学基金重大项目"我国主要陆地生态系统对全球变化的响应和适应性样带研究"总结与展望. 中国科学基金, 26(3): 136-141.

刘志林. 2002. 全球环境变化对生物生存的影响. 平顶山学院学报, (S1): 41-43.

刘志民, 蒋德明, 高红瑛, 等. 2003. 植物生活史繁殖对策与干扰关系的研究. 应用生态学报, 3: 418-422.

刘钟龄. 1993. 蒙古高原景观生态区域的分析[J]. 干旱区资源与环境, (Z1): 256-261.

刘钟龄. 2010. 蒙古族草原文化传统的生态学内涵. 草业科学, 27(1): 1-3.

刘钟龄, 王炜, 郝敦元, 等. 2002. 内蒙古草原退化与恢复演替机理的探讨. 干旱区资源与环境, 16(1): 84-91.

刘钟龄, 王炜, 梁存柱, 等. 1998. 内蒙古草原植被在持续牧压下退化演替的模式与诊断. 草地学报, (4): 244-251.

鲁春霞, 谢高地, 成升魁, 等. 2009. 中国草地资源利用: 生产功能与生态功能的冲突与协调. 自然资源学报, 24(10): 1685-1696.

鲁如坤. 2000. 土壤农业化学分析方法. 北京: 中国农业科技出版社.

吕雅. 2014. 气候变化对生态系统的影响及评估. 南京: 南京信息工程大学硕士学位论文.

马爱慧, 蔡银莺, 张安录. 2011. 耕地生态补偿实践与研究进展. 生态学报, 31(8): 2321-2330.

马可波罗. 1977. 马可波罗行记(第 2 卷). 蒙文版, 冯承钧译. 长春: 吉林人民出版社: 332-337.

马克平, 黄建辉, 于顺利, 等. 1995. 北京东灵山地区植物群落多样性的研究 II 丰富度、均匀度和物种多样性指数. 生态学报, (3): 268-277.

马克平, 朱敏, 纪力强, 等. 2018. 中国生物多样性大数据平台建设. 中国科学院院刊, 33(8): 838-845.

马克平. 2017a. 森林动态大样地是生物多样性科学综合研究平台. 生物多样性, 25(3): 227-228.

马克平. 2017b. 生物多样性科学的若干前沿问题. 生物多样性, 25(4): 343-344.

马丽, 徐满厚, 翟大彤, 等. 2017. 高寒草甸植被-土壤系统对气候变暖响应的研究进展. 生态学杂志, 36(6): 1708-1717.

马世骏, 王如松. 1984. 社会-经济-自然复合生态系统. 生态学报, 4(1): 1-9.

马文红, 方精云. 2006. 内蒙古温带草原的根冠比及其影响因素. 北京大学学报(自然科学版), 42(6): 774-778.

马文静. 2019. 羊草和冷蒿的氮磷养分利用策略研究. 北京: 中国农业科学院硕士学位论文.

马毓泉. 1989. 内蒙古植物志. 呼和浩特: 内蒙古人民出版社: 49-666.

毛锋, 曾香. 2006. 生态补偿的机理与准则. 生态学报, 26(11): 3841-3846.

孟猛, 倪健, 张治国. 2004. 地理生态学的干燥度指数及其应用评述. 植物生态学报, (6): 853-861.

内蒙古典章法学与社会学研究所. 2007. 《成吉思汗法典》及原论. 北京: 商务印书馆: 84-91.

倪健, 李宜垠, 张新时. 1999. 从生态地理特征论中国东北样带(NECT)在全球变化研究中的科学意义. 生态学报, 19(5): 622-629.

倪健. 1997. 全球变化的植被-环境相关性: 中国和东北样带(NECT)研究. 博士后出站报告.

欧军. 2002. 内蒙古草原生态恶化的原因及理性思考. 集宁师专学报, (1): 65-69, 79.

彭少麟, 赵平, 任海, 等. 2002. 全球变化压力下中国东部样带植被与农业生态系统格局的可能性变化. 地学前缘, 9(1): 217-226.

朴世龙, 方精云, 贺金生, 等. 2004. 中国草地植被生物量及其空间分布格局. 植物生态学报, 28(4): 491-498.

朴世龙, 方精云. 2003. 1982—1999 年我国陆地植被活动对气候变化响应的季节差异. 地理学报, 58(1): 119-125.

邱华, 舒皓, 吴兆飞, 等. 2020. 长白山阔叶红松林乔木幼苗组成及多度格局的影响因素. 生态学报, 40: 2049-2056.

曲建升, 张志强, 曾静静. 2008. 气候变化科学研究的国际发展态势与挑战. 科学观察, 3(4): 24-31.

全毅, 曾志兰. 2022. 我国构建区域协调发展与共同富裕的机制探索. 云南大学学报(社会科学版), 21(05): 71-82.

任国玉, 陈正洪, 郭军, 等. 2005. 中国气温变化研究最新进展. 气候与环境研究, 10(4): 16.

任海, 邬建国, 彭少麟, 等. 2000. 生态系统管理的概念及其要素. 应用生态学报, 11(3): 43-44.

任海彦, 郑淑霞, 白永飞. 2009. 放牧对内蒙古锡林河流域草地群落植物茎叶生物量资源分配的影响. 植物生态学报, (6): 1065-1074.

任继周. 2010. 草原文化是华夏文化的活泼元素. 草业学报, 19(1): 1-5.

汝海丽, 张海东, 焦峰, 等. 2016. 黄土丘陵区微地形对草地植物群落结构组成和功能特征的影响. 应用生态学报, 27(1): 25-32.

萨茹拉, 丁勇, 侯向阳. 2018. 北方草原区气候变化影响与适应. 中国草地学报, 40(2): 109-115.

山仑, 陈培元. 1998. 旱地农业生态基础. 北京: 科学出版社: 9-33.

邵璞, 曾晓东. 2012. 土地利用和土地覆盖变化对气候系统影响的研究进展. 气候与环境研究, (1): 105-113.

史培军. 1996. 再论灾害研究的理论与实践. 自然灾害学报, 5(4): 8-19.

孙新章, 谢高地, 张其仔, 等. 2006. 中国生态补偿的实践及其政策取向. 资源科学, 28(4): 25-30.

孙永. 2009. 论草原丝绸之路的复兴//中外关系史论文集第17辑——"草原丝绸之路"学术研讨会论文集: 75-78.

塔西甫拉提·特依拜, 丁建丽. 2006. 土地利用/土地覆盖变化研究进展综述. 新疆大学学报(自然科学版), 23(1): 5-15.

唐仁健, 黄守宏. 2010. 德国林业公共财政支持保护政策值得借鉴. 绿色中国, (5): 57-59.

滕菱, 任海, 彭少麟. 2000. 中国东部陆地农业生态系统南北样带的自然概况. 生态科学, 19(4): 1-10.

万军, 张惠远, 王金南, 等. 2005. 中国生态补偿政策评估与框架初探. 环境科学研究, 18(2): 1-8.

万庆. 1999. 洪水灾害系统分析与评估. 北京: 科学出版社: 6-44.

汪灿, 周棱波, 张国兵, 等. 2017. 中国农业科学, 50(15): 2872-2887.

汪诗平, 王艳芬, 陈佐忠. 2003. 放牧生态系统管理. 北京: 科学出版社.

王兵, 赵广东, 杨锋伟. 2006. 基于样带观测理念的森林生态站构建和布局模式. 林业科学研究, (3): 385-390.

王常慧, 邢雪荣, 韩兴国. 2004. 草地生态系统中土壤氮素矿化影响因素的研究进展. 应用生态学报, (11): 2184-2188.

王大方. 1998. 草原丝绸之路. 丝绸之路, (3): 54-57.

王党军. 2018. 退化典型草原对施用磷肥的响应机理研究. 重庆: 西南大学硕士学位论文.

王根绪, 胡宏昌, 王一博, 等. 2007. 青藏高原多年冻土区典型高寒草地生物量对气候变化的响应. 冰川冻土, V29(5): 671-679.

王国柱, 张五四. 草料进不来牛羊出不去 雪灾愁坏内蒙古农牧民. 农民日报, 2012-12-31. 002版.

王蕾, 王宁, 张逸. 2007. 草地生态系统服务价值的研究进展. 农业科学研究, 27(4): 50-53.

王立平, 阿如娜. 2015. 论蒙古族传统生态文化及其特征. 内蒙古民族大学学报(社会科学版), 41(6): 24-26.

王菱, 甄霖, 刘雪林, 等. 2008. 蒙古高原中部气候变化及影响因素比较研究. 地理研究, 27(1): 171-180.

王启基, 李世雄, 王文颖, 等. 2008. 江河源区高山嵩草(*Kobresia pygmaea*)草甸植物和土壤碳、氮储量对覆被变化的响应. 生态学报, (3): 885-894.

王权. 1997. 全球变化陆地样带研究及其进展. 地球科学进展, 12(1): 43-50.

王如松, 欧阳志云. 2012. 社会-经济-自然复合生态系统与可持续发展. 中国科学院院刊, (3): 254, 337-345, 403-404.

王世金, 魏彦强, 方苗. 2014. 青海省三江源牧区雪灾综合风险评估. 草业学报, 23(2): 108-116.

王世元. 2009. 关于第二次全国土地调查工作情况的通报. 国土资源通讯, (15): 29-31.

王曙光, 孙黛珍, 周福平, 等. 2008. 六倍体小黑麦萌发期抗旱性分析. 中国生态农业学报, 16(6): 1403-1408.

王维强, 葛全胜. 1993. 论温室效应对中国社会经济发展的影响. 科技导报, 3(1): 59-63.

王炜, 梁存柱, 刘钟龄, 等. 2000a. 草原群落退化与恢复演替中的植物个体行为分析. 植物生态学报, 3: 268-274.

王炜, 梁存柱, 刘钟龄, 等. 2000b. 羊草+大针茅草原群落退化演替机理的研究. 植物生态学报, 4: 468-472.

王玮明, 李镇清, 林晓敏. 2007. 数量生态学软件研发及应用. 生物数学学报, (4): 661-671.

王鑫厅, 王炜, 梁存柱, 等. 2015. 从正相互作用角度诠释过度放牧引起的草原退化. 科学通报, (Z2): 2794-2799.

王譞. 2018. 全球气候变化对天然草地植物种群空间分布格局和种间关系的影响. 呼和浩特: 内蒙古大学博士学位论文.

王昱生, 李景信. 1992. 羊草种群无性系生长格局的研究. 植物生态学与地植物学学报, 16(3): 234-242.

王子源, 潘辉, 刘妍. 2022. 农业保险保费补贴效率及其影响因素研究. 现代金融, (06): 45-50+44.

王宗礼, 孙启忠, 常秉文. 2009. 草原灾害. 北京: 中国农业出版社.

魏琦, 侯向阳. 2015. 建立中国草原生态补偿长效机制的思考. 中国农业科学, 48(18): 3719-3726.

吴金水, 林启美, 黄巧云. 2006. 土壤微生物生物量测定方法及其应用. 北京: 气象出版社.

吴启华, 毛绍娟, 刘晓琴, 等. 2014. 牧压梯度下高寒杂草类草甸土壤持水能力及影响因素分析. 冰川冻土, 36(3): 590-598.

吴田乡, 黄建辉. 2010. 放牧对内蒙古典型草原生态系统植物及土壤$\delta^{15}N$的影响. 植物生态学报, 34(2): 160-169.

武自念, 侯向阳, 任卫波, 等. 2018. 基于 MaxEnt 模型的羊草适生区预测及种质资源收集与保护. 草业学报, 27(10): 125-135.

夏星辉, 鲍振鑫, 霍守亮, 等. 2017. 全球变化对区域水土资源与环境质量的影响. 中国基础科学, 19(6): 30-35.

肖国举, 张强, 王静. 2007. 全球气候变化对农业生态系统的影响研究进展. 应用生态学报, 18(8): 1877-1885.

谢高地, 张钇锂, 鲁春霞, 等. 2001. 中国自然草地生态系统服务价值. 自然资源学报, 16(1): 47-53.

熊梦祥. 1983. 析津志辑佚. 北京: 北京古籍出版社: 120-134.

徐斌, 陶伟国, 杨秀春, 等. 2007. 我国退牧还草工程重点县草原植被长势遥感监测. 草业学报,

70(5): 13-21.

徐斌, 杨秀春, 金云翔. 2016. 草原植被遥感. 北京: 科学出版社.

徐冠华, 葛全胜, 宫鹏, 等. 2013. 全球变化和人类可持续发展: 挑战与对策. 科学通报, 58(21): 2100-2106.

徐丽, 于书霞, 何念鹏, 等. 2013. 青藏高原高寒草地土壤碳矿化及其温度敏感性. 植物生态学报, 37(11): 988-997.

徐世晓, 赵新全, 孙平, 等. 2001. 温室效应与全球气候变暖. 青海师范大学学报(自然科学版), (4): 43-47, 52.

徐小锋, 田汉勤, 万师强. 2007. 气候变暖对陆地生态系统碳循环的影响. 植物生态学报, (2): 175-188.

许凯凯, 王宏, 李晓兵, 等. 2015. 基于 Holdridge 生命地带模型的欧亚温带草原东缘生态样带植被格局变化研究. 北京师范大学学报(自然科学版), 51(S1): 44-48.

许振柱, 周广胜, 王玉辉. 2005. 草原生态系统对气候变化和 CO_2 浓度升高的响应. 应用气象学报, 16(3): 385-395.

杨春花, 岑业文, 谢文海, 等. 2005. 农林生产对六万林场蜱类物种多样性的影响. 东北林业大学学报, 6: 40-42.

杨开军, 杨万勤, 贺若阳, 等. 2017. 川西亚高山 3 种典型森林土壤碳矿化特征. 应用与环境生物学报, 23(5): 851-856.

杨倩, 王娓, 曾辉. 2018. 氮添加对内蒙古退化草地植物群落多样性和生物量的影响. 植物生态学报, (4): 430-441.

杨选第. 1998. 理藩院则例(第 31 卷). 海拉尔: 内蒙古文化出版社: 498-556.

杨怡, 欧阳运东, 陈浩, 等. 2018. 西南喀斯特区植被恢复对土壤氮素转化通路的影响. 环境科学, 39(6): 2845-2852.

杨振海. 2009. 努力谱写草原保护建设新篇章. 中国草地学报, 31(2): 1-3.

杨振海. 2013. 切实抓好退牧还草工程, 为建设美丽中国创造良好生态条件. 中国畜牧业, (20): 20-21.

杨正荣. 2018. 内蒙古草原牧户草场载畜率分布特征及影响因素分析. 兰州: 兰州大学硕士学位论文.

姚爱兴, 王培. 1993. 放牧强度和放牧制度对草地土壤及植被的影响. 国外畜牧学-草原与牧草, (4): 1-7.

佚名. 1998. 大元圣政国朝典章(第 16 卷). 北京: 中国广播电视出版社: 595-619.

尹燕亭, 侯向阳, 运向军. 2011. 气候变化对内蒙古草原生态系统影响的研究进展. 草业科学, (6): 1132-1139.

尹燕亭. 2013. 内蒙古草原区牧户草畜平衡决策行为的研究. 兰州: 兰州大学硕士学位论文.

于达夫. 2016. 降雨量、氮沉降及耦合对羊草有性和无性繁殖及权衡的影响. 长春: 东北师范大学硕士学位论文.

于贵瑞. 2001. 生态系统管理学的概念框架及其生态学基础. 应用生态学报, 12(5): 787-794.

于康震. 2017. 砥砺前行 扎实做好草原保护建设大文章. 中国畜牧业, (22): 26-27.

于晓东, 周红章, 罗天宏. 2001. 鄂尔多斯高原地区昆虫物种多样性研究. 生物多样性, 4: 329-335.

於琍, 曹明奎, 李克让. 2005. 全球气候变化背景下生态系统的脆弱性评价. 地理科学进展, 24(1): 61-69.

庾莉萍. 2008. 气候变暖令地球感到不适. 地球, (1): 7-9.

苑全治, 刘映刚, 陈力. 2016. 气候变化下陆地生态系统的脆弱性研究进展. 中国人口·资源与环境, (S1): 198-201.

允禄. 1995. 大清会典: 雍正朝(第 141-144 卷). 台北: 文海出版社: 8797-9082.

张勃, 陈海军, 侯向阳, 等. 2015. 内蒙古锡林郭勒草原贝加尔针茅的繁殖特性及其生态响应. 甘肃农业大学学报, 50(4): 103-108.

张大治, 陈曦, 贺达汉. 2012. 荒漠景观拟步甲科昆虫多样性及其对生境的指示作用. 应用昆虫学报, 49(1): 229-235.

张富明. 1995. 高寒草甸恢复生态系统植物物种多样性初步研究. 中国科学院西北高原生物研究所, 114(22): 327-328.

张国胜, 李林. 1998. 青南高原气候变化对江河源地区高寒草地资源的影响. 资源生态环境网络研究动态, 9(4): 18-20.

张继权, 李宁. 2007. 主要气象灾害风险评价与管理的数量化方法及其应用. 北京: 北京师范大学出版社: 9.

张继涛, 李秀军, 田尚衣, 等. 2015. 羊草克隆种群的螺旋扩张规律. 生态学报, 35(8): 2509-2515.

张继涛, 徐安凯, 穆春生, 等. 2009. 羊草种群各类地下芽的发生、输出与地上植株的形成、维持动态. 草业学报, 18(4): 54-60.

张继涛, 徐安凯, 穆春生, 等. 2009. 羊草种群各类地下芽的发生、输出与地上植株的形成、维持动态. 草业学报, 18(4): 54-60.

张景明. 2006. 草原丝绸之路与草原文化//内蒙古社会科学院, 内蒙古社科联, 鄂尔多斯市委, 等. 中国·内蒙古第三届草原文化研讨会论文集. 呼和浩特: 内蒙古教育出版社: 153-170.

张文娟. 2019. 高效利用大数据资源 促进生物多样性保护. 中国农村科技, 4: 70-73.

张新时, 高琼, 杨奠安, 等. 1997. 全球变化研究的中国东北样带(NECT)分析及模拟. 中国科学院院刊, (3): 195-199.

张新时, 唐海萍, 董孝斌, 等. 2016. 中国草原的困境及其转型. 科学通报, 61(2): 165-177.

张新时, 杨奠安. 1995. 中国全球变化样带的设置与研究. 第四纪研究, (1): 43-52.

张新时, 周广胜, 高琼, 等. 1997. 全球变化研究中的中国东北森林——草原陆地样带(NECT). 地学前缘, (Z1): 149-155.

张新时. 1993. 研究全球变化的植被-气候分类系统. 第四纪研究, (2): 157-169, 193-196.

张雪芹, 孙杨, 郑度, 等. 2011. 中国干旱区温度带界线对气候变暖的响应. 地理学报, 66(9): 1166-1178.

赵宁, 张洪轩, 王若梦, 等. 2014. 放牧对若尔盖高寒草甸土壤氮矿化及其温度敏感性的影响. 生态学报, 34(15): 4234-4241.

中国 21 世纪议程管理中心可持续发展战略研究组. 2007. 生态补偿: 国际经验与中国实践. 北京: 社会科学文献出版社.

中华人民共和国农业部. 1996. 中国草地资源. 北京: 中国科学技术出版社: 1-14.

钟昌斌. 2015. 草原文化在草原丝绸之路形成发展中的作用. 实践: 思想理论版, (10): 51-53.

周广胜, 何奇瑾. 2012. 生态系统响应全球变化的陆地样带研究. 地球科学进展, 27(5): 563-572.

周广胜, 王玉辉. 1999. 土地利用/覆盖变化对气候的反馈作用. 自然资源学报, (4): 318-322.

周广胜. 2002. 中国东北样带(NECT)与全球变化. 北京: 气象出版社.

周贵尧, 吴沿友. 2016. 放牧对草原生态系统不同气候区碳库影响的 Meta 分析. 草业学报, 25(10): 1-10.

周涛, 史培军, 贾根锁, 等. 2010. 中国森林生态系统碳周转时间的空间格局. 中国科学: 地球科学, 40(5): 632-644.

周焱. 2009. 武夷山不同海拔土壤有机碳库及其矿化特征. 南京: 南京林业大学硕士学位论文.

朱小叶, 王娜, 方晰, 等. 2019. 中亚热带不同退化林地土壤有机碳矿化的季节动态. 生态学报, 39: 1-10.

Abbasi M K, Adams W A. 2000. Estimation of simultaneous nitrification and denitrification in grassland soil associated with urea-N using 15N and nitrification inhibitor. Biology and Fertility of Soils, 31(1): 38-44.

Agee J K. 1988. Ecosystem management for parks and wilderness. University of Washington Press.

Akpa S I C, Odeh I O A, Bishop T F A, et al. 2016. Total soil organic carbon and car- bon sequestration potential in Nigeria. Geoderma, 271: 202-215.

Alexandra R, Jorge D, Ana R, et al. 2019. Interactive effects of forest die-off and drying-rewetting cycles on C and N mineralization. Geoderma, 333: 81-89.

Axmacher J C, Brehm G, Hemp A, et al. 2010. Determinants of diversity in afrotropical herbivorous insects(Lepidoptera: Geometridae): plant diversity, vegetation structure or abiotic factors? Journal of Biogeography, 36(2): 337-349.

Badgery W B, King H, Simmons A, et al. 2013. The effects of management and vegetation on soil carbon stocks in temperate Australian grazing systems//International Grasslands Congress.

Bährmann R. 2009. Flies (Diptera: Brachycera) from Central German grasslands. Studia Dipterologica: 185-240.

Bai Y, Wu J, Xing Q, et al. 2008. Primary production and rain use efficiency across a precipitation gradient on the Mongolia plateau. Ecology, 89: 2140-2153.

Barger N N, Ojima D S, Belnap J, et al. 2004. Changes in plant functional groups, litter quality, and soil carbon and nitrogen mineralization with sheep grazing in an Inner Mongolian Grassland. Journal of Rangeland Management, 57: 613-619.

Barrett J E, McCulley R L, Lane D R, et al. 2002. Influence of climate variability on plant production and N-mineralization in Central US grasslands. Journal of Vegetation Science, 13(3): 383-394.

Batjes N H. 1996. Total carbon and nitrogen in the soils of the world. European Journal of Soil Science, 47: 151-163.

Bennett M T. 2008. China's sloping land conversion program: Institutional innovation or business as usual? Ecological Economics, 65(4): 699-711.

Berendse F. 1990. Organic matter accumulation and nitrogen mineralization during secondary succession in heathland ecosystems. Journal of Ecology, 78: 413-427.

Bojovic S, Sarac Z, Nikolic B, et al. 2012. Composition of n-alkanes in natural populations of Pinus nigra from Serbia - chemotaxonomic implications. Chemistry & Biodiversity, 9: 2761-2774.

Borken W, Matzner E. 2009. Reappraisal of drying and wetting effects on C and N mineralization and fluxes in soils. Global Change Biology, 15: 808-824.

Brehm G, Homeier J, Fiedler K. 2003. Beta diversity of Geometrid moths(Lepidoptera: Geometridae) in an Andean montane rainforest. Diversity and Distributions, 9(5): 351-366.

Breiman L. 2001. Random forests. Machine Learning, 45: 5-32.

Breulmann M, Boettger T, Buscot F, et al. 2016. Carbon storage potential in size- density fractions from semi-natural grassland ecosystems with different productivities over varying soil depths. Science of the Total Environment, 545: 30-39.

Cerri C. 2003. Modeling soil carbon from forest and pasture ecosystems of Amazon, Brazil. Soil Science Society of America Journal, 67: 1879-1887.

Chang X, Wang S, Cui S, et al. 2014. Alpine grassland soil organic carbon stock and its uncertainty in the three rivers source region of the Tibetan Plateau. PLoS ONE, 9: e97140.

Chen D, Cheng J, Chu P, et al. 2015. Regional-scale patterns of soil microbes and nematodes across grasslands on the Mongolian plateau: relationships with climate, soil, and plants. Ecography, 38: 622-631.

Chen D, Mi J, Chu P, et al. 2015. Patterns and drivers of soil microbial com- munities along a precipitation gradient on the Mongolian Plateau. Landscape Ecology, 30: 1669-1682.

Chen H, Zhao X, Chen X, et al. 2018. Seasonal changes of soil microbial C, N, P and associated nutrient dynamics in a semiarid grassland of north China. Applied Soil Ecology, 128: 89-97.

Chen J, John R, Zhang Y, et al. 2015. Divergences of two coupled human and natural systems on the Mongolian Plateau. Bioscience, 65: 559-570.

Chen Y, Li Y, Zhao X, et al. 2012. Effects of grazing exclusion on soil properties and on ecosystem carbon and nitrogen storage in a sandy rangeland of Inner Mongolia, northern China. Environmental Management, 50: 622.

Cook G, Williams R, Hutley L, et al. 2002. Variation in vegetative water use in the savannas of the North Australian Tropical Transect. Journal of Vegetation Science, 13(3): 413-418.

Cookson W R, Cornforth I S, Rowarth J S. 2002. Winter soil temperature(2~15°C)effects on N transformations in clover green manure amended or unamended soils: a laboratory and field study. Soil Biology & Biochemistry, 34: 1401-1415.

Cox P M, Betts R A, Jones C D, et al. 2000. Acceleration of global warming due to carbon cycle feedbacks in a coupled climate model. Nature, 480: 184-187.

Cuperus R, Canters K J, UdodeHaes H A, et al. 1999. Guidelines for ecological compensation associated with highways. Biological Conservation, 90(1): 41-51.

Curtin D C, Campbell A, Jall A, 1998. Effects of acidity on mineral-ization: pH-dependence of organic matter mineralization in weakly acidic soils. Soil Biology & Biochemistry, 30: 57-64.

Dalias P, Anderson J M, Bottnei P, et al. 2002. Temperature responses of net nitrogen mineralization and nitrification in conifer forest soils incubated under standard laboratory conditions. Soil Biology & Biochemistry, 34: 691-701.

Davidson E A, Janssens I A. 2006. Temperature sensitivity of soil carbon decomposition and feedbacks to climate change. Nature, 440: 165-173.

de Boef W, Kowalchuk G A. 2001. Nitrification in acid soils: micro-organisms and mechanisms. Soil Biology & Biochemistry, 33: 853-866.

Denman K, Brasseur G. 2007. The physical science basis. contribution of working group i to the fourth assessment report of the intergovernmental panel on climate change. Computational Geometry, 18(2): 95-123.

Díaz S, Lavorel A S, Mcintyre S, et al. 2002. Plant trait responses to grazing - a global synthesis. Global Change Biology, 13: 313-341.

Ding J Z, Chen L Y, Zhang B B, et al. 2016. Linking temperature sensitivity of soil CO_2 release to substrate, envirorunental, and microbial properties across alpine ecosystems. Global Biogeochemical Cycles, 30: 1310-1323.

Ding M J, Zhang Y L, Sun X M, et al. 2013. Spatiotemporal variation in alpine grassland phenology in the Qinghai-Tibetan Plateau from 1999 to 2009. Chinese Science Bulletin, 58(3): 396-405.

Dlamini P, Chivenge P, Chaplot V. 2016. Overgrazing decreases soil organic carbon stocks the most under dry climates and low soil pH: a meta-analysis shows. Agriculture Ecosystems & Environment, 221: 258-269.

Dodd R S, Poveda M M. 2003. Environmental gradients and population divergence contribute to variation in cuticular wax composition in Juniperus communis. Biochemical Systematics and Ecology, 31(11): 1257-1270.

Dodd R S, Rafii Z A, Power A B. 1998. Ecotypic adaptation in Austrocedrus chilensis in cuticular hydrocarbon composition. New Phytologist, 138: 699-708.

Douglas A F, Peter M G. 1998. Denitrification in a semi-arid grazing ecosystem. Oecologia, 117: 564-569.

Douglas A F, Timothy D, Kendra M, et al. 2011. Topographic and ungulate regulation of soil C turnover in a temperate grassland ecosystem. Global Change Biology, 17: 495-504.

Douglass D H, Christy J R, Pearson B D, et al. 2010. A comparison of tropical temperature trends with model predictions. International Journal of Climatology, 28(13): 1693-1701.

Duff S M G, Sarath G, Plaxton W C. 1994. The role of acid phosphatases in plant phosphorus metabolism. Physiologia Plantarum, 90(4): 791-800.

Eamus D, Prior L. 2001. Ecophysiology of trees of seasonally dry tropics: comparisons among phenologies. Advances in Ecological Research, 32: 113-197.

Elser J J, Sterner R W, Gorokhova E, et al. 2000. Biological stoichiometry from genes to ecosystems. Ecology Letters, 3(6): 540-550.

Elser J J, Fagan W F, Kerkhoff A J, et al. 2010. Biological stoichiometry of plant production: metabolism, scaling and ecological response to global change. New Phytologist, 186(3): 593-608.

Elser J J, O'Brien W J, Dobberfuhl D R, et al. 2000. The evolution of ecosystem processes: growth rate and elemental stoichiometry of a key herbivore in temperate and arctic habitats. Journal of Evolutionary Biology, 13(5): 845-853.

Endara M J, Coley P D. 2011. The resource availability hypothesis revisited: a meta-analysis. Functional Ecology, 25(2): 389-398.

Eriksson O. 1997. Clonal life histories and the evolution of seed recruitment//de Kroon H, dan Groenen-dae J M. The Ecology and Evolution of Clonal Plants. Leiden: Backhuys Publishers.

Esther G, Basvan W, Kristof V. 2009. Driving forces of soil organic carbon evolution at the landscape and regional scale using data from a stratified soil monitoring. Global Change Biology, 15: 2981-3000.

Feike A D, Cheng W, Dale W J. 2006. Plant biomass influences rhizosphere priming effects on soil organic matter decomposition in two differently managed soils. Soil Biology & Biochemistry, 38: 2519-2526.

Fissore C, Giarddina C P, Kolka R K. 2013. Reduced substrate supply limits the temperature response of soil organic carbon decomposition. Soil Biology & Biochemistry, 67: 306-311.

Folke C, Hahn T, Olsson P, et al. 2005. Adaptive governance of social-ecological systems. Annu Rev

Environ Resour, 30: 441-473.

Folke C. 2006. Resilience: the emergence of a perspective for social–ecological systems analyses. Global Environmental Change, 16(3): 253-267.

Follett R F, Stewart C E, Pruessner E G, et al. 2012. Effects of climate change on soil carbon and nitrogen storage in the US Great Plains. Journal of Soil and Water Conservation, 67: 331-342.

Gefen E, Talal S, Brendzel O, et al. 2015. Variation in quantity and composition of cuticular hydrocarbons in the scorpion *Buthus occitanus*(Buthidae)in response to acute exposure to desiccation stress. Comparative Biochemistry and Physiology a-Molecular & Integrative Physiology, 182: 58-63.

Giardina C P, Ryan M G. 2000. Evidence that decomposition rates of organic carbon in mineral soil do not vary with temperature. Nature, 404: 858-861.

Gill R A, Kelly R H, Parton W J, et al. 2002. Using simple enviromnental variables to estimate below-ground productivity in grasslands. Global Ecology and Biogeography, 11: 79-86.

Golden D M, Crist T O. 1999. Experimental effects of habitat fragmentation on old-field canopy insects: community, guild and species responses. Oecologia, 118(3): 371-380.

Golluscio R A, Austin A T, Gamn G C, et al. 2009. Sheep grazing decreases organic carbon and nitrogen pools in the patagonian steppe: combination of direct and indirect effects. Ecosystems, 12(4): 686-697.

Golluscio R A, Austin A T, Guillermo C. et al. 2009. Sheep grazing decreases organic carbon and nitrogen pools in the Patagonian steppe: combination of direct and indirect effects. Ecosystems, 12: 686-697.

Grime J P. 1979. Plant Strategies and Vegetation Processes. New York: John Wiley and Sons.

Groffman P M, Eagan P S, Sullivan W M, et al. 1996. Grass species and soil type effects on microbial biomass and activity. Plant and Soil, 183: 61-67.

Grumbine R E. 1994. What is ecosystem management? Conservation Biology, 8(1): 27-38.

Guo Y, Guo N, He Y, et al. 2015. Cuticular waxes in alpine meadow plants: climate effect inferred from latitude gradient in Qinghai-Tibetan Plateau. Ecology and Evolution, 5: 3954-3968.

Haliński Ł P, Kalkowska M, Kalkowski M, et al. 2015. Cuticular wax variation in the tomato(*Solanum lycopersicum* L.), related wild species and their interspecific hybrids. Biochemical Systematics and Ecology, 60: 215-224.

Hamdi S, Moyano F, Sall S, et al. 2013. Synthesis analysis of the temperature sensitivity of soil respiration from laboratory studies in relation to incubation methods and soil conditions. Soil Biology & Biochemistry, 58: 115-126.

Hamilton E W, Frank D A. 2001. Can plants stimulate soil microbes and their own nutrient supply? Evidence from a grazing tolerant grass. Ecology, 82: 2397-2402.

Han F, Kang S, Buyantuev A, et al. 2016. Effects of climate change on primary production in the Inner Mongolia Plateau, China. International Journal of Remote Sensing, 37: 5551- 5564.

Hassink J, Bouwman L A, Zwark K B, et al. 1993. Relationship between habitable pore space, soil biota and mineralization rates in grassland soils. Soil Biology & Biochemistry, 25: 47-55.

Hatterman-Valenti H, Pitty A, Owen M. 2011. Environmental effects on velvetleaf(*Abutilon theophrasti*)epicuticular wax deposition and herbicide absorption. Weed Science, 59: 14-21.

He N P, Wang R M, Zhang Y H, et al. 2014. Carbon and nitrogen storage in Inner Mongolian Grasslands: relationships with climate and soil texture. Pedosphere, 24: 391-398.

Hedges L V, Gurevitch J, Curtis P S. 1999. The meta-analysis of response ratios in experimental ecology. Ecology, 80: 1150-1156.

Hedhly A, Hormaza J I, Herrero M. 2008. Global warming and sexual plant reproduction. Trends in Plant Science, 14(1): 30-36.

Hedley C B, Payton I J, Lynn I H, et al. 2012. Random sampling of stony and non-stony soils for testing a national soil carbon monitoring system. Soil Research, 50: 18-29.

Herold N, Schoening I, Michalzik B, et al. 2014. Controls on soil carbon storage and turnover in German landscapes. Biogeochemistry, 119: 435-451.

Hijmans R J, Cameron S E, Parra J L, et al. 2005. Very high resolution interpolated climate surfaces for global land areas. International Journal of Climatology, 25: 1965-1978.

Hobley E, Wilson B, Wilkie A, et al. 2015. Drivers of soil organic carbon storage and vertical distribution in Eastern Australia. Plant and Soil, 390: 111-127.

Holdridge L R. 1975. Determination of world plant formation from simpleclimatic data. Science, (53): 286-287.

Hooper D U, Adair E C, Cardinale B J, et al. 2012. A global synthesis reveals biodiversity loss as a major driver of ecosystem change. Nature, 486(7401): 105-108.

Hooper D U, Chapin F S, Ewel J J, et al. 2005. Effects of biodiversity on ecosystem functioning: a consensus of current knowledge. Ecological Monographs, 75(1): 3-35.

Hou X, Gao S, Niu Z, et al. 2014. Extracting grassland vegetation phenology in North China based on cumulative SPOT-VEGETATION NDVI data. International Journal of Remote Sensing, 35(9): 3316-3330.

Huelber K, Gottfried M, Pauli H, et al. 2006. Phenological responses of snowbed species to snow removal dates in the central Alps: implications for climate warming. Arctic, Antarctic, and Alpine Research, 38(1): 99-103.

Hurlbert S H. 1971. The non-concept of species diversity: a critique and alternative parameters. Ecology, 52: 577-586.

Hutley L B, O'Grady A P, Eamus D. 2001. Monsoonal influences on evapotranspiration of savanna vegetation of northern Australia. Oecologia, 126(3): 434-443.

IPCC, Stockert T F, Qin D, et al. 2013. Climate Change 2013: The physical science basis. Contribution of Working Group I to the Fifth Assessment Report of the Intergovernmental Panel on Climate Change. Cambridge: Cambridge University Press.

Jagtap S S. 1995. Environmental characterization of the moist lowland savanna of Africa. Moist Savannas of Africa: Potentials and Constraints for Crop Production, 9-30.

Jeong S J, Chang-Hoi H O, Gim H J, et al. 2011. Phenology shifts at start vs. end of growing season in temperate vegetation over the Northern Hemisphere for the period 1982-2008. Global Change Biology, 17(7): 2385-2399.

Jetter R, Kunst L, Samuels A L. 2006. Composition of plant cuticular waxes. Oxford: Biology of the Plant Cuticle. Blackwell Publishing Ltd.

Jia X, Zhou X, Luo Y, et al. 2014. Effects of substrate addition on soil respiratory carbon release under long-term warming and clipping in a tallgrass prairie. PLoS ONE, 9: e114203.

Jimoh S O, Li P, Ding W, et al. 2021. Socio-ecological factors and risk perception of herders impact grassland rent in Inner Mongolia, China. Rangeland Ecology & Management, 75: 68-80.

Jobbagy E G, Jackson R B. 2000. The vertical distribution of soil organic carbon and its relation to cli- mate and vegetation. Ecological Applications, 10: 423-436.

Julien Y, Sobrino J A. 2009. Global land surface phenology trends from GIMMS database.

International Journal of Remote Sensing, 30(13): 3495-3513.

Jung J Y, Lal R. 2011. Impacts of nitrogen fertilization on biomass production of switchgrass (*Panicum virgatum* L.) and changes in soil organic carbon in Ohio. Geoderma, 166: 145-152.

Kanniah K D, Beringer J, Hutley L B. 2011. Environmental controls on the spatial variability of savanna productivity in the Northern, Territory, Australia. Agric For Meteorol, 151(11): 1429-1439.

Kauffman J B, Thotpe A S, Brookshire E N J. 2004. Livestock exclusion and belowground ecosystem responses in riparian meadows of Eastern Oregon. Ecological Applications, 14: 1671-1679.

Kemp D R, Han G, Hou X, et al. 2013. Innovative grassland management systems for environmental and livelihood benefits. Proceedings of the National Academy of Sciences, 110(21): 8369-8374.

Kirychuk B, Fritz B. 2010. Ecological control of Rangeland Degradation: Livestock Management. Towards Sustainable Use of Rangelands in Northwest China. Netherlands: Springer: 61-79.

Kleunen M V, Fischer M. 2005. Constraints on the evolution of adaptive phenotypic plasticity in plants. New Phytologist, 166: 49-60.

Kruess A. 2003. Effects of landscape structure and habitat type on a plant-herbivore-parasitoid community. Ecography, 26(3): 283-290.

Künzi Y, Prati D, Fischer M, et al. 2015. Reduction of native diversity by invasive plants depends on habitat conditions. American Journal of Plant Sciences, 6(17): 2718-2733.

Lal R. 2004. Soil carbon sequestration to mitigate climate change. Geoderma, 123: 1-22.

Lee J W, Hong S Y, Chang E C, et al. 2014. Assessment of future climate change over East Asia due to the RCP scenarios downscaled by GRIMs-RMP. Climate Dynamics, 42(3-4): 733-747.

Levitt J. 1980. Response of Plants to Environmental Stresses: Water, Radiation, Salt and Other Stresses. New York: Academic press: 325-358.

Li C, Hao X, Ellert B H, et al. 2012. Changes in soil C, N, and P with long-term(58 years)cattle grazing on rough fescue grassland. Journal of Plant Nutrition & Soil Science, 175: 339-344.

Li C, Hao X, Willms W D, et al. 2010. Effect of long-term cattle grazing on seasonal nitrogen and phosphorus concentrations in range forage species in the fescue grassland of southwestern Alberta. Journal of Plant Nutrition and Soil Science, 173(6): 946-951.

Li J, Li Z, Ren J. 2005. Effect of grazing intensity on clonal morphological plasticity and biomass allocation patterns of *Artemisia frigida* and *Potentilla acaulis* in the Inner Mongolia steppe. New Zealand Journal of Agricultural Research, 48(1): 57-61.

Li X., Hu H., Gan K., et al. 2010. Effects of different nitrogen and phosphorus concentrations on the growth, nutrient uptake, and lipid accumulation of a freshwater microalga *Scenedesmus* sp. Bioresource Technology, 101(14): 5494-5500.

Li Y H. 1996. Ecological variance of steppe species and communities on climate gradient in Inner Mongolia and its indication to steppe dynamics under the global change. Acta Phytoecologica Sinica, 20(3): 1-12.

Li Y, Hou X, Li X, et al. 2020. Will the climate of plant origins influence the chemical profiles of cuticular waxes on leaves of *Leymus chinensis* in a common garden experiment? Ecology and Evolution, 10(1): 543-556.

Liang T G, Huang X D, Wu C X, et al. 2008. An applicaton of MODIS data to snow cover monitoring in a pastoring area: a case study in Northern Xinjiang, China. Remote Sensing of Environment, 112(4): 1514-1526.

Lieth H. 1974. Purposes of a Phenology Book. Springer.

Liu F H, Liu J, Dong M. 2016. Ecological consequences of clonal integration in plants. Frontiers in Plant Science, 7: 1-11.

Liu H Y, Cui H T. 2009. Patterns of plant biodiversity in the woodland-steppe ecotone in southeastern Inner Mongolia. Contemporary Problems of Ecology, 2(4): 322-329.

Liu S P, Gaimari S D, Yang D. 2012. Species of *Ammothereva lyneborg*, 1984(Diptera: Therevidae: Therevinae: Cyclotelini)from China. Zootaxa, 3566(1): 1-13.

Liu T, Nan Z, Hou F. 2011. Grazing intensity effects on soil nitrogen mineralization in semi-arid grassland on the Loess Plateau of northern China. Nutrient Cycling in Agroecosystems, 91: 67-75.

Liu W, Zhang Z, Wan S. 2009. Predominant role of water in regulating soil and microbial respiration and their responses to climate change in a semiarid grassland. Global Change Biology, 15: 184-195.

Liu Y, Wang C, He N P, et al. 2017. A global synthesis of the rate and temperature sensitivity of soil nitrogen mineralization: latitudinal patterns and mechanisms. Global Change Biology, 23: 455-464.

Liu Z P, Li X F, Li H J, et al. 2007. The genetic diversity of perennial *Leymus chinensis* originating from China. Grass and Forage Science, 62: 27-34.

Lobell D B, Asner G P. 2003. Climate and management contributions to recent trends in U. S. Agricultural Yields. Science, 299(5609): 1032.

Luo C, Xu G, Chao Z, et al. 2010. Effect of warming and grazing on litter mass loss and temperature sensitivity of litter and dung mass loss on the Tibetan plateau. Global Change Biology, 16: 1606-1617.

Luo Y, Hui D, Zhang D. 2006. Elevated CO_2 stimulates net accumulations of carbon and nitrogen in land ecosystems: a meta-analysis. Ecology, 87: 53-63.

Lynch H J, Hodge S, Albert C, et al. 2008. The Greater Yellowstone ecosystem: challenges for regional ecosystem management. Environmental Management, 41(6): 820-833.

Ma H K, Bai G Y, Sun Y, et al. 2016. Opposing effects of nitrogen and water addition on soil bacterial and fungal communities in the Inner Mongolia steppe: a field experiment. Applied Soil Ecology, 108: 128-135.

Macdonald K A, Beca D, Penno J W, et al. 2011. Effect of stocking rate on the economics of pasture-based dairy farms. Journal of Dairy Science, 94(5): 2581-2586.

Macdonald K A, Penno J W, Lancaster J A S, et al. 2008. Effect of stocking rate on pasture production, milk production, and reproduction of dairy cows in pasture-based systems. Journal of Dairy Science, 91(5): 2151-2163.

Mackova J, Vaskova M, Macek P, et al. 2013. Plant response to drought stress simulated by ABA application: Changes in chemical composition of cuticular waxes. Environmental And Experimental Botany, 86: 70-75.

Maillard E, Mcconkey B G, Angers D A. 2017. Increased uncertainty in soil carbon stock measurement with spatial scale and sampling profile depth in world grasslands: a systematic analysis. Agriculture Ecosystems & Environment, 236: 268-276.

Mao D H, Wang Z M, Li L, et al. 2015. Soil organic carbon in the Sanjiang Plain of China: storage, distribution and controlling factors. Biogeosciences, 12: 1635-1645.

Martin M P, Wattenbach M, Smith P, et al. 2010. Spatial distribution of soil organic carbon stocks in France. Biogeosciences, 8: 1053-1065.

McDonald R P, Ho M R. 2002. Principles and practice in reporting structural equation analyses. Psychological Methods, 7: 64-82.

Meffe G, Nielsen L, Knight R L, et al. 2004. Ecosystem management: adaptive, community-based conservation. Pacific Conservation Biology, 2004, 10(1): 71.

Miao L J, Ye P L, He B, et al. 2015. Future climate impact on the desertification in the dry land Asia using AVHRR GIMMS NDVI3g data. Remote Sensing, 7(4): 3863-3877.

Milchunas D G, Sala O E, Lauenroyh W K. 1988. A generalized model of the effects of grazing by large herbivores on grassland community structure. American Naturalist, 132: 87-106.

Moore J C, Jevrejeva S, Grinsted A. 2010. Efficacy of geoengineering to limit 21st century sea-level rise [geophysics]. Proceedings of the National Academy of Sciences, 107(36): 15699-15703.

MoscatelliI M C, Tizio A D, Marinari S, et al. , 2007. Microbial indicators related to soil carbon in Mediterranean land use systems. Soil & Tillage Research, 97: 51-59.

Mulder V L, Lacoste M, Martin M P, et al. 2015. Understanding large-extent controls of soil organic carbon storage in relation to soil depth and soil-landscape systems. Global Bio- geochemical Cycles, 29: 1210-1229.

Ni J. 2002. Carbon storage in grasslands of China. Journal of Arid Environments, 50(2): 205-218.

Niu K, He J, Lechowicz M J. 2016. Grazing-induced shifts in community functional composition and soil nutrient availability in Tibetan alpine meadows. Journal of Applied Ecology, 53(5): 1554-1564.

Norton B G. 2005. Sustainability: A philosophy of Adaptive Ecosystem Management. University of Chicago Press.

Nosrati K, Ahmadi F. 2013. Monitoring of soil organic carbon and nitrogen stocks in different land use under surface water erosion in a semi-arid drainage basin of Iran. Journal of Applied Sciences & Envi- ronmental Management, 17: 225-230.

Oburger E, Kirk G J D, Wenzel W W, et al. 2009. Interactive effects of organic acids in the rhizosphere. Soil Biology and Biochemistry, 41(3): 449-457.

Pachauri R K, Reisinger A. 2007. IPCC fourth assessment report. Geneva.

Pagiola S, Arcenas A, Platais G. 2005. Can payments for environmental services help reduce poverty? An exploration of the issues and the evidence to date from Latin America. World Development, 33(2): 237-253.

Parton W J, Scurlock J M O, Ojima D S, et al. 1993. Observa-tions and modeling of biomass and soil organic matter dynamics for the grassland biome worldwide. Global Biogeochemical Cycles, 7: 785-809.

Paterson E, Sima A. 1999. Rhizodeposition and C-partitioning of Lolium perenne in axenic culture affected by nitrogen supply and defoliation. Plant and Soil, 216: 155-164.

Pavlikakis G E, Tsihrintzis V A. 2000. Ecosystem management: a review of a new concept and methodology. Water Resources Management, 14(4): 257-283.

Peñuelas J, Poulter B, Sardans J, et al. 2013. Human-induced nitrogen–phosphorus imbalances alter natural and managed ecosystems across the globe. Nature Communications, 4: 2934.

Pielou E C. 1975. Ecological diversity. New York: John Wiley and Sons.

Pollet M, Grootaert P. 1996. An estimation of the natural value of dune habitats using Empidoidea(Diptera). Biodiversity & Conservation, 5(7): 859-880.

Pollet M. 2001. Dolichopodid biodiversity and site quality assessment of reed marshes and grasslands in Belgium(Diptera: Dolichopodidae). Journal of Insect Conservation, 5(2): 99-116.

Rabbi S M F, Tighe M, Delgado-Baquerizo M, et al. 2015. Climate and soil properties limit the positive effects of land use reversion on carbon storage in Eastern Australia. Scientific Reports, 5(4): 597-598.

Reich P B, Oleksyn J. 2004. Global patterns of plant leaf N and P in relation to temperature and latitude. Proceedings of the National Academy of Sciences, 101(30): 11001-11006.

Ren J Z, Hu Z Z, Zhao J, et al. 2008. A grassland classification system and its application in China. The Rangeland Journal, 30(2): 199-209.

Royer M, Larbat R, Bot L J, et al. 2013. Is the C: N ratio a reliable indicator of C allocation to primary and defence-related metabolisms in tomato? Phytochemistry, 88(Supplement C): 25-33.

Rudrappa L, Purakayastha T J, Singh D, et al. 2006. Long-term manuring and fertilization effects on soil organic carbon pools in a Typic Haplustept of semi-arid sub-tropical India. Soil & Tillage Research, 88: 180-192.

Rui Y, Wang Y, Chen C, et al. 2012. Warming and grazing increase mineralization of organic P in an alpine meadow ecosystem of Qinghai-Tibet Plateau, China. Plant and Soil, 357(1): 73-87.

Running S W, Coughlan J C. 1988. A general-model of forest ecosystem processes for regional applications. 1. Hydrologic balance, canopy gas-exchange and primary production processes. Ecological Modeling, 42: 125-154.

Sala O E, Chapin F S, Armesto J J, et al. 2000. Global biodiversity scenarios for the year 2100. Science, 287: 1770-1774.

Samuels L, Kunst L, Jetter R. 2008. Sealing plant surfaces: Cuticular wax formation by epiclermal cells. Annual Review of Plant Biology, 59: 683.

Samways M J. 1993. Insects in biodiversity conservation: some perspectives and directives. Biodiversity & Conservation, 2(3): 258-282.

SAS Institute Inc. 1989. SAS/STAT User's Guide, Version 8e. SAS Institute Inc. , Cary.

Sasaki T, Lu X, Hirota M, et al. 2019. Species asynchrony and response diversity determine multifunctional stability of natural grasslands. Journal of Ecology, 107(4): 1862-1875.

Scherber C, Eisenhauer N, Weisser W W, et al. 2010. Bottom-up effects of plant diversity on multitrophic interactions in a biodiversity experiment. Nature, 468(7323): 553-556.

Schönbach P, Wan H W, Gierus M, et al. 2011. Grassland responses to grazing: effects of grazing intensity and management system in an Inner Mongolian steppe ecosystem. Plant and Soil, 340: 103-115.

Senechkin I V, van Overbeek L S, Ahc V B. 2014. Greater Fusarium wilt suppression after complex than after simple organic amendments as affected by soil pH, total carbon and ammonia-oxidizing bacteria. Applied Soil Ecology, 73: 148-155.

Shan Y, Chen D, Guan X. 2011. Seasonally dependent impacts of grazing on soil nitrogen mineralization and linkages to ecosystem functioning in Inner Mongolia grassland. Soil Biology & Biochemistry, 43: 1943-1954.

Shannon C E, Weaver W. 1949. The Mathematical Theory of Communication. Urbamna: Universty of Illinois Press.

Shepherd T, Griffiths D W. 2006. The effects of stress on plant cuticular waxes. New Phytologist, 171: 469-499.

Shugart H H, Macko S A, Lesolle P, et al. 2004. The SAFARI 2000-Kalahari Transect wet season campaign of year 2000. Global Change Biology, 10(3): 273-280.

Sierra J. 1997. Temperature and soil moisture dependence of N mineralization in intact soil core. Soil

Biology & Biochemistry, 29: 1557-1563.

Simpson E H. 1949. Measurement of diversity. Nature, 163: 688.

Singer F J, Schoenecker K A. 2003. Do ungulates accelerate or decelerate nitrogen cycling? Forest Ecology & Management, 181(1-2): 189-204.

Sparks T H, Menzel A. 2002. Observed changes in seasons: An overview. Int J Climatol, 22(14): 1715-1725.

Steffens M, Kölbl A, Totsche K U, et al. 2008. Grazing effects on soil chemical and physical properties in a semiarid steppe of Inner Mongolia(P. R. China). Geoderma, 143(1): 63-72.

Sternberg M, Golodets C, Gutman M, et al. 2015. Testing the limits of resistance: a 19-year study of Mediterranean grassland response to grazing regimes. Global Change Biology, 21(5): 1939-1950.

Sterner R W, Elser J J. 2002. Ecological Stoichiometry: The Biology of Elements from Molecules to the Biosphere. Princeton, NJ: Princeton University Press.

Suseela V, Conant R T, Wallenstein M D, et al. 2012. Effects of soil moisture on the temperature sensitivity of heterotrophic respiration vary seasonally in an old-field climate change experiment. Global Change Biology, 18: 336-348.

Tan B H, Halloran G M. 1982. Variation and correlation of proline accumulation in spring wheat cultivars. Crop Sci, 22: 459-463.

Tanja A J, Krift V D, Frank B. 2001. The effect of plant species on soil nitrogen mineralization. Journal of Ecology, 89: 555-561.

Tao S, Fang J, Zhao X, et al. 2015. Rapid loss of lakes on the Mongolian Plateau. Proceedings of the National Academy of Sciences of the United States of America, 112(7): 2281-2286.

Thomas R. 1992. The international geosphere-biosphere programme: a study of global change(igbp). Environmental Geology, 20(2): 77-78.

Tilman D, Reich P B, Knops J M H. 2006. Biodiversity and ecosystem stability in a decade-long grassland experiment. Nature, 441(7093): 629-632.

Tilman D, Reich P B, Knops J. 2006. Biodiversity and ecosystem stability in a decade-long grassland experiment. Nature, 441(7093): 629-632.

Tubiello F N, Soussana J F, Howden S M. 2007. Crop and pasture response to climate change. Proceedings of the National Academy of Sciences of the United States of America, 104(50): 19686-19690.

van Kleunen M, Fischer M. 2005. Constraints on the evolution of adaptive phenotypic plasticity in plants. New Phytologist, 166(1): 49-60.

Victor S, Hua L M, Li G L. 2010. Redesigning Livestock Systems to Improve Household Income and Reduce Stocking Rates in China's Western Grasslands. Towards Sustainable Use of Rangelands in North-West China. Dordrecht: Springer: 325-340.

Vincent T, Aymé S, Olivier M, et al. 2015. Shifts in microbial diversity through land use intensity as drivers of carbon mineralization in soil. Soil Biology&Biochemistry, 90: 204-213.

Vitousek P M, Gose J R, Grierc C. 1982. A comparative analysis of potential nitrification and nitrate modicum production in soil under waterlogged conditions as an index of nitrogen availability, neutrality in forest ecosystem. Ecological Monographs, 52: I 55-177.

Walther G R, Post E, Convey P, et al. 2002. Ecological responses to recent climate change. Nature, 416(6879): 389-395.

Wang C, Han X, Xing X, 2010. Effects of grazing exclusion on soil net nitrogen mineralization and nitrogen availability in a temperate steppe in northern China. Journal of Arid Environments, 74: 1287-1293.

Wang C, Wan S, Xing X, et al. 2006. Temperature and soil moisture interactively affected soil net N mineralization in temperate grassland in Northern China. Soil Biology & Biochemistry, 38: 1101-1110.

Wang J, Brown D G, Chen J. 2013. Drivers of the dynamics in net primary productivity across ecological zones on the Mongolian Plateau. Landscape Ecology, 28: 725-739.

Wang S M, Wan C G, Wang Y R. 2004. The characteristics of Na^+、K^+ and free praline distribution in several drought resistant plants of the 36 Alxa Desert. Journal of Arid Environments, 56: 525-539.

Wang T, Kang F, Cheng X, et al. 2016. Soil organic carbon and total nitrogen stocks under different land uses in a hilly ecological restoration area of North China. Soil & Tillage Research, 163: 176-184.

Wang X, Mcconkey B G, Vandenbygaart A J, et al. 2016. Grazing improves C and N cycling in the Northern Great Plains: a meta-analysis. Scientific Reports, 6: 33190.

Wang Z, Li L, Han X, et al. 2004. Do rhizome severing and shoot defoliation affect clonal growth of *Leymus chinensis* at ramet population level? Acta Oecologica, 26(3): 255-260.

Wei T, Yang S L, Moore J C, et al. 2012. Developed and developing world responsibilities for historical climate change and CO_2 mitigation. Proceedings of the National Academy of Sciences of the United States of America, 109(32): 12911-12915.

Wellock M L. 2011. What is the impact of afforestation on the carbon stocks of Irish mineral soils? Forest Ecology & Management, 262: 1589-1596.

Whittaker R H. 1972. Evolution and measurement of species diversity. Taxon, 21(2-3): 213-251.

Wu H, Dannenmann M, Fanselow N, et al. 2011. Feedback of grazing on gross rates of N mineralization and inorganic N partitioning in steppe soils of Inner Mongolia. Plant and Soil, 340(1-2): 127-139.

Xu L, Liang N, Qiong G. 2008. An integrated approach for agricultural ecosystem management. IEEE Transactions on: Systems Man and Cybernetics Part C: Applications and Reviews, 38(4): 590-599.

Xu M, Qi Y. 2001. Spatial and seasonal variation of Q10 determined by soil respiration measurements at a Sierra Nevadan forest. Global Biogeochemical Cycles, 15: 687-697.

Xu X, Luo Y, Zhou J. 2012. Carbon quality and the temperature sensitivity of soil organic carbon decomposition in a tallgrass prairie. Soil Biology & Biochemistry, 50: 142-148.

Xu Y, Li L, Wang Q, et al. 2007. The pattern between nitrogen mineralization and grazing intensities in an Inner Mongolian typical steppe. Plant and Soil, 300: 289-300.

Yan R, Yang G, Chen B, et al. 2016. Effects of livestock grazing on soil nitrogen mineralization on Hulunber meadow steppe, China. Plant Soil and Enviromnent, 62: 202-209.

Yang Y, Mohammat A, Feng J, et al. 2007. Storage, patterns and environmental controls of soil organic carbon in China. Biogeochemistry, 84: 131-141.

Yeats T H, Rose J K C. 2013. The formation and function of plant cuticles. Plant Physiology, 163: 5-20.

Yin Y T, Hou X Y, Michalk D, et al. 2013. Herder mental stocking rate in the rangeland regions of northern China//22nd International Grassland Congress: 1833-1836.

Yonekura Y, Ohta S, Kiyono Y, et al. 2013. Soil organic matter dynam- ics in density and particle-size fractions following destruction of tropical rainforest and the subsequent establishment of Imperata grassland in Indonesian Borneo using stable carbon isotopes. Plant and Soil, 372: 683-699.

Yuan S, Ma L, Guo C, et al. 2016. What drives phenotypic divergence in *Leymus chinensis*(Poaceae)on large-scale gradient, climate or genetic differentiation? Scientific Reports, 7(1): 46858.

Zhang B, Chen H J, Hou X Y, et al. 2018. Latitudinal variation in reproductive performance of *Leymus chinensis*: implications for its response to future climate warming. Plant Ecology & Diversity, 11(3): 363-372.

Zhang J T, Mu C S, Wang D L. 2009. Shoot population recruitment from a bud bank over two seasons of undisturbed growth of *Leymus chinensis*. Botany, 87(12): 1242-1249.

Zhang W, Parker K, Luo Y, et al. 2005. Soil microbial responses to experimental warming and clipping in a tall grass prairie. Global Change Biology, 11: 266-277.

Zhao W, Chen S, Lin G. 2008. Compensatory growth responses to clipping defoliation in *Leymus chinensis*(Poaceae)under nutrient addition and water deficiency conditions. Plant Ecology, 196(1): 85-99.

Zhou C, Zhang Z, Wang Z, et al. 2014. Difference in capacity of physiological integration between two ecotypes of *Leymus chinensis* underlies their different performance. Plant and Soil, 383(1-2): 191-202.

Zhou X, Chen C, Wang Y, et al. 2012. Effects of warming and increased precipitation on soil carbon mineralization in an Inner Mongolian grassland after 6 years of treatments. Biology & Fertility of Soils, 48: 859-866.

Zou Y, Feng J C, Xue D Y, et al. 2011. Insect diversity: addressing an important but strongly neglected research topic in China. Journal of Resources and Ecology, 2(4): 380-384.